低渗透油田开发技术与实践

李 莉 樊晓东 战剑飞 迟 博 郑宪宝 等著

石油工业出版社

内容提要

本书以大庆低渗透油田开发为背景,再现了科技创新突飞猛进的十年发展进程。先后创建了勘探开发一体化工作模式,创新了基于非达西渗流理论的井网优化设计方法,研究出线性水驱开发和渗吸采油等特色技术,发展了以井网加密为核心的水驱开发调整技术,探索了注蒸汽、注微生物和注二氧化碳等多元开发技术,为大庆油田持续高产稳产提供了有力支撑。

本书可供从事油田开发的科技人员参考阅读。

图书在版编目(CIP)数据

低渗透油田开发技术与实践 / 李莉等著. — 北京:石油工业出版社,2025.3

ISBN 978-7-5183-6612-5

Ⅰ.①低⋯ Ⅱ.①李⋯ Ⅲ.①低渗透油层–油田开发 Ⅳ.①TE348

中国国家版本馆CIP数据核字(2024)第065504号

出版发行:石油工业出版社
　　　　(北京安定门外安华里2区1号　100011)
　　　网　　址:www.petropub.com
　　　编辑部:(010)64523541
　　　图书营销中心:(010)64523633
经　销:全国新华书店
印　刷:北京九州迅驰传媒文化有限公司

2025年3月第1版　2025年3月第1次印刷
787×1092毫米　开本:1/16　印张:22
字数:540千字

定价:110.00元
(如出现印装质量问题,我社图书营销中心负责调换)
版权所有,翻印必究

前言 FOREWORD

石油，现代工业的血液，国民经济的命脉。

中国中高渗透油田逐步进入高含水和高采出程度的"双高"阶段，如何实现低渗透油田的有效开发成为关注热点。中国低渗透油气资源极其丰富，主要分布于松辽、鄂尔多斯、准噶尔和渤海湾等盆地，开发潜力巨大。由于其特殊的地质特点、复杂的孔隙结构和渗流机理，导致储量品位低、单井产量低，难以实现经济有效开发。经过几代人的探索和实践，发展了低渗透油田的开发理论、方法和开发模式，油气储量和原油产量增长迅猛，已成为继中-高渗透老油田之后增储上产的主体，深入研究和开发低渗透油田对我国石油工业的可持续发展具有十分重要的意义。

本书以大庆低渗透油田开发为背景，再现了1997—2007年科技创新突飞猛进的十年发展进程，即开发历程、开发技术、实践应用和技术发展方向。大庆油田包括长垣和外围油田。大庆长垣是主力产油区，为高渗透大型砂岩油藏，原油年产量在5000万吨以上稳产27年（1976—2003年），创造了世界石油开采奇迹；外围油田是产量接替区，为低渗、低产、低丰度的"三低油藏"。外围油田主要特点是储层致密、薄、窄、散，油水复杂，处于经济有效开发的边际。在地质条件复杂、开发难度极大的"三低油藏""再造"一个大油田，是极具挑战的世界级难题。秉承石油人攻坚啃硬、敢为人先的精神，创新发展了基于非达西渗流、渗吸采油理论的低渗透油藏工程方法和线性水驱开发等新技术，将大量低品位、难动用储量转变成效益产量。2008年低渗透油田产量突破600万吨，至今稳产17年，已成为"百年油田"战略目标的重要支撑。

（1）勘探开发一体化工作模式。

开发早期介入，勘探向开发延伸，创建单井评价、区块评价和滚动评价技术，适应预探、详探和开发阶段需要，将新区评价、地质储量提交、开发前期工程、开发方案设计与实施，这一长期分离的工作有机结合为一个整体，达到了各环节合理衔接，信息共享，大幅度提高了储量动用程度。

1997年探索实施勘探开发一体化，提出了"干一备二找三年"的工作方针，将三个当年转变为三个提前，即开发地震提前两年、油藏评价提前一年、开发方案提前半年，逐步赢得了产能建设的主动权。

（2）复杂断块快速勘探开发新模式。

根据海塔盆地断块油藏构造复杂、断块破碎、岩性复杂、储集类型多样、多层系多种油藏类型并存的地质特征，提出了"开发概念设计—分批评价—分块滚动"一体化的新模式，即紧跟预探发现，整体概念设计；优选先导试验，兼顾外甩评价；提交规模储量，分块滚动开发。

经历了从 2001 年苏 131 开发试验到 2007 年规模开发，形成了上下层系立体开发、断块间滚动接替的开发部署方法。

（3）低渗透油田注水开发设计新技术。

根据外围油田的地质特点，研究出小砂体、小断层和微幅度构造解释技术，低阻油层、含钙水层测井解释方法，发展了开发区块优选评价技术、随机模拟优化井网设计方法、开发指标预测中的数值模拟放大技术及"两早、三高、一适时"的注水开发技术政策，形成了独特的注水开发设计技术。

（4）基于井网与压裂一体化的线性水驱开发技术。

充分利用裂缝，因势利导，研究出基于储层各向异性的井网优化设计方法，形成"拉大井距、缩小排距、井排方向为最大水平主应力方向"的线性水驱开发技术。采用线性水驱井网拉大井距提高单井控制储量，缩小排距降低启动压力，沿裂缝注水向两侧驱油，扩大波及范围，保证整体开发效果。

井网演变过程：正方形反九点面积井网呈不同角度—菱形反九点注水方式—五点法注水方式—矩形井网线性注水。

（5）基于非达西渗流理论的注水开发技术。

运用矿场数据证实了非达西渗流的客观存在，建立了实用的启动压力梯度图版；推导出面积井网和矩形井网的产量计算公式；提出启动系数的新概念，制定出特低渗透油藏有效动用界限；明确了压裂不仅是提高单井产量的增产措施，更可作为一种井网部署提高整体开发效果的战略举措。

（6）以井网加密为核心的水驱开发调整技术。

针对原来井排方向 12.5°、22.5°、45°的反九点井网，研究出了井间加井、排间加排、不等距等井网加密方式，提出了水驱采收率计算新方法，形成了井网加密与注采系统相结合、井网加密与渗吸采油相结合的水驱开发调整技术，大幅度提高了水驱采收率。

加密区块水驱采收率由原来提高约 2 个百分点，提升到 5~8 个百分点。

（7）超薄油层水平井开发技术。

根据砂体分布特征，研究出单层水平井、阶梯式水平井、穿层水平井、多分支水平井和直井+水平井联合开发等多种井型的布井方式，在现场实施中总结出了一套随钻跟踪方法，提高了储层的钻遇率、储量动用程度和单井产能。

1991 年第一口水平井树平 1 获得成功，中间几经波折，直至 2002 年之后在小于 2m 的超薄油层获得突破，并规模化应用，使大批无效储量得以有效开发。

（8）多种开采方式现场试验。

针对低渗透高黏油藏，积极探索了蒸汽吞吐、蒸汽驱、微生物吞吐、微生物驱等新技术开发试验，开发效果得到明显改善；针对特低渗透油藏，开展了注活性水、注 CO_2 等先导试验。其中注 CO_2 效果明显，注气开发 10 年来，注入压力保持稳定，地层压力保持较高水平，不压裂投产的油井产量明显高于压裂后水驱产量。

2015 年后，注气开发技术已经得到规模化推广应用，成为继水驱之后的又一有效的开发方式，在低渗透油藏开发中发挥越来越重要的作用。

本书以主持编写的历次开发技术座谈会材料为依托，将历年提出的创新方法和应用成果重新汇集成册。其中很多人员曾参与了研究和编写工作，主要有周永炳、闫伟林、姜岩、付志国、周锡生、刘传平、王吉彬、迟博、郑宪宝、毛伟、高彦楼、吉庆生、刘国志、王秀娟、秦月霜、杨清山、刘誉松、王欢、渠永红、张荻楠、孙贻玲、侯兆伟、李艳华、钱昱、李郑辰、李敏、孔凡顺、贾红兵、殷树军、韩令春、代旭、李齐、刘建栋、吴畏、李彦军、姜宏章、王春艳、张颖慧、郑丽坤、张必青、付育武、王文华、周再林等，如有遗漏，请见谅。

特别感谢隋军、计秉玉、牛彦良、庞彦明、崔宝文在工作中的指导和帮助，感谢我的学生甘俊奇、王俊文、曾倩、王强、张原、姜博明、陈相君、冯科文等为本书所做的工作。

回望历史，脑海里浮现的是上上下下齐努力、兢兢业业同攻关的场景。"大庆底下找大庆，大庆外围找大庆"，是大庆人的不懈追求。仍待深度挖掘的常规能源和潜力巨大的非常规能源正在以不可阻挡的浪潮迎接着全球石油市场的挑战。坚信，在激烈的国际竞争中，破解技术瓶颈，抢占科技高点，石油人将创造出更加辉煌的业绩。

目录 CONTENTS

第一章　探索勘探开发一体化工作模式，加快低渗透油田增储上产 …… 1
- 第一节　详探评价与开发方案一体化 …… 1
- 第二节　开发地震采集、处理和解释技术 …… 6
- 第三节　井网技术经济优化方法 …… 14
- 第四节　裂缝性油藏储层参数测定与分析 …… 16
- 第五节　油田上产及技术攻关部署 …… 22
- 参考文献 …… 24

第二章　发展油藏评价和井网优化新方法，提高方案设计水平 …… 25
- 第一节　探明储量分类评价 …… 25
- 第二节　储层预测和油水层解释技术 …… 27
- 第三节　基于砂体—裂缝的井网优化设计方法 …… 33
- 第四节　油层结垢机理及对注水开发的影响 …… 38
- 第五节　低渗透油田开发关键技术攻关方向 …… 44
- 参考文献 …… 46

第三章　研究非达西渗流和渗吸理论，发展低渗透油藏有效开发技术 …… 47
- 第一节　低渗透油藏综合描述技术 …… 47
- 第二节　低渗透油藏渗流机理研究 …… 56
- 第三节　改善注水开发效果技术对策 …… 66
- 第四节　油田开发潜力分析 …… 70
- 参考文献 …… 74

第四章　创新水驱调整技术，研究"两特低"油藏水平井开发可行性 …… 75
- 第一节　油田开发形势分析 …… 75
- 第二节　油藏综合评价技术 …… 76
- 第三节　特低丰度和特低渗透油藏水平井开发可行性 …… 81
- 第四节　井网加密与渗吸采油相结合的综合调整技术 …… 84
- 第五节　可持续发展潜力分析 …… 87
- 参考文献 …… 92

第五章　探索多种开发方式，突破油藏开发界限 …… 93
- 第一节　水驱调整界限及新技术现场试验 …… 93
- 第二节　零散区块和复杂断块油藏开发试验 …… 112
- 第三节　油田开发潜力分析 …… 121

第四节	油田开发技术攻关方向	128
参考文献		129

第六章 拓展水驱，实现特殊类型油藏有效开发 … 130

第一节	油田开发形势	130
第二节	水驱开发问题及调整挖潜方向	131
第三节	低渗透油藏综合评价技术	144
第四节	复杂断块油藏有效开发方式	157
第五节	稠油开发评价	167
第六节	油田开发潜力和攻关方向	172
参考文献		174

第七章 完善水驱，加大非水驱开发试验攻关 … 175

第一节	全面完成各项开发指标，科研生产取得可喜成绩	175
第二节	低渗透油藏水驱动用界限及非水驱开发试验	177
第三节	强水敏性、凝灰质储层及潜山油藏有效开发技术	199
第四节	注水开发综合调整技术	207
第五节	油田开发对策	211
参考文献		213

第八章 攻坚克难，实现上产500万吨奋斗目标 … 214

第一节	全面完成各项开发指标，油田开发成绩显著	214
第二节	复杂断块油藏滚动评价技术	216
第三节	低渗透油藏精细描述技术	236
第四节	油田开发综合调整技术	245
第五节	储量评价与产能建设方案	259
第六节	油田开发技术攻关方向	273
参考文献		274

第九章 夯实基础，发展复杂类型油藏开发技术 … 275

第一节	特低渗透油藏有效动用技术	275
第二节	复杂类型油藏开发技术	280
参考文献		283

第十章 自主创新，支撑"百年油田"目标 … 284

第一节	低渗透油藏裂缝三维地质建模技术	284
第二节	特低渗透储层非达西渗流理论应用	288
第三节	特低渗透油藏气驱室内实验及方案优化	298
第四节	超薄油层稠油热采开发技术	316
第五节	复杂断块油藏勘探开发一体化新模式	323
第六节	特殊类型复杂断块油藏开发技术	327
参考文献		344

第一章 探索勘探开发一体化工作模式，加快低渗透油田增储上产

自 1985 年芳 2 井区投入注水开发，揭开了大庆外围油田大规模开发的序幕。经过大量科学研究和矿场试验攻关，形成了地下地面一体化配套技术。依靠这套技术，年产油量已达到 343×10^4t。继大庆油田第十采油厂年产油 141×10^4t 之后，第八采油厂年产油也超过了百万吨，逐步成为弥补大庆长垣老区递减的重要力量。

1997 年是外围"三低"油田全面实施详探评价与开发方案一体化工作大见成效的一年。在"两早三高一适时"开发方针的指导下，围绕油田增储上产完成了大量的生产设计和专题研究工作，在详探评价与开发方案一体化、开发地震、优化方案设计、低渗透储层结垢及落实"九五"上产目标等方面取得丰硕成果[1]。

第一节 详探评价与开发方案一体化

将新区详探评价和提交油气探明储量，与油田开发前期工程和开发方案编制与实施，这两项长期分离的工作有机地结合为一个整体进行研究，是一体化工作模式的主要特点。在勘探已进行过预测或控制储量研究的含油气新区块中，除具有渗透率低、储量丰度低和产量低的三低油藏特点外，油气储量品位和富集程度差别很大。在当时的开发技术和经济条件下，只有其中的一部分区块可以开发，因此为提高经济效益，一体化总体设计工作遵循以下 4 条原则：一是根据"九五"期间大庆外围油田上产目标，既要完成新增产能建设任务，又要完成年度新增探明储量的任务；二是对已有的控制储量要进行一定的评价优选，使新增探明储量近期内多数能够开发动用；三是要以评价主力含油层系为主，同时兼顾其他的含油层系；四是优先选择靠近已开发油田的新区块进行开发，以便尽可能减少开发初期的产能建设投资，以后再逐步向外扩大开发范围。

一、一体化工作的程序和内容

1. 对控制储量区块进行初步分析，确定详探评价区域

鉴于现有控制储量区块地质条件的复杂性和差异性，在对油藏圈闭条件、油藏类型、储层发育状况和探井试油产能进行初步技术经济评价基础上，概算出在现有技术经济条件下可能进行开发的区块，作为确定进行详探评价区块的主要依据。

2. 详探区块的评价部署研究

为了提高详探区块的探明程度，开展各项储量参数，部署和实施开发地震、评价井、测井、试油试采和开发试验等开发前期工程。为了录取合格资料、搞清问题，又要尽量节

省投资，就需要搞好4个结合：一是新的地震测网部署要稀密结合，要搞好与老测网的结合；对油层发育断层多的区域，可以部署较密的地震测网，对近期难以开发动用的区块则尽量利用老测网做重新处理；二是评价井与将来的开发首钻井结合，以减少评价井的投入；三是搞好试油试采井的结合，取全取准各种参数；四是搞好地质、地震、测井、采油和油藏工程等多专业的结合，提高综合分析水平。

3. 建立正确的油藏地质模型

对录取的各种资料在进行综合研究的基础上，建立客观反映地下的油藏地质模型，是进行油田地质储量计算和开发设计的基础，尤其对于岩性因素为主的低渗透复杂油藏，不仅要搞清储层的构造形态和断层分布，还要搞清控制油水分布的地质因素，研究储层的沉积类型和分布特征、储层物性变化及影响因素、地应力特征和裂缝发育状况。

4. 储量参数研究及储量计算

储量参数研究和计算必须以全国资源委员会石油天然气储量委员会颁布的"油气地质储量计算规范"为准绳，以实际资料为依据，对各储量参数要在应用多种资料充分论证基础上确定。特别在探井、评价井这种稀井网条件下，对于各井之间储量参数变化的预测是技术关键，要充分利用地震资料采集点密度较大的优势，按储层地质规律做好预测。

5. 油田开发方案的编制与实施

在提交探明储量的含油区块中，经过技术经济综合评价，优选出近期能经济有效开发的区块，进行油藏开发方案设计研究。鉴于三低油藏的复杂性，开发部署不可能一步到位，一般采取从探明程度高的部位向探明程度相对低的部位滚动开发的程序。

二、一体化工作的特点

1. 油田开发向勘探延伸，使外围油田开发步入良性循环

以往都是在已探明储量中选择开发区块，进行二次油藏评价、编制开发方案。至"八五"末期，由于多年的筛选，所剩余的探明储量品位越来越低，能经济有效开发的区块小而分散，有限的开发前期工程投入满足不了所有新开发区块的二次评价的需要，出现了少数区块在钻开发井的过程中地下地质情况与预计的相差较大的现象，不得不在实施中途进行较大的调整，或者变更产能规模，导致后备开发井位不足的被动局面。

1996年，根据中国石油天然气总公司领导要求新区开发工作要向勘探延伸的精神，开发人员面向整个松辽盆地北部进行规划部署，分析新、老探井含油显示状况，在对比分析后选定了正在预探中的龙虎泡和永乐东部两个具有较大的开采潜力地区，及时部署了详探评价和开发前期工程，经过近两年的实施，为开发提供了充足的后备地区，使外围新区块的开发从此步入良性循环。

2. 详探评价向开发延伸，满足了复杂油藏多次认识的需要

大庆外围油田尚未开发的含油区块，大多是受断层—岩性因素影响大的复合型油藏，常常被断层切割为许多大小不等的含油断块。由于受投资和评价时间的限制，一般在详探评价阶段只能探明主力油层和较大的含油断块，接着编制开发方案，并且在方案的实施过程中同时要兼顾录取非主力层或小断块的资料，以便搞清这些油层或断块的地质特征。这种延伸的详探评价包括了以下几种形式：一是钻开发首钻井，它既是开发井，又肩负着进一步评价油藏的作用；二是对开发地震资料进行重新处理和解释，重点是要提

高预测井间储层参数的精度；三是对岩—电矛盾井层进行单层试油，以便修改和完善测井解释参数的图版；四是利用钻主力油层的开发井兼探其他油层的分布状况，搞清其他油层的开发潜力。

实践证明，将详探评价向开发延伸，是加快新含油区探明和开发的有效途径。例如位于龙虎泡油田西北边界以外的萨尔图油层，就是在1996—1997年钻高台子油层开发井的过程中，发现萨尔图油层有良好的含油显示，在重新处理解释后的地震构造图上，显示出在一定范围内存在构造圈闭，为此有意在高台子油层开发井中兼顾录取了萨尔图油层的有关资料，同时搞清了萨尔图油层的含油面积、油层分布状况和储量参数，新增含油面积24.8km^2，新增探明地质储量722×10^{4}t，并且当年全部开发动用。

三、一体化工作的重要作用

1. 详探评价与开发方案编制（包括开发前期工程）时间减少一半

按照以往的做法，新油田的详探评价需要两年时间，再进行开发前期工程和开发方案编制又需要两年以上的时间，二者加起来需四年以上的时间。现在将二项结合为一体实施，从详探评价提交探明地质储量，到完成开发前期工程交出开发方案需两年以上，完成时间缩短了一半。1997年，大庆外围油田共提交石油探明储量8205×10^{4}t，含油面积262.9km^2，并于1997年12月中旬顺利通过了全国资源委员会石油天然气储量委员会的审查验收，同时完成了1000多口新开发井的井位设计，二项都超额完成了任务要求。

2. 研制人员由二套合为一套，提高了工作效率

过去由于分为二个阶段，研究储量参数和计算储量的是一套人员，搞开发前期工程和编开发方案的又需另一套人员，不仅造成人力上的紧张，还免不了工作上存在许多的交叉和重复。现在二者合为一体，增强了研究工作的连续性和一致性，同时也有利于复合型人才的培养和成长。

3. 新增探明储量开发动用率明显提高

截至1996年底，大庆外围油田累计探明石油地质储量9.3228×10^{8}t，而经过十几年累计投入开发动用地质储量才2.67×10^{8}t，总的开发动用率仅为28.6%。而在1997年新提交的探明储量范围内，已编制开发方案或近年准备开发动用的储量共计5332×10^{4}t，占当年新增探明地质储量的65%。

四、一体化工作实例——永乐油田东块的详探评价与开发

永乐油田东块位于三肇凹陷模范屯构造的西翼斜坡，主力油层是葡萄花油层，其次局部发育扶余油层。通过1996—1997年的详探评价和开发前期工程实施，搞清了油藏的地质特征，为计算探明储量和优化开发方案提供了可靠依据。

1. 油藏的构造形态、断层分布和油藏圈闭类型

经地震资料的精细处理解释，在葡萄花油层顶面构造图上共发现大小正断层400余条，其中穿过T$_1$—T$_2$标准层的继承性断层有29条，将本构造斜坡切割为10个断块。向本区南部构造抬高，葡萄花油层变薄趋于尖灭，形成岩性油藏，本区总体为断层—岩性油藏（图1-1）。

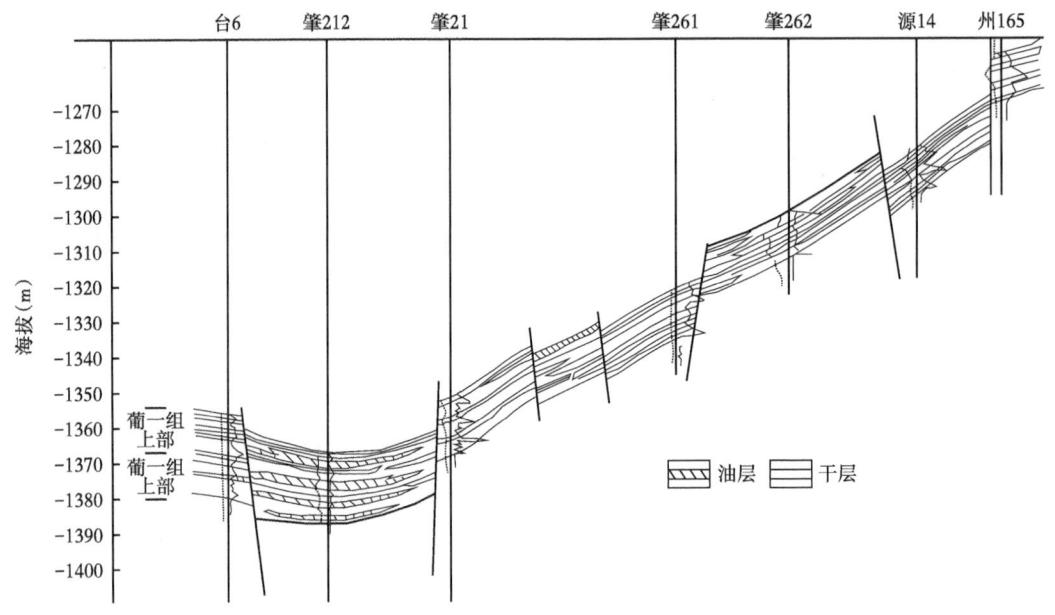

图 1-1　永乐油田东块葡萄花油层油藏剖面

2. 油水层识别和有效厚度标准

利用大量测井岩心分析和试油资料，分别制定了葡萄花油层和扶余油层的油水层判别标准，并制作油水层判别图版，经验证其精度为 95.9%~96.9%。综合多种方法确定了葡萄花油层有效厚度物性标准是：空气渗透率 > 1mD，有效孔隙度 ≥ 13.0%，并制定了相应的有效厚度测井解释标准，图版解释精度达 95.3%（图 1-2、图 1-3）。

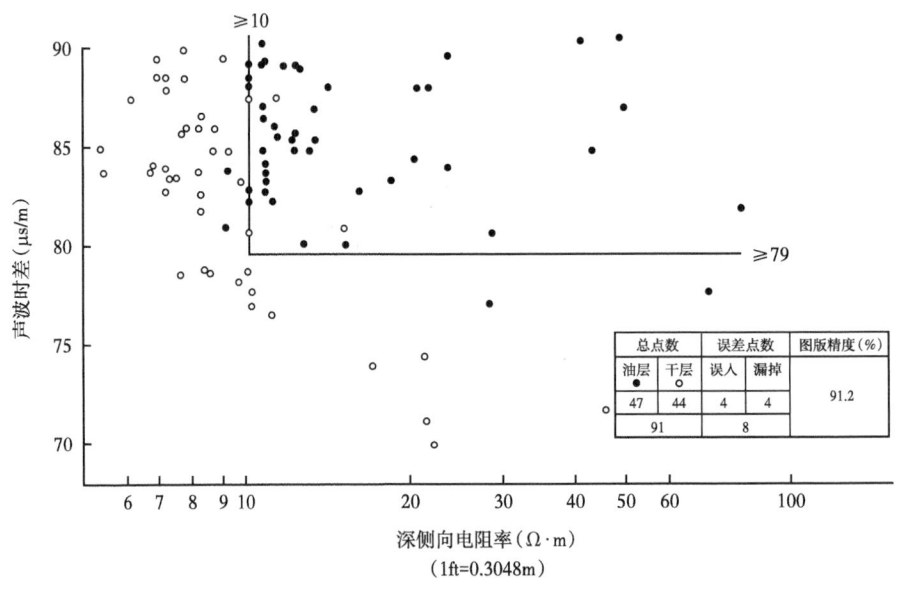

图 1-2　永乐油田东块葡萄花油层有效厚度标准图版（引进系列）

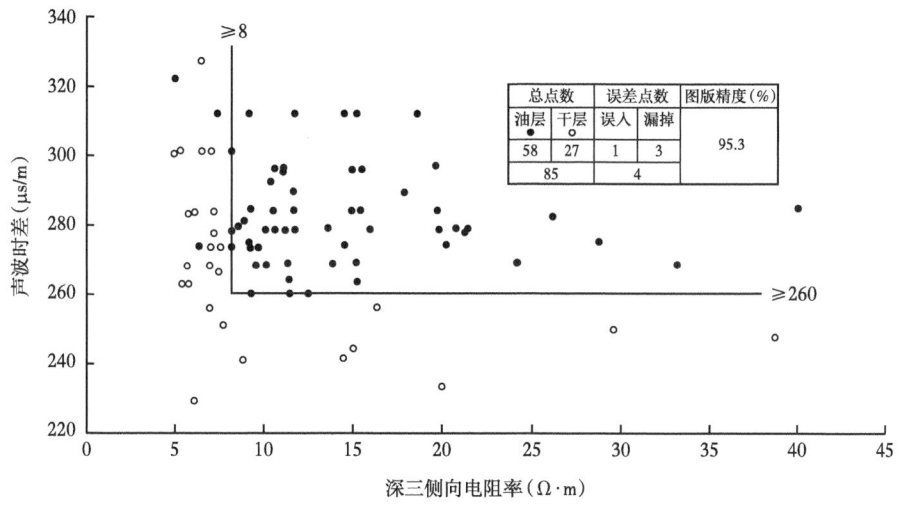

图 1-3 永乐油田东块葡萄花油层有效厚度标准图版（国产系列）

3. 储层沉积特征

通过对本区岩石相、测井相和地震相的分析，本区主力油层葡萄花油层属于松辽盆地北部沉积体系，主要为三角洲前缘相沉积，主要储油砂体是：水下分流河道砂体、席状砂体和前缘砂坝砂体。

4. 葡萄花油层与扶余油层合采条件分析

本区局部发育扶余油层，通过葡萄花与扶余油层的合采，可以相应地降低葡萄花油层的有效厚度界限（图 1-4）。因为扶余油层在葡萄花油层以下 400m 左右的位置上，需要钻井加深进尺和压裂投产，在扶余油层有效厚度达 4.2m 时才可以产油 1.05t/d，刚能弥补为

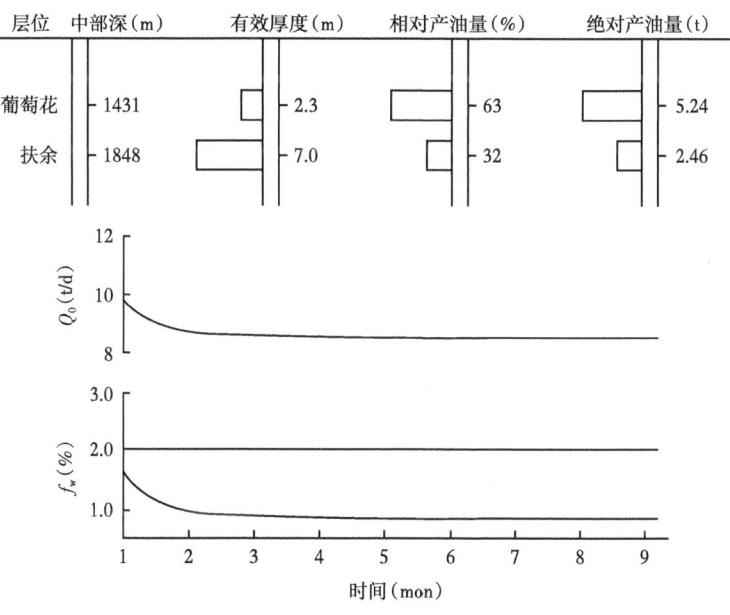

图 1-4 州 16 合采试验区产油剖面柱状图和开采曲线

增加开采扶余油层的投入费用,所以只有扶余油层的有效厚度同时大于 4.2m 时,葡萄花油层的有效厚度动用界限可以相应的减小,扶余油层有效厚度越大,则葡萄花油层有效厚度动用界限可以减小得越多(表 1-1)。

表 1-1 葡萄花与扶余油层合采时合理的参数组合关系

葡萄花油层	有效厚度(m)	0	1.0	1.5	2.0	≥2.5
	日产油(t)	0	1.04	1.56	2.08	≥2.6
扶余油层	有效厚度(m)	12.0	10.4	8.4	6.3	≥4.2
	日产油(t)	3.04	2.61	2.09	1.57	≥1.05
全井	日产油(t)	3.04	3.65	3.65	3.65	3.65

5. 新增探明储量与新建产能双丰收

1997 年在永乐油田东块提交探明石油地质储量为 5739×10^4t,含油面积为 170.8km²。同时以断块为单元,以经济评价确定的有效开发的厚度下限为依据,圈定开发区的范围,以 300m×300m 的正方形反九点井网,先后共部署开发井 660 口,形成年产油能力 47.95×10^4t,开发动用储量 3279×10^4t,占新增探明储量的 57.1%。另外,肇 212 区块安排在 1999 年钻开发井,相应的动用储量是 863×10^4t,这样近期可以开发动用的地质储量共 4142×10^4t,占永乐油田东块探明储量的 72.2%,开创了新增探明储量最高的开发动用率。

第二节 开发地震采集、处理和解释技术

开发地震技术在大庆油田得到了快速发展,已经形成一套高分辨率地震采集、处理和解释方法,建立了一套以全过程质量监督为核心的质量保证体系,并改变了以往只研究解释方法的单一性缺陷,开展了采集和处理方法的研究,为解释提供高信噪比、高分辨率和高保真度的原始资料和处理成果资料,使开发地震技术得到全面提高。

一、开发地震采集基础研究,优化采集施工参数

通过多次野外采集试验和处理,初步搞清了地层的吸收和衰减、采集时的噪声和仪器的记录能力等三个方面对地震采集的影响程度,从而抓住影响采集效果的主要矛盾,进而采取有针对性的技术措施提高采集效果。

1. 采集时环境噪声的影响

随机噪声是地震记录的主要障碍之一。如果有效地震信号的能量小于采集时的环境噪声的能量,就会被淹没在噪声中无法识别和利用。

图 1-5 为现场录制的随机噪声分频振幅值曲线,检波器下井后噪声强度降低了 10~20dB,20~30 次水平叠加处理可使随机噪声降低 13~15dB。真正对反射波构成干扰的是这条叠加削弱以后的噪声振幅值。

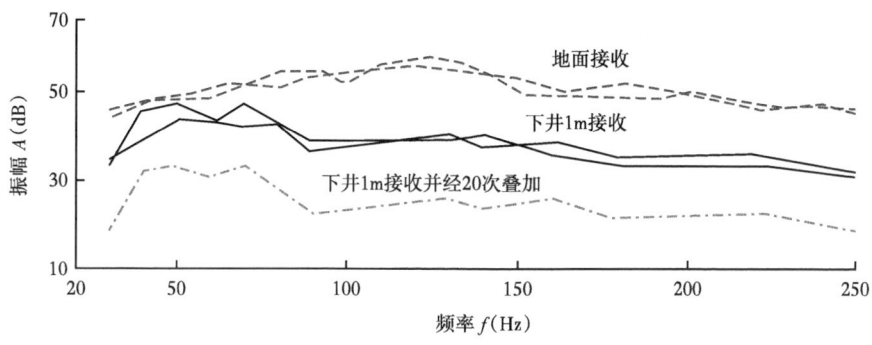

图 1-5　同一天录制的随机噪声分频振幅曲线

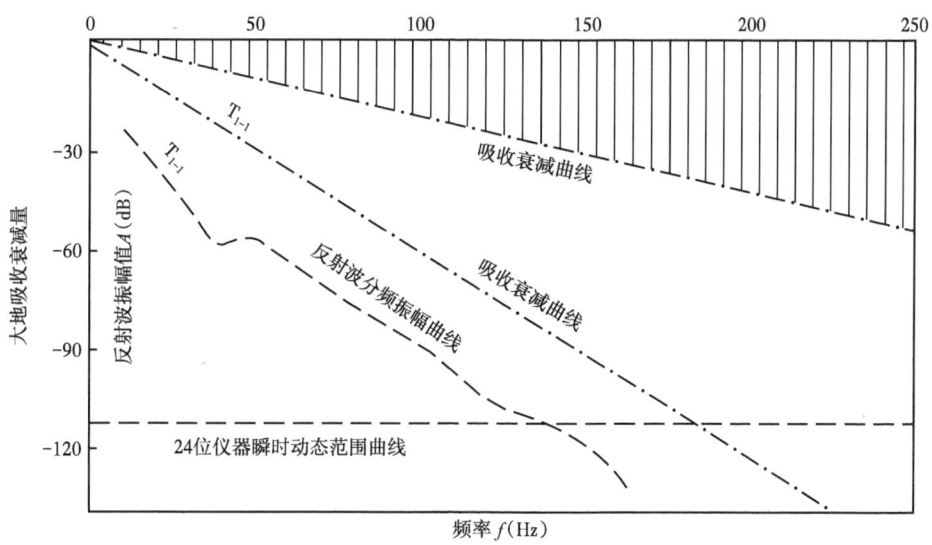

图 1-6　高频采集影响因素分析综合图

为了降低接收时的环境噪声，使噪声曲线向下移动，采集时采取以下措施：

（1）检波器下井并加盖，减少地面噪声影响；

（2）采用 3~5 个检波器的线性组合接收，提高接收地震记录的信噪比。

2. 地层对高频信号的吸收和衰减

地震波在地层中传播一个来回，地层对地震信号的吸收和衰减作用使地震信号的高频信号损失严重。高频信号的吸收和衰减主要在第四系，而靠近地表的低速带影响最大，衰减系数达到 30.61（表 1-2）。

假设第四系厚度为 80m，激发井深度 8m，检波器在地表接收。地震波在第四系中行走一个来回，地震信号的频带宽度将减小 170Hz。

为了降低地层的吸收和衰减的影响，一方面采取检波器下井等避开地表强吸收低速层，另一方面更重要的就是要改善激发效果和使用具有宽频带信号接收能力的检波器，激发出足够能量和宽频带的地震子波，使反射波曲线向右移动（图 1-6）。为此要在采集上采取以下措施：

（1）使用爆速为 6000m/s 以上的高爆炸速度炸药和保证足够的炸药量 4~6kg，以使激发子波的高频成分具有足够的能量；

（2）炸药药柱的长度控制在 0.5m 左右，近似点震源激发；

（3）实际生产中寻找激发岩性来调整井深，激发出更丰富的高频信息；

（4）60Hz 检波器是当时开发地震较理想的接收器，比其他类型的检波器具有更宽频带的接收能力（图 1-7）。

表 1-2 试验区地层品质因素和衰减系数

地质层位	深度（m）	层速度（m/s）	品质因素	衰减系数 β
地表层低速带	0~2	286	0.89	30.61
潜水面上低速带	2~4	286	8.24	3.31
潜水面下低速带	4~8	1071	16.28	1.68
第一降速带	8~24	1323	25.91	1.05
第二降速带	24~80	1547	36.55	0.75
第四系底 T_{06}	80~750	2219	80.85	0.3375
T_{06}-T_{1-1}	750~1250	2556	110.35	0.2473
T_{1-1}-T_2	1250~1800	2806	135.49	0.2014
T_2 以下	1800~2100	3586	232.40	0.1174

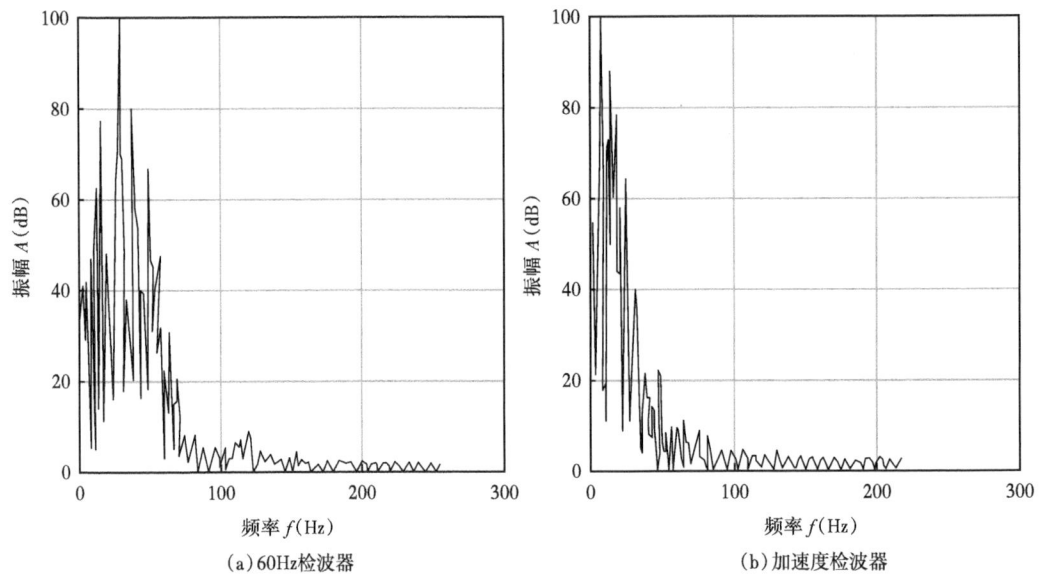

(a) 60Hz 检波器　　　　　　　　　(b) 加速度检波器

图 1-7　60Hz 检波器和加速度检波器同炮接收的频谱

3. 提高地震仪的记录能力

高分辨率开发地震采用的 24 位定点增益地震仪可记录的频带宽度在 T_{1-1} 和 T_2 处达到

150Hz。地震仪器的影响主要体现在瞬时动态范围,大的动态范围提供了记录宽频带地震信号的能力。

提高仪器的记录能力,就是要充分发挥24位地震仪器的记录能力,使仪器的瞬时动态范围达到最大,动态范围线向下移动。为此要采取以下措施:

(1)通过调整前放增益使浅层最大能量占满仪器可记录的最大位数,使仪器的瞬时动态范围达到最大;

(2)若想获得更高频的地震记录,可以考虑在模数转换之前外加低截滤波器,提高仪器的瞬时动态范围。

二、加强开发地震解释方法研究

在外围油田储量计算和井位部署实际工作中,利用解释工作站,在原有的波形畸变定性分析预测砂体方法的基础上,探索了小断层解释方法和多地震特征参数储层描述方法(图1-8),并编制了一套应用软件,在外围油田井位部署和井位调整过程中发挥了重要的作用。

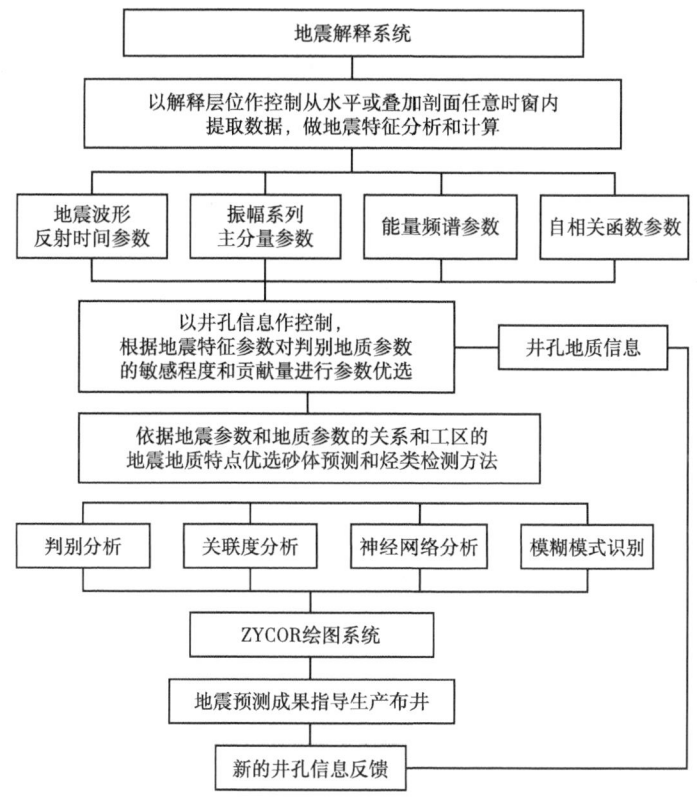

图 1-8 地震岩性预测流程

1. 小断层解释方法

形成了一套以小断层模式解释和自动识别为主的小断层解释方法[2]。

1) 小断层模式解释方法

根据小断层在剖面上的反射特征,总结出以下几种模式:

（1）微小错断；
（2）同相轴扭曲；
（3）反射变弱；
（4）相邻层位的错断。

在地震解释工作站上根据以上模式解释小断层，已经应用到外围油田中，避免了小断层造成的开发井报废。

2）小断层的自动识别方法

模式解释方法是定性方法，为了避免人为的识别误差，研究了几种自动识别方法。

（1）分形分析方法：断层的存在使地震反射发生变化，可以通过分形特征反映出来。在小断层处地震反射记录的关联维发生变化，而利用模式解释方法无法识别。

（2）滑动相关和倾角扫描方法：断层处反射界面的倾角发生变化，通过倾角扫描来识别，利用滑动相关估计断距的变化。

2. 窄砂体综合预测方法

提取目的层地震反射的能量、频谱、自相关、小波变换、主分量、波形等45种地震特征参数，并根据每个特征参数与地质参数的相关程度进行优化取舍。

在地震特征参数分析和优选的基础上，采用判别分析、灰色关联度分析、神经网络分析和模糊识别等多种方法，根据工区内井孔数量和地质参数的分布特点建立地震特征参数和地质参数的函数关系。以龙虎泡油田过3口井的地震剖面为例，龙4-99井和龙4-03井的有效厚度分别为0.4m和3.9m，是已知判别井；龙4-05井的有效厚度为3m，是未知判别井。

（1）线性关系，即费希尔两类判别分析方法。首先将井旁道地震特征参数按地质参数级别分成两类，计算判别函数。将其他非过井道的地震特征参数代入判别函数即可得到该位置处的地质参数的预测结果。该方法适用于工区内井较少，且不同级别地质参数对应的井旁道之间差异较大的情况（图1-9）。

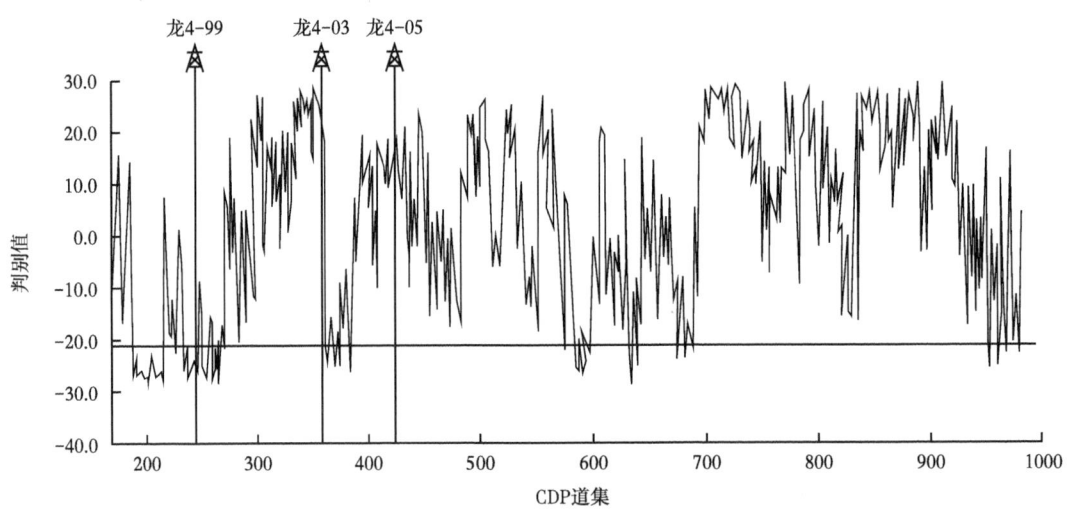

图1-9 储层砂体发育程度的判别函数曲线

（2）非线性随机分布关系，即灰色关联度分析方法。将每个井旁道作为一种母模式，其他地震道作为子模式，利用地震特征参数作关联度分析，根据关联程度将已知井的地质参数赋给相应的非井旁地震道。该方法适用于工区内井较多，且井孔的地质参数能够代表全区的各种储层特征，要求地震道有较好的横向连续性，成图时采用小网格间距，轻微滤波，以突出储层参数在横向上的细微变化。

（3）非线性函数关系，即人工神经网络方法。该方法适用于利用多种地震特征参数作单条地震测线的油气水识别或平面上的岩性定性预测，要求已知井的储层特征有明显差异（如含油气井和干井），对烃类检测具有重要意义（图1-10）。

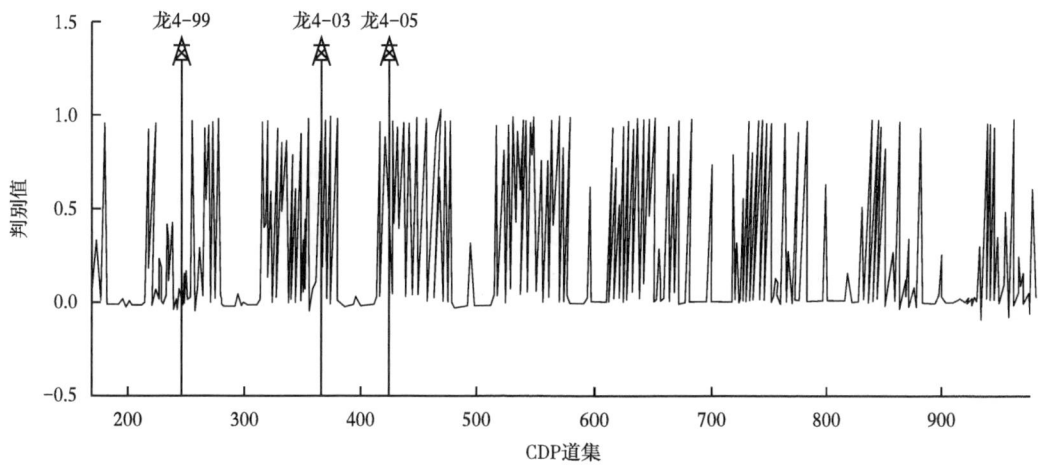

图1-10　储层砂体发育程度的神经网络识别曲线

（4）模糊函数关系，即模糊模式识别方法。该方法适用于利用地震特征参数对储层多种特性进行判别和分类，并有人工干预功能，可将人的经验融入储层客观分析之中（图1-11）。

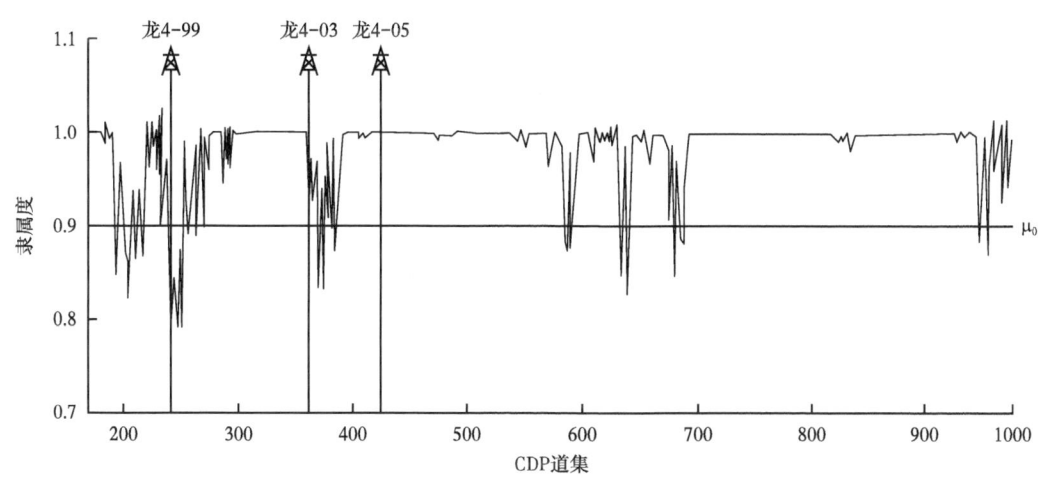

图1-11　储层砂体发育程度的模糊隶属度曲线

三、开发地震在永乐油田葡萄花油层开发过程中的重要作用

为了经济有效地开发永乐油田,1995年在优选开发区块115km² 面积内,部署0.3km×0.3km测网二维高分辨率开发地震790km,在施工过程中首次实行了全过程质量监督管理,原始记录的分辨率与以往比跃上了新的台阶,处理成果剖面视频率达到60Hz左右。高质量的采集和处理为解释打下了坚实的基础。根据开发生产的需要,解释经历了利用探评井资料进行解释,为开发首钻井提供依据;利用探评井和首钻井进行二次精细目标处理和解释,调整正式开发井;开发钻井中的跟井预测、分析、调整的3个阶段是逐步深化地震认识、完善解释方法的过程。开发地震在该区的成功应用,经过地震—地质的综合研究,开发井钻井成功率达到98.7%。

1. 精细解释为开发首钻井提供依据

1) 宏观与微观构造解释

葡萄花油层小断层和微幅度构造的精细解释是本区构造解释的首要任务。为了使小断层和微幅度构造等信息不致因为采集和处理原因而模糊或漏掉,采集上严格控制值异常和各种干扰,处理上严格控制相交测线的交点闭合差(5ms以内)和合理的最小限度的去噪处理。在解释上,充分利用地震解释系统,采取闭合差校正,加密解释层位拾取点,小网格和小等值线距作图,充分反映微幅度构造。在剖面解释过程中,先解释规模较大的断层,控制出区域格局,然后分断块进行小断层的追踪解释。这个阶段小断层解释的原则是首先要有较清晰的剖面特征反映,另外至少连续两条测线,从而使得构造图不至于因为孤立断点显得杂乱,为落实井位起到积极作用(图1-12)。

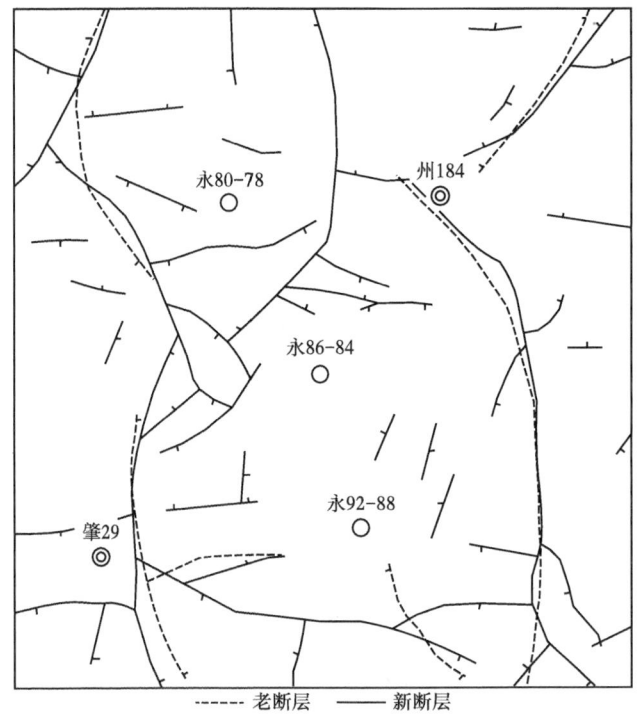

图1-12 新老断层对比

2）应用成熟技术预测砂体分布

应用多项储层预测技术，研究砂体和有效厚度分布，并在定性或半定量地预测孔隙度变化及含油气性变化等方面进行研究。运用神经网络法预测砂体较以往有了较大改进。另外是选取最佳表征地震信息特征的二十余种参数中最敏感的几种参数，来构造出与储层厚度间的非线性关系，预测储层有效厚度（图1-13）。

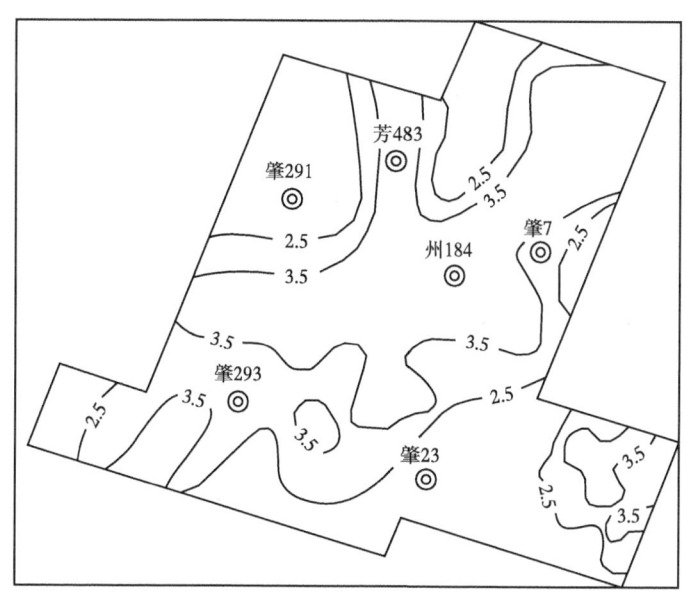

图1-13　地震预测砂体有利条带

3）找有利断块、抓砂体条带

根据当时永乐油田肇291区块密测网开发地震资料而形成的本区情况的再认识，重新发现并落实了许多小断层及微幅度构造，使原有构造图上的平面缺口的断裂系统也由于重现的小断层而封闭起来，形成了全区的几大主要断块。砂体预测结果显示出，本区为一近似东北至西南方向的砂体条带，该条带上葡萄花油层有效厚度基本上大于3m。

2. 构造砂体进一步认识，全面调整落实开发井位

首钻井的成功，证实了永乐油田开发的广阔前景，但部分地区地质情况前后变化较大，这就需要在第一次解释的基础上重新认识。

1）有针对性地进行目标处理，充分认识砂体发育和油气富集区

为进一步搞清砂体局部变化，对地震资料进行了储层参数的无井约束的反演处理，最终利用处理成果进行解释，落实有效厚度分布。

2）避开可疑断层、初步落实开发井位

首先将371口井位均设计在300m×300m线距的地震测网交点上，经过逐一井点的反复核查，将按以上原则所确定可疑的断层的地方避开。移井的原则是沿着反射波形最清楚的剖面上移动，且最大尽量不超过150m，以使最小限度改变规则的井网面貌，如永80-86井原设计井位在485.6线与703.0线交点上，经反复查看剖面，认为该处有一可疑小断层，为此沿主测线东移70m，钻井结果也证实了结果的准确性。

截至 1997 年底,本区已完钻了 371 口设计井位中的 173 口,综合砂岩及断层等原因,仅有两口报废井,钻井成功率为 98.7%。

第三节　井网技术经济优化方法

大庆外围区块特低渗透扶杨油层的采油速度较低,一般为 1.0% 左右。按常规布较密的井网能够提高采油速度,但注采井距小到一定限度时,投资的增加幅度大于采油速度的增长幅度,经济效益反而下降。为此对特低渗透油田取得较大经济效益的最佳井网密度和合理采注井数比进行了研究[3]。

一、井网优化的预测模型

通过对经济指标和产量变化综合分析,建立如下经济数学模型:

$$Z = V_0 N [A(U_0 - F_0) - E_0 B] - DSK \tag{1-1}$$

式中　Z——累计利润值,10^4 元;
　　　V_0——采油速度;
　　　N——地质储量,10^4t;
　　　U_0——油价,元/t;
　　　F_0——税金,元/t;
　　　E_0——操作费,元/t;
　　　A、B——与产量和时间有关的参数;
　　　D——井网密度,口/km^2;
　　　S——含油面积,km^2;
　　　K——单井总投资,10^4 元。

应用极值原理,式(1-1)经过数学求导,并考虑油田性质,得到最大经济效益下最佳井网密度的迭代算式:

$$D = \{[B_1(1+1/M)D+1]A(U_0-F_0) - [K(1+1/M)10^4]/\{TA_1\exp[B_1D(1+1/M)]\}/[BC_1\exp(D_1D)] - 1\}/[B_1(1+1/M)+D_1] \tag{1-2}$$

同时导出经济生命期的预测公式为:

$$T_m = (1/J)\{(U_0-F_0)/[C_1\exp(D_1D)]-1\} \tag{1-3}$$

式中　M——采注井数比;
　　　A_1、B_1、C_1、D_1——与油田岩性、原油物性有关的经验常数;
　　　T_m——经济生命期,a;
　　　J——操作费年上升率,%。

式(1-1)、式(1-2)、式(1-3)组成井网经济优化数学模型。

图 1-14 和图 1-15 是用井网经济优化数学模型预测朝阳沟油田长 30—长 32 区块和榆

树林油田升 382 区块、升 361 区块的不同采注井数比的累计利润值（经济生命期内）与井网密度关系曲线，表明最佳井网密度对应有最大的累计利润值。其他区块都有类似的变化曲线。

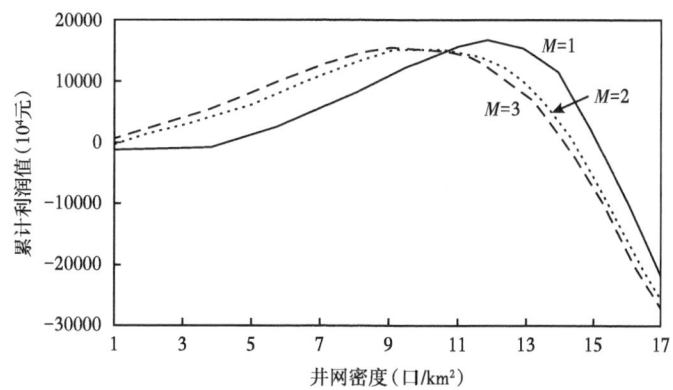

图 1-14　朝阳沟油田长 30—长 32 区块累计利润值与井网密度关系曲线

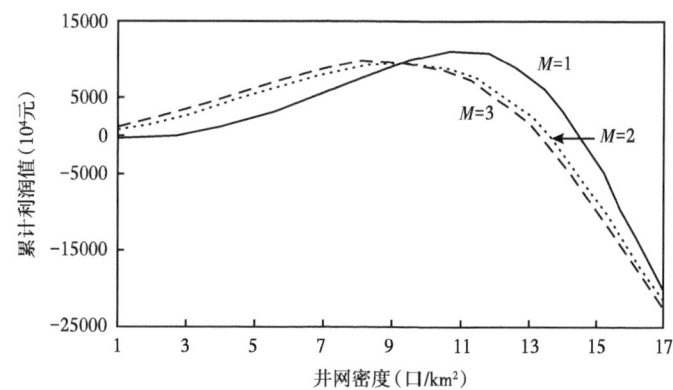

图 1-15　榆树林油田升 382、升 361 区块累计利润值与井网密度关系曲线

二、优化布井方案和调整方案

研究表明，测算较大经济效益的注采井距与生产过程中的原油成本密切相关。在原油生产成本增长的条件下，应用式（1-2）对大庆外围油田 7 个新开发区块进行预测，朝阳沟油田的最佳井网密度为 9.8~12.4 口 /km²，相应的注采井距为 320~284m。榆树林油田的最佳井网密度为 7.5~10.5 口 /km²，相应的注采井距为 365~309m。若按操作费稳定在 380 元 /t 条件下进行预测，则 250m 的注采井距能够取得较大的经济效益。

在井网优化测算基础上，优选布井方案的原则是：短期内既要有较高的水驱控制程度（大于 70.0%）和采油速度（大于 1.0%），又要有较大的经济效益（内部收益率大于 12%）。

对朝阳沟油田采注井数比为 $M=3$ 情况下，从中优选出经济效益较好、水驱控制程度较高的注采井距 300m 作为布井方案。对榆树林油田在 $M=3$ 的情况下，其 300m 井距与

350m 井距的效益都较大,但后者的水驱控制和采油速度都较低,故仍选注采井距为 300m 作布井方案。

特低渗透油田的渗流阻力较大,在投产前期要有放产和降压的过程。油藏数值模拟结果表明,由高采注井数比改变为低采注井数比的最佳时机是中高含水阶段,所以在开发前期先按反九点注水方式布井,后期进行注水方式调整。

图 1-16 表明在最佳井网密度条件下,采注井数比 $M=1$ 具有较大的经济效益,是后期调整的合理采注井数比。

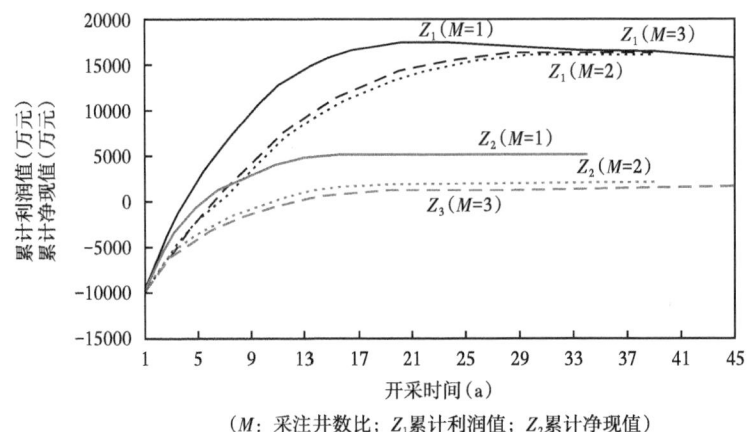

(M:采注井数比;Z_1 累计利润值;Z_2 累计净现值)

图 1-16　朝阳沟油田长 30—长 32 区块累计利润值、累计净现值与时间关系曲线

由以上分析得出,投产前期的 $M=3$ 为布井方案。$M=2$ 和 $M=1$ 为后期的注水方式调整方案,调整的步骤是裂缝较发育储层对边井转注进行稀井线性注水($M=2$)和线性注水($M=1$)调整。裂缝不发育储层对角井转注进行局部五点法注水($M=2$)和五点法注水($M=1$)调整。例如长 30—长 32 区块在 300m 正方形井网条件下,适当时候将注水方式由反九点法改为五点法或线性注水(这时 $M=3$ 改为 $M=1$),预测水驱控制程度将由 67.7% 提高到 86.6%(统计该区块 1996 年投产的 36 口油水井,按 300m 井距反九点法注水,水驱控制程度为 70.4%),单井日产油量由 2.8t 提高到 4.6t,单井日产油增长 0.6 倍,采油速度由 1.08% 提高到 1.19%,内部收益率由 15.4% 提高到 17.1%。

第四节　裂缝性油藏储层参数测定与分析

由于头台油田储层物性差,裂缝比较发育,采用常规的实验方法测量储层物性参数有一定的误差和困难,为解决这一问题,1997 年大庆油田与中国科学院渗流力学研究所合作,研究头台油田储层参数的测定和分析[4]。

一、X-CT 测量双重介质中裂缝和基岩的孔隙度

CT 技术是以 X 射线源产生的 X 射线束经过加速、聚焦后从多个方向沿着物体某一选定层面进行照射,测定透过的 X 射线量,数字化后经过计算得出该层面组织各单位体积的吸收系数,计算出储层参数。该方法同称重法和氦孔隙计法相比,是一种简单快速、直

观、无伤无损的实验技术。

图1-17是存在裂缝的岩心的X-CT图片，图像上部是沿轴向的水平切面，下部是沿轴向的垂直切面，圆形图像是沿径向的垂直切面，白色表示孔隙，黑色代表固体骨架。

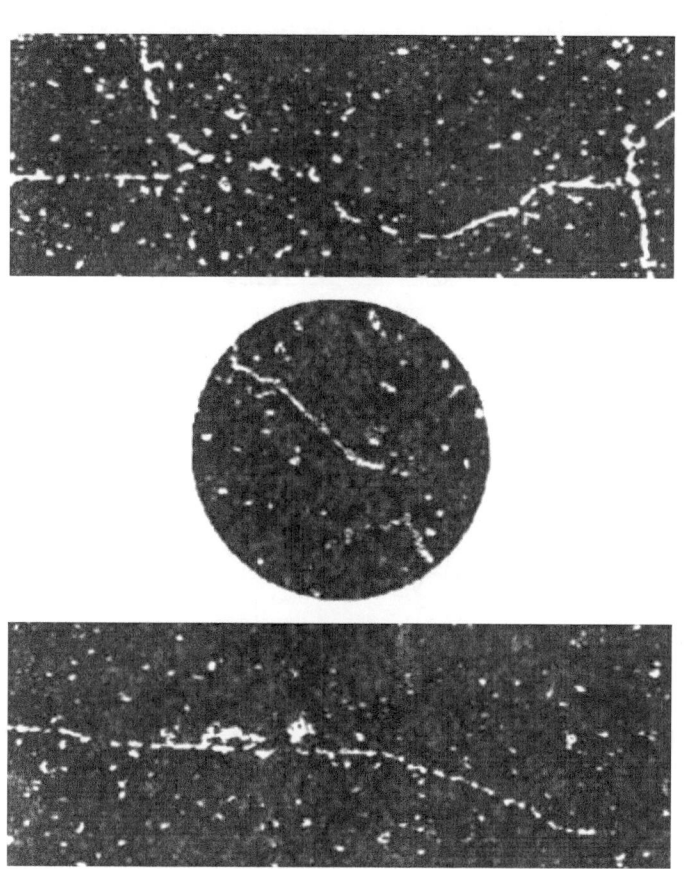

（18L#，井深1357.90m，总孔隙度=12.98%，裂缝孔隙度=1.05%）

图1-17 茂9井X-CT图片

采用X-CT技术测得头台油田储层裂缝的平均孔隙度为1.067%，基岩的平均孔隙度为10.05%（表1-3）。

表1-3 孔隙度测量结果对比　　　　　　　　　　　　　　单位：%

岩心号	称重法	氦孔隙计	X-CT法	裂缝孔隙
6	9.23	9.85	9.99	
9	12.56	12.33	12.37	0.895
12	6.86	6.88	6.81	
13	4.85	5.12	4.97	0.625
17	8.56	8.92	8.72	1.120

续表

岩心号	称重法	氦孔隙计	X-CT法	裂缝孔隙
18	13.06	13.02	12.98	1.050
19	13.36	13.11	13.51	1.810
20	11.06	11.22	11.10	
21	10.12	10.23	10.22	
22	8.56	8.91	8.88	0.890
24	8.69	9.20	8.99	1.080
29	10.26	10.55	10.47	
30	9.29	9.23	9.53	
35	10.25	10.62	10.46	

二、双重介质中裂缝和基岩的渗透率

采用压力测量有关的试井分析原理测试启动压力，因为双重介质中裂缝和基岩的渗流能力差别较大，渗流过程中由不稳定流向稳定流过渡过程中存在着越流平台（图1-18），前段曲线反映的主要是裂缝中的压力上升规律，后一段反映的主要是基质中的压力上升过程，而中间的变化过程反映的是裂缝与基质之间的越流情况，对应于这一压力说明流体从裂缝中开始向基质发生流动。因此，测量裂缝的渗透率只要保证注入压力低于基质的启动压力，并采用双重孔隙介质数学模型，得到裂缝和基岩的渗透率。

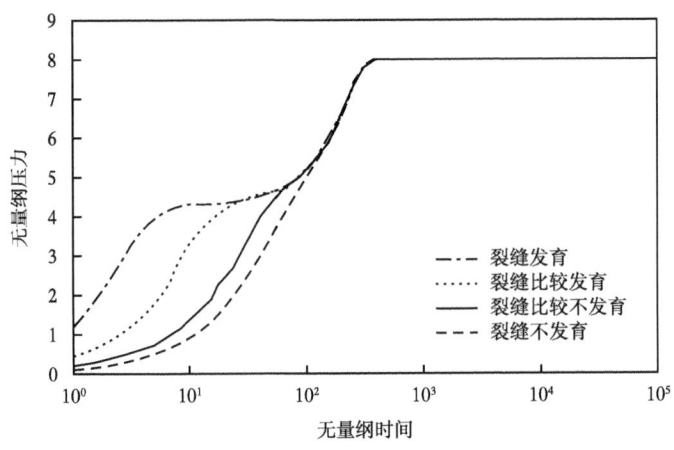

图1-18 不同裂缝发育程度的渗流曲线

应用上述方法测得头台油田裂缝的平均渗透率为43.8mD，基岩的渗透率为0.48mD。

三、上覆压力对双重介质中孔隙度和渗透率的影响

在所有的流体渗流方程中,渗透率是个变量,然而渗透率的测量值通常是在常压常温下测量得到的,因此了解其在压力变化条件下的实际数据也很有意义。

图 1-19 和图 1-20 为二类岩心孔隙度随压力变化而变化的实验结果。随着压力的增加,岩心的孔隙度有不同程度的降低,裂缝性岩心下降幅度更大一些;压力恢复后,岩心的孔隙度有不同程度的恢复,但仍然恢复不到原始的程度,表明岩心内部存在明显的塑性变形。

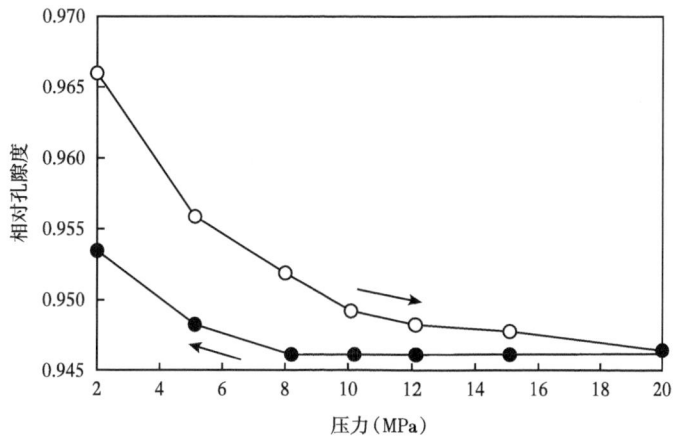

图 1-19　上覆压力对 15# 基质性岩心孔隙度的影响

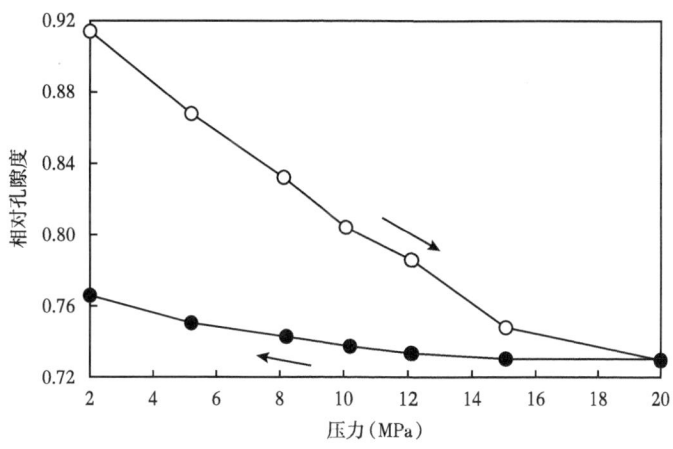

图 1-20　上覆压力对 13# 裂缝性岩心孔隙度的影响

图 1-21 和图 1-22 为渗透率随压力变化的关系曲线。随压力的上升,岩心的渗透率均有不同程度的下降,当压力恢复后,岩心的渗透率有所恢复,但仍不能恢复到原始状态。而且压力上升到一定程度后,渗透率的下降幅度降低,同样表明是由岩心内部的塑性变形引起的。

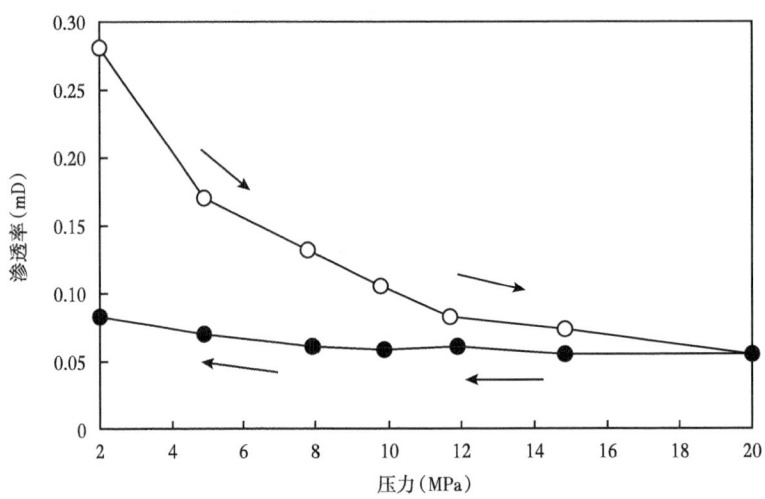

图 1-21　上覆压力对 15# 基质性岩心气测渗透率的影响

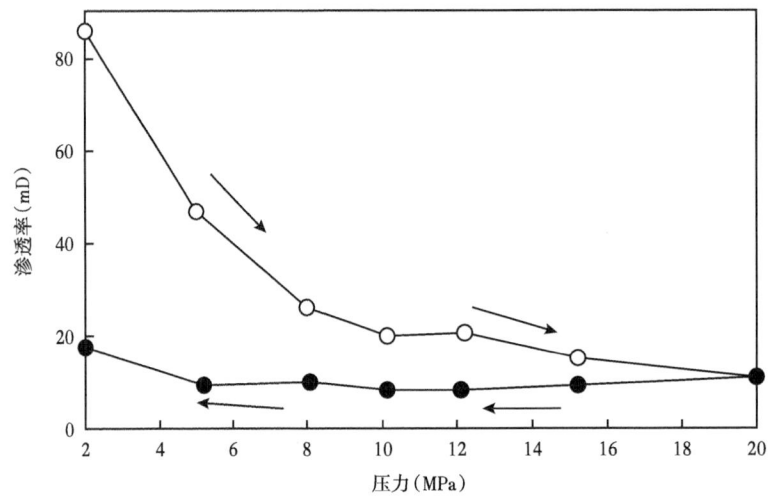

图 1-22　上覆压力对 17# 裂缝性岩心气测渗透率的影响

四、双重介质中裂缝和基岩的相对渗透率

测量裂缝的相对渗透率曲线，主要问题是要准确控制注水速度，目的是使流动压力不高于基岩的启动压力，保证注水仅仅在裂缝中流动。图 1-23 和图 1-24 分别是测得的裂缝和基岩相对渗透率，其基本参数见表 1-4。

计算结果显示，头台油田残余油饱和度较高，驱油效率和采收率较低，残余油条件下水相渗透率不高，说明随含水升高，产液指数和产油指数升高幅度不大。

从上面实验结果看出，对于物性很差的储层，孔隙度为 10%~12%、渗透率在 1mD 以下，对其开采动用的条件和开发潜力应深入开展研究工作。

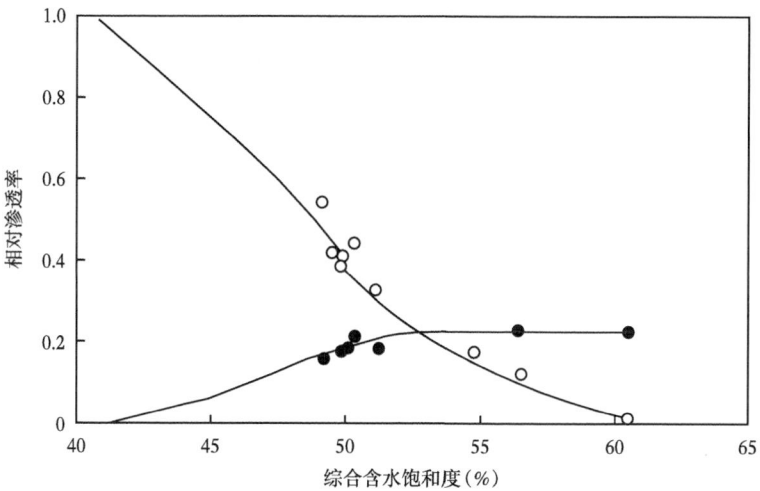

图 1-23 21# 岩心相对渗透率（基岩）曲线

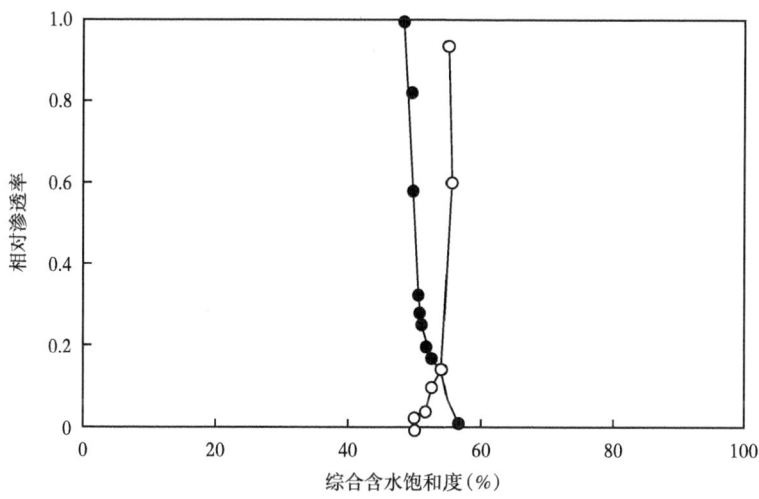

图 1-24 17# 裂缝性岩心的裂缝相对渗透率（稳态法）

表 1-4 岩心的相对渗透率物性参数

岩心号	21（基岩）	17（裂缝）
气测渗透率（mD）	0.6	86
孔隙度（%）	10.22	8.72
束缚水饱和度（%）	48.5	47.5
残余油饱和度（%）	39.3	42.4
最终采收率（%）	23.70	2.47

低渗透油田开发技术与实践

第五节　油田上产及技术攻关部署

大庆外围油田经历了多年的开发建设，已达到了年产油 $343×10^4$t 的水平，在大庆油田稳产中起着日益重要的作用。并且，开发技术和管理水平逐步走向成熟，地面建设工程也基本形成，这也为今后继续扩大开发规模奠定了基础。

一、外围油田"九五"期间形成 7 个主产基地，为逐步扩大周边地区开发创造了条件

大庆外围油田已开发动用储量 $2.91×10^8$t，从储量动用过程分析，各油田均采用滚动开发方式逐渐扩大开发面积和储量，并且按单井产量及规模的不同采用不同的工艺流程。已形成以朝阳沟、宋芳屯、榆树林、永乐、头台、龙虎泡和新站油田（或地区）为中心的 7 个开发生产基地。

从"九五"期间已形成的 7 个主产基地中，已将探明储量丰度高的区块优先投入开发，并形成一定的生产规模和骨架工程，为向周边扩展生产规模和采用单井拉油等更简易方式开创条件，使每个开发区块成为周边低丰度储量开发的依托和生产生活基地。至"九五"末期，形成 2 个年产百万吨和 2 个年产 $60×10^4$t 的产油基地。

1. 朝阳沟地区

该区块包括朝阳沟、肇源和王府地区，其主要开发目的层为扶杨油层。现已探明储量 $21301×10^4$t，控制储量 $3599×10^4$t。1985 年朝阳沟油田开始投入开发，已累计开发动用储量 $14458×10^4$t，年产油达到了 $141×10^4$t。

2. 宋芳屯地区

该区块主要包括宋芳屯、模范屯、升平、徐家围子、肇州和太平屯东地区，开发主要目的层为葡萄花和扶杨油层。截至 1997 年，已探明储量 $28461×10^4$t，控制储量 $5507×10^4$t，预测储量 $8178×10^4$t。自 1982 年开发以来，已累计动用储量 $6340×10^4$t，1997 年年产油达到 $107×10^4$t。该区葡萄花油层分布面积大，且存在大面积葡萄花油层和扶杨油层叠合区，是外围油田上产的重点地区。

3. 龙虎泡地区

该区块主要包括龙虎泡、敖古拉、齐家、杏西、新店、金腾、龙南、哈尔温、高西、萨西、他拉哈和他拉红等地区。主要开发目的层为萨、葡、高和扶杨油层，黑帝庙油层零星分布。现已探明储量 $7917×10^4$t，控制储量 $10393×10^4$t，预测储量 $12537×10^4$t。自 1982 年杏西油田开发以来，已开发动用储量 $2311×10^4$t。该地区开发除龙虎泡、敖古拉规模较大，其他油田规模很小。在此期间在龙虎泡周边地区已找到了大面积分布的高台子和扶杨油层，萨葡油层分布虽然比较零散，但也属于小而肥的区块。该区是外围油田今后上产的重点地区，1997 年年产油 $41×10^4$t。

4. 新站地区

该区块包括新站、新肇、葡西和敖南地区，开发主要目的层为黑帝庙和葡萄花油层。已提交控制储量 $9279×10^4$t，预测储量 $3093×10^4$t。1996 年在新站地区开辟了葡萄花油层开发试验区，部分井压裂投产后产能比较高，截至 1997 年底，单井产量保持在 5t/d 以上。

该区为今后探明储量及开发评价工作的重点地区，也是外围油田今后上产的重点地区。1997年年产油 4.0×10^4t。

5. 榆树林地区

该区块主要包括榆树林、丰乐、尚家地区，开发主要目的层为扶杨油层，局部地区分布葡萄花油层。已探明储量 18930×10^4t，控制储量 735×10^4t，预测储量 2565×10^4t。自1991年榆树林油田开发以来，已动用储量 3656×10^4t，年产油达到 38×10^4t。该区开发设想：主要搞好探明储量的开发工作，充分挖掘已有探明储量潜力。

6. 永乐地区

该区块主要包括永乐、永乐—肇州地区，开发主要目的层为葡萄花和扶杨油层。已探明储量 13959×10^4t，预测储量 2800×10^4t。1996年开始对该区块进行开发前期评价工作部署，1997年已动用储量 402×10^4t，年产油 1×10^4t。

7. 头台地区

该区块包括头台、茂兴和肇源—裕民地区，开发目的层为扶杨油层。已探明储量 10865×10^4t，控制储量 88×10^4t，预测储量 6481×10^4。1994年头台油田开始投入开发，动用储量 1918×10^4t，但由于油田储层裂缝发育，再加上储层物性差、产能低的因素，开发效果较差。因此，尽管该区有各类储量 1.7×10^8t，开发潜力比较小。

由于加强了探明储量和开发前期工程工作力度，1997年在外围"三低"油藏中优选出了较多的富集区块，为加快增储上产创造了条件。在1997年钻井844口井的基础上，1998年钻井1000口的井位已经落实。

二、发展低渗透油田开发方案设计技术

大庆外围油田属于低渗透、低丰度、低产量复杂油藏，油田开发处于经济有效开发边际附近，油田开发的关键是研究发展开发区块优选、井位设计、注水方式选择及开发指标预测等技术。

1. 开发区块优选评价技术

针对"三低"油藏开发经济效益低的特点，油田开发前必须进行开发区块优选，优选出油层厚度大、储量丰度高、油井产量高的区块投入开发。因此，必须利用地质、地震、测井等多学科进行油藏成藏条件研究及含油富集区块预测。从构造形成发育史、石油生成运移史、储层沉积成岩史的综合分析，对油藏成藏条件进行研究，为开发区块优选指明方向；利用地质—地震综合预测砂岩发育区，并结合油藏成藏条件研究优选含油富集区。

2. 应用随机模拟方法优化井网设计技术

针对"三低"油藏含油砂体规模小、平面变化大的特点，开发井网的选择要尽可能多地控制住含油砂体，并且使更多含油砂体受到水驱。依据沉积相研究和地震资料预测含油砂体发育层段和区带等资料，在概率统计理论基础上，研究适合"三低"油藏井距优化模拟、井排方向优化模拟和井网参数的经济效益评价方法。

3. 开发指标预测中的数值模拟放大技术

在应用模拟技术时，由于外围新油田首先投产的试验区面积小、开发历史短，用常规的井网模型线性放大到各区块，误差较大。为此，在研究外围油田开发指标预测时，应该以已开发区块井组模型为基础，经不同区块差异特征参数筛选，将井组基础模型转化为若

干个适应小区块地质开发特点的模型，对差异模型的拟合结果进行参数放大处理，处理后的开发指标再逐一拟合预测。再将小区快开发指标叠加，即可达到预测大区块开发指标的目的。

4. 开发方案实施

（1）按照滚动的程序组织实施，将研究工作和管理工作紧密结合，在实施过程中进一步优化和调整井位设计。

（2）按照单砂体确定注采系统，进行叠合优化，使条带含油砂体的水驱控制程度比以往提高 15.0%~20.0%。

（3）加强认识，试验先行，保证方案合理实施，并使各项措施工作目的明确、实施合理、效果明显、效益提高。

三、进一步完善"两早、三高、一适时"的注水开发技术，提高油田开发整体效益

大庆外围油田经过多年实践，已逐步形成了一套适合"三低"油藏的"两早、三高、一适时"的注水开发技术。随着已开发油田含水的上升，新开发区块油藏类型的增多，有必要进一步完善这套技术。

四、全面降低外围油田开发费用，提高已探明储量的动用程度

大庆外围油田尽管有 10.1×10^8t 的石油地质储量，但能够经济有效投入开发的所占比例较少。如何开发利用好这部分资源，是要重点研究和解决的问题。经过多年的工作，在钻井、完井、采油和集输等方面都取得了较好的效果，初步实现了降低油田开发投资及成本。如果将来钻井投资比"九五"期间水平降低 15.0%，通过采用简化的注采工艺，使地面工程投资和采油成本降低 60.0% 测算：1997 年底以前已探明油田可增加动用储量 2.6×10^8t，待探明地区可动用储量也会有较大幅度增加。

参 考 文 献

[1] 巢华庆. 大庆低渗透油田开发技术与实践[J]. 大庆石油地质与开发, 2000（5）: 1-3, 67.
[2] 王彦辉, 牛彦良, 周再林, 等. 用地震资料的关联维识别微小断层[J]. 石油勘探与开发, 1998（6）: 3-5.
[3] 钟德康, 李保树, 李艳华. 井网经济优化模型的应用研究[J]. 大庆石油地质与开发, 1999（6）: 3-5.
[4] 尚根华, 侯晓春, 刘学伟, 等. 利用 X-CT 研究大庆油田双重介质裂缝和砂岩孔隙度[J]. CT 理论与应用研究, 1997（1）: 28-33.

第二章 发展油藏评价和井网优化新方法,提高方案设计水平

20世纪90年代以来,大庆外围油田开发得到了迅猛的发展,"三低"油藏的有效动用及商业性开发已成为大庆油田今后可持续发展的战略性任务。1998年大庆外围油田已建成了3个采油厂和两个有限责任公司,先后开发了17个油田,年产油量已达到382×10^{4}t,其中第八采油厂和第十采油厂年产油量超过百万吨。预计"十五"期间年产油将达到450×10^{4}t。由于在"九五"期间的技术和经济条件下,外围油田仍然存在着储量品位低、动用状况差、已开发的油藏低效井、套管损坏井增多等问题,为促进这类油藏的经济有效开发,根据不同油田的地质和开发特点,研究出了提高储量探明程度和动用程度的开发技术,并在开发中发挥了重要的作用。

第一节 探明储量分类评价

截至1998年底,大庆外围区块已探明20个油田和2个气田油环,探明含油面积2572.1km^2,石油地质储量109469×10^{4}t。开发油田17个,动用含油面积594.2km^2,地质储量32703×10^{4}t,占探明储量的29.9%,未开发储量76766×10^{4}t,占探明储量的70.1%。其中,萨葡油层的储量为23415×10^{4}t,占未开发储量的30.5%,扶杨油层(包括龙虎泡油田高台子油层)的储量53351×10^{4}t,占未开发储量的69.5%。这部分未开发储量关键在于经济效益的问题(图2-1、图2-2)。为此,外围油田开发必须创新技术、降低投资、灵活体制、宽松政策。

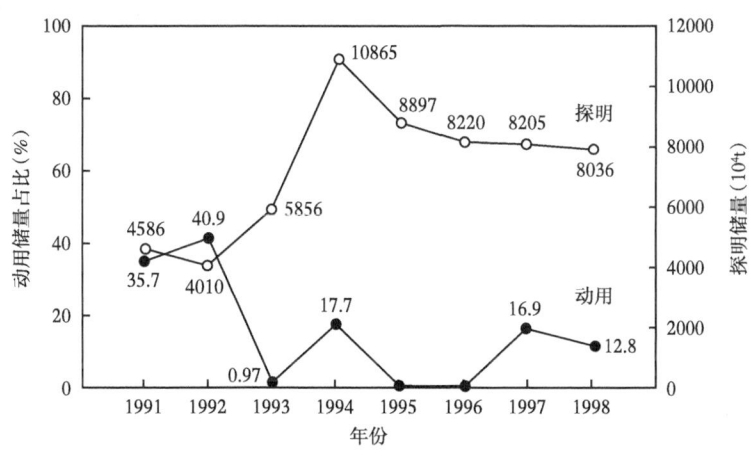

图 2-1 大庆油田"八五"以来各年度探明储量状况

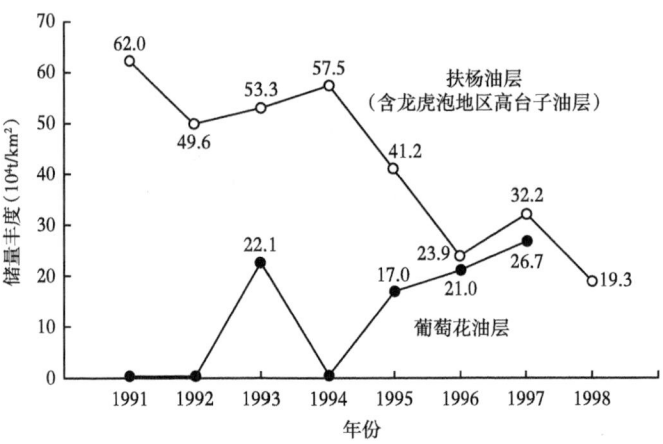

图 2-2 大庆油田"八五"以来各年度探明储量丰度图

一、经济有效开发的技术界限标准

从经济评价结果来看，在控制一定投资和成本条件下，保证油田能够经济有效开发的前提条件是油井需具有较高的产量。而油井要保持较高的产量，就必须保证油井能够控制一定的可采储量。但大庆外围已开发油田或区块解剖分析结果表明，上述条件只是在同一地区具有一致性对应关系，但对于不同区块，即使相同层位由于油层连通状况及储层物性的差别，其油井产量也不相同，这一点已被实际资料所证实（图 2-3、图 2-4）。大庆外围油田未开发储量主要为葡萄花油层和扶杨油层，因此，经济有效开发的技术政策界限主要是针对葡萄花油层和扶杨油层制定的。按照油价 1000 元/t，钻井成本"九五"期间降低 15%，地面建设投资和操作费降低 30% 评价，其油井稳定产量下限、有效厚度下限、储量丰度下限见表 2-1。

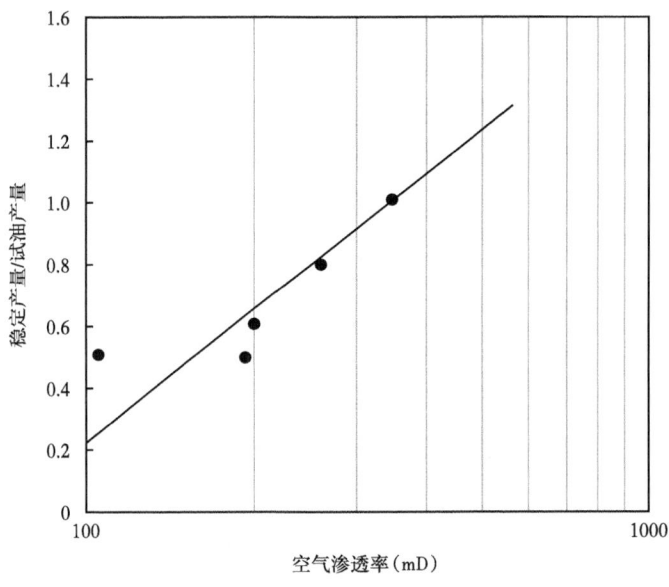

图 2-3 萨、葡、高油层开发井稳定产量与探井试油产量关系图

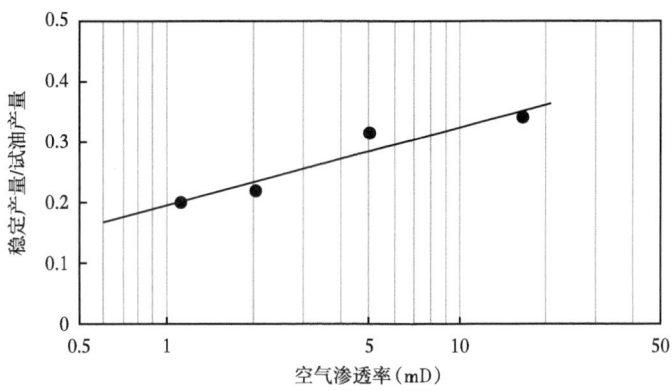

图 2-4 扶杨油层开发井稳定产量与探井试油产量关系图

表 2-1 大庆外围油田开发经济界限标准

层位	不减免税费			减免部分税费		
	稳定产量（t/d）	有效厚度（m）	储量丰度（10^4t/km^2）	稳定产量（t/d）	有效厚度（m）	储量丰度（10^4t/km^2）
葡萄花	3.6	3.2~3.0	28.8~27.0	3.0	2.7~2.5	24.3~22.5
扶杨	4.5	27.3~13.0	144.7~68.9	3.7	22.5~10.7	119.3~56.7

二、探明储量分类评价

按照上述经济界限标准对已探明未开发的 $76766×10^4$t 储量进行评价分析，可划分为以下三类。第一类：近期可投入开发的储量为 $1.1×10^8$t，占未开发储量的 14.3%，这部分储量尽管评价认为可开发动用，但经济效益也比较差，开发风险性较大。第二类：近期难以投入开发的储量为 $5.5×10^8$t 左右，这部分储量在"九五"期间工艺条件下很难动用，这也是今后挖潜的主要对象，需要继续进行评价落实。第三类：待核销和核减的储量尚有 $1×10^8$t 左右，这部分储量经过评价落实含油面积减少或油层厚度变薄，储量比原探明储量有所减少。

三、探明储量评价结果

从已探明储量评价分析结果来看，1998 年底已探明未开发储量尚可优选 $1.1×10^8$t，储量在 1999 年以后开发动用，可钻井 2300 口，可建产能 $161×10^4$t。

第二节 储层预测和油水层解释技术

"三低"油藏是油田开发史上少有的贫矿。为不断提高复杂油藏经济有效开发的水平，多年来在油藏研究和项目管理方面，逐步完善各个环节，形成了各专业技术配套。评价方法实行勘探开发一体化的管理模式，不仅丰富了研究工作的内涵，而且通过贫中选富大大提高了低品位贫矿的开发动用程度。发展了多参数灰色关联度等储层横向预测技术，低阻、含钙薄互层油水层自动识别技术以及测井参数综合解释方法，井网设计与储层地质条件相适应的优化设计方法。

一、提高地震资料分辨能力，为开发区块优选、储量参数研究和井位设计提供技术保障

为了实现龙虎泡油田高台子油层的勘探评价和开发工作的有机结合，充分发挥好地震技术在描述井间构造、储层、物性及含油边界方面不可替代的作用，地震技术工作在程序上做到了从勘探到开发的有机结合，技术上从粗到细，不同阶段采用不同的技术手段，为储量计算提供储量参数的描述结果，为井位设计提供可靠依据。

1. 构造精细解释

开发地震资料用于构造解释是指在确定主要目的层的反射深度和大的构造、断裂系统的基础上，精细描述储层顶面的构造几何形态，分析断层的平面分布特征，以研究构造与油气的分布规律。为最大限度地满足储量计算和编制开发方案的需要，首先在地震资料的录取上，制定了一系列的质量监控措施，不断提高开发地震资料采集和处理的质量，在此基础上应用高分辨率地震资料解释技术，对构造进行精细解释。例如龙虎泡油田高台子油藏有 3 个不同年度施工的地震工区，主要为高分辨率工区所覆盖，测网密度达到 0.6km×0.6km 和 0.5km×1km，剖面视频率在 55Hz 以上。对构造进行解释时，以合成地震记录为媒介，根据反射波组特征确定地震剖面的特性以及井旁道的地震地质层位，在解释工作站上进行层位追踪解释和闭合点调整；在断层的解释上，根据波形的不同显示方式来确定断点，按照一定的原则和区域地质特征准确地组合断层，使之在空间和平面上都趋于合理，充分利用区内井较多的优势，用迭代扫描法计算的速度参数 V_0、β 值进行时深转换，作出了高台子油层顶面的深度构造图。为了提高构造图精度，对时深转换后的构造图又进行了井孔深度校正。经1998年完钻的 200 余口开发井和 14 口评价井证实，断层解释准确，平面组合合理，构造深度平均绝对误差 6.86m，精度较高（表 2-2）。

表 2-2　龙虎泡地区高台子油层高三组顶面构造图精度对比

井号	钻井海拔（m）	地震深度（m）	绝对误差（m）	相对误差（%）
金 271	-1853.60	-1860.0	6.40	0.34
金 253	-1776.20	-1775.0	1.20	0.07
龙 136-09	-1718.00	-1730.0	12.00	0.69
龙 108-19	-1683.57	-1678.0	5.57	0.33
龙 10-08	-1610.70	-1605.0	5.70	0.35
龙 242	-1678.70	-1696.0	17.30	1.03
龙 100-20	-1688.80	-1690.0	1.20	0.07
龙 22-14	-1625.60	-1618.0	7.60	0.47
龙 106-12	-1647.56	-1651.0	3.44	0.21
龙 144-06	-1641.73	-1750.0	8.27	0.47
平均			6.86	0.40

为了进行开发井位设计，在构造的精细解释中，重点突出储层构造的细节，即断距10m左右的小断层和闭合幅度10m左右的小幅度构造。小断层解释采取小断层模式解释方法和自动解释方法相结合，最大限度地找出可疑小断层，尽可能避免因钻遇小断层而使井报废。在突出小幅度构造上，主要是在解释时加密拾取点，在处理上尽量保证测线闭合的情况下进行闭合差校正，消除局部畸变点，采用变速成图速度并利用校正构造图速度的方法进行时深转换，采用小间距网格、带断层点网格和小等值线间隔（5~10m）的方法，确保了小幅度构造的准确成图，为开发井设计提供了重要依据。

2. 储层预测及储量参数求取

在龙虎泡油田高台子油层评价过程中，充分发挥了高分辨率开发地震资料的优越性，开展地震储层预测研究。在外围油田储量计算和评价井部署工作中，通过地质—地球物理统计分析方法，建立地震特征参数和地质参数的函数关系，开展砂体综合预测。首先以地质上沉积微相分析为基础，建立沉积微相与地震反射特征的关系，根据地震资料重新划分沉积微相，得到反映井间变化更细致的沉积相边界，确定主体砂岩变化的趋势。在此基础上，应用判别分析、神经网络等多种方法开展储层横向预测。

另一个重要的储层参数是孔隙度，根据龙虎泡地区岩心分析和测井解释综合分析，油层的物性主要受沉积作用和砂体类型控制，砂岩发育程度高，储层物性相对较好，根据此关系，运用与砂体预测相似的方法对储层进行了预测，得到了有效孔隙度的平面分布规律。

一次解释成果在开发上主要用于部署开发控制井和开发首钻井，大批量部署开发井时，还要在一次解释成果基础上对资料进行再认识，此时，由于有一部分开发井资料反馈回来，井孔信息更加丰富，能够应用的已知条件增多。在龙虎泡地区具体应用时，主要以探评井和部分开发井为约束条件，选取对地质特征敏感的几种地震特征参数，构造出与储层厚度的非线性关系，应用多项技术，研究砂体和有效厚度分布，细致地刻画出砂体的横向变化特点，对储层重新认识和评价。对储层进行预测时，以地震特征参数反映地质参数的敏感程度为标准，通过相关性分析、贡献量分析等方法对参数进行优化取舍，用最终优选出的4~6种参数，进行关联度分析，并对储层进行预测。经开发井验证，结果比优选参数前砂岩厚度绝对误差降低1.5m，相对误差降低10%，精度有所提高。除了这种方法外，还根据龙虎泡地区的具体情况，从已知井出发，多种方法综合运用，从井控制距离外推，综合细致地反映砂体的变化，并及时应用反馈井信息，修正和指导储层预测的结果。

用地震资料部署开发井时，首先要逐井落实到剖面上，避开可疑断层，选取砂体发育部位，初步落实开发井位，在开发钻井过程中跟踪分析，及时利用新资料修正地震解释结果，提出井位调整意见。经过这些工作，龙虎泡油田高台子油层完成开发井位设计848口，截至1998年11月底已完钻469口，成功率为100%。

二、研究低阻油层、高阻水层的成因机理，提高油水层识别及参数解释精度

大庆长垣西部油田除发现正常油气水层外，还发现大量低电阻率油气层、含钙薄互层、油水同层、干层和高阻水层等。这些不同类型油气水层相互共存，给测井评价带来很大困难，导致测井解释符合率较低，尤其是开发井都是国产系列的资料，造成的影响更大，严重阻碍了开发的进程，直接影响了油田的经济效益。

1. 油层低电阻率成因机理、含钙薄互层测井响应特点及高阻水层的导电机理

为搞清低阻油层成因机理、含钙薄互层测井响应特征、高阻水层的导电机理,从理论模型和岩电实验两方面进行了深入研究。

1)油层低电阻率成因机理分析

低电阻率油气层主要有4种类型,第一种是束缚水饱和度高、含油气饱和度低的低电阻率油气层;第二种是高—极高地层水矿化度条件下的低电阻率油气层;第三种是富含泥质和黏土矿物的泥质砂岩形成的低电阻率油气层;第四种是粒间孔隙—裂缝并存,具有双重孔隙结构的低电阻率油层。一般情况下对某一地区这些类型多以单一形式存在,但大庆长垣西部油田为两种以上复合类型。通过对低电阻率油层的岩心进行孔隙度、渗透率、粒度、重矿物、黏土矿物、扫描电镜、压汞、束缚水饱和度、阳离子交换能力和常温常压与高温高压岩电实验等分析,认为大庆长垣西部共存在3种类型的低电阻率油层(表2-3):

(1)颗粒细、泥质含量高引起的高束缚水饱和度型低电阻率油层;

(2)薄互层型低电阻率油层;

(3)孔渗性比较好的钻井液滤液侵入深型低电阻率油气层;

表2-3 部分低电阻率油层岩样实验分析对比结果

类型	井号	层位	渗透率(mD)	V_{sh}(%)	M_d(μm)	S_{wb}(%)	ϕ(%)	R_o(Ω·m)	R_t(Ω·m)/S_o(%)	性质
颗粒细、泥质含量高引起高束缚水饱和度型	大404	H	35.5	18.3	.117	57.3	22.2	12.3	40.0/50.0	低阻
	大401	H	53.1	12.4	0.171	44.5	25.1	16.0	95.6/50.0	正常
	塔20	P	26.8	17.0	0.070	58.6	20.7	13.9	30.1/54.3	低阻
	塔24	P	54.3	9.2	0.117	40.5	21.8	20.0	106.0/53.5	正常
岩性比较纯或含泥重的薄互层型	大407	P	13.0	13.3	0.104	15.3	22.6	5.5~10.0		低阻
	大424	P	12.2	9.3	0.160		21.4	21.7	8.0~12.0	低阻
孔渗性比较好的钻井液滤液侵入深型	大402	H	300	14.0	0.179	42.0	27.0	23.6	206.2/52.6	低阻
	金2	P	31.4	6.4	0.112	49.5	19.0	20.0	234.1/53.1	低阻

2)含钙薄互层测井响应机理分析

该地区储层钙质主要以分散方解石结构存在。而分散方解石主要来源于沉积成岩作用,它将占有砂岩的粒间孔隙,使砂岩孔隙度减小,孔隙通道更加曲折,导致岩石导电能力的下降,造成含钙砂岩电阻率的升高。

3)高阻水层的导电机理分析

大庆长垣西部油田高阻水层主要有3种类型:含残余油水层、致密砂岩水层、含钙(钙质)砂岩水层。其中地层残余油的存在是形成高阻水层的主要原因。

4)颗粒粗细等因素对地层电阻率影响的定量模拟分析

为定量评价颗粒粗细、排列方式、束缚水及残余油等对储层电性特征的影响,建立了考虑饱和度指数变化的统一的变系数泥质砂岩含水饱和度模型。

结果表明:岩石颗粒较细、岩石比表面和束缚水饱和度非常大时,地层含水饱和度等于地层束缚水饱和度，由于地层含水饱和度比较高、地层电阻率较低，地层将只产油而不产水，形成低电阻率油层。当地层含泥较高时，除黏土阳离子交换引起的附加导电性增加外，其岩石比表面和束缚水饱和度较大，也是形成低电阻率油气层的主要原因。同时，地层的含钙量（或残余油）越高，则地层的电阻率就越大。

理论计算与岩电实验得出的结论完全相同。

2. 提高测井曲线的分辨率和提取地层的真电阻率的方法

以往关于薄层测井评价方法利用具有较深探测深度的高分辨率测井资料进行油气水层的测井评价，这些技术没有考虑井眼及钻井液侵入的影响，从而影响了电阻率高分辨率处理效果，甚至出现"油层是油层显示、水层亦是油层显示"的错误结论。针对高分辨率处理技术存在的种种缺陷，提出多维电阻率高分辨率处理技术，以实现纵向高分辨率和径向高分辨率的处理。

自适应多维电阻率高分辨率处理技术的特点集中体现在"多维"及"自适应"两个方面。"多维"是指不仅提高纵向分辨率，而且提高其径向分辨率；"自适应"是指针对电阻率响应严重非线性，有效 α 因子应随背景电阻率变化而变化。

3. 运用模式识别技术和"可动水"法建立油水层识别标准和测井综合评价方法

1）运用模式识别技术和"可动水"法建立油水层识别标准

首先对测井曲线进行环境校正、高分辨率和电阻率反演等预处理，由基本测井理论及低阻、含钙薄互层的成因机理、导电机理分析，建立基础参数数学模型来评价低阻、含钙薄互层储层；计算出地层的含水饱和度 S_w、冲洗带含水饱和度 S_{xo} 和束缚水饱和度 S_{wb}；应用可动水法计算地层的可动水饱和度 S_{wm} 和可动油饱和度 S_{hm}，结合试油资料建立解释标准。

参考地层的四性关系，按照可动水和可动油的概念，建立以下油水层的识别标准式（2-1）。

$$
\text{油层：} \begin{array}{l} S_{wm} < \theta \\ S_{hm} > \theta \end{array}
$$

$$
\text{水层：} \begin{array}{l} S_{wm} > \theta \\ S_{hm} < \theta \end{array}
$$

$$
\text{油水同层：} \begin{array}{l} S_{wm} > \theta \\ S_{hm} > \theta \end{array}
$$

$$
\text{干层：} \begin{array}{l} S_{wm} < \theta \\ S_{hm} < \theta \end{array}
$$

（2-1）

式中 θ——截止值，结合试油资料及区域地质规律决定该值的大小。

根据大庆油田外围地区油水层的分布特点和测井响应特点，可以将渗透层段分为正常油层、正常水层、低电阻率油层、高阻水层、油水同层、干层和含钙薄互层 7 种类型。为了处理方便，仅将外围油水层种类分为正常油层、正常水层、低电阻率油层、高阻水层和含钙薄互层等 5 种类型，而将油水同层和干层认为是上述 5 种类型内的一个特例。

图 2-5 为大庆长垣西部地区复杂油水层综合测井评价流程图。首先，按照测井曲线的特征对给定的解释井段划分出所有渗透层，大庆外围渗透层应是砂岩、泥质砂岩或钙质砂岩，其测井响应特点是：深浅侧向电阻率和微球电阻率读数比较大、自然电位有异常、自然伽马读数较低。其次，按照深侧向电阻率读数和声波时差读数将渗透层分为 A1、A2、B1、B2 和 B3 五种油水层类型。最后，根据计算结果和四性关系研究识别油水层类型：油层、水层、油水同层和干层。

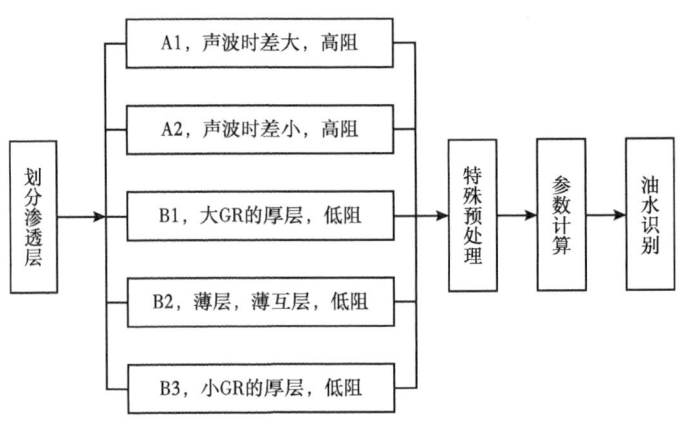

图 2-5　大庆长垣西部油水层综合测井评价流程图

2）采用"多参数逐步判别法"，建立低阻油层、含钙薄互层、高泥高钙储层有效厚度的解释标准

考虑到低阻、含钙薄互层、高泥高钙储层并存的特点，利用多条相关曲线来识别岩性、物性、含油性，即"多参数逐步判别法"来制定有效厚度电性标准，弥补了过去考虑含油性等因素编制图版的不足。从应用效果看，较好地解决了复杂岩性砂泥岩薄互层的有效厚度划分问题（图 2-6 至图 2-8）。

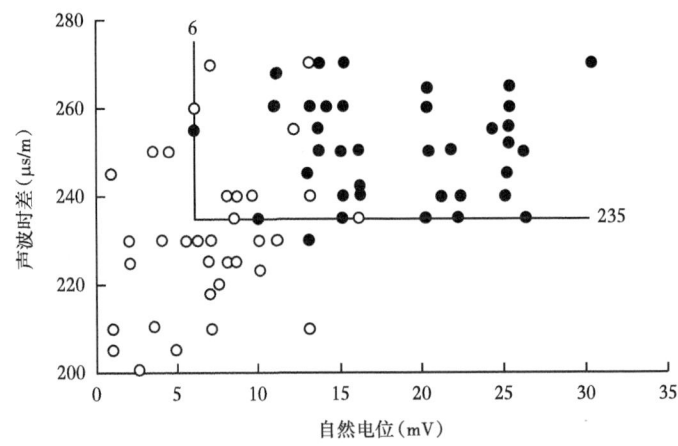

图 2-6　龙虎泡油田高台子油层有效厚度电性图版

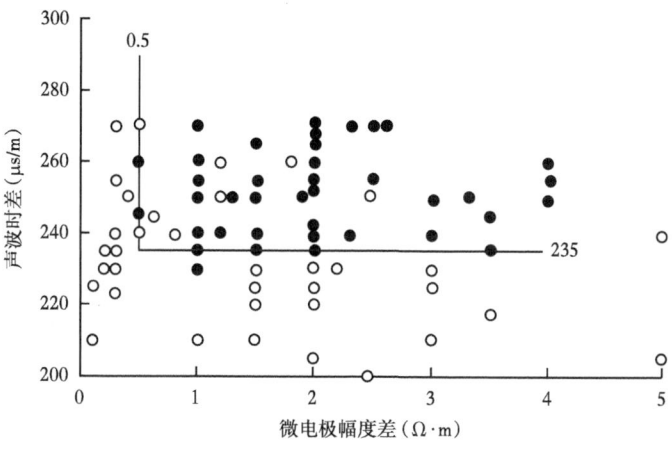

图 2-7　龙虎泡油田高台子油层有效厚度电性图版

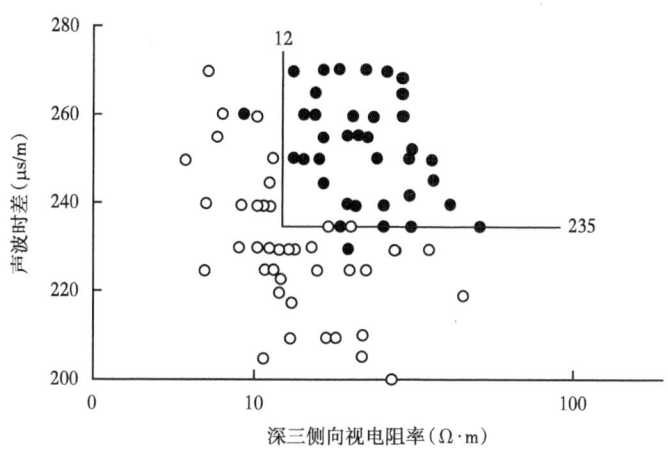

图 2-8　龙虎泡油田高台子油层有效厚度电性图版

针对龙虎泡油田萨、葡、高油层（典型含钙薄互层）和新站油田黑、葡油层（典型低阻油层），分 CSU 系列和国产系列，对最新完钻井进行处理解释。与试油资料对比，解释符合率达到 85% 以上，尤其是利用国产资料的解释符合率，比以前提高的幅度更大。这项技术将为大庆长垣西部油田今后的评价与开发提供有力的技术保障。

第三节　基于砂体—裂缝的井网优化设计方法

井网设计的好坏直接关系到油田开发的主动性和灵活性。井网设计的目的是如何在当前的技术经济条件下最大限度地提高采收率。大庆外围扶杨油层属于特低渗透油藏，渗透率一般只有 0.1~5mD。即使压裂投产，产量仍很低。针对窄条带河道砂体的特点，从实际效果对比和油层统计模型研究入手，提出了优化井网参数的窄条带河道砂体随机模拟井网部署方法[1]，并应用于榆树林油田的井位设计之中；针对裂缝比较发育的油藏，在地应力场描述及裂缝发育特征研究基础上，研究出了裂缝系统与井网系统参数的最优化组合设计方法[2]。

一、适合窄条带河道砂体的随机模拟井网部署方法

1. 储层砂体的基本特点

1）含油砂体规模小、平面变化大

扶杨油层以河流相沉积为主。榆树林油田在油藏描述过程中，从含油砂体的规模、厚度贡献等方面进行分类评价，结合开发井的实施结果分析，发现油层厚度、含油面积、地质储量与原设计相比分别减少了35%、25%、38%。说明以河道沉积为主的砂体，油层发育不稳定，横向变化大，探、评井难以控制。

从单砂体分析看，东区110口井钻遇的492个砂体中，64.4%为孤立砂体，长度和宽度小于600m的占78%。

2）主力油层具有明显的方向性，与非主力油层相比，物性、砂体形态相差较大

扶杨油层的主要特点是主力油层厚度大、方向性强、分布广泛。东区能控制住的79个砂体中，50%为南北向。主力油层渗透率一般为2~5mD，非主力油层小于1.0mD。

2. 注采井网系统与储层参数的匹配关系

井设计的核心是提高水驱控制程度，而水驱控制程度的高低取决于注采系统参数与油层参数的匹配关系。分析认为，影响油层水驱控制程度的地质因素为油层厚度、砂体宽度、砂体延伸方向及井点在砂体中的位置；工程因素为井距、井排方向和注水方式。在井网部署时，注采系统中每个井点与地下每个含油砂体之间的关系是随机的。在多个井点、多个含油砂体的情况下，一个区块的开发井对开发井的控制程度是一个大的样本空间。首先应用概率统计原理，构造出油层参数分布模型，然后根据不同的井网参数组合，随机模拟计算出了与窄条带河道砂体相适应的合理井网是井排方向与砂体延伸方向成45°，注水方式为五点法注水井网。这种井网主要有以下3个优点：

（1）垂直砂体延伸方向的排间距最小，钻遇同一砂体的井数最多，同一砂体中同时拥有相邻注水井和油井的概率最高，即水驱控制程度最大；

（2）在相同井距条件下，五点法比反九点法注水水驱控制程度高，如榆树林油田东区300m×300m井网，五点法较反九点法注水水驱控制程度高14%，也就是说在相同水驱控制程度下，五点法注水所需井数较少；

（3）与砂体延伸方向平行或垂直的方向井距较大，使水驱油更加均匀，若该方向存在裂缝，可调整成沿裂缝注水的交错排状注采系统，其波及面积大，驱油效率高。

榆树林油田南区井位设计时，应用了随机模拟和经济效益分析的设计方法，采取了变井距布井。在树2井区设计井距为250m，在树8井区设计井距为300m，井排方向与砂体优势方向成45°。

二、适合裂缝性油藏的井网优化部署方法

1. 储层裂缝的基本特点

（1）天然裂缝比较发育，其方位受构造控制，主要为近东西向。

储层天然裂缝按成因可以分为构造裂缝和非构造裂缝。扶杨油层的构造裂缝分为显裂

缝（裂缝宽度＞0.1mm）和微裂缝（裂缝宽度＜0.1mm）。非构造裂缝以沉积（层间）缝为主。为搞清三肇地区扶杨油层构造裂缝展布方位，在各油田加大取样密度，采用古地磁方法进行岩心裂缝定向。三肇地区扶杨油层构造裂缝总体走向以近东西向为主，其次是近南北向、北东向裂缝，北西向裂缝发育较少，各油田优势裂缝组系走向有所不同；受岩性、层厚、构造部位、沉积微相的影响，各油田或区块构造裂缝发育密度及层间缝发育状况差异较大（表2-4）。

表2-4 三肇地区扶杨油层裂缝特征

油田	构造缝				层间缝		微裂缝			
	观察井数（口）	频率（条/m）	方向（°）	主要发育区	裂缝井/调查井（口）		薄片块数（个）	宽度（mm）	长度（mm）	密度（1/mm）
榆树林油田	34	0.010	50~70、80~100	树163、升382、树115	19/24	发育	4	0.063	9.75	0.031
头台油田	19	0.057	50~110	茂5、茂9、茂141	18/25	发育	3	0.028	2.52	0.013
朝阳沟油田	25	0.040	70~100	朝948、朝94、朝947	17/25	发育	2	0.031	2.63	0.031
肇州油田	25	0.026	70~110	州161—州132、州35—州311、芳483	西区及东区的南部发育		2	0.038	3.3	0.022
肇源地区	14	0.031	70~110	源19—源241、源271—源13	不发育		2	0.014	0.85	0.002
合计	117		50~110				13	0.0349	4.21	

（2）储层裂缝孔隙度较基质孔隙度低、渗透率高、导流能力强。

裂缝性油藏由于裂缝延伸较长、截面积变化小、迂曲度小、渗流阻力小，而基质由于存在极小的喉道且迂曲度大、渗流阻力大。因此，虽然裂缝所占空间较小，但渗流能力很强。采用X-CT成像技术，对头台油田岩心进行成像，统计7块裂缝岩心的裂缝孔隙度在0.625%~1.81%，平均为1.07%；基质孔隙度在4.97%~13.51%，平均为10.06%。裂缝孔隙度仅是基质孔隙度的1/10；应用稳定渗流法，在控制注入压力低于基质启动压力的条件下，测得了裂缝平均渗透率为43.8mD，基质渗透率为0.48mD，裂缝渗透率为基质渗透率的91倍。所以说，裂缝较基质导流能力强。

（3）人工裂缝与天然裂缝在油田开发中构成了储层的主要渗流通道。

扶杨油层现代应力场最大水平应力方向以近东西向为主，局部以近南北向为主。由于现代应力场不仅制约了储层构造裂缝的有效性和裂缝渗透率各向异性，在很大程度上还控制了压裂人工缝形态。这种应力状态决定了近东西向裂缝组系是最有效的天然裂缝组系（头台油田、朝阳沟油田朝5断块开发动态均显示出东西向先水淹的特点）；压裂人工缝延伸方向以近东西向为主，在多组天然裂缝发育情况下，裂缝对岩石抗张强度各向异性的影响会使人工缝的取向偏离最大水平主应力方向。头台油田现代应力场最大水平主应力方向平均为98°，与人工压裂缝方向107°基本一致。同时，裂缝性油藏又有其自身的特殊性，主要表现在：一方面，油井或注水井在产生人工裂缝的同时，天然裂缝张开；另一方面当注水井注水压力达到其储层破裂压力时，油层也产生事实上的人工裂缝，其天然裂缝也可能张开，这两种情况产生的人工缝都与天然缝形成一个统一体，只是前者人工裂缝由于支撑剂作用，在压力降低后，其渗流能力更强。因此，裂缝性油藏在注水开发过程中，天然裂缝和人工裂缝是储层的渗流通道。

2. 井网系统参数与裂缝系统参数的最优化组合设计

大量的裂缝性油藏水驱油机理研究和开发实践表明：裂缝的存在对注水开发来讲，既有有利的一面，也有不利的一面，当沿裂缝走向部署注采井点时，注入水将沿裂缝向生产井突进，造成油井过早水淹；如果根据水沿裂缝窜流的基本规律，因势利导，将注水井布置在裂缝系统上，沿裂缝注水拉水线，向裂缝两侧驱油，就会大大提高裂缝油藏的注水开发效果。

1）不同井网对开发效果的影响

在此以前国内外裂缝性油藏在井网部署时，几乎都应用了常规砂岩油藏广泛采用的正方形井网、反九点法注水方式，尽管一些裂缝性油藏在部署井网时为避免裂缝对开发的不利影响，将井排方向与裂缝走向部署成一定的角度（表2-5），如夹角为0°、11.5°、22.5°、45°。

表2-5 裂缝性油藏井网参数统计

油田名称	井网（m×m）	井排方向与裂缝走向夹角（°）	主裂缝方向（°）	水淹井位置
扶余	150×150 200×200	0	90	边井
朝阳沟	300×300	11.5 22.5	85	隔三排油井 隔排油井
新立	300×300	22.5	90	隔排油井
头台	300×300	45	90	角井

由于都有油水井处在裂缝系统上，注水开发后都表现出：平行或接近平行裂缝走向的油井（水井排油井）见水早、含水上升快，甚至暴性水淹；而垂直或接近垂直水井排的油井注水受效差。由于这种油水运动的不均匀性，特别是暴性水淹井的产生，给油田开发带来许多"严重后果"。即使转线状注水，只能在一定程度上降低含水、增加产量，但不能从根本上消除因不合理井网带来的危害。如扶余油田在部署井网时，由于未搞清裂缝走向，结果使井排方向与裂缝走向相同（图2-9）。朝阳沟油田部署井网时，尽管吸取了扶余油田的教训，将井排方向与裂缝走向成11.5°和22.5°，然而由于隔三排井和隔排井处在裂缝走向上，且水井排接近平行裂缝，所以不得不转线状注水，但由于主力油层渗透率较高、连通性好，高基质吸水率与高裂缝传导率相互作用，随着线状注水时间延长，其含水上升速度加快。新立油田、乾安油田也有类似情况。头台油田部署开发井时，吸取了上述

油田的教训，充分地考虑了裂缝对开发效果的影响，将井排按顺时针方向旋转45°。但由于储层物性很差，裂缝渗透率较基质渗透率高，一方面造成东西向油井大量暴性水淹，另一方面油井地层压力低，油田产量下降快。转线状注水后，由于地层压力恢复程度不高，油井产能仍很低。研究认为主要原因是现井网油水井排距太大。

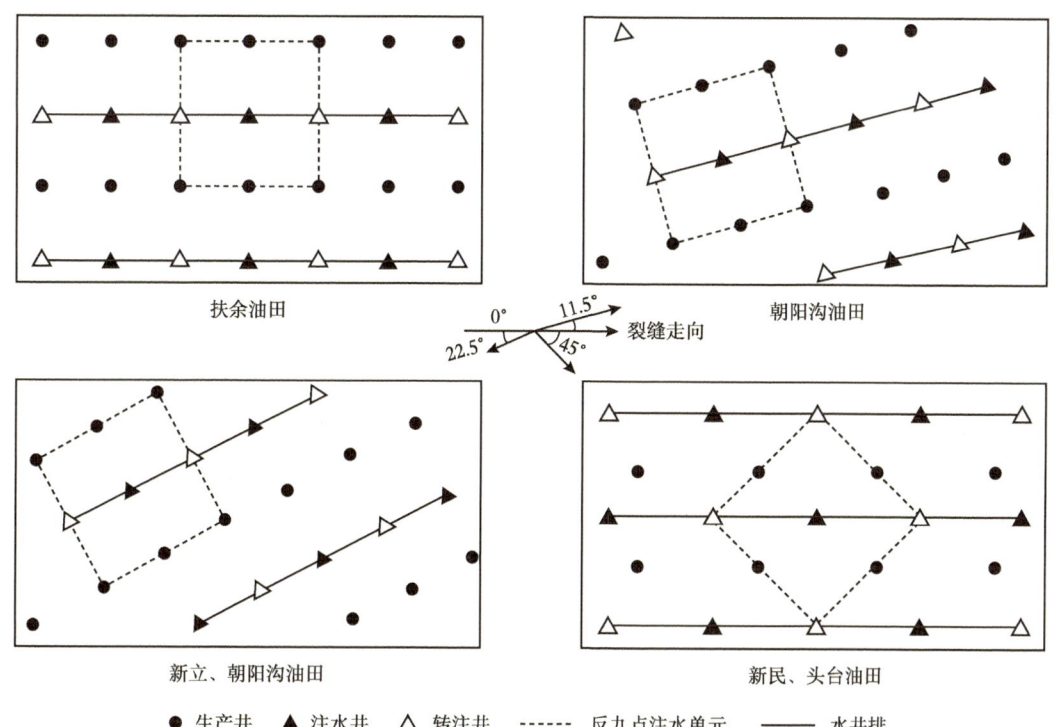

图 2-9 裂缝性油藏反九点和线状注水井网示意图

2）模拟方案设计

裂缝性油藏渗流特征及开发实践表明：影响裂缝性油藏开发效果的因素主要有两个方面，一是储层裂缝参数，另一个是井网参数。

（1）裂缝参数。

裂缝参数包括裂缝方向、裂缝渗透率与基质渗透率比值（以下简称渗透率比值）及裂缝发育程度（如视线密度）。

（2）井网参数。

井网参数包括两排水井夹油井排数和注采井方向（注水井与相距最近油井的连线方向）与裂缝走向的夹角（以下简称夹角）。

显然不同的油井排数和夹角组成了不同的井网，如两排水井夹一排油井井网，当夹角为0°和90°时，井网为通常所说的直线排状，当夹角为45°时为正方形井网，其他夹角则为菱形井网；对于两排水井夹两排油井井网，当夹角为0°和90°为行列井网，当夹角为45°时为正方形井网，其他夹角为菱形井网。

通过不同方案的对比分析，认为两排水井夹两排油井的菱形井网是开发裂缝性油藏的最优井网（图2-10）。最优井网的合理夹角：对于单向缝，其夹角在 $22.5°\leqslant\theta<45°$ 之间；对于两垂直缝，其注采井方向与裂缝走向夹角为 $45°$。

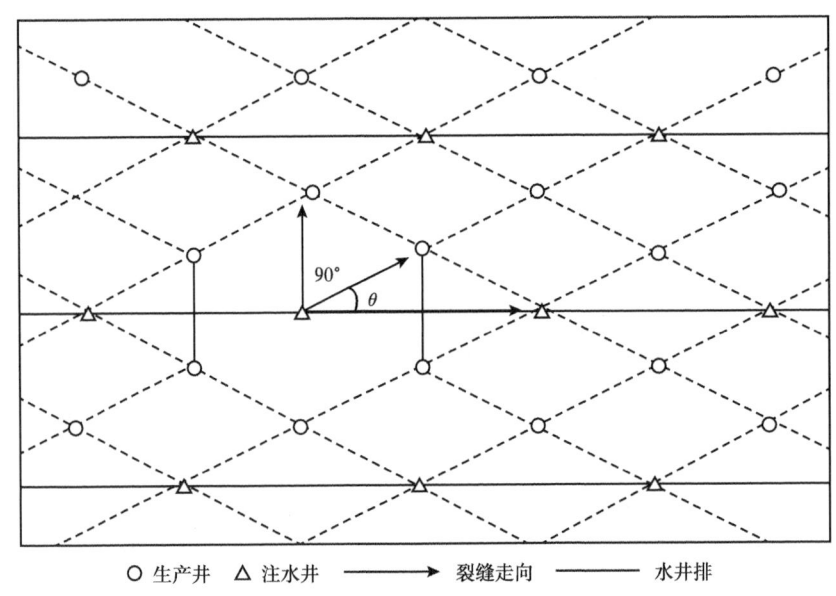

图2-10　注采井方向与裂缝走向 θ、$90°$ 菱形井网图

主要优点：一是避免了注采井同处在主裂缝走向上，有效地抑制了因油井水淹而出现的严重后果。注采井与裂缝走向成一定夹角，虽然注水井排与最近的采油井垂直距离较短，但因无裂缝沟通，所以开发效果较好；二是缩小排距，有利于油井受效，使油井保持较高的地层压力水平和旺盛的生产能力；三是油井多、水井少，符合裂缝性油藏注水井吸水能力强的特点。

应用这一方法对头台油田试验区进行了优化设计。头台油田试验区的合理井网应为注采井方向与裂缝走向成 $22.5°$、两排水井夹两排油井的 $600m\times124m$ 菱形井网。

第四节　油层结垢机理及对注水开发的影响

榆树林油田和头台油田地层水和注入水中普遍含有 Ca^{2+}、HCO_3^-、CO_3^{2-} 和 SO_4^{2-} 等成垢离子，油田注水过程中易出现油层结垢问题。另外，榆树林油田和头台油田油层的特低渗透特点也决定了其易于受到结垢伤害，进而对油层产能产生一定的影响。因此，开展油层结垢机理研究，深入认识油层结垢的规律性，采取有效措施，减少油层伤害，提高注水开发效果具有重要的实际意义。

一、结垢类型的确定

结合大庆油田的地质实际，从油田水开始研究，分别采用水质分析、结垢趋势预测、静态实验和动态模拟实验研究了外围油田的结垢类型、成因以及在地层中的分布形式和存在形式。水质分析结果见表2-6。

表2-6 外围油田水质分析资料 单位：mg/L

水种 项目	榆树林注入水	头台注入水	榆树林地层水	茂60-80井	头台地层水	东14站	榆一联	树162站	东16站
pH值	7.7	8.2	7.69	8.05	7.62	7.4	7.75	7.8	7.65
总矿化度	540.98	644.80	5491.3	693.57	5825.1	540.98	537.43	483.62	541.79
水型	$NaHCO_3$	$NaHCO_3$	$NaHCO_3$	$NaHCO_3$	$NaHCO_3$	$NaHCO_3$	$NaHCO_3$	$NaHCO_3$	$NaHCO_3$
K^++Na^+	52.00	122.77	1709.8	133.81	1810.6	52.00	28.00	118	50.00
Ca^{2+}	70.14	36.07	258.52	36.01	232.7	70.14	72.14	14.028	68.136
Mg^{2+}	12.16	12.16	2.43	14.59	8.20	12.16	18.24	1.216	13.367
Cl^-	7.80	34.04	2088.2	34.04	1898.2	7.80	6.383	12.056	7.801
SO_4^{2-}	19.21	0.00	1143.1	28.82	1433.0	19.21	33.62	28.818	28.818
HCO_3^-	378.32	439.34	289.23	445.45	419.6	378.32	366.12	308.15	369.17
CO_3^{2-}	0.00	0.00	0.00	0.00	22.9	0.00	0.00	0.00	0.00
Sr^{2+}	0.81	0.39				0.81	0.51	0.24	0.78
Ba^{2+}	0.06	0.03				0.06	0.02	0.06	0.09
游离CO_2	8.80	4.40							

水质全分析可知，大庆外围油田的注入水中，钡离子含量均小于0.09mg/L，锶离子含量均小于1.0mg/L，可见油田注入水中不存在$BaSO_4$、$SrSO_4$垢。另一方面，注入水中铁离子含量小于0.5mg/L，基本上达到了水质标准，因此水中也不存在铁化合物垢。运用物理化学经验公式对榆树林油田和头台油田的地面系统和地下系统条件进行结垢趋势预测。预测结果可知，无论是地面系统，还是地下系统，无论是注入水，还是地层水中都没有结硫酸钙垢的趋势。地面系统条件时，注入水中没有碳酸钙结垢趋势；地下系统条件时，注入水和地层水中均有碳酸钙结垢趋势。

由此可见，大庆外围油田在井壁和地层内均有结垢现象，以碳酸钙垢为主要类型，以方解石晶体的形式存在于地层中。

二、结垢影响因素

影响碳酸钙结垢的主要因素有：温度、压力和溶盐量。水中若有碳酸钙结垢现象，变化最大的就是水中的Ca^{2+}浓度，利用现场取回的注入水和模拟地层水，分别测定不同条件下Ca^{2+}浓度，根据Ca^{2+}浓度变化来判断结垢程度。

1. 温度

利用现场取回的注入水，分别测定不同温度下水中Ca^{2+}的浓度，并以此绘制Ca^{2+}稳定曲线图（图2-11）。由图中可见，水温低时Ca^{2+}可大量存在，水温高时其中的Ca^{2+}含量很低，也可认为Ca^{2+}转变成钙的不溶物沉淀下来，即发生结垢现象。可见，温度是影响结垢的因素之一。从图中可以看出当温度在45~70℃时，水中的Ca^{2+}含量下降幅度很大，大约下降了90%。因此，45℃是注入水中形成碳酸钙垢的临界温度。

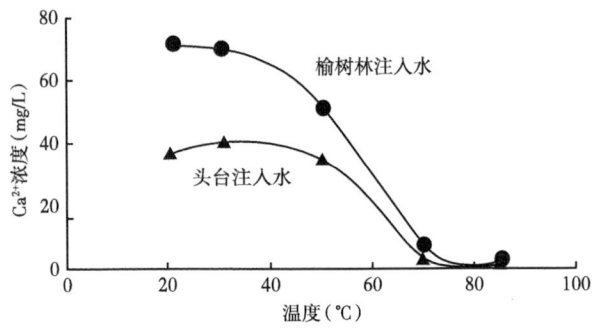

图 2-11　注入水中 Ca^{2+} 浓度与温度的关系

2. 压力

考察了同一温度下，压力升高对 Ca^{2+} 稳定性存在影响。如 80℃ 时，当压力由 0.1MPa 升至 16MPa 时，Ca^{2+} 含量由 2.0mg/L 升至 20.0mg/L（图 2-12），Ca^{2+} 含量增加了 90%，增加幅度较缓慢，即压力增加到 160 倍，Ca^{2+} 含量才增加 10 倍。

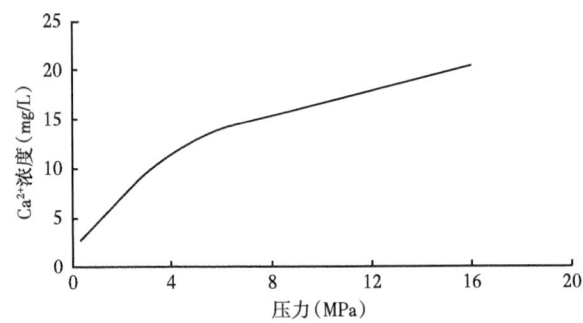

图 2-12　80℃ 时注入水中 Ca^{2+} 浓度与压力的关系

3. 溶盐量

在油田注水过程中，溶盐量的变化意味着注入水与地层水混合引起的矿化度的变化。采用现场取回的注入水按不同比例与地层水混合，在常温常压下放置 24h，观察发现水中没有混浊现象，也没有沉淀物出现，可见注入水与地层水大体上是配伍的。实验前后测定 Ca^{2+} 浓度，结果见表 2-7。从表中可以看出，常温常压下 Ca^{2+} 浓度略有变化，但变化不明显。

表 2-7　常温常压下混合水配伍性实验结果

注入水：地层水	Ca^{2+} 浓度（mg/L）			
	榆树林油田		头台油田	
	实验前	实验后	实验前	实验后
1:9	237.87	232	252.50	253
3:7	200.60	178	204.41	198
5:5	163.33	159	156.31	147
7:3	126.05	126	105.51	105
9:1	88.78	88	59.22	58

在油层条件（80℃，16MPa）下观察 Ca^{2+} 的稳定情况，见表2-8。从表中可以看出，在油层条件下，注入水与地层水混合比例不同，水中结垢程度也不同，注入水与地层水的混合比例达到 1:1 时，Ca^{2+} 含量下降的程度最大，即水中生成钙垢的量最大。

表2-8 油层条件下混合水实验前后 Ca^{2+} 浓度下降统计

注入水体积百分数（%）	Ca^{2+} 浓度（mg/L）							
	头台油田				榆树林油田			
	实验前	实验后	差值	下降程度	实验前	实验后	差值	下降程度
10	252.50	121.8	130.70	0.518	237.87	88	149.87	0.630
30	204.41	105.01	99.40	0.486	200.6	60	140.6	0.701
50	156.31	64.12	92.19	0.590	163.33	32	131.33	0.804
70	105.52	43.28	62.24	0.590	126.05	60	66.05	0.524
90	59.22	27.88	31.34	0.529	88.78	40	48.78	0.549
100	36.07	24.84	11.23	0.311	70.14	20	50.14	0.714

综上所述，影响大庆外围油田油层结垢的主要因素是温度、压力和注入水与地层水的混合作用。

三、注水过程中油层结垢机理

关于油田水结垢问题总体上已有基本一致的认识，即油田水结垢主要由于温度、压力、离子组成等条件改变或不相容水的相互混合引起。水垢的形成过程可简单表示为：水溶液 → 过饱和溶液 → 晶体析出 → 晶体生长 → 结垢。结垢过程受热力学、结晶动力学、流体动力学等多种因素的影响。通过油田水静态结垢实验，发现温度、压力对结垢均有影响，碳酸钙垢随温度的升高而增加，随压力的降低而增加，温度和压力的作用正好相反，温度的影响远大于压力的影响。实验表明，45℃是碳酸钙大量结垢的临界温度。

油藏环境中的结垢过程比纯溶液体系的结垢过程要复杂得多，但国内外在该方面的研究工作开展的不多。因此，本书的研究仍然基于油田水，结合动态实验揭示油层结垢现象。

1. 混合水结垢趋势实验

（1）注入水与地层水的配伍性。

在常温、常压下注入水与地层水大体上是配伍的。但注入水和地层水毕竟是两种不同平衡体系的水，混合时离子间要发生扩散、交换、碰撞、结合等现象。混合后，溶液中某些离子浓度仍有不同，主要是离子寻找平衡的缘故。

$CaCO_3$ 的溶解平衡反应如下：

$$Ca^{2+} + CO_3^{2-} \rightleftharpoons CaCO_3 \downarrow \qquad (2-2)$$

$$Ca^{2+} + 2HCO_3^- \rightleftharpoons Ca(HCO_3)_2 \rightleftharpoons CaCO_3 \downarrow + H_2O + CO_2 \uparrow \qquad (2-3)$$

注入水与地层水在各自单独的体系中，Ca^{2+}、HCO_3^-、$Ca(HCO_3)_2$ 等均处于平衡时的游离状态。混合过程中，就注入水体系而言，由于地层水的介入，其离子平衡被破坏，Ca^{2+}、HCO_3^-、$Ca(HCO_3)_2$ 等增加，平衡反应式（2-2）和式（2-3）向右移动，$CaCO_3$ 量增加，达到过饱和状态，该物质就会在温度、压力不变的情况下析出沉淀。

（2）温度对混合水结垢的影响。

考察了混合水（注入水与地层水1∶1混合）受温度的影响，温度低时，混合水中的 Ca^{2+} 可大量存在，温度高时，水中 Ca^{2+} 浓度明显降低，这主要是因为碳酸钙的溶解度在高温时明显减小。可见，混合水中的结垢受温度影响很大。注入水与地层水混合发生在地下，地层温度为 80~90℃，较高的温度为钙垢的形成提供了合适的物理化学条件。

（3）油层条件下的混合水实验。

这里主要研究 Ca^{2+} 的浓度变化。考察了注入水与地层水以不同比例混合，在油层条件（80℃、16MPa）下 Ca^{2+} 的稳定情况。从实验中可以看出，在温度、压力不变的条件下，混合水中也有结垢趋势，注入水与地层水的混合比例达到1∶1时，Ca^{2+} 含量下降的程度最大，即水中生成钙垢的量最大。

2. 油层结垢机理

当注入水进入地层后形成由注入水和地层水（或束缚水）等组成的混合体系，混合水中每一种水都有自己的化学结构，处于相对稳定状态，即平衡状态，混合后就会有这种或那种物质达到过饱和而产生沉淀。从前面实验中已经知道，油层高温高压条件为不平衡状态提供了条件。

油层结垢的重要条件就是具备不断提供成垢离子的地质因素，这种地质因素主要是指地层的孔隙、岩石矿物成分以及地层水性质。另外，注入水的水化学特征也是油层结垢的影响因素。经岩矿分析可知，地层中含有少量钙质矿物，注入水与地层水冲刷储层孔壁，使一些钙质矿物溶解析出 Ca^{2+}，增加了平衡反应中的 Ca^{2+} 浓度，反应式向右移动，增加了 $CaCO_3$ 的量，为形成碳酸钙垢提供了物质基础。另一方面，由于冲刷作用，固相表面因失去部分阳离子而带负电，加上孔壁的微观粗糙表面，易构成引力场，形成吸附中心，吸引和促使方解石微晶产生而引起结垢。地层中存在碳酸钙结垢不是由单一因素决定的，它是以上这些因素综合作用的结果，由于这些因素的存在使地层存在 $CaCO_3$ 结垢。

油田注水过程中，在注水井—注水地层—生产井的很大区域范围内，注入水与地层水的混合作用以及温度、压力等热力学条件的变化导致油田不同生产部位存在不同程度的结垢现象（图2-13）。

在注水井（包括井筒和近井地带），注入水一般不与地层水发生明显的混合作用。注入水沿井筒进入近井地层时，温度不断升高。根据地温梯度，注入水在井筒内就已经达到了临界温度，直至油层温度（80~90℃）时，会有大量的碳酸钙垢生成，同时注入水在井口→井筒→近井地带流动或渗流过程中，压力不断升高又导致碳酸钙结垢趋势的减弱。总之，注水井结垢主要是由温度升高引起的。

油层内部结垢主要由于注入水与地层水的混合作用导致成垢离子（Ca^{2+} 和 CO_3^{2-} 含量变化引起的），其结垢趋势随注入水与地层水混合比例不同而异。从图2-13中可见，压力的降低也是引起油层内部结垢的原因之一。实验研究表明，油层内部有结垢现象，但结垢程度较小。

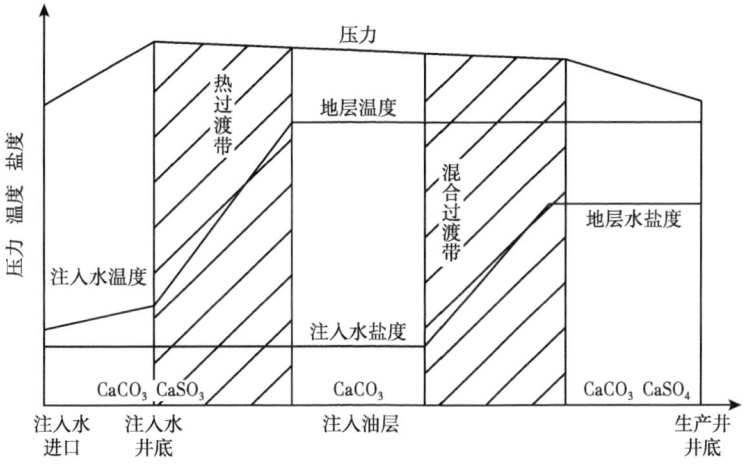

图 2-13　注水开发油田结垢示意图

生产井近井地带结垢主要是由压力的大幅度降低引起，注入水和地层水任一混合比下均可能发生结垢；注入水与地层水的混合作用也是引起生产井地带结垢的原因之一，头台油田生产井井壁结垢现象就是一个例证。

四、动态模拟实验

动态模拟结垢实验中，注入水混合比例为地层：注入水 = 1∶1，1∶2，1∶3 以及纯注入水，驱替倍数为 100~350 倍。通过 Ca^{2+} 检测，可计算出地层内结垢量（表 2-9）。

表 2-9　岩心中结垢量估算

样出编号	实验用注入水	初始钙浓度（mg/L）	最终钙浓度（mg/L）	累计时间（h）	注水速度（mL/h）	岩石总量（g）	垢矿物百分（%）
Al	1∶1	54.91	12.83	42	30	42.00	0.31
M	纯注入水	17.23	12.83	36	15	42.56	0.01
045-2	1∶1	56.11	46.09	47	30	39.36	0.09
045-3	纯注入水	14.83	8.02	51.5	15	38.40	0.03
MⅢ-2	1∶1	200.4	38.88	68	12.25	77.21	0.44
MⅢ-15	1∶2	20.84	16.03	74	18.5	67.34	0.02
MⅡ-12	1∶3	46.49	24.05	49.5	26.26	74.97	0.09
MⅢ-6	纯注入水	143.89	113.43	56	6.25	71.49	0.04

实验岩心为人造岩心（高渗透）和天然岩心（低渗透）两种。实验结束后，将岩心浸泡在蒸馏水中 7d，以除去可溶性盐类，然后再做相关分析。

对人造岩心实验前后进行孔隙度、渗透率测定，结果见表 2-10。从表中看出，结垢实验后岩样的渗透率有所下降，孔隙度变化不大，平行样实验前后压汞分析也看出，结垢现象对高渗透油层的孔隙度影响不大，但对渗透率有影响。

表 2-10 人造岩心实验前后基础数据

岩样编号	模拟结垢实验前		模拟结垢实验后		降低百分数	
	渗透率（mD）	孔隙度（%）	渗透率（mD）	孔隙度（%）	渗透率（%）	孔隙度（%）
A1	916	26.68	775	24.5	15.4	2.18
A2	1086	26.05	898	24.2	17.3	1.85
045-2	972	28.00	943	27.7	3.0	0.70
045-3	1010	28.84	869	27.3	13.9	1.54

将天然岩心做核磁共振研究发现，在近注水口断面有方解石生成，此断面的孔隙度略有降低。但从整体核磁波谱看，岩心总体孔隙度基本上没有大变化。结垢过程是时间的函数，注水时间越长，结垢越严重，但在实验中，驱动平衡之后，随着注入倍数的增加，渗透率基本上保持不变。由此可见，结垢对低渗透油层的渗透性没有明显的影响。

五、结垢对油层的伤害及预防

电镜扫描及核磁共振分析证明，注水过程中地层内有结垢现象，通过水驱后水相渗透率监测，渗透率没有明显降低，实验前后压汞资料及核磁共振资料表明，结垢对孔隙度和渗透率的影响很小。因此，大庆外围油田阻垢方向应该着重井壁和近井地带。由实验结果可知，由 HEDP 和 HPMA 组合而成的复配防垢剂对碳酸钙结垢具有良好的阻垢效果且对岩心伤害较小，是一种良好的防垢剂，适用于榆树林油田和头台油田。

第五节　低渗透油田开发关键技术攻关方向

大庆外围低渗透油田经过多年的探索，取得了较好的开发效果，但随着开发工作的深入，出现了许多新问题，必须及时研究解决。

一、渗透率小于 1.0mD 储层的动用条件

扶杨油层是今后的主要开采对象，渗透率一般为 0.1~5mD，而渗透率小于 1.0mD 所占比例较大。研究这类储层在现有技术经济条件下的动用状况，需要采取哪些措施才能有效动用，是未动用储量评价和扶扬油层能否经济有效开发的关键。

二、特低渗透油藏合理注采比界限研究

扶杨油层动用差，注采比高，产量却很低。已开发区块注采比普遍偏高，累积注采比在 2.0~5.8（葡萄花油层累积注采比在 1.0~1.5），平均日产油仅 2t 左右。必须分析其有效注水与无效注水量，研究注采比与地层压力等参数的关系，从而确定出特低渗透油藏的合理注采比界限。

三、特低渗透油藏不同井网开发效果对比试验研究

在原有井网优化设计方法研究的基础上，将井网设计与整体压裂设计紧密结合起来，

进一步研究人工裂缝设计规模，研究井网参数与储层（砂岩、裂缝）参数的合理配置，开展不同开发井网开发效果对比试验，结合经济效益分析，确定出最佳的井网参数组合。同时示范区采取小井眼与大井眼相结合，应用比较成熟的工艺技术和简化的地面流程，以提高特低渗透油田的整体开发效益。

四、加大 CO_2 压裂试验规模，提高扶杨油层单井产量

榆树林油田已有 16 口井实施了 CO_2 压裂，单井日增油 5t，远高于普通压裂。主要由于 CO_2 泡沫的滤失量低、水基压裂液用量少，可以减少油层伤害。同时扶杨油层地饱压差大、油气比低，CO_2 可以降低原油黏度，提高驱油效率。因此，应进一步开展这方面的试验，探索其大规模应用的可行性。

五、套管损坏机理及预防措施研究

外围油田尽管开发时间较短，但套管损坏井逐年增多（表 2-11）。到 1998 年 10 月底已发现各种套损井 287 口（油井 78 口，注水井 209 口），占外围油田总井数（不包括第八采油厂）的 6.4%，极大地影响了油田的注水开发效果。套损井大多集中在以开发扶杨油层为主的第十采油厂、榆树林有限责任公司。套损井多数是注水井，套损类型以套管变形、错断为主，损坏部位主要集中在青一段泥页岩和射孔井段的泥岩部位。套损问题也是油田面临的主要难题之一，需加强对套损机理、大修技术等方面的攻关研究。

表 2-11　大庆外围油田套管损坏井统计

项目		投产井数（口）	套管井数（口）						占投产井数百分数（%）
			变形	错断	破裂	外漏	拔不动	小计	
第九采油厂	油井	581	10	1	2	1		14	2.41
	注水井	258	23	5	2	3		33	12.79
	小计	839	33	6	4	4		47	5.60
第十采油厂	油井	1799	41	4	1			46	2.56
	注水井	802	93	7	1	5	18	124	15.46
	小计	2601	134	11	2	5	18	170	6.54
榆树林公司	油井	546	5	5	1	1	5	17	3.11
	注水井	171	22	10	2	1	3	38	22.2
	小计	717	27	15	3	2	8	55	7.67
头台公司	油井	224	1					1	0.45
	注水井	102	11	1			2	14	13.73
	小计	326	12	1			2	15	4.60
合计	油井	3150	57	10	4	2	5	78	2.48
	注水井	1333	149	23	5	9	23	209	15.68
	合计	4483	206	33	9	11	28	287	6.40

六、探索开发区块优选的新方法

对于未开发油田,其油藏地质条件更复杂,可供优选的开发区块越来越少,难度越来越大。必须研究出针对性强的区块优选技术,以扩大外围油田的开发规模。

外围油田开发,既要依靠先进、实用的新技术、新方法,解决油田开发中的关键技术,又要依赖国家优惠的油田开发政策,加强科学管理,千方百计地节省投资,创建一个良好的经济开发环境。

参 考 文 献

[1] 李莉,曹瑞成.窄条带砂体随机模拟井网优化部署方法[J].大庆石油地质与开发,2000(5):15-19,67-68.

[2] 周锡生,穆剑东,王文华,等.裂缝性低渗透砂岩油藏井网优化设计[J].大庆石油地质与开发,2003(4):25-28,31-76.

第三章　研究非达西渗流和渗吸理论，发展低渗透油藏有效开发技术

针对大庆外围油藏地质条件复杂、储量品位低、动用差的特点，积极开展多学科协同攻关，努力探索外围油田有效开发新途径。发展了非达西的渗流理论和渗吸采油理论，初步形成了一套从油藏描述、开发方案设计到水驱开发调整技术。依靠这套技术，先后开发了18个油田，1999年产油量已达到 406.14×10^4 t，为大庆油田的持续发展作出了越来越重要的贡献。

第一节　低渗透油藏综合描述技术

一、开发地震识别小砂体及微幅度构造方法

随着外围复杂油气田开发的不断深入，逐渐形成了一套集采集、处理、解释为一体的开发地震技术，尤其是小砂体、小断层和微幅度构造识别方法又取得了新的突破。

1. 小断层识别方法

小断层是指利用常规的断层识别准则难以发现的断层。其延伸长度不超过1km，葡萄花油层断距小至5m，扶杨油层断距小至10m。分析表明，影响小断层解释主要有地震分辨率、断距、噪声、断层走向与测线夹角的关系等因素，特别在分析地震测线与断层夹角关系的模型时发现，当夹角较大时，断层能清楚地解释出来，但解释的水平断距比实际要小。而夹角较小时，由于断面倾角干扰，难以正确解释。

根据小断层在剖面上的反射特征，研究出了微小错动、同相轴扭曲、振幅变弱和相邻层位错断等小断层模式识别法。同时，依据断层处地震反射记录的关联维变化以及反射界面的倾角变化，发展了一套以分形分析方法和滑动相关—倾角扫描方法为主的小断层定量识别方法，并在徐家围子等油田的开发部署中收到了较好的效果。

2. 提高微幅度构造解释精度的方法

微幅度构造的隆起幅度和圈闭面积都比较小，常规的构造解释作图方法难以达到要求的精度。对此，发展了分层变速度叠加的现今微幅度构造解释技术，并通过引入区域滤波因子研究出了剩余古微幅度构造解释方法。

对于构造简单、速度变化小的地区，可以采用常速度的成图方法。而对于构造复杂、地层中横向和纵向上速度变化大的地区，提出了分层叠加变速构造成图方法，该方法实现了层位追踪、解释的半自动化和分层速度叠加，并通过优选等值线间距和测网单元的控制点，避免了常速度成图方法随深度增加误差加大的弊病，进一步提高了现今微幅度构造的

层位追踪精度和解释水平。

剩余构造反映局部古微幅度构造的变化,其与石油的聚集密切相关。剩余构造就是经过区域滤波得到的区域沉积构造背景与实际构造之差。新站油田开发试验区应用结果表明,葡萄花油层顶面剩余构造高部位的有效厚度明显大于低部位,说明古构造对油层的分布有明显的控制作用(图3-1)。

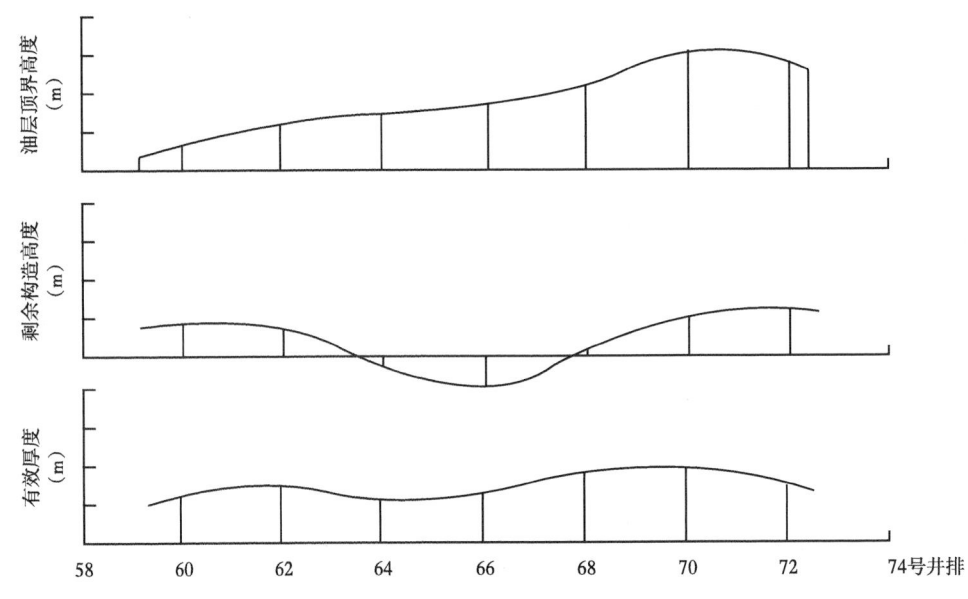

图 3-1　新站油田有效厚度与剩余构造和现今构造对比图

3. 窄条带薄互层条件下砂体综合预测方法

根据开发地震技术的发展及外围油田地质特征,结合地震特征参数和地质参数的关系及多井约束条件,主要研究出以下4种储层预测方法。

改进的关联度分析方法:除考虑子、母模式之间的数据关系外,还考虑到地质因素的控制作用,从而引入地质控制因子,提高预测精度。

人工神经网络方法:由训练产生的一组权系数可使已知井旁道的回判达到最佳,反映已知模型的精度较高。该方法在新站地区大401—古651区块的储层预测中,取得较好效果。

模糊模式识别方法:按逻辑斯谛克(Logistic)函数形状构造多元隶属函数,建立预测岩性的模糊模式。

多参数反演方法:充分利用开发前期评价阶段井多的有利条件,反演得到的波阻抗等参数直接与岩性建立密切关系。

上述方法的适用条件及在外围油田评价与开发部署中的应用见表3-1。经过不断研究和实践,大庆外围油田葡萄花油层薄层砂体综合预测精度达到了85%以上,结合地质、测井等专业综合研究能够保证95.0%以上的开发井钻井成功率。以上方法原则上也适于扶杨油层,但扶杨油层的砂体预测方法还有待于根据其窄条带薄互层的特点,需要进一步发展和完善[1]。

第三章 研究非达西渗流和渗吸理论，发展低渗透油藏有效开发技术

表 3-1 窄条带薄互层条件下砂体综合预测方法

分类	预测方法	原理	适用条件	应用实例（钻井成功率）
基于地质地震参数统计关系	改进的关联度分析	除考虑子、母模式之间的数据关系外，还考虑地质因素的控制作用，引入地质控制因子	工区内井较多，且井孔的地质参数具有代表性，适用葡、扶油层	芳 483 区块（98.1%）
	模糊模式识别	按逻辑斯谛克（logistic）函数构造多元隶属函数，根据建立的岩性模糊模式进行预测	地震资料的信噪比和分辨率较高；适用葡、高油层	龙虎泡高台子油层（100%）
	神经网络	由井旁地震道特征参数按照地质参数级别分成若干类，通过神经网络学习系统，由输出矢量与目标矢量进行误差比较，直到输出矢量与输入矢量两者差异最小	已知井的储层特征有明显差异；适用葡萄花油层	新站大 401 区块（97.8%）
基于多井约束	多参数反演	在井孔地质资料约束条件下，利用地震参数直接与岩性建立关系	工区内井较多，薄互层储层；适用于葡、扶油层	芳 148 区块（96.5%）

二、氧化还原电位技术和油藏地球化学方法在油田开发中的探索性应用

1. 应用氧化还原电位技术预测含油富集区

国内外大量的研究和试验结果证实：地面电位负异常的分布范围、规模和形态特征等与地下油气藏及其含油富集程度密切相关，即含油富集程度越高电位负异常值就越低，反之亦然。近几年在外围复杂岩性油藏开发中应用氧化还原电位技术预测有利开发区块，取得了较好的效果。

1998 年在榆树林油田北区开展了区域大剖面和典型剖面等不同方式的电位异常剖面的测定试验研究，应用电位异常分布进一步确定含油富集区。油田中部的树 100 井至油田北部的东 163 井长约 22.5km 的大剖面分析，电位负异常较大的是东 16 和升 36 区块，其次是升 382 和树 100 区块，电位负异常较小的是东 162 区块。通过对已开发区块的静态或动态资料，以及尚未开发区块相应探井、评价井资料分析，电位异常的相对大小与相应区块的含油性具有较好的一致性（表 3-2）。为了进一步落实应用氧化还原电位法进行区块优选的有效性，又在升 20 断块测定了一条东西向的电位异常典型剖面。该剖面穿过 4 口井，电位异常值基本在 0mV 附近，尽管个别点的电位异常值具有一定的负值，但整体上很难形成具有一定跨度的电位负异常带，说明升 20 断块附近石油富集程度较差。实际钻井资料证实：除了升 20 井油层较发育外，而位于升 20 井两侧井距约 300m 的树 48-48 井和树 48-50 井单井钻遇有效厚度仅 1.0m、2.7m，没有达到经济开采下限标准。

实际应用过程中，选择了大剖面电位负异常最大的区域东 16 井区部署了 17 口开发井，钻井成功率 100%，开发井投产后产量较高。

1999 年在朝阳沟油田大榆树地区开展了面积为 8.3km² 的电位异常测定试验，也取得了较好效果。从工区电位异常综合预测图与开发井实际钻遇油层对比，符合率达到了 75% 以上（图 3-2）。

表 3-2 各区块电位异常带与含油富集程度对比

区块或井区	剖面通过典型井号	电位异常区间（mV）	平均单井钻遇厚度（m）	试油产量（t/d）	投产初期产量（t/d）	6个月后产量（t/d）
树100	树100	-2	13.1	1.79		
升382	树43-45	-3~-5	8.7		2.7~4.3	2.1~3.1
升36	升36	-10~-18	11.6		5.4~14.6	3.1~6.3
东16	树13-36	-8~-13	12.1		7.1~13.4	2.4~7.4
东162	东162	0	13.3	1.42		
	东163	+2.0	6.6	1.11		

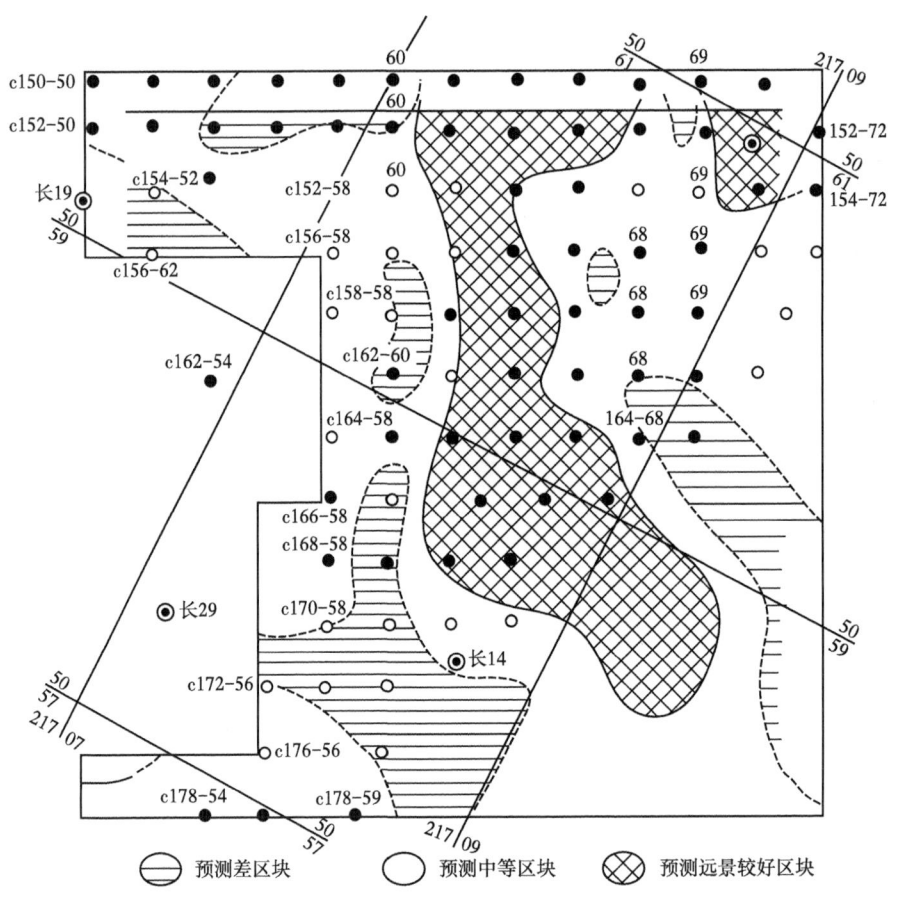

图 3-2 朝阳沟油田大榆树工区电位异常综合预测图

氧化还原电位法的引入，在一定程度上弥补了"九五"期间地震、地质、测井在描述复杂岩性油藏含油富集程度方面的不足，而且可以根据其电位异常的大小，定性评价含油富集程度。同时该方法在资料采集、处理解释等方面，还具有投入少、周期快的特点[2]。

2. 应用油藏地球化学方法识别油水层

20世纪80年代后期，美国CHEVRON等石油公司提出了油藏地球化学方法（reservior geochemistry），并将传统的有机和无机地球化学从烃源岩评价延伸到油藏评价、油藏动态监测中来，逐渐形成理论性、实践性较强的一门应用学科。结合新站油气藏评价与开发一体化研究，对这一新方法，尤其对地球化学参数识别油水层进行了积极探索。

1) 油层、油水同层、水层、干层的地球化学特征

大量的地化参数分析表明：新站地区油层、油水同层、水层、干层具有明显不同的地球化学特征（表3-3），为准确判别高含泥、低阻储层的油水层提供了依据。

表3-3 新站地区油水层地球化学特征

地化参数		油层	油水同层	水层、干层
族组成	饱和烃（%）	74.0	72.5	43.9
	芳香烃（%）	12.4	12.5	7.9
	非烃+沥青质（%）	13.7	15.0	48.3
棒薄层色谱	饱和烃	指状，峰面积大		尖状，峰面积小
	非烃+沥青质	尖状，峰面积小		指状，峰面积大
GHM分析	S_1色谱图	碳数范围大，化合物丰度高	碳数相对低，中、高碳化合物含量低，异、环烃含量高	碳数很窄，轻组分为主，化合物含量很低
	S_2色谱图	正、异烷烃分布完整，化合物丰度高	碳数分布宽，高碳化合物鼓包，杂分子成分含量高	正、异烷烃分布完整，但碳数范围窄，化合物含量低

2) 地球化学参数定量识别油水层

在新站地区应用地球化学参数研究出了油水层识别的定量解释图版，这方法具有其他录井、测井等传统方法所不具备的价格低廉、快速、准确的优越性，是识别油水层的有效补充手段。

用二元有机混合溶剂（二氯甲烷与甲醇的体积比93∶7）抽提储集岩样品得到的有机抽提物称作抽提物含量（简称DEM）。抽提物浓度（S_{DEM}）可以用样品的抽提物含量（DEM）与孔隙度（ϕ）的比值表示。油藏地球化学认为，在特定的地质、样品采集、保存和实验室分析条件下，抽提物浓度（S_{DEM}）反映了样品的含油性。

在试油成果的基础上，选用油层、同层、水层、干层样品的抽提物浓度（S_{DEM}）和有效孔隙度参数，黑帝庙油层选用23个参数点、葡萄花油层选用52个参数点编制出相应的油水层解释图版（图3-3、图3-4），制定了油水层划分标准，黑帝庙油层图版精度为95.6%，葡萄花油层图版精度为86.6%。

新站地区抽提物族组分分析表明，水层、干层的沥青质含量一般较高。因此，应用上述图版时还应综合考虑以下因素：如果储层孔隙度较低（小于9.0%），尽管抽提物含量、总烃含量较高，也可判断为干层；如果沥青质+非烃含量大于50.0%，即使抽提物含量、孔隙度较大，也可判断为同层、干层。

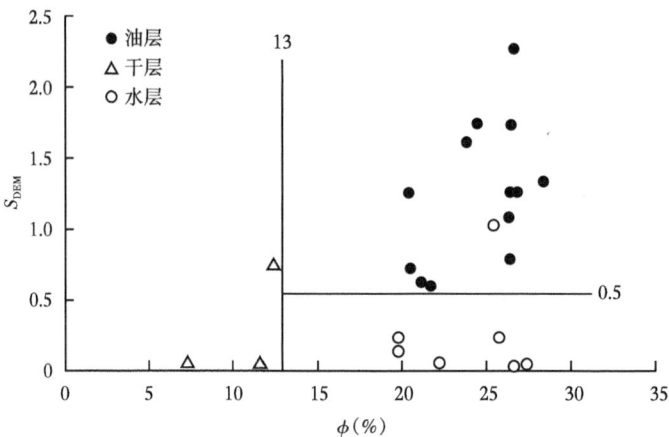

图 3-3　新站油田黑帝庙油层油水层解释图版

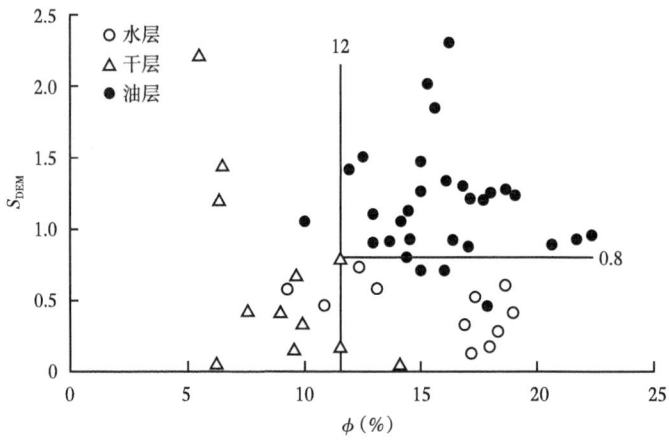

图 3-4　新站油田葡萄花油层油水层解释图版

3）应用地球化学方法可以有效地识别油水层

新站地区黑帝庙、葡萄花油藏经历了复杂的成藏史，不同断块石油富集程度变化较大，加上储层含泥量高、油层电阻低，常规的录井、测井方法识别油水层的难度亦较大。新站地区在许多评价井中钻井取心见到较好的含油显示，测井电性参数也显示为较好的"油层"，应用地球化学参数图版却判断为同层、水层，并得到试油成果的验证，说明地球化学方法对含泥高、电阻低的油藏识别油水层具有一定的准确性。如位于新站鼻状构造西北翼的大 141 井的葡萄花油层 41 号层，岩心观察、测井曲线解释为差油层，但从地球化学参数来看，抽提物浓度仅为 0.258，解释为水层，经 MFE 分层测试证实该层为水层。

除油水层识别之外，应用地球化学方法还对分层产量比例、油层连通性等问题开展了研究。

三、三肇地区天然裂缝及地应力场描述

三肇地区的扶杨油层与葡萄花油层相比，裂缝比较发育。头台等已开发油田实践表

明，低、特低渗透油田裂缝及地应力分布状况对注水开发动态有较大的影响。因此，对裂缝的描述和预测已经成为油田开发中的重点课题。在大量岩心观察描述、岩心测试分析的基础上，利用水力压裂等现场资料及光弹模拟等室内实验方法，结合野外露头裂缝的研究成果，并应用三维有限元数值模拟方法，对三肇地区扶杨油层古今地应力场及裂缝发育特征进行了深入、系统的研究，取得了新的认识。

1. 天然裂缝研究

扶杨油层的天然裂缝可分为构造裂缝和非构造裂缝。构造裂缝按规模分为显裂缝和微裂缝。显裂缝用肉眼可以识别，裂缝宽度＞0.1mm；微裂缝宽度＜0.1mm，只有借助显微镜才可以观察到。非构造裂缝以层间缝为主。

岩心观察发现，显裂缝以高倾角剪切缝为主，有近1/2的裂缝呈开启特征，近1/3的裂缝缝面有油迹。说明其曾是油气运移的通道。野外露头、古地磁测试等成果表明，扶杨油层发育以东西向为主的多向性构造裂缝（图3-5）。

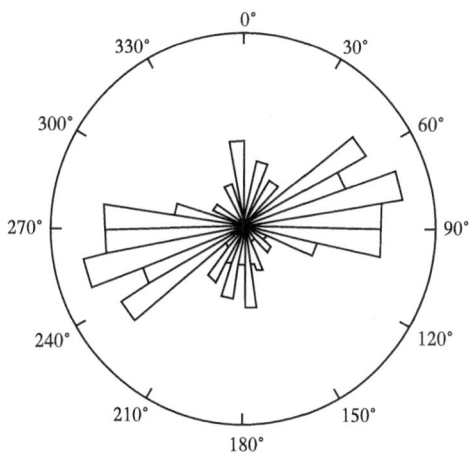

图3-5 三肇地区扶杨油层裂缝方位玫瑰花图

不同油田、区块和层位裂缝的发育方位和程度有较大的差异。三肇地区头台油田裂缝最为发育，其次是朝阳沟油田，而其他油田相对较差（表3-4）。

表3-4 油田岩心裂缝发育频率统计

油田	观察井数（口）	心长（m）	裂缝条数（条）	裂缝密度（条/m）	扶一组			扶二组—杨三组		
					心长（m）	裂缝条数（条）	裂缝密度（条/m）	心长（m）	裂缝条数（条）	裂缝密度（条/m）
头台	38	2707.5	155	0.057	1135.0	94	0.083	1572.5	61	0.039
榆树林	34	3643.0	44	0.012	823.61	22	0.021	2819.4	22	0.008
肇州	25	1737.3	46	0.026	656.52	23	0.035	1080.8	23	0.021
朝阳沟	25	2336.1	108	0.046	219.83	16	0.072	2116.3	92	0.044
肇源	14	1003.6	31	0.031	568.07	26	0.046	435.48	5	0.011
总计	126	11425.5	384	0.034	3403.0	181	0.053	8498.7	203	0.024

在显微镜下观察，微裂缝有切穿矿物和孔隙的现象，大多数被方解石全部或部分充填，开度主要区间为30~50μm，发育方向以平行于显裂缝的方向为主，平均面密度为0.02（mm/mm²），微裂缝主要发育在榆树林油田东16区块、朝阳沟油田轴部等构造高部位。

层间缝多呈水平状态，顺层分布于岩性界面上，具有弯曲、断续、尖灭、分枝等特点，主要发育在点坝砂体上部及薄互层中，缝间距为0.5~2.0cm，受外力作用（如注水等）极易张开或使原有开启度增大，对油田注水开发影响较大。

2. 地应力场分布特征

采用多种实测与有限元模拟相结合的方法，对古今地应力场的分布特征进行了系统的研究。

1）古地应力场分布特征

通过古构造发育史分析、X射线反射法、平衡剖面反演、光弹模拟等多种方法和手段，对三肇地区主要构造运动时期的地应力进行了研究。结果表明，扶杨油层沉积后，主要经历了三期大的构造活动期，即青山口组、嫩江组和依安组沉积末期。区域最大水平主应力方向分别为南北向、东西向、北西—南东向挤压为主。依据裂缝、地应力研究以及岩石力学参数测试成果，以头台油田茂9—茂11区块为例，将研究区古地应力场的空间分为三级：三肇凹陷、头台油田、茂9—茂11区块，时间分为三期：青山口组、嫩江组、依安组沉积末期，采用逐级逼近法进行模拟，计算出三向应力（最大水平主应力和最小水平主应力、垂向主应力）的大小和方向。模拟结果：茂9—茂11区块地应力较低、裂缝密度较大。

2）现代地应力场分布特征

现代地应力的实测方法主要有以下几种，即用岩心差应变、波速各向异性及孔壁崩落方法确定主应力方向，用差应变和水力压裂方法计算主应力绝对值。综合研究表明，三肇地区扶杨油层区域最大水平主应力方位为北东80°~100°。应力值随深度的增加而增大，并且三向应力的相对值随深度发生变化（图3-6）。在1000m以上垂向主应力为最小主应力，1000~1600m垂向主应力为中间主应力，大于1600m垂向主应力基本为最大主应力。现代应力场模拟以实测的应力值和应力方位作为约束条件，采用边界载荷调整法模拟，计算出三向应力的大小和方向。茂9—茂11区块的现代地应力场的模拟表明，最大水平主应力为32~38MPa，最小水平主应力为27~30MPa，垂向主应力为28~31MPa，最大水平主应力方位以东西向为主。

综合研究成果表明，研究区地应力的大小和方向在空间上是变化的。三肇地区最大水平主应力方向为近东西向，局部应力方向会发生偏转。例如，朝阳沟油田翼部翻身屯地区的最大水平主应力方向为近南北向，与轴部近于垂直。

3. 裂缝和地应力研究在油田注水开发中的作用

1）天然裂缝加剧了储层的非均质性

利用X-CT技术测得头台油田储层裂缝平均渗透率为43.8mD，远远高于基质渗透率，构造裂缝提高了储层的单向渗透率。从岩心分析资料统计结果看，层间缝渗透率比基质高10倍，增加了层内非均质性。

对榆树林油田99口井的调查中发现，在52口井的147处发育层间缝，其中105处发育在扶一组，并且扶一组油层的构造裂缝也相对发育。而扶一组在东14区块、东区、南区为非主力油层，这种复杂的裂缝网络在注水开发过程中，导致注水时非主力层吸水能力强，由于裂缝不发育而主力油层吸水能力差。

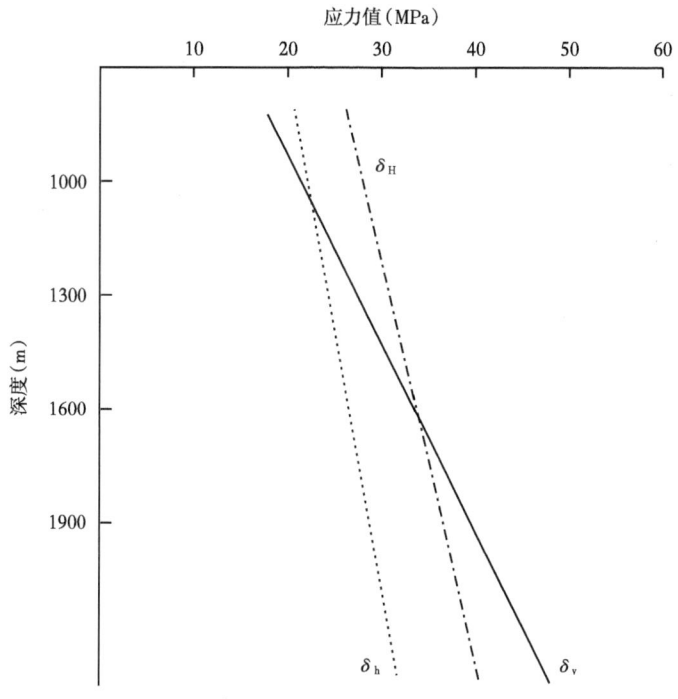

图 3-6 三向应力值随深度变化关系

2）近东西向的裂缝在开发初期影响最大

古地应力场形成了不同组系的构造裂缝。在现代应力场的作用下，不同组系裂缝所受的应力状态不同，其开度有一定差异。平行于现代应力场最大主应力方向的裂缝开度最大，渗透率也最高。三肇地区现代应力场的区域最大水平主应力方向为近东西向，近东西向天然裂缝的开度最大，渗透率最大，同时压裂人工缝也以近东西向延伸为主。因此，东西向裂缝在油田开发动态反映最为明显。例如头台油田开发初期，见水及水淹都是以东西向为主，其水淹井占总见水井井数的 86.5%。

3）在注水开发过程中，随油田压力场的变化，裂缝的作用也发生改变

由于地应力是由有效应力和孔隙流体压力组成，注水压力的变化和注采系统的调整都能引起地应力场的变化，各组裂缝的渗流作用也会随之发生变化。例如，朝阳沟油田朝 1-55 区块，1995—1998 年随着注水压力的逐年提高，油井见水及水淹方向也由初期的东西方向逐步变化为多方向，表明各裂缝组系的作用发生了变化。

4）在注水开发过程中，储层物性受应力场变化的制约

储层物性随外界应力条件的变化而发生改变的现象，称之为储层应力敏感性。渗透率随上覆岩压变化实验表明，渗透率的损失程度随样品渗透率的降低而加大，初始渗透率 < 1mD 的样品，渗透率损失一般在 20.8%~67.8%（图 3-7）。因此，储层渗透率越低，越要重视早期注水，保持地层压力开采。模拟压力恢复阶段时间放长，岩样会表现出非线性应力—应变性能，渗透率将会有一定程度的恢复。因此，特低渗透储层保持地层压力开采，对所损失渗透率的恢复极为重要。

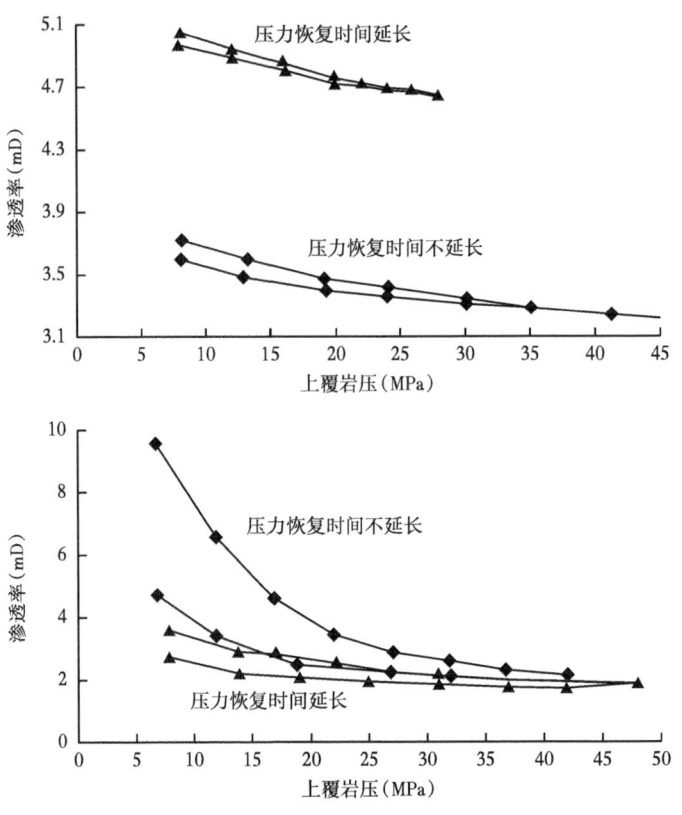

图 3-7 渗透率随上覆岩压变化曲线

5）古地应力场应力低值区分布与油气富集区有较好对应关系

油气遵循一般流体的运动规律，自发地从能量较高处向能量较低处运移，因此高应力区围陷下的低应力区是最好的油气储集区。

从青山口组、嫩江组、依安组沉积末期构造活动期中球形应力低值区的位置分布及不同构造期的变化看，继承性发育的球形应力低值区分布与石油富集区有较好的对应关系。

总之，油田开发初期近东西向构造裂缝导流能力最强，随油田压力场变化，各裂缝组系的作用也将随之改变，出现多方向见水及水淹现象，因此，以不同油田或区块的地应力分布情况为依据，制定合理的压力界限，控制多方向裂缝开启，使井网与裂缝系统配置最佳，这对油田的注水开发具有重要指导意义[3]。

第二节 低渗透油藏渗流机理研究

一、低渗透油藏非达西渗流特征研究

近年来，为了研究"三低"油藏有效开发的问题，对非达西渗流机理方面进行了深入的探讨。主要取得了如下几点认识。

1. 单相流体通过低渗透孔隙介质时产生非达西现象的渗透率界限

图 3-8 至图 3-10 所示为黏度为 0.942mPa·s 的单相水驱渗流实验曲线。岩样的渗透率

范围为 0.08~4.43mD。通过线性回归可以得到相应的拟启动压力梯度（表 3-5）。由此可以绘制拟启动压力梯度与渗透率关系曲线（图 3-11），从图中可以看出，低于 1mD 的样品，拟启动压力梯度较大，在低速驱动情况下，呈现出非达西渗流状态。大于 1mD 的样品，拟启动压力梯度接近零，呈现出达西渗流状态。

图 3-12 至图 3-14 所示为黏度为 4.60mPa·s 的模拟油驱渗流实验曲线，岩样的渗透率范围为 0.5~17.9mD。通过线性回归得到了相应的拟启动压力梯度（表 3-6），由此可以绘制拟启动压力梯度与渗透率关系曲线（图 3-15），从图中可以看出，低于 5mD 的样品，拟启动压力梯度较大，在低速驱动情况下，呈现出非达西渗流状态。大于 5mD 的样品，拟启动压力梯度接近零，呈现出达西渗流状态。

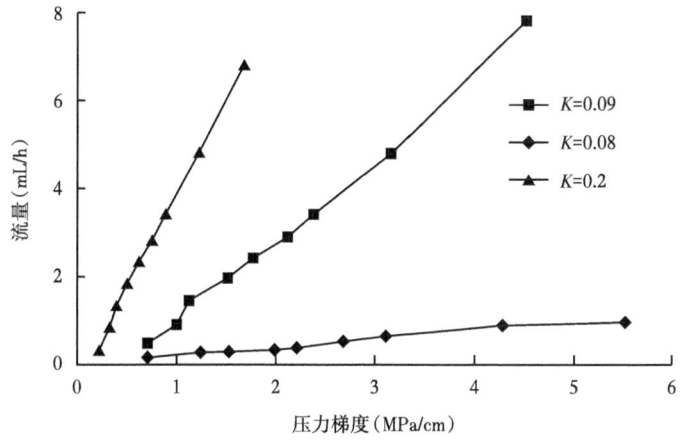

图 3-8　岩样压力梯度流量关系曲线（水驱）

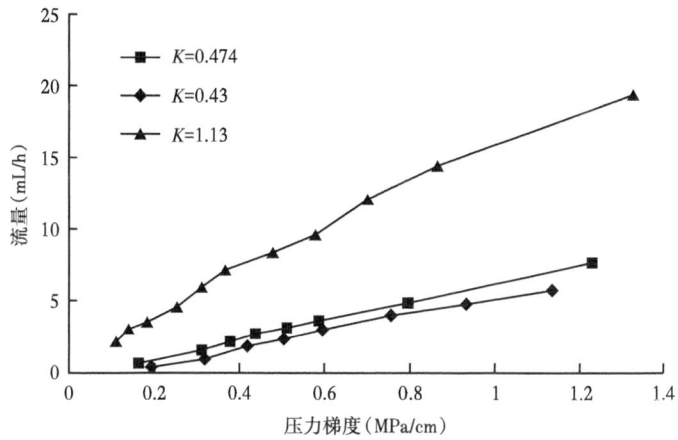

图 3-9　岩样压力梯度与流量关系（水驱）

表 3-5　单相水驱渗透率与拟启动压力梯度关系

渗透率（mD）	0.080	0.090	0.200	0.430	0.474	1.320
拟启动压力梯度（MPa/cm）	0.4901	0.3720	0.1153	0.1032	0.1015	0.0017

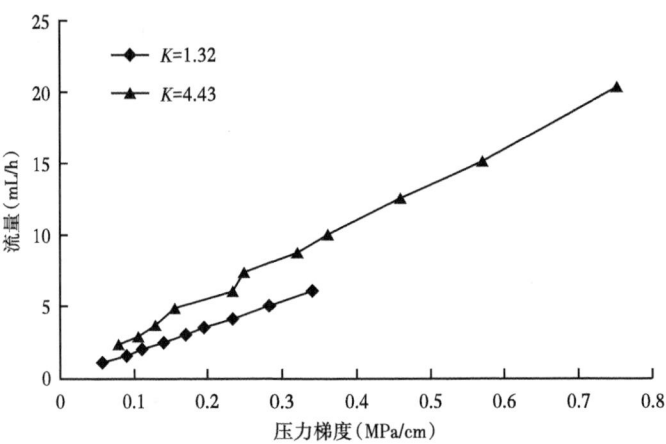

图 3-10　岩样压力梯度与流量关系曲线（水驱）

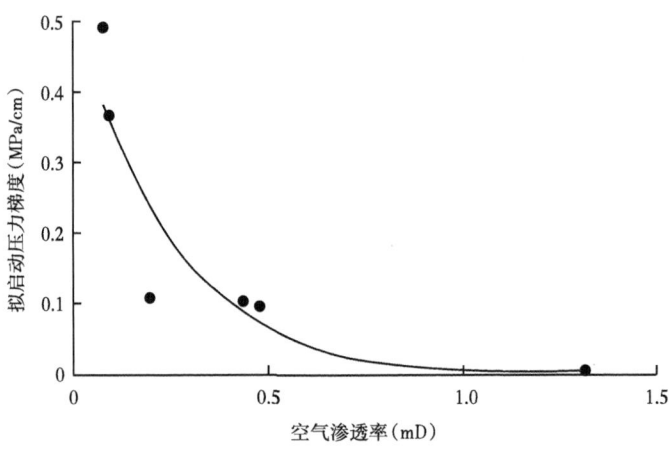

图 3-11　单相水驱拟启动压力梯度与渗透率关系

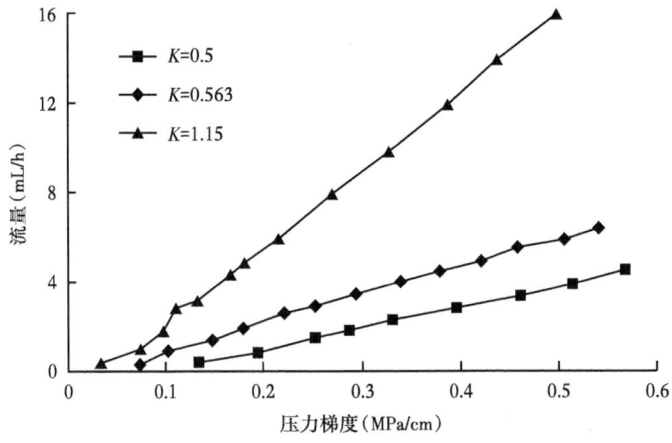

图 3-12　岩样压力梯度与流量关系曲线（油驱）

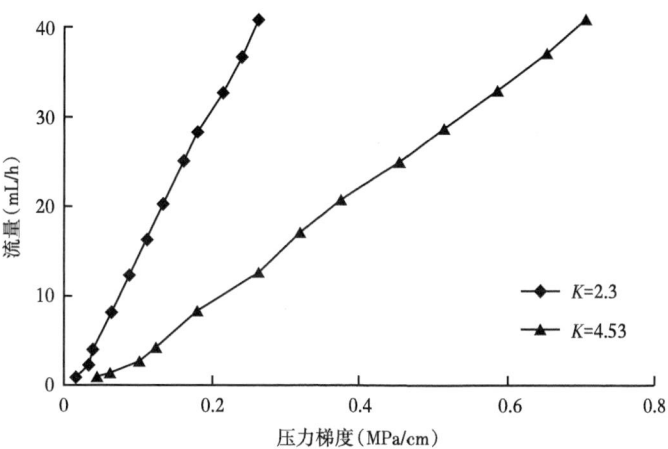

图 3-13　岩样压力梯度与流量关系（油驱）

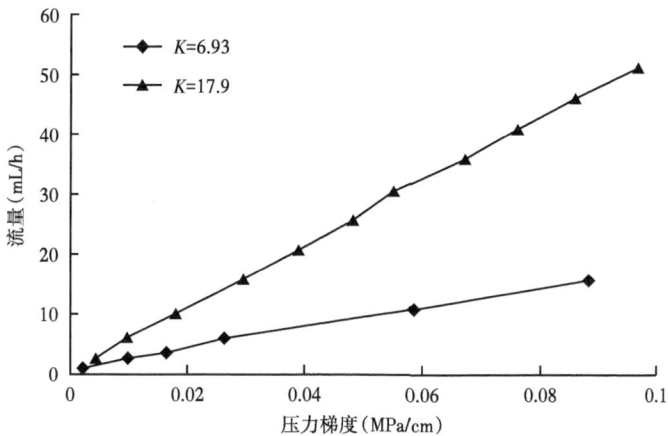

图 3-14　岩样压力梯度与流量关系曲线（油驱）

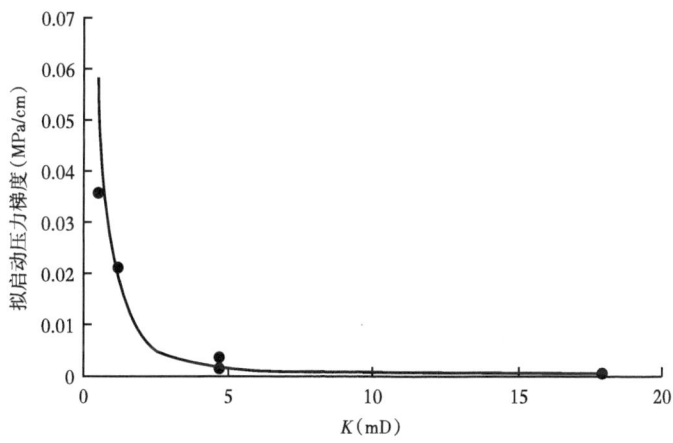

图 3-15　单相油驱拟启动压力梯度与渗透率关系

表 3-6 单相油驱渗透率与拟启动压力梯度关系

渗透率（mD）	0.563	1.150	4.530	4.640	17.900
拟启动压力梯度（MPa/cm）	0.0356	0.0212	0.0035	0.0021	0.0001

研究认为，单相流体通过低渗透孔隙介质时产生非达西现象的渗透率界限可用压力数来进行综合判定：

$$\lambda_N = \frac{\mu^2}{\rho K} \cdot \frac{R}{r} \tag{3-1}$$

式中，ρ 和 μ 分别为流体密度和流体黏度，它们表征了流体的物理性质；K 为渗透率，R/r 为平均孔喉直径比，它们则反映了多孔介质的综合渗流能力。压力数越大，非达西渗流特征越明显，压力数越小，非达西渗流特征越不明显。由于油的黏度比水大，对于相同的岩样，其压力数比水高，非达西特征较水要明显。因此，油相的非达西渗流渗透率界限较高一些。

2. 单相流体非达西渗流的描述

研究认为，特低渗透储层产生非达西渗流与孔隙结构的关系最密切。为此首先从微观孔隙结构入手，将特低渗透储层岩心抽象成一系列毛细管，大小分布可以由压汞实验数据获得。在单相渗流时，孔道管壁存在一个固—液边界层，此边界层的存在是产生非达西的内在原因。在低速渗流时它随压差增加而逐渐变薄，大于某压力梯度后不再变化，呈现达西渗流，称之为有效边界层厚度（Δr）。在这两个假设下，可得到流量与压差的关系：

$$Q = \sum_{i=1}^{n} n_i \frac{\pi (r_i - \Delta r)^4}{8\mu L} \Delta p \tag{3-2}$$

式中，Q 为总流量，Δp 为压差，n 为孔道类型总数，n_i 为每种孔道的数量，相应的半径为 r_i，μ 为流体的黏度，L 为毛细管长度。有效边界层厚度 Δr 与压力梯度的关系随流体和孔隙结构的不同而不同，通过实验数据回归得到：

水相

$$\Delta r_w = a \cdot e^{b \cdot \frac{dp}{dx}} \quad (K<1\text{mD}) \tag{3-3}$$

其中 $a = 0.124 e^{-0.904 \frac{K}{\phi}}$

$b = -0.474 - 9.588 \cdot \frac{K}{\phi \cdot D}$

ϕ、D 分别为孔隙度和相对分选系数。

油相

$$\Delta r_o = a \cdot e^{b \cdot \frac{dp}{dx}} \quad (K<5\text{mD}) \tag{3-4}$$

其中 $a = 0.228 \mathrm{e}^{-5.736 \frac{K}{\phi}}$

$$b = -7.587 - 0.449 \cdot \frac{K}{\phi \cdot D}$$

把式（3-2）和式（3-3）或式（3-4）分别联立就构成了描述特低渗透岩心的单相非线性渗流方程。

3. 低渗透储层油水两相相对渗透率曲线

用回归得到的拟启动压力梯度对单相非线性渗流方程做进一步简化，有如下油水两相渗流关系。

油相渗流速度：

$$V_\mathrm{o} = -\frac{K_\mathrm{o}}{\mu_\mathrm{o}} \frac{\partial p_\mathrm{o}}{\partial x} + c_\mathrm{o} = -\frac{KK_\mathrm{ro}}{\mu_\mathrm{o}} \frac{\partial p_\mathrm{o}}{\partial x} + c_\mathrm{o} \tag{3-5}$$

水相渗流速度：

$$V_\mathrm{w} = -\frac{K_\mathrm{w}}{\mu_\mathrm{w}} \frac{\partial p_\mathrm{w}}{\partial x} + c_\mathrm{w} = -\frac{KK_\mathrm{rw}}{\mu_\mathrm{w}} \frac{\partial p_\mathrm{w}}{\partial x} + c_\mathrm{w} \tag{3-6}$$

JBN 法是根据非稳态法驱替实验数据求取油水相对渗透率的经典方法。该方法要求用相似理论导出的实验标配系数大于等于1，此条件的施加主要是为了克服毛细管压力等因素的影响。

从以上两式出发，再考虑毛细管压力的作用，沿着 JBN 法的推导路线，得到了油水相对渗透率的测定公式：

油相

$$K_\mathrm{ro} = f_\mathrm{o} - Ac_\mathrm{o}/q \frac{\mathrm{d}\left(\frac{1}{V_i}\right)/\mathrm{d}V_i}{\frac{\mathrm{d}I}{\mathrm{d}V_i} + Jf_\mathrm{o}(f_\mathrm{o} - Ac_\mathrm{o}/q)/M} \tag{3-7}$$

水相

$$K_\mathrm{rw} = \frac{\mu_\mathrm{w}}{\mu_\mathrm{o}} \frac{f_\mathrm{w} - Ac_\mathrm{w}/q}{f_\mathrm{o} - Ac_\mathrm{o}/q} K_\mathrm{w} \tag{3-8}$$

其中

$$I = \frac{\Delta p}{\Delta p_\mathrm{o} V_i}$$

$$J = \frac{1}{\Delta p_\mathrm{o} V_i} \frac{\partial p_\mathrm{c}}{\partial S_\mathrm{w}}$$

$$M = 1 - \frac{A(c_o + c_w)}{q}$$

图 3-16 至图 3-19 给出了用相对渗透率新旧公式整理结果的对比。可以看到，对于同一块岩样，无论 $L\mu V > 1$ 还是 $L\mu V < 1$，用新公式得到的两相相对渗透率均小于用旧公式得到的结果。水相变化较为明显，随着含水饱和度的增加，水相相对渗透率开始缓慢增加，后期增加较快，表现为上凹型曲线。从水分流曲线上看，在油水交点以前新公式计算结果较低。从新公式计算的曲线形态上看，结果能够较好地反映特低渗透储层的油水渗流特点，为描述大庆外围低渗透油田开发指标变化提供理论依据。

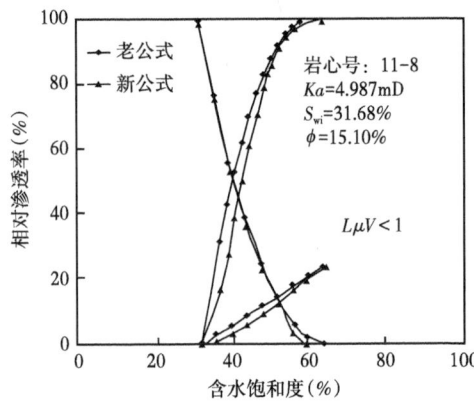

图 3-16 非稳态法油水相对渗透率曲线

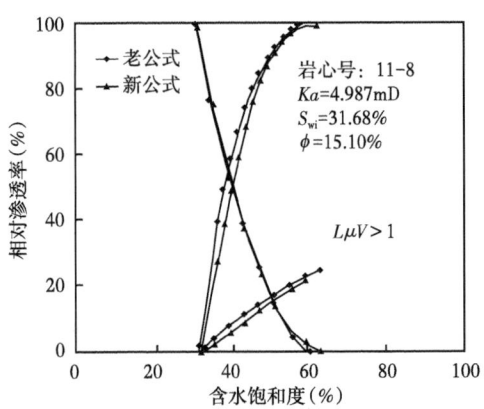

图 3-17 非稳态法油水相对渗透率曲线

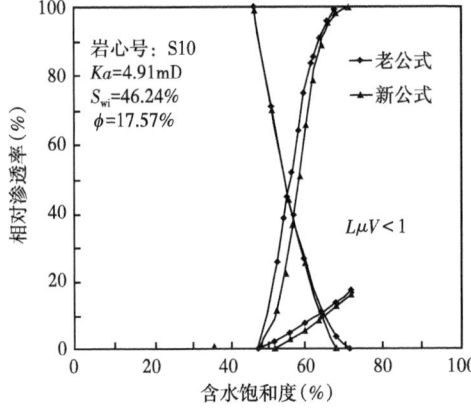

图 3-18 非稳态法油水相对渗透率曲线

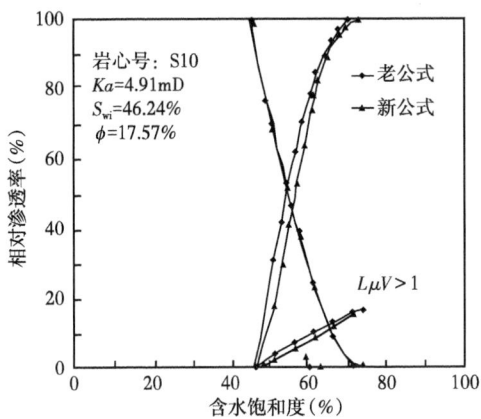

图 3-19 非稳态法油水相对渗透率曲线

二、特低渗透储层渗吸特征研究

渗吸法采油主要是利用毛细管压力作为驱动力的一种采油方式。这种方法最早在苏联一些油田进行矿场尝试，后来在我国吉林的新民、新立等油田，江汉的王场油田，大庆的头台、朝阳沟油田都得到了一些应用，在一些井中获得了较好的开发效果和经济效益，表

第三章 研究非达西渗流和渗吸理论，发展低渗透油藏有效开发技术

明渗吸法采油是常规注水压差驱动开发以外的另一种开采方法，尤其在低渗透、特低渗透油层中渴望取得较好的效果。但从调研结果看，国内外对渗吸法采油理论方面所做研究较少，还没有取得规律上的认识。为进一步指导渗吸法采油在低渗透油田中的应用，从渗流力学理论出发，对渗吸法采油机理及适用条件等问题进行了探索[4-5]。

1. 渗吸作用力学分析

毛细管压力是多孔介质渗流中不可忽视的一个因素，尤其对低渗透、特低渗透油层更是如此。研究表明，在存在毛细管压力条件下的水压驱动过程中，原油的流动速度可分解为方向相反的两部分的矢量和。一部分是压差驱动下产生其流向与水驱动方向相同，另一部分为毛细管压力作用下产生的，与水驱动方向相反。随着渗透率的降低，压差驱动部分比例减小，而毛细管压力作用部分增强。因此，与常规注水采油不同，渗吸法采油主要是充分发挥毛细管压力作用，使原油从低渗透储油介质中开采出来。为深入探索油层渗吸机理，对毛细管压力在开发过程中的作用开展了比较深入系统的研究。低渗透储层常常伴有裂缝，从而构成基质—裂缝系统。在毛细管压力的作用下，裂缝与基质之间存在着交互窜流。在驱动压差作用下，流体从储层流向井筒。

通过推导，可以得到裂缝中水进入基质（或原油从基质流入裂缝）的速度为：

$$V_w = \frac{\lambda_w \lambda_o}{\lambda_o + \lambda_w} \frac{\partial p_c}{\partial x} \tag{3-9}$$

其中

$$\lambda_w = \frac{KK_w}{\mu_w}$$

$$\lambda_{ro} = \frac{KK_{ro}}{\mu_o}$$

由 Leverett 定义的 J 函数，有

$$\frac{\partial p_c}{\partial x} = \frac{\partial p_c}{\partial S_w} \frac{\partial S_w}{\partial x} + \frac{\partial p_c}{\partial K} \frac{\partial K}{\partial x} + \frac{\partial p_c}{\partial \cos\theta} \frac{\partial \cos\theta}{\partial x} \tag{3-10}$$

由此可见，对应于式（3-10）右边，毛细管压力所引起的窜流可以分解为三个部分。第一部分为含水饱和度空间变化所引起的窜流，第二部分为由渗透率变化引起的窜流，第三部分为由润湿性变化引起的窜流。一般情况下可忽略裂缝与基质的润湿性差异，即第三部分可不考虑。

对于第一部分窜流，毛压曲线分析表明，$\frac{\partial p_c}{\partial S_w}<0$，说明水的窜流方向与饱和度梯度方向相反，即在毛细管压力作用下，水从高饱和度方向流向低饱和度方向，或者说水从裂缝流向基质，把油从基质置换出来流向裂缝，起到改善开发效果的作用。

对于第二部分毛细管窜流。由 J 函数表达式，有

$$\frac{\partial p_c}{\partial K} = -\frac{1}{2}\sigma\phi^{1/2}K^{-3/2}\cos\theta \cdot J(S_w) \qquad (3-11)$$

可以看出，对于水湿油层，$\cos\theta > 0$，$\frac{\partial p_c}{\partial K}<0$，水从裂缝流向基质，有利于油层的开采。

相反，对于油湿油层，$\cos\theta < 0$，$\frac{\partial p_c}{\partial K}>0$，水从基质流向裂缝，不利于油层的开采。

因此，渗吸法采油只适合于水湿的裂缝性储层。

进一步分析和数值计算表明，在基质与裂缝渗透率级差相对较小、砂体发育较好、注采系统较完善的情况下，可以在常规注采井网上采用周期注水等方式，适当地减小驱替速度，同时发挥压差驱替和渗吸两个方面的作用。

在基质与裂缝渗透率级差相对较大、注采系统不完善的情况下，可以将注水井变为油井，采用吞吐等方式，主要发挥渗吸作用。

2. 渗吸作用下开发指标变化特征分析

根据渗流力学原理，可得到描述在渗吸作用下基质含水饱和度变化的偏微分方程：

$$\frac{\partial S_w}{\partial t} = \frac{K}{\phi}\left[F(S_w)\left(\frac{\partial S_w}{\partial x}\right)^2 + F'(S_w)\frac{\partial^2 S_w}{\partial x^2}\right] \qquad (3-12)$$

其中

$$F(S_w) = -\frac{\lambda_o \lambda_w}{\lambda_o + \lambda_w}\frac{\partial p_c}{\partial S_w}$$

$$F'(S_w) = \frac{\partial F(S_w)}{\partial S_w}$$

由上述微分方程求出 S_w 分布后，可用下式求出基质流入裂缝的渗吸采油量：

$$q = S \cdot K \cdot F(S_w)\left[\frac{\partial S_w}{\partial x}\right]_{x=0} \qquad (3-13)$$

由于方程的非线性，使用有限差分方法求解，在求解过程中考虑了饱和度梯度的平方项，即非线性的影响。

计算表明，与常规水驱明显不同。在渗吸作用下，含水均随时间呈下降趋势，而产油量随时间呈上升趋势（图3-20、图3-21）。

3. 渗吸法应用条件理论分析

应用上述模型计算表明：

（1）渗吸产油量和注采压差驱动产油量比值与成反比，说明渗透率越低，越应该采用渗吸开采方式；

（2）渗吸法采油只适合于水湿的裂缝性储层，裂缝越发育，基质与裂缝接触面积越大，渗吸效果越好；

（3）由于渗吸驱动力为毛细管压力，而饱和度梯度为毛细管压力的重要组成部分，所以在含油饱和度较高部位，如断层附近或靠近砂体尖灭部位渗吸效果要好。

图 3-20　头台油田茂 65-92 井转抽后开采曲线

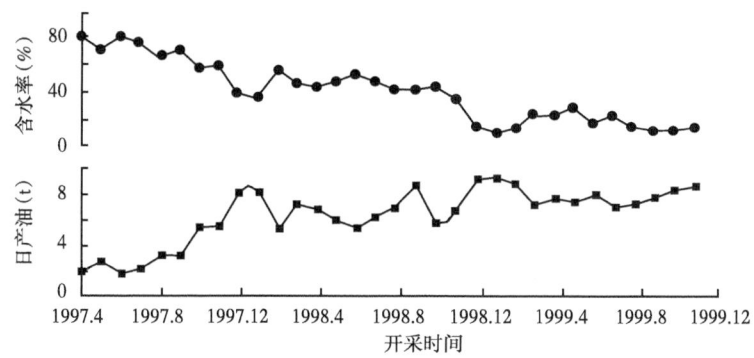

图 3-21　头台油田茂 64-91 井转抽后开采曲线

4. 头台油田渗吸法初步应用效果

头台油田渗吸法采油主要采用注水井转成抽油井方式。1999 年在 4 口抽油井中 3 口井效果很好，累计产油 10498t，平均日产油 6.5t，远高于头台油田同期 1~2t 的水平。另一口井累计产油比较低是由于转抽前累计注水量过高等原因造成的（表 3-7）。

表 3-7　头台油田注水井转成抽油井采油单井数据

井号	转前累计注水 （$10^4 m^3$）	累计产液 （t）	累计产油 （t）
茂 9-19	1.6632	3377	1188
茂 64-91	3.8117	10095	5913
茂 65-92	2.4098	8089	3397
茂 66—斜 94	5.2387	2478	6

第三节　改善注水开发效果技术对策

朝阳沟油田是大庆外围最大的裂缝性低渗透油田。探明石油地质储量、动用地质储量及 1999 年产油量分别占外围油田总量的 18.7%、43.2% 和 32.3%。由于油藏地质条件极为复杂,在注水开发过程中暴露出了许多矛盾和问题。对此,从解剖加密试验区入手,分析影响开发效果的主要原因,并提出了相应的技术对策。

一、油田注水开发中存在的主要问题及原因

朝阳沟油田开发中的主要问题是注采比高、低效井多、套管损坏严重,特别是近年来部分区块又出现了含水上升加快、产量递减幅度加大的现象,导致油田整体开发效果逐年变差。研究认为造成这些问题主要有三方面的原因。

1. 轴部高传导率裂缝的存在加剧了油水运动的不平衡性

朝阳沟油田裂缝线密度为 0.046 条 /m,属天然裂缝较发育的油藏。由于储层渗透率低,油水井均需压裂投产、投注。因此,天然裂缝和压裂人工缝构成了复杂的裂缝系统。由于裂缝与基质之间的渗透性差异较大,其结果必然造成注入水沿高渗透的裂缝突进,使处在裂缝系统上的油井见水早,含水上升快,而与裂缝垂直或呈大角度方向的油井受效差。

2. 翼部储层砂体规模较小、渗透率低,导致低效井比例大

与轴部相比,翼部储层不仅砂体规模较小,且断层多,水驱控制程度低(如翻身屯地区为 62.6%),而且多数区块为特低渗透储层(如朝 631 区块空气渗透率仅 0.26mD),由此导致低效井比例较高。1999 年朝阳沟油田单井日产油量 1t 的井共有 548 口,占总开井数的 30.5%,而翼部为 427 口,占低产井的 77.9%,占翼部油井数的 33.3%。

3. 超破裂压力注水,导致注采比高、套损严重

朝阳沟油田 1990 年注水压力为 9.0MPa,接近破裂压力,1998 年注水压力达到最高,为 13.2MPa,超过破裂压力 2.3MPa(扶杨油层压裂施工实测最小破裂压力为 10.9MPa),尽管 1999 年注水压力有所降低,为 12.7MPa,仍高于破裂压力 1.8MPa 超破裂压力注水,给油田注水开发带来一系列的不利影响。

(1)加大了平面和层间矛盾。超破裂压力注水不仅使天然裂缝大量开启和延伸,而且也产生了更多的裂缝。由于注入水沿高渗透带,特别是沿裂缝窜流,使吸水厚度和层数减少。据主体区块 14 口井统计,吸水厚度百分数由 1997 年的 73.2% 降到 1999 年的 62.8%。

(2)增大了注采比和无效注水量。高压注水,一是增加砂岩吸水量(射开砂岩厚度占总射开厚度的比例为 31.6%);二是增加外窜量,包括泥岩吸水和沿断层窜流。

(3)增加套损井数。朝阳沟油田 1999 年累计套损井 196 口,占油水井总数的 6.84%。通过逐步回归分析,认为注水压力是增加年套损率的主要因素,并得到如下定量关系:

$$R = 0.22p - 1.58 \qquad (3-14)$$

式中　R——年套损率,%;
　　　p——井口注水压力,MPa。

由此说明：在注水压力高于7.2MPa后，每增加1MPa注水压力，年套损率增加0.22%，相当于增加6口套损井。

二、改善开发效果的对策

针对上述主要问题和原因，研究认为要改善朝阳沟油田扶杨油层的开发效果必须搞好"三个调整"。

1. 井网加密调整

对于低、特低渗透油层井网加密调整可以大幅度减少渗流阻力，建立有效的驱动体系，提高采油速度及采收率。

1）井网加密的作用

通过对朝阳沟油田试验区南部212m井网和加密井网开发效果进行分析，有以下几点认识。

（1）井网加密能大幅度降低渗流阻力和注水压力，有效地增加油井产量。

低渗透储层遵循非达西渗流规律，与中、高渗透油层相比，注水开发除了要克服水驱渗流阻力外，还要克服非达西产生的附加阻力。通过推导得到非达西渗流的产量公式：

$$Q = J(p_h - p_w) - J\lambda d \qquad (3-15)$$

式中　J——与储层产能有关的参数；

　　　p_h，p_w——注水井、油井流压，MPa；

　　　λ——启动压力梯度，MPa/m；

　　　d——油水井距离，m。

应用式（3-15），根据朝阳沟油田已开发区块动态资料，得到启动压力梯度与空气渗透率的关系（图3-22），由此计算朝55井网加密试验区加密后（油水井间距离141m）较原井网（300m井距）渗流阻力降低，产量可提高36.6%。说明井网加密可以大幅度提高单井产量。

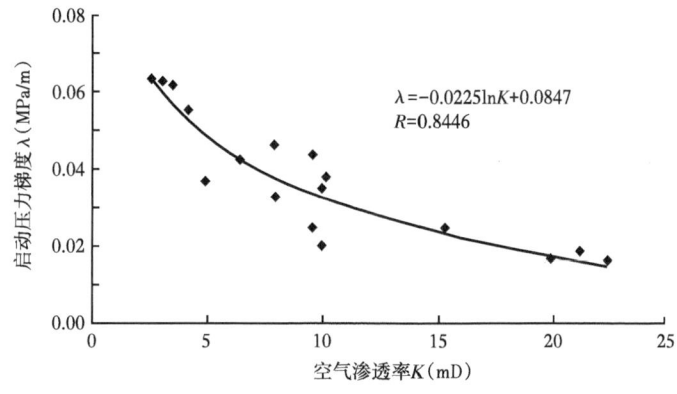

图3-22　朝阳沟油田扶杨油层已开发区块启动压力梯度与空气渗透率关系曲线

（2）井网加密能提高采油速度和采收率。

由于井网加密在增加新的出油井点的同时，注采系统更加完善，老油井注水受效更好,产量在一定程度上得到恢复,从而可提高采油速度;在增加水驱控制程度的同时,由于缩小井距,还增大了压力梯度,降低边界层厚度,提高原油动用程度(图3-23),进而提高采收率。如实施较早的朝631加密试验区采油速度提高14.1个百分点,预测采收率可提高5.3个百分点。1999年在朝55区块北部新开辟的加密试验区,采油速度和采收率提高的幅度更大,分别提高了1.44、7.4个百分点(表3-8)。

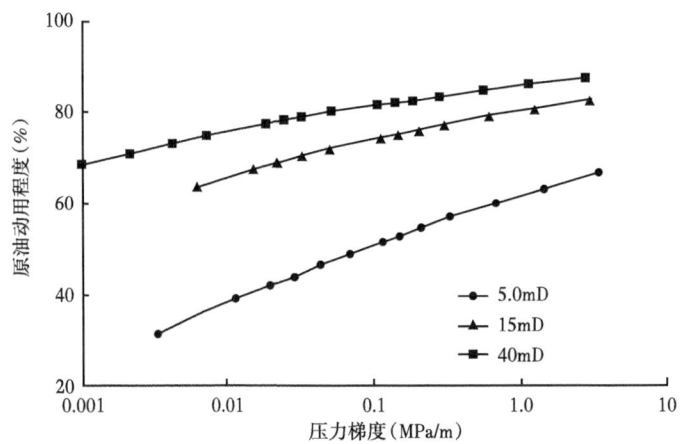

图3-23 原油动用程度与压力梯度的关系曲线

表3-8 朝阳沟油田加密井网开发指标对比

区块		井距(m)	水驱控制程度(%)	采油速度(%)	采收率(%)	单井控制可采储量(t)
朝阳沟北部		300	86.1	0.89	24.9	18700
试验区南部		212	77.9	1.05	28.9	6307
朝631区块	加密前	300	57.6	0.64	14.7	7147
	加密后	212	71.7	1.28	20.0	6682
朝55区块	加密前	300	74.8	0.74	22.2	11726
	加密后	202	77.7	2.18	29.6	7344

(3)井网加密有利于减少套损井数。

由于渗流阻力随井距减小而降低,注水压力也随之下降,从而能减少套损井数。如朝阳沟油田试验区南部212m井网,累积套损率为11.8%,而所在的朝45区块其他井累积套损率为14.8%。

(4)井网加密能有效地实现线状注水。

对于裂缝走向与井排方向夹角为22.5°的井网,如新立油田和朝55区块,通过原井网转线状注水困难,而采用不均匀加密能有效地实现线状注水。

(5)井网加密能获得较好的综合经济效益。

综合评价朝631和朝55加密试验区,在油价1100元/t的条件下,静态回收期分别为

5.2、8.5a，内部收益率分别为17.1%、9.2%。显然，对于朝阳沟油田扶余油层，井网加密在理论上是合理的，实践上是可行的，经济上是有效的。井网加密是改善朝阳沟油田开发效果的一条重要途径。

2）合理加密方式

由于朝阳沟油田不同区块储层裂缝发育程度、裂缝走向和井排方向夹角有所差异，井网加密方式对开发效果影响较大。因此，采用合理的加密方式十分重要，研究认为朝阳沟油田其合理的加密方式共有以下4种（图3-24）[6]。

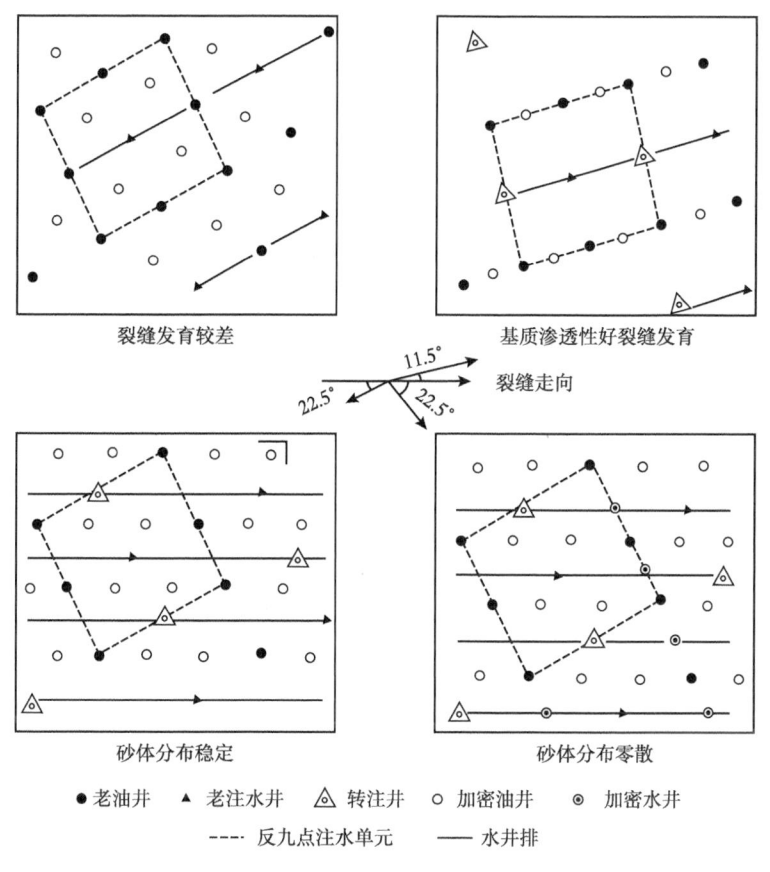

图3-24 朝阳沟油田不同井网加密方式示意图

（1）对于天然裂缝相对不发育的区块采用在正方形对角线交点上的加密方式（如朝631区块），加密后根据动态反应调整为五点法或灵活注水。

（2）对于裂缝走向与井排方向夹角11.5°且储层渗透率较高的区块，采用油井排加密油井的方式。这种加密方式只是将水井排上的高含水油井转注即可形成线状注水，同时具有加密井数少、单井控制储量多，以及加密井含水上升慢等优点；

对于裂缝走向与井排方向夹角22.5°井网，适于采用不均匀加密方式。

若砂体分布较稳定，可以在原注水井的边井与不同侧角井的连线上均匀部署2口加密油井，加密后将沿裂缝方向上与原注水井同一直线的边井转注，形成沿裂缝注水向裂缝两侧驱油的线状注水。如300m×300m井网，加密后油井排井距223.6m，注水井排井距

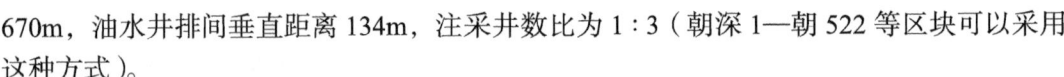

670m,油水井排间垂直距离134m,注采井数比为1:3(朝深1—朝522等区块可以采用这种方式)。

若砂体分布较零散,且渗透率低难以形成水线的区块,则在上述方式中,在原注水井的边井与同侧角井的连线中间部署1口加密水井。如朝55加密试验区采用了这种加密方式,注水井排井距为335.4m,注采井数比为1:1.5。

3)可加密的有效厚度下限

由于已开发未加密的区块储层物性、原油性质、有效厚度及开发程度有较大的差异,能否加密受多种因素的影响。研究认为对于一定油藏其盈亏平衡点随油价发生变化,其加密井控制可采储量也将随之改变。如油价为950~1500元/t时,加密井需控制可采储量由8000t降到3700t。在加密井控制可采储量相同的条件下,不同的加密方式要求加密油层厚度下限也是不同的。如朝阳沟油田若实施上述4种加密方式,可加密的厚度下限在7~10m之间(油价1100元/t)。一般来说,只要能获得一定的经济效益都可以实施井网加密。

2. 注采系统调整

注采系统调整可以提高水驱控制程度,实现沿裂缝注水向裂缝两侧驱油和充分发挥裂缝性油藏渗吸采油作用,改善油田开发效果。

注采系统调整包括灵活转注、转线状注水及水井转油井采油。研究认为:

(1)对于因砂体分布零散、断块狭窄、注采系统不完善的井区,应采用灵活转注的方式,如翼部等地区;

(2)对于裂缝比较发育、砂体分布较稳定、断块开阔、含水较高,且井网不适应的区块(如朝501井区),应实施线状注水;

(3)对处于断层及砂体尖灭区附近、注采系统不完善的井,若对周围油井影响小可将注水井转为油井开采。

3. 注水工作制度调整

由于存在裂缝,破裂压力梯度较小,对于裂缝性油藏采用合理的注水工作制度尤为重要。研究认为降低注水压力可以减缓平面、层间矛盾,减少无效注水量,提高注水效率,从而达到减少套损和降低含水上升速度的目的。在开发过程中,结合井网加密、注采系统调整、周期注水等方法来控制注水压力,会取得更好的开发效果。如新民油田在总结水窜、套变经验教训的基础上,制定了严格控制注水压力的注水政策,自1990到1997年全油田未发现一口套变井,在加密调整井中也未发现水窜现象。研究认为对于朝阳沟油田扶杨油层,合理注水压力应低于裂缝重张压力或破裂压力。

总之,朝阳沟油田开发中的问题比较复杂,在搞好上述"三个调整"的同时,还必须深化储层渗流机理和精细地质研究,加大低效井、套损井的治理力度,加强分层注水和油藏管理。

第四节 油田开发潜力分析

截止到1999年底,大庆外围油田已探明21个油田和2个气田油环,含油面积2713.6km²,探明石油地质储量113735×10⁴t。已有18个油田投入开发,动用含油面积682.7km²,地质储量35969×10⁴t,占总储量的31.6%。外围油田共有油水井7976口,其中采油井 5688 口，年产油 406.14×10⁴t，综合含水 32.27%，采油速度为 1.26%，采出程度为 9.2%。

分析外围油田的开发现状认为，继续增储上产的难度较大。一是已开发区块产量递减幅度加大；二是每年新增探明石油地质储量品位越来越低；三是未开发储量的构成、质量和地面条件发生了较大变化，开发区块优选的难度越来越大。为此，外围油田开发必须在积极开展"三低"油藏科技攻关，加快探索降投资、降成本等有效途径的基础上，解放思想，转变经营观念，加大前期评价工作力度，才能使更多的闲置储量得以动用。

一、已探明未开发储量分布状况

从勘探历程上看，外围未开发储量主要可分为两部分。一部分是"七五"以前直接由三级储量套改为基本探明储量（I类）。这类储量勘探程度较低，探明储量不落实、波动大，必须增加前期评价工作量，进一步落实储量参数，优选有利开发区块。另一部分是"八五"及以后提交的探明地质储量。这些储量主要集中在储层埋藏深、成岩作用强、物性极差的扶杨油层。这些油藏在"九五"期间的经济技术条件下开发难度较大。

从未开发储量的结构上看，在已探明石油地质储量中，经过对各油田开发区块逐一落实，已动用的Ⅲ类探明地质储量为 54160×10⁴t。其中动用 I 类探明石油地质储量为 35969×10⁴t，其余的 18191×10⁴t 储量一部分属于Ⅲ类储量与 I 类储量的升级误差，另一部分由于首钻井或控制井完钻后储层不发育等原因，导致地质报废或达不到"九五"期间经济开发要求，其储量有待于进一步落实，但这部分仍包含在剩余储量之中。因此，外围油田实际尚未动用的地质储量为 59575×10⁴t。

从不同油层未开发储量的比例来看：低丰度的黑帝庙、萨尔图和葡萄花油层储量为 18232×10⁴t，占未开发储量的 30.6%，特低渗透的扶杨油层（包括高台子油层）储量为 41343×10⁴t，占未开发储量的 69.4%（表 3-9）。

表 3-9 大庆外围油田未开发储量状况分析

区域	层位	探明Ⅰ类 地质储量 (10⁴t)	开发动用Ⅰ类 地质储量 (10⁴t)	开发动用Ⅰ类 占总储量 (%)	开发动用Ⅲ类 地质储量 (10⁴t)	开发动用Ⅲ类 占总储量 (%)	待核实Ⅲ类 地质储量 (10⁴t)	待核实Ⅲ类 占总储量 (%)	剩余Ⅲ类 地质储量 (10⁴t)	剩余Ⅲ类 占总储量 (%)
东部	葡萄花	27177	9735	35.8	14791	54.4	5056	18.6	12386	45.6
东部	扶杨	70458	21794	30.9	32214	45.7	10420	14.8	38244	54.3
东部	小计	97635	31529	32.3	47005	48.1	15476	15.9	50630	51.9
西部	黑、萨、葡	9924	2681	27.0	4078	41.1	1397	14.1	5846	58.9
西部	高台子	6176	1759	28.5	3077	49.8	1318	21.3	3099	50.2
西部	小计	16100	4440	27.6	7155	44.4	2715	16.9	8945	55.6
外围	黑、萨、葡	37101	12416	33.5	18869	50.9	6453	17.4	18232	49.1
外围	高、扶、杨	76634	23553	30.7	35291	46.1	11738	15.3	41343	53.9
外围	小计	113735	35969	31.6	54160	47.6	18191	16.0	59575	52.4

根据储量丰度、有效厚度、千米井深日产油量等指标综合评价，将外围未开发储量分为3类：

一类，黑帝庙和葡萄花油层平均日产油量为3.2t，主要分布在永乐、新站和肇州等油田，储量为10642×10⁴t，占未开发储量的17.9%；

二类，葡萄花油层平均日产油量为1.79t，扶杨油层平均日产油量为1.6t，主要分布在榆树林、肇州和永乐等油田，储量为13538×10⁴t，占未开发储量的22.7%；

三类，葡萄花和扶杨油层的平均日产油量均低于0.8t，主要分布在宋芳屯和永乐等油田，储量为35395×10⁴t，占未开发储量的59.4%。

二、未开发储量动用条件

根据不同的技术经济条件，设计了6套评价方案，制定出了大庆外围油田未开发储量可动用的经济界限（表3-10）。

（1）在"九五"期间的技术经济条件下，葡萄花和黑帝庙油层的I类储量可以动用。

在"九五"期间的技术经济条件下，I类储量的经济极限产油量为2.8t/d。大于此极限产油量的有葡萄花和黑帝庙油层，共有9个区块，地质储量为8708×10⁴t（不包括合作区块1934×10⁴t），这类储量可以采用集输方式开采。

（2）葡萄花油层的II类储量在降低投资的条件下可以动用，扶杨油层II类储量在1999年油价下，采用提捞—减免税开采方式可以动用。

葡萄花油层在1999年油价下通过降低投资（方案2），经济极限产量可达到1.8t/d，7个区块的储量为2274×10⁴t；而扶杨油层在1999年油价下，只有采用提捞—减免税（方案5）的开采方式才能动用。若油价上升到1050元/t以上，采用提捞采油的方式也可以投入开发，储量为11264×10⁴t。扶杨油层包括榆树林、肇州、永乐、朝阳沟和尚家共5个油田中尚未开发的部分地区。

表3-10 各方案经济参数

方案	条件	钻井费用（元/m）	基建费用（万元/口）	压裂费用（万元/口）	操作费（元/t）	
					葡萄花油层	扶杨油层
1	集输开采	600	90	20	280	300
2	降投资开采（钻井降15%、基建、操作费降30%）	510	63	14	200	210
3	降投资—减免税开采	510	63	14	200	210
4	提捞开采	500	30	14	190	200
5	提捞—减免税开采	500	30	14	190	200
6	提捞—减免税—降投资开采（钻井降20%、操作费降40%）	480	30	14	170	180

（3）葡萄花油层I类储量只有在提捞—减免税—降投资且油价1150元/t的条件下才能有部分区块动用，而扶杨油层总体上难以动用。

由于Ⅲ类油层经济极限产量为 0.8t/d，总体评价认为，葡萄花油层有 6 个区块，储量为 1140×10⁴t，采用提捞—减免税—降投资的方式且油价为 1150 元/t 时可以动用。而要动用扶杨油层，需采用方案 6 且油价高达 1500 元/t。

经济评价表明：在上述条件均落实情况下，累计可动用探明储量为 23386×10⁴t（表 3-11），其中Ⅰ类储量为 8708×10⁴t，Ⅱ类储量为 13538×10⁴t，Ⅲ类储量为 1140×10⁴t。

表 3-11 已探明未开发储量动用表

条件	1999 年经济参数	降投资	提捞—减免税	提捞—减免税—降投资
动用储量（10⁴t）	8708	2274	11264	1140
累计动用（10⁴t）	8708	10982	22246	23386
层位	葡萄花、黑帝庙	葡萄花	扶杨	葡萄花
类别	Ⅰ	Ⅱ		Ⅲ

通过对外围油田储量动用条件和开发形势分析，认为外围油田加大开发前期评价力度的目标与对象包括两个方面：

一是，着眼闲置储量，寻找相对富集的区块开发；

二是，继续深化详探评价与产能建设一体化工作，加快新区评价步伐，力争新区提前动用。

三、油田潜力分析

1. 已探明未开发储量潜力

尽管外围未开发储量结构、分布具有较大的差别，但从整体上看，东部的宋芳屯、模范屯、肇州、永乐油田尚有成片分布的葡萄花油层，西部的高西、龙南、龙虎泡油田葡萄花油层仍有"小而肥"的有利开发区块。根据剩余储量评价结果分析，表明已探明未开发储量潜力较大。在加大前期工作评价力度的基础上，加强"三低"油藏攻关计划的实施，在降低投资、成本的前提下，可以满足产能建设规划要求。为进一步降低投资和成本，最大限度地动用外围难采储量，还要积极转变观念、引入新机制，探索合资合作的开发方式。

2. 新增储量区块潜力

按照"详探评价与产能建设一体化"的评价模式，在每年新增的石油探明储量区块，逐渐形成产能规模。近几年新增储量区块以长垣西部为主。由于受地面条件的限制，影响了产能建设。有控制、预测储量的葡西、宋芳屯北—卫星地区、他拉哈、太平屯东及敖南地区发育的葡萄花油层，可以优选一定的开发区块提前介入。

1999 年葡西地区提交了控制石油地质储量 13506×10⁴t，有探井 41 口，试油结果表明，有 31 口井达到工业油流。

永乐油田南部的源 13 区块已完钻开发评价井 9 口，该区块在 1999 年提交了 1878×10⁴t 石油探明储量。

综上所述，外围油田地质条件复杂，开发难度大，但同时也存在着较大开发潜力。随着"三低"油藏攻关计划的实施和经营机制转变，这部分储量将逐步有效动用和商业性开发。

参 考 文 献

[1] 姜岩,李文艳,吴明华.一种模糊神经网络技术及其在储层预测中的应用[J].石油物探,2004(4):377-379,6.

[2] 吉庆生,高彦楼.氧化还原电位法在复杂岩性油藏开发中的应用[J].大庆石油地质与开发,2001(3):71-73,78.

[3] 王秀娟,孙贻铃,迟博,等.松辽盆地三肇地区油田储层裂缝及地应力特征[J].高校地质学报,1999(3):3-5.

[4] 计秉玉,陈剑,周锡生,等.裂缝性低渗透油层渗吸作用的数学模型[J].清华大学学报(自然科学版),2002(6):711-713,726.

[5] 杨正明,朱维耀,陈权,等.低渗透裂缝性砂岩油藏渗吸机理及其数学模型[J].江汉石油学院学报,2001(S1):25-27,6.

[6] 周锡生,李艳华,徐启.低渗透油藏井网合理加密方式研究[J].大庆石油地质与开发,2000(5):20-23,68.

第四章 创新水驱调整技术，研究"两特低"油藏水平井开发可行性

2001年，大庆油田开发技术研究取得了一批新成果。针对大庆外围油田复杂的地质特点，油田注水开发难度大，一些常规的注水开发技术难以适应其开发的需要，发展了低渗透油藏油井产能预测方法，提出了油水同层油藏测井综合解释方法，研究出提捞采油技术经济界限，开展了特低丰度和特低渗透油藏水平井开发可行性研究，创新形成了裂缝性油藏井网加密与渗吸采油相结合的综合调整新技术，为低渗透油田效益开发提供了重要技术支持。

第一节 油田开发形势分析

一、年产油量连续三年保持在 $400×10^4$t 以上规模

针对外围"三低"油藏的特点，先后开展了油藏成藏条件研究、有利含油富集区块的综合预测方法和优选评价技术研究、特低渗透扶杨油层开发动用条件和井网优化设计方法研究、特低渗透裂缝型油藏井网加密和注采系统调整方法研究，加强了提捞采油和长跨距合采试验研究；加大了降低地面建设投资配套技术的攻关力度。形成了一套复合型岩性油藏描述和预测技术，不同类型油藏注水开发技术，降低投资和成本的钻井、采油和地面工程配套技术。

2001年大庆外围油田年产油达到 $427×10^4$t，综合含水 38.8%，连续3年原油产量保持 $400×10^4$t 以上规模。

二、油田继续上产的开发对象逐渐变差

大庆外围油田已探明储量经过不断地优选开发，剩余未动用储量进一步开发优选难度大，主要表现以下4个方面：一是渗透率相对较高的葡萄花油层厚度小，储量丰度低，仅为 $18.8×10^4$t/km^2；二是储量丰度相对较高的扶杨油层渗透率特别低，流度小于 0.4mD/（mPa·s）的储量所占总储量 85% 左右，采用常规注水开发方式难以经济有效开发动用；三是大庆长垣以西地区的一些复合型油藏地质条件复杂，只能采用滚动开发方式逐步扩大其开发规模；四是部分地区地面条件差，尽管储量丰度相对较高，但由于投资和成本高也难以经济有效开发动用。另外"十五"期间还要在一部分待探明地区进行优选开发，这些地区地质条件复杂、勘探程度低、开发风险大。因此"十五"期间优选的区块，多属于经济有效开发界限附近的边际区块，与以往开发的区块相比经济效益明显变差。

第二节 油藏综合评价技术

一、低渗透油藏的基本特点

1. 储层多为低孔、低渗透，部分储层发育裂缝

外围油田扶杨油层较葡萄花油层埋藏深、物性差，且部分地区发育裂缝。葡萄花油层油藏中部深度平均为1400m，有效孔隙度为14%~22%，空气渗透率为2.5~195mD；扶杨油层油藏中部深度平均为1800m，有效孔隙度为12%~15%，空气渗透率为0.58~13mD。

2. 葡萄花油层油水关系复杂，扶杨油层"干"层发育

大庆外围油田多是以岩性为主的复合油藏群。尤其在长垣以西地区，油水分布十分复杂。扶杨油层虽然油水关系相对比较简单，但是"干层"十分发育。

3. 砂体规模小，原井网控制程度低

葡萄花油层多为薄层粉砂岩与泥岩互层沉积，单井钻遇油层2~4层，单层砂岩钻遇率40%~60%。扶杨油层多为中、厚层粉、细砂岩与泥岩互层沉积，主力油层单层钻遇率为35%~52%，非主力层单层钻遇率为13%~27%。两套储层砂体规模小，砂体宽度多小于300m，加上断层切割，在300m正方形井网条件下水驱控制程度只有50%~70%。

4. 储层为变形介质，具有应变不可逆性

特低渗透储层具有较强的应力敏感性，在油田钻井和开发后，由于地层压力变化，岩石将发生塑性形变，使储层物性发生变化，且为不可逆的过程。据榆树林油田扶杨油层5块岩心测定表明，当上覆压力增至25MPa时，渗透率、孔隙度分别降至初始状态的60%、84.6%，而上覆压力降至初始值时，其渗透率、孔隙度只恢复至初始状态的75.5%、87.5%。因此，开发中若地层压力降低，其储层孔渗必然要降低，而注水恢复压力后，其孔渗不能恢复至原始状态。

5. 存在启动压力，具有非达西渗流特点

由于扶杨油层孔隙半径一般为0.33~1.45μm，只有压力梯度达到一定数值，细小孔隙中的流体才能参与流动，其流动不仅要克服流体黏滞力，而且还要克服固液界面分子作用力。所以，特低渗透储层的渗流特征与中高渗透储层有明显的不同，具有非达西渗流特点。

6. 气油比低，天然能量不足

外围油田边底水不活跃，油层综合压缩系数低，弹性采出程度只有1.1%~1.9%。同时气油比普遍偏低，除长垣西部部分油田气油比稍高外，其余在17~23m^3/t之间，溶解气驱能量十分有限。外围油田一次采收率一般为8%~10%，属于天然能量不足的油藏。

二、油藏评价技术研究

1. 低渗透油藏油井产能预测方法

注水开发条件下油井稳定生产的产能预测，是油田开发方案设计的重要基础工作。通过深入分析测试产能和稳定产能资料，建立二者之间的关系，预测油井稳定产能[1]。

1）依据地层测试流动段数据预测油井产能

在建立测试时的产量与生产时的稳定产量之间的关系时，选择比采油指数作为对比的参数，可以消除压差和有效厚度的影响。分别求出测试和生产时的比采油指数，然后用回归分析方法找出二者之间存在的数学关系，最后应用这一关系预测其他井的稳定产能。

油井生产稳定时的比采油指数由油井生产动态数据计算得到。在测试的情况下，经理论推导有如下近似关系式：

$$\ln(p_i - p_{wf}) = m(t - t_0) + n \qquad (4-1)$$

式（4-1）表明，$\ln(p_i - p_{wf})$ 与 $(t-t_0)$ 呈线性关系，其斜率为 m，截距为 n，由斜率可得测试平均比采油指数：

$$I_{cs} = -7.69 \times 10^3 \frac{mr_p^2}{\rho h} \qquad (4-2)$$

式中 I_{cs}——测试平均比采油指数，$m^3/(MPa \cdot d \cdot m)$；
  ρ——流体密度，t/m^3；
  h——油层有效厚度，m；
  r_p——测试管柱半径，m。

2）实例分析

根据上述方法，求出了芳 463 等 6 口井测试时的平均比采油指数 I_{cs}，与根据油井生产动态数据得到的生产稳定时的比采油指数 I_{sc}（表4-1）进行回归分析（图4-1），拟合关系式为：

$$I_{sc} = 0.0979 I_{cs} \times 0.0371 \qquad (4-3)$$

根据式（4-3）对州 181 等 17 口井在不同压差下的产能进行了预测（表4-2），产量实测值和计算值平均相对误差为 9.84%，平均绝对误差为 0.85 m^3/d，预测效果较好。

表 4-1 6 口井测试和生产时的比采油指数

井号	比采油指数 [$m^3/(MPa \cdot d \cdot m)$]	
	测试	生产
芳 463	2.34	0.27
州 184	1.46	0.19
永 86-384	3.89	0.41
永 90-72	1.79	0.21
永 92-88	0.91	0.15
树 32	0.45	0.08

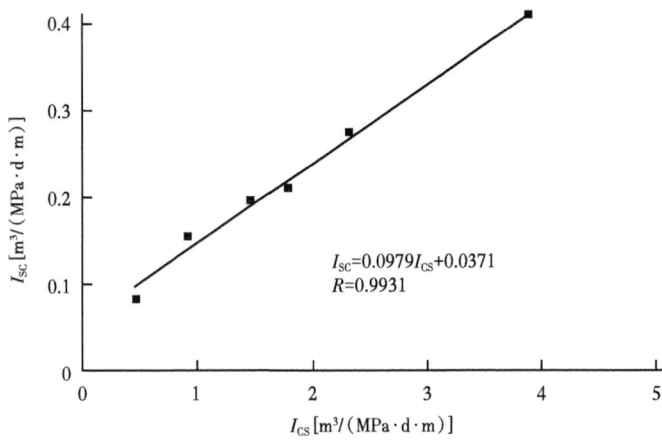

图 4-1 测试、生产比采油指数拟合图

表 4-2 不同生产压差下的产量对比

井号	层位	压差（MPa）	产量（m³/d）		井号	层位	压差（MPa）	产量（m³/d）	
			实测值	计算值				实测值	计算值
州181	葡	2.63	3.38	2.89	永90-74	葡	8.90	9.50	9.98
		4.96	4.38	5.45			8.99	9.62	10.08
		5.03	4.75	5.55			8.63	8.75	9.68
永56-96	葡扶	6.25	6.83	8.41	永90-88	葡	10.44	9.37	10.61
		9.91	11.29	13.34			8.09	8.50	8.21
		11.74	16.36	15.81			10.63	9.50	10.79
永70-76	葡	11.87	11.12	12.37	永90-90	葡	10.11	3.25	3.18
		12.23	11.75	12.84			11.17	3	3.52
永72-72	葡	6.12	7.37	6.06			11.95	4.50	3.76
永72-76	葡	8.77	5.38	6.73			11.90	4.87	5.74
永84-84	葡	10.95	8	10.24	永92-92	葡	11.37	4.63	5.48
		10.27	9	9.86			9.19	5.25	4.44
永86-82	葡	8.30	4.37	4.88	永104名8	葡	12.19	3.12	3.68
		11.41	6.12	6.71	树34	杨	15.81	10.35	11.10
永8646	葡	6.68	13.25	12.87			14.19	11.76	10.97
		6.75	15	13	树322	杨	13.43	4.71	4.25
永88-82	葡	3.85	1.75	1.45			11.65	3.76	3.69
		10.2	3.12	3.91	东161	扶杨	16	18.47	17.95

2. 提高葡西油田油水层识别精度的测井综合方法

葡西油田储层类型多样，存在大量油水同层，同时在中下砂岩组还存在低电阻率油层和高阻水层,给测井解释带来很大困难。以往图版法解释只能区分油层、同层、水层,未能有效地解决偏油同层、偏水同层的识别问题,为此开展了岩石物理分析与优化测井解释研究。

1)优化测井解释

利用侧向、感应、声波、自然电位等测井曲线,基于岩电实验结果对三套砂岩组,分别选用不同的饱和指数等参数建立各自的测井初始解释模型。在此基础上,将所有测井信息、测量误差和响应方程误差等综合成一个多维信息复合体,应用最优化数学方法综合地进行多维处理,求出该复合体的最优解,从而计算出储层原始含油饱和度 S_o、束缚水饱和度 S_{wb} 等参数,进而求解出反映储层流体性质的可动水饱和度 S_{wm} 和可动油饱和度 S_{om}。

2)油水识别定量解释标准

应用葡西油田试验区 33 口开发井 39 层的资料,建立测井解释标准,其模型精度为 85.0%。

油层:$S_{wm}=0$,$S_o \geqslant 35.0\%$;

偏油同层:$S_{om} > S_{wm} > 0$,$35.0\% \leqslant S_o \leqslant 55.0\%$;

偏水同层:$S_{om} > S_{wm} > 0$,$S_o < 35.0\%$;

水层:$S_{om}=0$,$S_{wm} > 0$。

3)应用效果

应用上述解释方法对葡西油田试验区开发井进行了实际解释,图 4-2 为试验区古 117-138 井处理成果图,该井葡 11 号层(1666.0~1770.4m)按上述标准解释为油层,该层压后抽吸求产,日产油 3.94t,日产气 16279m³,为工业油层;葡 18 号层(1709.8~1713.0m)原

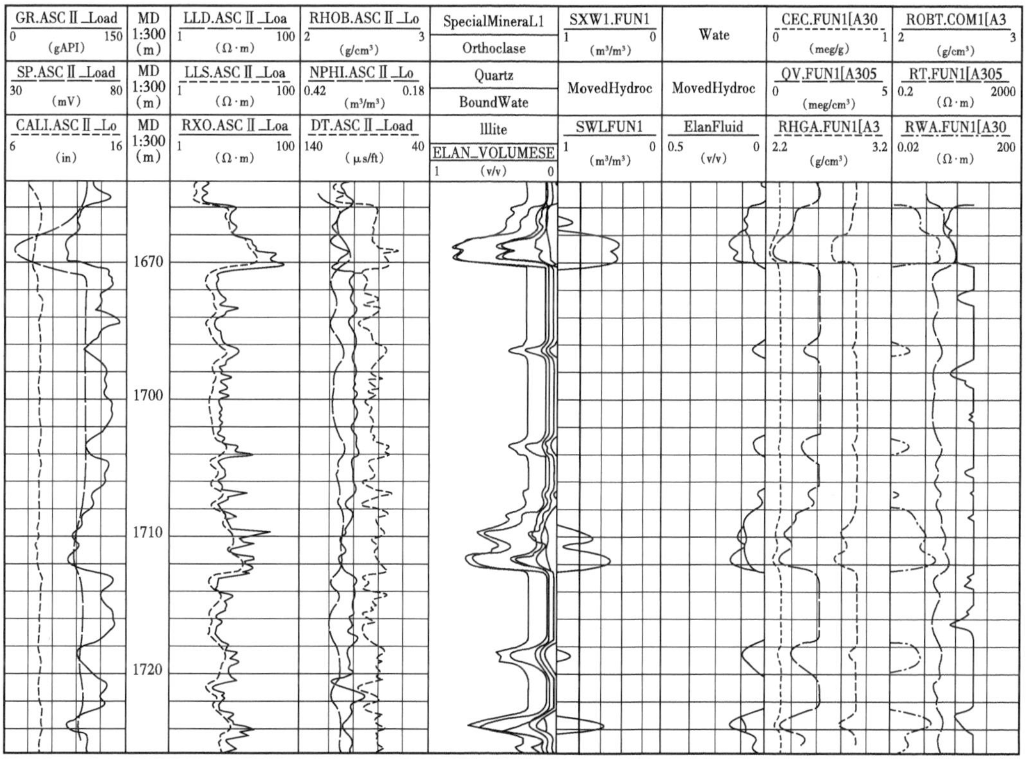

图 4-2 古 117-138 井测井解释成果图

来解释为油层，后期综合确定为偏油同层，该层压后抽吸求产，日产油 3.195t，日产水 1.92m³，为偏油同层。从解释结果看，解释精度有了较大提高。

3. 葡扶油层提捞采油技术经济界限

从 1999 年开辟提捞采油试验区开始，通过开展提捞采油试验研究，提出了油井捞油经济极限产量、合理提捞周期确定方法。这些方法为促进特低丰度油田的有效开发提供了依据。外围油田捞油规模逐年扩大，到 2001 年底，提捞采油井 709 口，约占总油井数的 10%，年捞油已达到 17.3×10⁴t。

1）油井捞油经济极限产量

提捞采油可大幅度降低投资和成本，但当单井产量低于某一界限值时，捞油则没有经济效益，故油井捞油存在经济极限产量。而在一定回收期取投入产出相等时对应的单井初始稳定产量即为油井捞油经济极限产量。

依据投入产出平衡原理，推导出油井捞油经济极限产量计算公式：

$$q_{\min} = S_2 \cdot \beta \cdot \frac{1+\frac{n+1}{2}\cdot r}{\beta \cdot t \cdot (P_c - V_p - P_t) \cdot \left[T_0 + \frac{1-(1-d)^{T-1}}{d} - 1\right] - S_1 \cdot \left(1+\frac{n+1}{2}\cdot r\right)} \quad (4-4)$$

式中 $q_{\min}$——油井投产初期稳定产量，t/d；

t——年生产时间，d；

T_0——稳产时间，a；

T——递减开始至平衡点时间，a；

d——油井年递减率；

S_1——一套提捞设备投资，元/套；

S_2——单井投资，元；

P_c——原油价格，元/t；

n——贷款偿还期，a；

r——贷款利率；

V_p——原油生产经营费；元；

P_t——各种税金，元；

b——与提捞采油相关的常数。

研究认为，影响经济极限产量的主要因素是原油价格、操作费用和捞油机制等。随着原油价格上升，经济极限产量则下降，而操作费用上升，则经济极限产量上升。

以朝阳沟油田提捞采油试验区为例，依据试验区实际投资和捞油实践，原油生产经营费取 364 元/t，在自筹资金情况下，当油价为 1000~1800 元/t，对应的油井捞油经济极限产量为 1.35~0.51t/d（表 4-3）。

表 4-3　油井捞油经济极限产量预测结果

油价（元/t）	1000	1200	1400	1600	1800
经济极限产量（t/d）	1.35	0.97	0.74	0.61	0.51

2）提捞采油合理周期确定方法

从提捞采油工艺出发，依据投入产出关系整理得到捞油净收入 $R(t)$ 的优化数学模型：

$$R(t) = s \cdot \left(l - a - \frac{b}{t+c}\right) \cdot (1-f_w) \cdot r_0 \cdot [P - P_t - c_1]$$
$$- c_0 \cdot [t + c_5 \cdot n(t)] - c_2 s \cdot \left(l - a - \frac{b}{t+c}\right) - (c_3 + c_4) \cdot n(t) \quad (4-5)$$

式中 t——油井捞油周期或关井时间；

l——油层中部深度；

s——套管内横截面积；

c_0、c_1、c_2、c_3、c_4、c_5——与捞油成本相关的参数，通过捞油实践确定；

$n(t)$——提捞设备载荷和关井时间相关的函数。

通过求解上述优化模型，可得到 $R(t)$ 与捞油周期 t 的关系曲线，净收入 $R(t)$ 最大值点对应的 t 值即为油井合理捞油周期。

研究认为，影响捞油周期的主要因素是流动系数。流动系数越大，捞油周期越小。

以朝阳沟油田提捞采油试验区为例，由净收入优化数学模型计算出不同捞油周期对应的净收入存在最佳效益点（图4-3），净收入最大值点对应的关井时间为1.6d，即在考虑经济效益情况下，该井合理捞油周期为1.6d，周期捞油1.38t[2]。

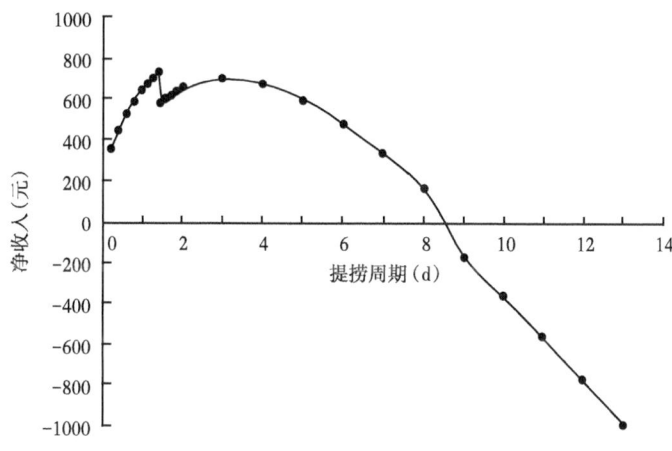

图 4-3 净收入与提捞周期关系曲线

第三节　特低丰度和特低渗透油藏水平井开发可行性

国内外水平井技术发展迅速，已广泛应用于各类油藏开发，并且由单个水平井向整体井组开发、多分支水平井（多底井）、侧钻水平井和欠平衡压力水平井的方向转变，钻井成本已降到直井的2倍以下，水平井技术的进步为大庆外围未动用储量采用水平井技术开发提供了可能。

1. 特低渗透扶杨油层水平井开发的可行性

1）已开发水平井开发效果及经济分析

大庆外围油田扶杨油层已投产的4口水平井生产表明，采用水平井开发初期产量都达到了直井的3~6倍，水平井技术达到了增产的目的（表4-4）；朝平1和朝平2井开发效果较差的主要原因是储层原油性质较差（地层原油黏度大于18mPa·s），影响了供液能力。

表4-4 扶杨油层水平井开发动态参数

井号	目的层	目的层直井有效厚度（m）	投产初期产量（t/d）		6个月后产量（t/d）		阶段累积产量比
			水平井	直井	水平井	直井	
树平1	YI5	10	13	4	7.33	2.54	3.25
茂平1	FⅡ1	10	20.6	4.34	4.87	4.59	2.04
朝平1	Y16	4.4	4.7	0.6	关井	关井	
朝平2	YI6	4.4	1.6	0.6	关井	关井	

已开发水平井经济评价认为，在"十五"期间的技术经济条件下，树平1井和茂平1井由于钻井成本较高，效益低于直井。经济敏感性分析认为，当水平井与直井钻井固定成本之比小于增产倍数时，水平井经济效益将好于直井。对于大庆外围油田扶杨油层，要使水平井经济效益好于直井，水平井钻井成本不能超过直井的3倍。

2）特低渗透油藏适合水平井开发的基本条件

综合研究认为，对于大庆外围特低渗透油藏，要进行水平井注水开发，首先应满足如下几个基本条件。

（1）构造、断层相对比较简单，油水分布关系比较清楚。

（2）主力油层砂体分布稳定，储层渗透率应大于1mD，有效厚度大于4m，砂体宽度大于400m。

（3）地应力和裂缝系统发育状况清楚，分布关系比较简单。

3）特低渗透油藏水平井水平段参数优化与产能预测

（1）水平井段方位与长度初步优化。

依据特低渗透油藏扶杨油层地质模型（储层厚度4~6m，渗透率1~2mD，裂缝相对不发育，砂体最大规模1000m），应用油藏数值模拟方法，同时结合已有水平井的地质和动态特征，对水平井的水平段进行了优化设计。

分析结果表明：对于裂缝相对发育的油藏，水平井水平段应平行于裂缝方位；当裂缝相对不发育时，水平井水平段应垂直于最大主应力方位（图4-4）。水平段长度对水平井初期产量影响较大，水平井水平段长度增加，产量增加，小于450m时产量增加较快，大于450m后增加幅度减缓，水平井长度应以450m左右为宜（图4-5）。

（2）水平井产能预测。

根据油藏地质模型，应用油藏数值模拟方法计算了扶杨油层采用水平井技术开发的产能水平。预测表明：采用水平井开发提高了采油速度，缩短了开发期，产量可达到较高水平（表4-5）[3]。

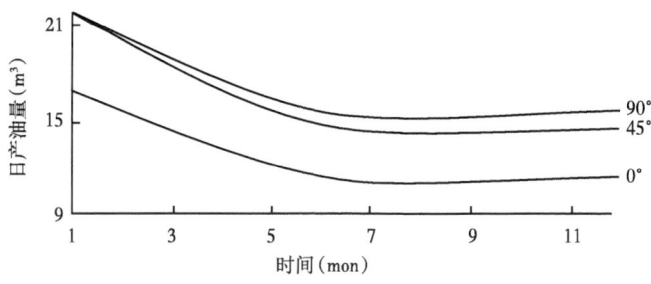

图 4-4 水平段与最大主应力方位的夹角对初期产量的影响

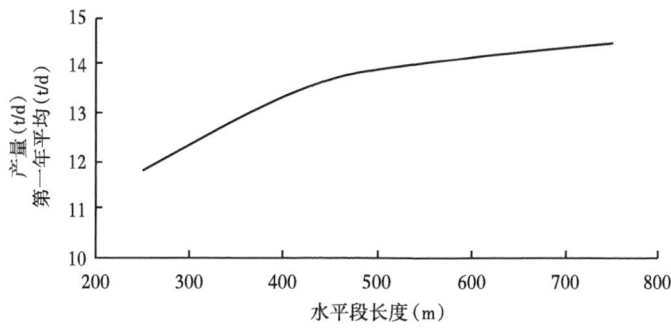

图 4-5 扶杨油层水平井水平段长度与初期产量关系曲线

表 4-5 扶杨油层水平井与直井生产情况对比

井别	第一月单井日产量（t）	第一年累计产油（t）	20年平均年产油速度（%）	20年采出程度（%）
水平井	13.03	3793.7	0.525	10.55
直井	3.01	3252.3	0.3	6.01

2. 特低丰度葡萄花油层水平井开发的可行性

大庆外围油田特低丰度葡萄花油层，在现有开发技术条件下，单井产量低，难以经济有效开发，但这部分储层物性相对较好且分布稳定，含油井段相对集中，适合于开展水平井增效试验。

为了有效动用这部分储量，分析了"十五"期间的技术经济条件下水平井经济界限产量，认为葡萄花油层水平井的经济界限产量范围为 2.7~6.7t/d。

应用油藏数值模拟方法预测了采用复式水平井技术在不同钻遇率条件下的开发效果。研究表明，如果葡萄花油层水平井油层段钻遇率能够达到20%以上，水平井产能可以达到或超过其经济界限产量（图 4-6）。

3. 葡扶油层水平井开发前景展望

根据未动用储量评价结果分析，三肇地区扶杨油层单层有效厚度大于4m的区块14个，面积占未动用储量区块面积的20%左右，总储量2620×10⁴t；葡萄花油层储层发育稳定的肇州、永乐地区18个区块平均有效厚度1.9m，在"十五"期间的技术经济条件下，这些区块采用常规开采技术经济效益很差，具备开展水平井增效开采试验的条件。

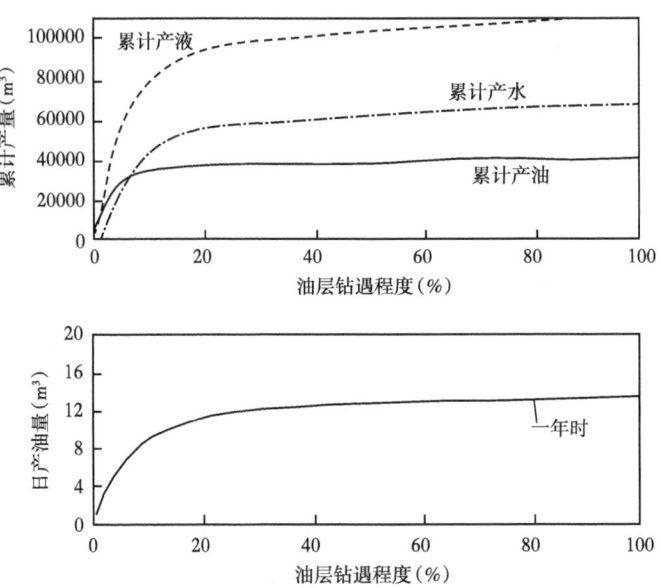

图 4-6 葡萄花油层水平段油层钻遇比例与产量关系曲线

大庆外围区块未动用扶杨油层与已开发区块对比,储层物性更差,一般为 1~2mD,水平井预期产量更低,而且储层厚度薄、发育不稳定,局部地区断层较发育,地质风险较大,水平井地质设计对储层精细地质研究工作要求较高;未动用葡萄花油层进行水平井开发在大庆外围油田尚无先例,采用复式水平井涉及钻井等工艺技术,风险较高。因此,大庆外围油田水平井开发有待于多专业联合攻关,还需进一步加强储层精细地质、油藏工程及钻井工艺等研究工作。

第四节 井网加密与渗吸采油相结合的综合调整技术

头台油田是大庆外围裂缝最为发育的特低渗透油藏。从 1993 年投入开发以来,虽然进行了注采系统和注水工作制度调整以及实施了压裂、酸化等增产措施,有效地控制了含水上升,但到 2001 年采油速度仍徘徊在 0.5% 左右,油田开发效果没有从根本上得到改善。为此,从油田地质特点和开发实际出发,提出了井网加密与渗吸采油相结合的综合调整方案,取得了初步的试验效果。

一、开发中存在的主要问题及调整的有利条件

头台油田注水开发中存在的主要问题是储层渗透率特低、渗流阻力大,现井网排距大,油井受效差。Ⅰ类区块储层平均渗透率为 4.87mD,Ⅱ、Ⅲ类区块仅 1.11mD。由于储层渗透率特低,具有非达西渗流特征,存在启动压力梯度,导致渗流阻力大,现井网 212m 排距的线状注水难以建立起有效驱动体系,需要通过缩小排距来降低渗流阻力,提高油井产液能力,改善开发效果。对头台油田已开发区调整主要有以下 2 个有利条件。

第一,已开发区块储量丰度高、采出程度低、剩余可采储量大,具备井网加密的

物质基础。头台油田已开发区块储量丰度为 72.7×10^{4}t/km^2，是头台油田探明储量丰度（57.5×10^{4}t/km^2）的 1.26 倍。通过近 9 年的开发，采出程度仅为 4.91%，可采储量采出程度为 27.16%。

第二，储层基质渗透率特低、裂缝发育，油层亲水，具备渗吸采油的有利条件。头台油田已实施水井转油井 11 口，有效井 9 口，成功率为 81.8%，单井平均累计产油 3620t，9 口井共累计产油 32588t。茂 65-92 井、茂 65-90 和茂 62-93 井三口高含水关闭井重新开井生产均获成功，重开后单井累计产油量分别为 0.57×10^{4}t、0.62×10^{4}t 和 0.99×10^{4}t。

二、经济井网密度界限

经济井网密度界限受有效厚度影响，同时也与油价变化有关。如油价从 1000~1600 元/t，当有效厚度为 14m 时，合理加密井网密度为 17.6~24.2 口/km^2，有效厚度为 18m，合理加密井网密度为 19.5~26.6 口/km^2（表 4-6）。

表 4-6 头台油田不同油价下经济井网密度 　　　　单位：口/km^2

有效厚度 (m)	油价（元/t）			
	1000	1200	1400	1600
14	17.6	20.1	22.1	24.2
15	18.1	20.6	22.7	24.8
16	18.6	21.1	23.3	25.6
17	19.1	21.6	23.9	26.1
18	19.5	22.1	24.5	26.6

三、合理加密方式

针对头台油田地质特点和开发现状，研究认为头台油田井网加密的主要目的是缩小排间距离，即只能采用排间加密方式[4]，在此前提下还应满足以下 4 个条件。

第一，能继续保持线状注水。国内外开发实践表明：对于裂缝性油藏合理的注水方式是沿裂缝注水向两侧驱油的线状注水，头台油田实施的线状注水也是有效的。因此，井网加密后要保持线状注水。

第二，油水井数比要大于等于 1.5。由于头台油田裂缝发育，注水井吸水能力强，而油井产液能力较小，油水井数比应大于 1.5。

第三，能充分利用渗吸作用。在加密井排液后转成注水井，并将现高含水关闭井重开变成油井，老注水井转油井生产，从而发挥渗吸采油强的特点，提高油田采油速度和采收率。

第四，提高油水井利用率。头台油田在 1996—1997 年是通过关闭水井排的高含水井实现线状注水的，同时因油井减少以及降低注采比，还关闭了部分注水井，造成油水井利用率低，设备闲置和浪费。如 2000 年头台油田关闭 86 口井，油水井利用率为 73.6%。

为此，设计了 5 种加密方式（表 4-7），有如下认识。

表 4–7 头台油田不同加密方式参数

井网	井网形式	排间距离(m)	井间距离(m) 油井	井间距离(m) 水井	井网密度(口/km²)	单位面积加密井数(口)	油水井数比	油水井调整	备注
现井网	水井排高含水关井（两排水井夹一排油井）	212	424	424	11.12		3		
加密井网	I 井排间加密一排油井（两排水井夹一排油井）	106	424	424	22.25	11.1	1	老油井、高含水关闭井转注	油水井数不合理
加密井网	II	106	424	424	22.25	11.1	2	老油井关一半	关井太多
加密井网	III 井排间加密一排水井（两排水井夹一排油井）	106	424	424	22.25	11.1	1	老注水井转油井、高含水关闭井重开	加密井多
加密井网	IV	106	424	636	17.80	6.7	1.5		能利用关闭井
加密井网	V	106	424	848	14.83	3.7	2		

方式 I 和 II 为排间加密一排油井，加密井井距为 424m，井网密度为 22.2 口/km²，在现有经济条件下（如 1200 元/t）无效益，同时方式 I 加密后实施老油井和高含水关闭井转注，尽管能保持线状注水和发挥渗吸作用，并能提高油水井利用率，但油水井数比不合理；而方式 II 要关一半老油井，加上原高含水关闭的油井，虽然能保持线状注水，但不能发挥渗吸作用，关井多。

方式 III、IV 和 V 为排间加密一排水井，加密井排液后高含水关闭井重开，老注水井转油井即能发挥渗吸采油，又能提高油井利用率。但方式 III 油水井数比不合理，同时加密后井网密度高于经济井网密度界限。而方案 IV 和方案 V 油水井数比合理，加密后井网密度低于经济井网密度界限，同时由于头台油田主力油层砂体规模较大，能够形成线状注水。

综合分析推荐方式 IV 和方式 V 为头台油田井网加密与渗吸采油相结合的综合调整方案，即在现井网形式下，在排间加密一排水井，加密井距为 636m 和 848m，加密井排液后，高含水关闭井重开，老注水井转油井（图 4-7）。

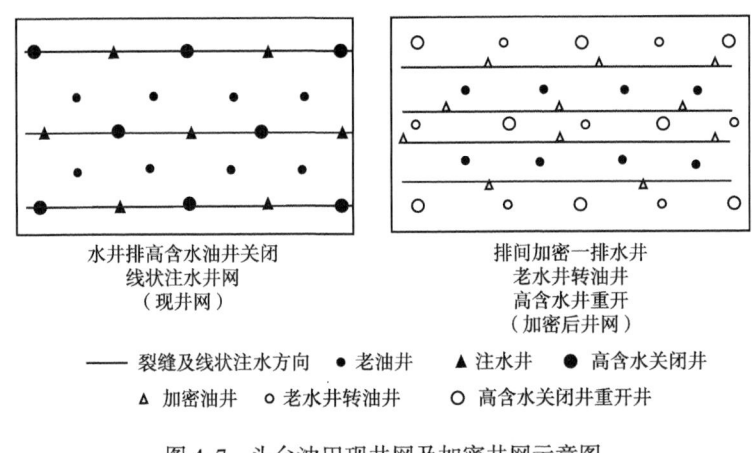

图 4-7 头台油田现井网及加密井网示意图

第四章 创新水驱调整技术，研究"两特低"油藏水平井开发可行性

四、综合调整效果分析

2001年在头台油田Ⅰ、Ⅱ类地区分别建立了茂11和茂8-13井网加密与渗吸采油试验区。其中茂11试验区含油面积为1.8km², 地质储量为166×10⁴t, 老井20口, 按排间加密一排水井的整体加密方式, 采用636m和848m两种井距加密8口井; 茂8试验区含油面积为0.99km², 地质储量为100.9×10⁴t, 老井11口, 零散加密井3口井。从试验区开采6个月的动态资料分析, 主要有以下两点初步认识。

1. 井网加密能提高采油速度和采收率

茂11和茂8-13试验区加密后, 初期采油速度分别提高1.36和0.23个百分点。茂8试验区加密6个月后采油速度与加密前基本相同为0.36%, 而茂11试验区采油速度为1.96%, 仍高于初期0.97个百分点。预计茂11试验区可增加水驱控制程度6.5个百分点, 提高采收率6.2个百分点。

2. 加密后排距由212m缩小到106m, Ⅰ类地区达到了有效驱动的目的, 而Ⅱ类地区还难以建立起有效的驱动体系。

茂11试验区加密初期加密井和老油井单井日产油分别为13.4t和4.64t, 加密井是老油井的2.9倍, 6个月后为1.4倍。加密井月递减率为12.9%, 比老油井高7.8个百分点。加密井和老油井含水上升较快。表明茂11试验区加密后建立起了有效的驱动体系, 但应调整注水工作制度, 减缓含水上升。

茂8-13试验区加密初期加密井和老油井单井日产油分别为6.0t、1.8t, 加密井是老油井的3.3倍, 6个月后为1.9倍。且加密井和老油井递减快, 其月递减率分别为14.8%和13%。初步认为茂8-13试验区加密后仍难以建立起有效的驱动体系。

总之, 在头台油田Ⅰ类地区采用排间加密一排水井, 并将高含水关闭井重开和老注水井转油井, 可以改善其开发效果。而Ⅱ、Ⅲ类地区仍需要进一步探索改善开发效果的途径。

第五节 可持续发展潜力分析

一、储量潜力分析

1. 已探明未动用储量潜力评价

2001年, 对大庆外围地区未动用储量进行了系统的评价, 搞清了已探明未动用储量的分布和构成, 并结合油藏地质和开发特征建立了一套已探明未动用储量综合评价方法, 深化了对未动用储量潜力的认识。

1) 大庆外围油田已探明未动用储量构成

截止到2001年12月, 大庆外围探明23个油田, 探明石油地质储量126554×10⁴t, 含油面积3110.4km²（包括葡31区块和贝301区块）, 动用石油地质储量41099×10⁴t, 动用面积813.8km², 已核销探明石油地质储量730×10⁴t, 含油面积152.2km², 待核销探明石油地质储量15332×10⁴t, 核销后剩余探明石油地质储量70089×10⁴t, 含油面积2177.7km²。这些尚未动用的储量主要分布在葡萄花、扶杨油层, 前者储量丰度特低, 后者储层物性特

差,且相当一部分储量由于地质、工程和经济参数的不确定性,具有较大风险性,这部分储量有待进一步落实。本次评价没有考虑2个气田油环、2001年新增储量。大庆外围区块未动用储量构成具有如下特点。

（1）扶杨油层剩余储量埋深以大于1900m为主,储层物性极差。

扶杨油层未动用储量37448×10^{4}t,占未动用储量的54.8%,埋藏深度大于1900m的储量28901×10^{4}t,占未动用储量42.3%。从不同渗透率级别储层的储量构成看,渗透率小于5mD的剩余石油地质储量为40648×10^{4}t,占未动用储量的62.7%,其中,渗透率小于1mD的储量为17531×10^{4}t,占未动用储量的27.0%,这部分储量开采难度更大。

（2）葡萄花油层剩余储量丰度特低。

大庆外围油田已动用区块储量丰度平均为39.7×10^{4}t/km^2,未动用区块储量丰度平均为29.2×10^{4}t/km^2。未动用区块中葡萄花油层储量丰度特低,平均仅为18.3×10^{4}t/km^2。

（3）剩余储量中相对较好的区块地面和地下条件均复杂。

大庆外围油田剩余储量丰度相对较高的葡西、新站、龙南油田和永乐油田葡47区块等油藏成因以及油水分布复杂;同时这些地区地表条件差,多为水泡、鱼塘、江叉等所覆盖,导致这些储量动用难度大。这部分储量为10623×10^{4}t,含油面积313.2km^2,占未动用储量的15.5%。

2）外围油田未动用储量评价优选方法

近年来曾对外围油田的未动用储量进行过多次评价,评价方法以经济评价为主,考虑的因素主要是有效厚度和试油产量。本次评价则采用分类评价、经济评价和风险分析相结合的综合评价方法（图4-8）。

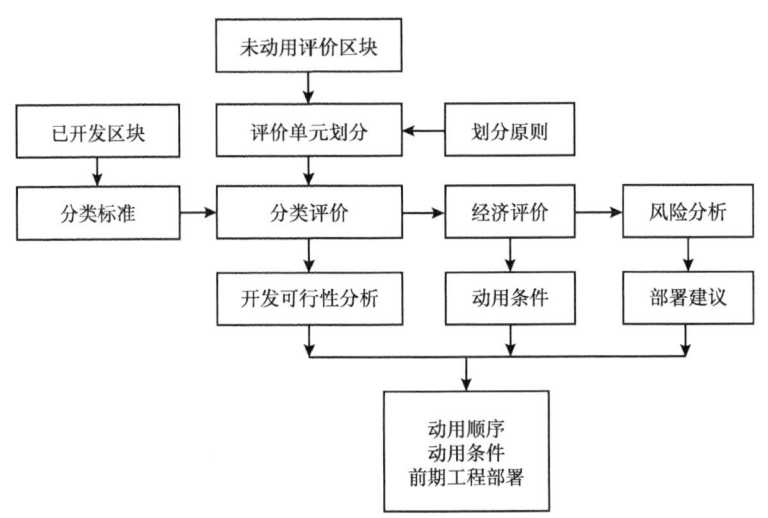

图4-8　未动用储置评价流程

（1）确定评价单元划分的原则,合理划分评价单元。

评价单元的划分主要考虑外围油田葡扶油层注水、提捞、合采等成熟开发方式的技术界限;地质认识可靠程度和开发前期准备;储层厚度以及主力油层厚度分布特点;储层物性、单井试油产量及其与已开发区块稳定产量关系;控制砂体、油水的主要断层平面分布；储量规模等。对具有剩余未动用探明储量的 15 个油田分油藏、分层位划分出 183 个评价单元。

（2）应用多因素综合分类的方法评价未动用储量的开发可行性。

通过已开发典型区块解剖分析葡、扶杨油层建立评价单元分类标准，根据资料情况筛选出与油藏开发有关的 5 项评价因素，考虑 5 项评价因素的权重系数，按照开发效果的分类，分别计算各类区块的综合评判系数标准，采用多因素综合分类的方法评价未动用储量的开发可行性。

（3）经济评价给出未动用储量的动用条件。

通过对已开发区块的动、静态资料解剖分析，研究出有效厚度、产能预测、开发指标预测方法，并对 183 个未动用储量评价单元进行预测，以评价单元的开发指标预测为基础，考虑不同的开发方式和经济参数条件进行经济评价，根据经济评价给出动用条件。

评价结果：在油价 20 美元/bbl 条件下，若考虑内部收益率以 12% 为标准，可进行优选的储量为 $17185 \times 10^4 t$，其中常规开采方式 $1464 \times 10^4 t$，内部捞油开采方式 $10605 \times 10^4 t$，外部捞油开采方式 $5116 \times 10^4 t$；若考虑内部收益率以 10% 为标准，可进行优选的储量为 $21835 \times 10^4 t$，其中常规开采方式 $1464 \times 10^4 t$，内部捞油开采方式 $11221 \times 10^4 t$，外部捞油开采方式 $9150 \times 10^4 t$。

（4）地质风险和经济风险评价，确定每个单元下一步的部署安排。

由于不同评价单元地质、工程、经济等参数的不确定性，导致这些未动用储量投入开发具有很大的风险。在本次评价中重点考虑了未动用储量的地质风险和经济风险，其中地质风险是应用蒙特卡洛方法来估计；经济风险是在经济评价的基础上，考虑正常注水开发条件下，用内部收益率偏离行业规定的 12% 水平的偏差大小，来衡量该评价单元投入开发的经济风险。根据评价单元的风险大小，确定每个单元部署安排。

通过未动用储量单元的分类评价、经济评价和风险分析，最终确定每个单元的动用顺序、动用条件和部署安排。

3）已探明未动用储量潜力

大庆外围 15 个油田未动用储量综合评价后划分为 4 类。

Ⅰ类区块综合评价系数大于 0.6，在部分投资采用招投标、提捞开采条件下内部收益率大于 8%，地质和经济风险性小于 30%，是近 2~3 年内外围油田优选建产能的主要区块。评价结果：Ⅰ类区块评价单元葡萄花油层 29 个，扶杨油层 2 个，黑帝庙油层 1 个，地质储量 $8049 \times 10^4 t$，占未动用储量 11.8%。

Ⅱ类区块综合评价系数为 0.4~0.6，在投资采用招投标、外部提捞开采条件下内部收益率大于 8%，地质和经济风险性小于 30%，是近 2~3 年内通过加大前期评价工作力度，进一步优选有利开发区块的后备区块。评价结果：Ⅱ类区块评价单元萨葡油层 44 个，扶杨油层 13 个，黑帝庙油层 1 个，石油地质储量 $19679 \times 10^4 t$，占未动用储量 28.8%。

Ⅲ类区块综合评价系数为 0.2~0.4，在投资采用招投标、外部提捞开采条件下内部收益率大于 0，或内部收益率虽大于 12%，但地面为江叉、水泡子等，地质和经济风险性为 30%~60%。评价结果：Ⅲ类区块评价单元萨葡油层 21 个，扶杨油层 30 个，黑帝庙、高台子油层 8 个，石油地质储量 $24378 \times 10^4 t$，占未动用储量 35.7%。

Ⅳ类区块综合评价系数小于 0.2，在投资采用招投标、外部提捞开采条件下内部收益率小于0，地质和经济风险性大于60%，Ⅳ类储量区块在2001年为无法动用的无效储量区块，需要通过复核复算工作，进一步核减储量的地区。评价结果：Ⅳ类区块评价单元主要为扶杨、高台子油层，共有评价单元34个，石油地质储量12711×10^{4}t，占未动用储量18.6%。

2. 待探明储量地区潜力分析

根据勘探业务发展计划，"十五"期间预计提交探明石油储量30000×10^{4}t，其中，黑帝庙、萨尔图、葡萄花和高台子油层主要是试油产量相对较高的新区，规划提交探明石油储量17000×10^{4}t，占阶段的56.7%；扶杨油层主要是与上部油层叠合和有效厚度及产能相对较高的地区，规划提交探明石油储量10000×10^{4}t，占阶段的33.3%；海拉尔盆地是"九五"期间勘探取得产能突破的地区，规划提交探明石油储量3000×10^{4}t，占阶段的10.0%。若勘探在"十五"期间有新的发现，还可相应地调整今后的部署。

按照勘探"十五"规划部署，2001年新肇、葡萄花（扶杨油层）和海拉尔盆地呼和诺仁3个油田提交了探明石油地质储量6609×10^{4}t，含油面积175.9km^2，预计可优选的储量3905×10^{4}t，占探明储量的64.8%。2002—2005年重点在卫星、海拉尔、他拉哈、英台、巴彦查干、敖南和临江等地区提交探明储量，通过对待探明储量地区的大量试油、试采和取心等资料分析，认为这些地区具有一定的开发潜力。若按50%储量比例进行优选，预计可优选的储量约1.2×10^{4}t，这部分储量应加快勘探开发一体化的工作部署，按照滚动勘探开发程序逐步投入开发。

3. 外围油田"十五"规划潜力构成

从现有的各类储量状况看，外围油田剩余未动用储量主要为开发动用难度大的特低渗透和特低丰度储量。通过对现有已探明未动用储量综合评价和待探明储量系统地分析，考虑转变开发方式、采取新的管理体制和经营机制，加快开发一体化的步伐，争取优惠的政策，其开发潜力分以下三方面。

一是已探明未动用储量地区，经过对探明储量评价研究后，预计可优选面积232.5km^2，动用储量0.81×10^{8}t，可钻建井2582口，建成能力175.2×10^{4}t。

二是待探明储量地区，预计可优选面积120.7km^2，动用储量0.54×10^{8}t，可钻建井1361口，建成能力95.5×10^{4}t。

此外，在朝阳沟油田有加密潜力的已开发区块，预计可钻建井177口，建成能力9.7×10^{4}t。以上三方面合计动用储量1.35×10^{8}t，钻井4120口，建成能力280.4×10^{4}t。

二、大庆长垣扶杨油层储量潜力

大庆长垣扶杨油层勘探程度较低，全区面积2472km^2，钻穿扶杨油层的探井、评价井和开发加深井共150口，平均每16.5km^{2}一口井。本着超前研究、超前评价、重点解剖、落实潜力的原则，1999年以来，开展了长垣扶杨油层地质特征及优选区块评价研究，初步优选出8个相对富集的含油区块。

1. 长垣扶杨油层地质特征

长垣扶杨油层顶面构造和断层发育特征与上覆萨、葡、高油层相似，仍为北窄南宽、西陡东缓的背斜构造带，其上发育有7个三级构造。断层仍以北西向、南北向中小型正断层为主但数量有所增加（576条），断距增大，断层平面分布有明显分带性。

储层为自北而南发育的一套浅水河流—三角洲沉积,以条带—网状分流河道砂为主。受构造岩相带和地层水活跃程度的控制,喇嘛甸和萨尔图油田基本为水层,杏树岗油田西部局部含油富集,太平屯油田含油分散,葡萄花油田含油连片。含油层段主要分布在扶一组和扶二组上部,扶二组下部及以下为干层和水层。

与大庆外围已探明或已开发油田相比,大庆长垣扶杨油层是典型的"三低"油藏。北部杏树岗油田储层物性较南部储层物性稍好,但储量丰度更低。试油产量在 10t/d 以上的井只有 4 口,主要分布在杏 69 和葡 31 区块。

2. 区块优选及潜力分析

利用杏树岗地区加密调整的有利时机,加深钻探扶余油层,设计开发加深井 3 口,2 口井获得工业油流;在葡 31 优选区开展新层位扶余油层勘探评价与老层位葡萄花油层开发扩边相结合的勘探开发一体化评价研究,设计开发首钻井 4 口,扶余油层试油 3 口井均获工业油流,2 口井于葡萄花油层获高产油流。

根据大庆长垣扶余油层勘探程度的不同,优选出 1 个探明储量区块葡 31 区块,含油面积 12.8km^2,储量 1145×10^{4}t;7 个控制和预测储量区块,含油面积 91.4km^2,储量 3443×10^{4}t。

2001 年在葡 31 区块的葡 31 和葡 33 井区设计了单采扶余油层及与葡萄花油层合采的 2 个试验井组(各 9 口井),通过试验探索在上部已开发油层注水高压的条件下,下部扶余油层钻井、注采工艺技术及有效开发的技术经济界限,进一步探讨长垣扶余油层开发的可行性。

三、大庆油区稠油潜力调查分析

1. 稠油资源潜力及西部斜坡有利井区热采建议

自 20 世纪 60 年代以来,已相继在西部斜坡的富拉尔基富 7 井区、平洋地区来 27 井区、他拉红、江桥、新发以及大庆长垣南部葡浅 12 井区提交预测、控制稠油储量 6865×10^{4}t,展示了松辽盆地北部具有一定的稠油资源潜力。

富拉尔基的富 7 井区萨尔图油层稠油埋藏深度为 460~480m,预测含油面积 32.9km^2,油层有效厚度 4.8m,预测地质储量为 2861×10^{4}t(其中,由齐齐哈尔接管的储量为 1578×10^{4}t,含油面积 16km^2),原油密度为 0.929t/m^3,黏度为 370mPa·s。平洋地区的来 27 井、来 64 井区于 1996 年曾提交过 2298×10^{4}t 预测地质储量,其原油密度为 0.931t/m^3,黏度达 759mPa·s,属于稠油范畴。葡南地区黑帝庙油层的稠油储量有待于深入研究,其中葡浅 12 井区预测含油面积 3.5km^2,预测地质储量 500×10^{4}t。

截至 2000 年底,西部斜坡已有探井 252 口,见到油气显示的井有 200 多口。钻井取心见到含油砂岩(饱含油、富含油、含油)的探井约有 96 口 179 层(不包括岩屑录井)。其中在富拉尔基油田周边地区、江桥地区的江 37 以及江 32 井区、已提交气储量的阿拉新、二站地区以及太康隆起带上的他拉红、太和西、东吐莫北等地区,探井取心都见到了较好油显示,展示有一定的稠油勘探潜力。这些显示好的探井很多没有获得工业油流,其中原因之一可能就是因为油质太稠,用常规试油方法难以见效。

老井复查表明,沿嫩江两岸分布的江 37—江 21 井区、来 65—27 井区、江 55—江 45 井区及江 24 井区,油气显示很好,可以优先选取这些区块进行稠油热试采。根据油气显示及常规试油情况,可把上述地区分为三类井区。

Ⅰ类井区:江37井取心发现6.8m富含油砂岩,常规试油日产油0.5m³;位于该区南部的江21井日产油0.01m³。

Ⅱ类井区:江55井钻井取心见到2.8m富含油砂岩,试油日产0.15m³;江45井取心见到2.29m富含油砂岩,日产油0.01m³。

Ⅲ类井区:江24井区油气显示较上述几个地区稍差,但油层埋藏深度相对较浅,可评价为Ⅲ类地区。

选取这些地区进行稠油热采的另外一个重要原因是目的层埋藏较浅,一般小于600m,储层物性好,孔隙度一般在25%左右。因此,相对易于进行稠油开采。

除上述几个地区外,阿拉新、二站气田气层的下部也见到了很好的油显示,可作为下一步实施稠油热试采的接替地区。

2. 葡南地区稠油开发潜力评价分析

葡南地区黑帝庙油层的勘探始于1967年,至1990年底共钻探井、评价井19口,其中葡南地区的葡浅12和葡浅16井在蒸汽吞吐试验中取得了较好效果。在此基础上于1993年开辟了0.8km²的黑帝庙油层葡浅12热采试验区,取得了良好的经济效益。

2001年针对葡浅12区块具体特点,结合稠油热采的特殊要求,将原有300m×300m井网调整为更加适合于热采的100m×100m井网,设计加密井37口,增加动用储量93.86×10⁴t。大庆油田热采技术在不断地完善和发展,葡浅12区块先期热采取得了较好的效果,年生产原油0.8×10⁴t,2001年生产原油1.1×10⁴t,表明大庆油田已形成了一套稠油开采技术。

参 考 文 献

[1] 余碧君,毛伟,王春瑞. 应用地层测试流动段资料确定油井稳定产能方法研究[J]. 油气井测试,2003(2):9-11,74.

[2] 于士泉,刘伟文,刘洪远. 大庆外围油田油井捞油界限研究[J]. 大庆石油地质与开发,2002(5):44-45,69.

[3] 代旭. 大庆外围低渗透油藏扶杨油层水平井井网优化设计研究[D]. 大庆:大庆石油学院,2007.

[4] 周锡生,李艳华,徐启. 低渗透油藏井网合理加密方式研究[J]. 大庆石油地质与开发,2000(5):20-23,68.

第五章 探索多种开发方式，突破油藏开发界限

2002年通过已开发区块综合分类评价，深化了开发潜力，明确了综合调整方向；通过未动用区块实施勘探开发一体化，提高了新增储量的质量，探索出零散区块"百井工程"开发模式；通过开展新技术现场试验，探索了提高储量动用程度和提高油田采收率的新途径。今后，外围油田开发要做到"发展要有新思路、开发要有新模式、技术要有新突破、产量要上新台阶"，实现2005年年产$500×10^4$t的奋斗目标，开创外围油田开发新局面。

第一节 水驱调整界限及新技术现场试验

2002年，大庆外围区块在已开发油田进行了系统的开发分类评价研究，初步制定了开发技术界限和不同油藏类型调整对策；水平井、微生物吞吐和蒸汽吞吐开发试验均取得较好的效果，这三项新技术分别突破了薄层、低渗透和超千米井深稀油的界限；注气和注活性水试验已完成室内论证，2003年进入现场试验。

一、大庆外围低渗透油田加密和注采系统调整技术经济界限

1. 低渗透油藏井网加密技术经济界限

注水开发理论与实践表明：低渗透砂岩油藏由于油层自然产能低，需要压裂投产。因此，无论是天然裂缝发育还是不发育的低渗透砂岩油藏，在注水开发过程中都存在具有方向性的裂缝，合理的井网形式是矩形井网或菱形井网。对于该类油藏加密调整的技术关键是要建立起有效的驱动体系。为此，基于低渗透非达西渗流理论，研究出有效驱动排距、井距和有效井网密度的计算方法[1]。

1）有效驱动排距、井距及井网密度

有效驱动排距是油井达到稳定产液强度时的排距。根据低渗透非达西渗流理论，推导出有效驱动排距公式：

$$L_{有效}=\frac{p_W - p_F - \dfrac{c\mu\eta}{Kn}}{\lambda} \qquad (5-1)$$

式中 $L_{有效}$——有效驱动排距，m；

p_W、p_F——分别为注水井和油井流压，MPa；

c——单位换算系数；

n——井距与排距的比值；

μ——原油黏度，mPa·s；

K——渗透率，mD；

η——稳定采液强度，t/(d·m)；

λ——启动压力梯度，MPa/m。

可见，排距主要受储层基质渗透率影响，而井距主要由裂缝渗透率确定。研究认为：无裂缝的油藏井距等于排距，微裂缝发育的油藏井距等于2倍左右的排距，裂缝发育规模小的油藏井距等于3倍左右的排距，而裂缝发育规模较大的油藏井距等于4倍左右的排距。由此计算出大庆外围油田扶杨油层典型区块的有效驱动排距在85~210m之间，有效驱动井距在169~568m之间。对于龙虎泡高台子油层这类致密储层，排距小于85m才能有效驱动（表5-1）。

表5-1 大庆外围油田特低渗透油藏井网加密技术界限

采油厂（公司）	层位	有效排距（m）	有效井距（m）	有效井网密度（口/km²）	备注
第七采油厂外围	FY	129	387	20.0	茂801
第八采油厂	F	184	368	14.8	升南
第九采油厂	P	222	222	20.2	葡西
	G	85	255	46.1	龙虎泡高台子
第十采油厂	FY	118~167	353~333	24.1~18.0	翼部22个区块
榆树林	FY	169~210	169~421	35~11.3	东区、南区和西区9个区块
头台	FY	95~142	285~568	36.9~12.4	6个区块

根据有效排距和有效井距可以计算出相应的有效驱动井网密度在11.3~46.1口/km²之间，均大于原设计的井网密度11口/km²，如榆树林油田树8区块、龙虎泡高台子油层和头台油田二、三类区块有效井网密度高出原井网密度2倍以上。

2）加密井经济极限产量、井网密度及可加密厚度下限

根据盈亏平衡原理和大庆外围各采油厂及公司不同的经济条件，计算出大庆外围油田可加密区块加密井的单井经济极限产量在2270~4460t之间（表5-2）。

表5-2 大庆外围油田井网加密经济界限

采油厂（公司）	层位	油藏埋深（m）	单井加密经济极限产量（t）	加密井经济极限井网密度（口/km²）	单井可加密厚度下限（m）	单井增加可采储量（t）
第七采油厂外围	P	1500~1530	3600	11.1	4.0	5200
采油八厂	P	1520~1650	3650	11.1~12.4	3.6~3.8	5210
	F	2040~2150	4300	12.6	9	6200
第九采油厂	P	1400~1850	3750~4460	13.7	4.4	5360~5370
	G	1750~1770	4100~4200	18~11.8	6.7~8.6	5100~5200
第十采油厂	FY	1020~1450	3160~3900	13.9~20.4	8~10.2	4520~5570
榆树林采油厂	P	1600~1630	2470	13.9	3.6	3530
	FY	1990~2500	2270~3540	16.3~24.1	10.1~12.6	3240~5060
头台采油厂	FY	1430~1690	2800	21.1~25.7	10.7~11.6	3980

根据加密井增加的可采储量,应用推导出的非达西渗流条件下的采收率公式,得出加密井经济极限井网密度表达式:

$$S_a = \frac{b}{\ln \frac{m\frac{I_P}{I_R} + N_{RO}}{N_o(S)E_D} - a} - S_m \tag{5-2}$$

其中

$$N_o = \frac{h\phi S_o r_o}{B_o S}$$

式中　S_a——加密井经济极限井网密度,口/km²;

　　　I_P——加密井单井追加投资,元/口;

　　　I_R——单位产油量利润,元/t;

　　　m——经济可采储量与技术可采储量换算系数,一般取 1.43;

　　　N_{RO}——加密前可采储量丰度,10⁴t/km²;

　　　N_{fo}——地质储量丰度,10⁴t/km²;

　　　E_D——驱油效率,%;

　　　S_m——加密前井网密度,口/km²;

　　　B_o——原油体积系数,无因次;

　　　ρ_o——原油密度,t/m³;

　　　S_o——原始含油饱和度,%;

　　　b、a——与储层物性有关的参数。

由此计算出大庆外围已开发区块加密井经济极限井网密度在 11.1~25.7 口/km² 之间。

依据经济极限井网密度,可以求出加密井可调厚度下限。大庆外围已开发区块可调厚度下限:葡萄花油层为 3.6~4.4m,扶杨油层及龙虎泡高台子油层为 6.7~12.6m。

2. 注采系统调整技术界限及调整方式

注采系统调整是改善油田开发效果的主要措施之一。对于大庆外围裂缝性低渗透油藏,由于井排方向与裂缝走向存在不同夹角,其注采系统调整的方法与常规砂岩油藏有较大的差别。

对于常规砂岩低渗透油藏,渗流方式为平面径向渗流;对于裂缝性低渗透油藏,当注水方式转为线状注水后,其渗流方式为平面平行流动。由此可见,对裂缝性低渗透油藏注水方式由反九点注水转为线状注水,渗流方式将发生较大变化。

1)合理油水井数比

合理油水井数比是指在油田注水井、采油井井底流动压力和井数一定的条件下,油田能够获得最高产液量的油水井数比。分析认为,影响合理油水井数比的主要因素是储层物性、原油性质、油田注采比和含水。对于已开发油田调整主要应用吸水、产液指数比与注采压差的关系确定:

$$R = \frac{\dfrac{I_{\mathrm{I}}(f_{\mathrm{w}})}{J_{\mathrm{L}}(f_{\mathrm{w}})} \cdot \dfrac{P_{\mathrm{I}}(f_{\mathrm{w}})}{P_{\mathrm{L}}(f_{\mathrm{w}})}}{\left[(1-f_{\mathrm{w}}) \cdot \dfrac{B_{\mathrm{o}}}{r_{\mathrm{o}}} + f_{\mathrm{w}}\right] \cdot R_{\mathrm{IP}}} \quad (5-3)$$

式中 R——合理油水井数比；

$I_{\mathrm{I}}(f_{\mathrm{w}})$、$J_{\mathrm{L}}(f_{\mathrm{w}})$——含水 f_{w} 时的吸水指数、采液指数，$\mathrm{m}^3/(\mathrm{d} \cdot \mathrm{m} \cdot \mathrm{MPa})$；

$P_{\mathrm{I}}(f_{\mathrm{w}})$、$P_{\mathrm{L}}(f_{\mathrm{w}})$——含水 f_{w} 时的注水压差、采液压差，MPa；

f_{w}——含水率；

R_{IP}——注采比。

由此计算出大庆外围油田合理油水井数比在 1.6~2.0 之间，且随着开发的延续逐渐降低，到后期逐渐接近 1。

2）注采系统合理调整方式

根据大庆外围低渗透油藏裂缝发育程度、井排方向与裂缝及砂体走向的关系、断块大小等因素，提出了大庆外围已开发油田的合理调整方式。

（1）裂缝走向与井排方向成 11.5° 的井网，通过注水井排油井转注形成线状注水。

对断块开阔、砂体规模大的区块，将注水井排油井转注，形成线状注水。朝阳沟油田主体区块朝 5 和朝 45 区块采用此方式取得了较好的调整效果；对断块窄小、砂体规模小的区块，采用线状注水与灵活注水相结合的注采系统调整方式。朝阳沟油田的朝 202—朝 44 北部等区块采用该方式，也取得了一定的调整效果。

（2）裂缝走向与井排方向成 22.5° 的井网，通过井网加密或原井网油水井转换实现线状注水。

对断块开阔、砂体规模大且具备渗吸条件的区块，采用注采系统与渗吸采油相结合的调整方式；对断块小、砂体规模小的区块，实施井网加密与注采系统调整相结合的方式实现线状注水，如朝阳沟油田朝 55 井网加密试验区。

（3）裂缝走向与井排方向成 45° 的井网，通过井网加密与渗吸采油相结合实现线状注水。

头台油田采用这种方式。2001 年实施了排间加密水井和渗吸采油相结合的调整方式实现线状注水，取得了较好的效果。

综上所述，大庆外围已开发区块综合调整工作主要是井网加密和注采系统调整，已开发中低渗透区块，原井网能建立起有效驱动体系，而特低渗透区块，原井网难以建立起有效的驱动体系。对其中有效厚度大于井网加密厚度下限的区块，可以实施井网加密调整。对于实际油水井数比高于合理油水井数比的区块，需要进行注采系统调整。

二、特低丰度油藏水平井优化设计

"十五"期间，水平井技术已逐渐趋于成熟，主要体现在：一是水平井钻井成本已降为直井的 2 倍左右；二是水平井钻井技术向整体井组开发、多分支水平井、侧钻水平井和欠平衡压力水平井的方向发展；三是已经适应多种类型的油藏。截止到 2001 年，我国共完钻水平井 272 口，其中以胜利油田为主，共完钻 219 口。水平井技术已经成为改善油田开发效果、提高开发效益的有效手段。

大庆外围葡萄花油藏主要为特低丰度薄互层油藏,未动用储量丰度平均为 $18.8×10^4$t/km^2,常规技术经济条件下难以开发。高精度地质导向技术的发展,使水平井钻井轨迹能够有效地控制在 0.5m 的范围内,利用水平井技术使这部分储量经济有效动用成为可能。2002 年在常规直井开发效益差的肇州油田州 603 区块,开展了水平井与直井联合开发试验。在受地面条件限制无法钻直井的州 19 区块,将肇 55-46 井改成了水平井。共设计水平井 4 口,2002 年,完钻的肇 55—平 46 和州 62—平 61 水平井,均取得了较好的效果[2]。

1. 水平井优化设计

为了最大限度地降低水平井风险,州 603 区块采取水平井与直井联合开发的方式。在优选区块的基础上,经过精细油藏描述,确定直井井位和水平井的初步井位。直井实施后,做进一步的油藏精细描述,确定水平井方案。

1)深化油藏地质特征再认识,精细刻画储层地质模型

(1)利用三维地震和新完钻井资料,准确落实油层顶面构造和断层。

充分利用完钻井深度和地震反射时间,采用变速成图方法进一步修正构造图,突出构造的细微变化,提高构造图的精度(图 5-1)。一方面通过地震数据方差体、沿层时间切片、波阻抗反演剖面等多种处理方式精细识别断层,并结合钻井资料进行断层对比,落实小断层的发育状况,对比州 603 区块直井钻井前后的葡萄花油层顶面构造,在州 60-62 井附近断层的位置发生了一定的变化。同时,在反演处理剖面上发现原设计的州 62—平 61 井和州 66—平 61 井水平段的中部存在可疑小断层,设计中将水平井井位相应进行了调整。另一方面,精细描述主要目的层顶面构造形态。针对州 603 区块主要目的层为葡Ⅰ2、葡Ⅰ3号层,以葡萄花油层顶面构造为标准,根据小层顶面数据将葡Ⅰ2号小层和葡Ⅰ3号小层顶面的深度作校正,得到相应的小层顶面构造图。

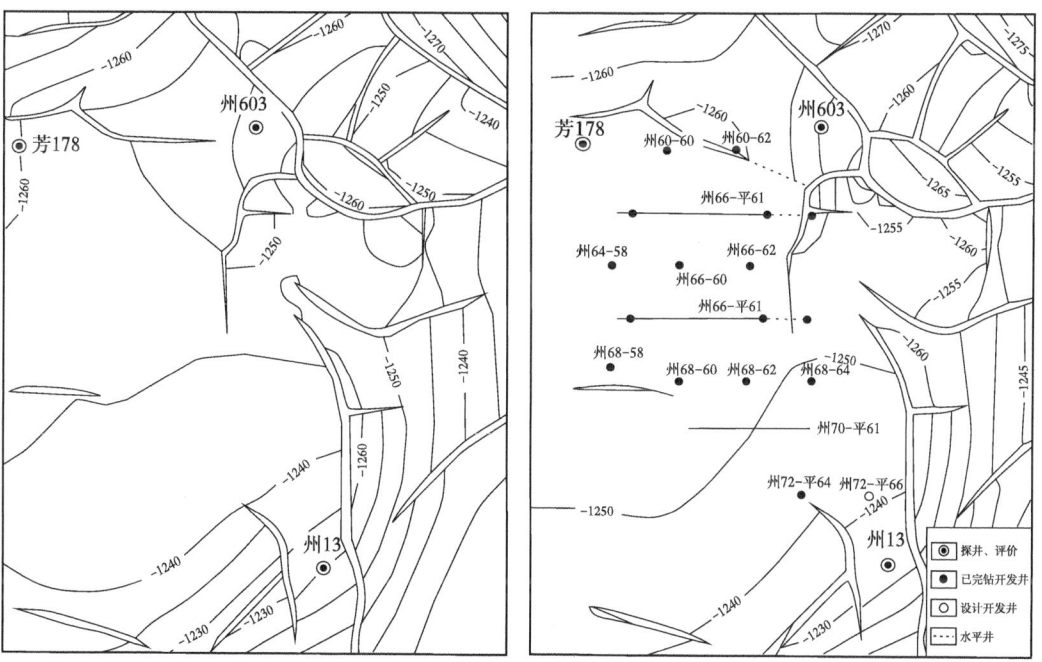

图 5-1 州 603 区块校正前后葡萄花油层顶面构造对比图

（2）开展细分层对比，预测砂体分布趋势。

州 603 区块葡萄花油层为一套三角洲前缘亚相沉积，地层厚度 15m。垂向上划分为四个小层，其中，葡Ⅰ2 和葡Ⅰ3 号层为主力油层。葡Ⅰ2 层为水下分流河道，砂体呈南北条带分布，平均单层砂岩厚度为 1.03m（图 5-2）；葡Ⅰ3 为前缘席状砂，可细分为上下两个砂体，上部砂体全区发育稳定，下部砂体发育在北部，向南逐渐尖灭（图 5-3）。

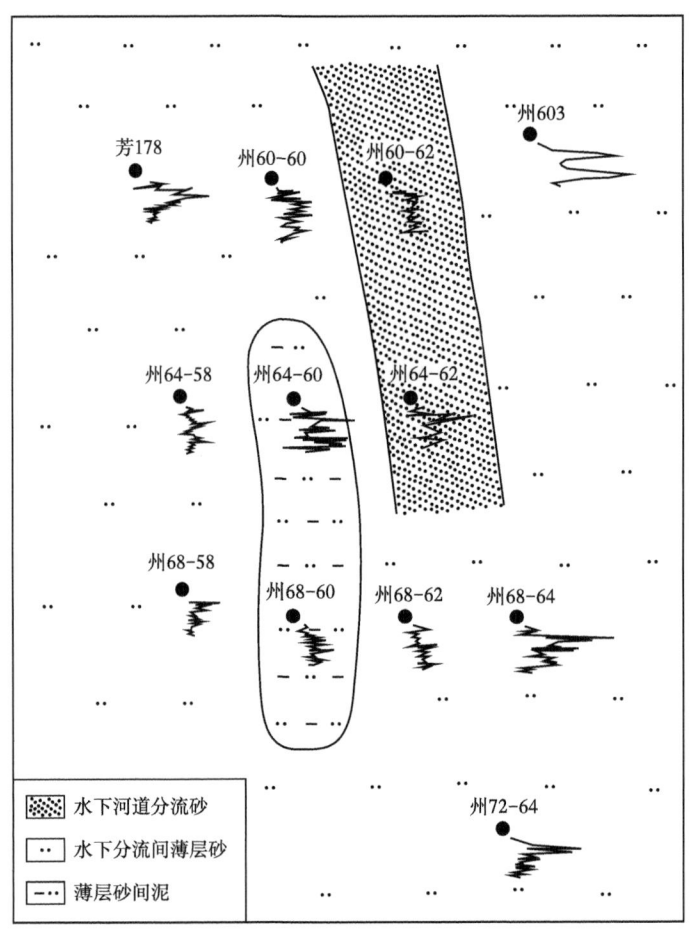

图 5-2　葡Ⅰ2 号小层沉积微相分布图

在细分对比的基础上，应用地震资料井约束反演方法预测主力油层的横向变化。预测结果表明，州 62—平 61 井主要目的层砂岩比较发育，同时，对葡萄花油层地震反射层拉平处理的时间切片显示，研究区内的反射振幅变化不大，说明葡萄花油层主力层横向变化较为稳定。

2）水平井参数优化及井网形式

（1）经济界限分析。

经济界限产量：在不同钻井投资、操作成本和油价条件下，经济界限产量为 5.79~9.69t/d（表 5-3）。

表 5-3　不同油价、不同操作成本条件下肇州油田水平井经济界限

操作成本 （元/t）	水平井钻井投资 （10⁴元）	油价 17（美元/bbl）		油价 20（美元/bbl）		油价 25（美元/bbl）	
		产量 (t/d)	可采储量 (10⁴t)	产量 (t/d)	可采储量 (10⁴t)	产量 (t/d)	可采储量 (10⁴t)
250	350	7.82	2.76	6.42	2.35	5.79	1.90
	400	8.36	2.88	6.86	2.46	6.19	2.01
	450	8.90	3.00	7.30	2.57	6.59	2.11
300	350	8.51	2.95	6.87	2.49	6.16	2.03
	400	9.10	3.01	7.35	2.58	6.59	2.13
	450	9.69	3.13	7.82	2.69	7.01	2.22

地质储量界限：根据经济界限产量计算经济界限可采储量为 $1.9 \times 10^4 \sim 3.1 \times 10^4 t$（表 5-3）；采收率按 25%~30% 计算水平井单井控制地质储量界限为 $7.7 \times 10^4 \sim 12.1 \times 10^4 t$。

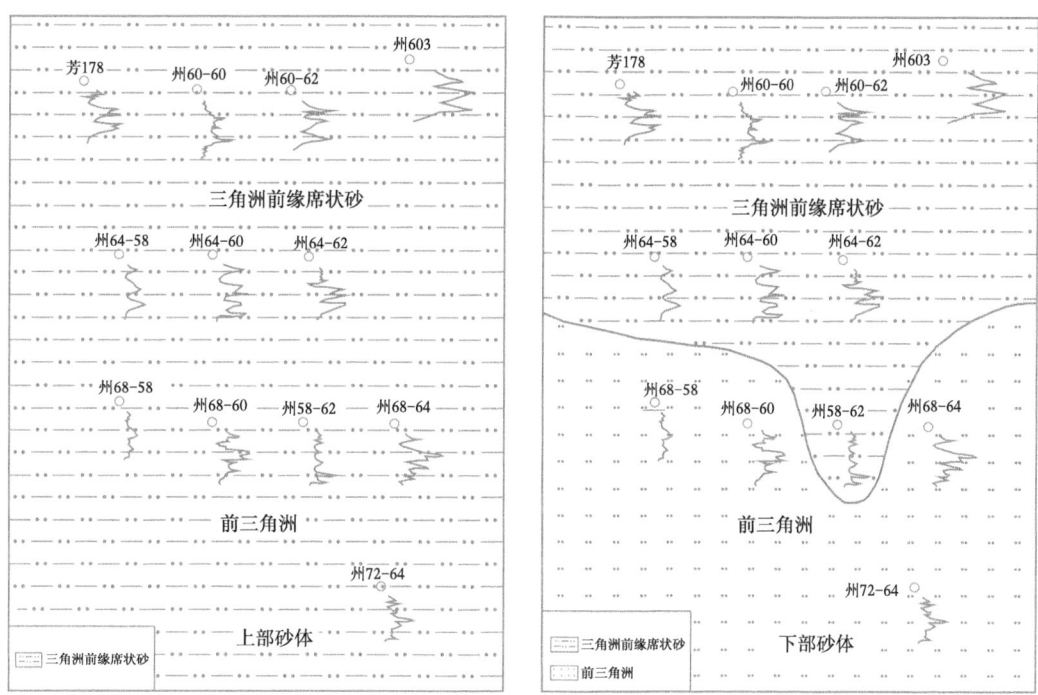

图 5-3　葡 I3 号小层沉积微相分布图

（2）水平井轨迹优化设计。

水平井轨迹设计取决于储层分布状况，应用州 603 区块的实际地质模型对水平段不同钻井方式的开发效果进行了油藏数值模拟。结果表明：采用水平井开发初期产量均达到 10t/d 以上，多分支方式开发效果最好，其次为复式、阶梯水平井（表 5-4）。州 603 区块设计采用阶梯式水平井。

表 5-4 各种水平井钻井方式开发效果对比

方案	第一年		第十年			含水 90% 阶段		
	产量(t)	采油速度(%)	产量(t)	含水(%)	采出程度(%)	开采时间(a)	产量(t)	采出程度(%)
单层	14.00	2.18	4.34	74.7	11.24	25	1.72	17.52
阶梯	17.16	2.65	5.33	69.2	15.02	29	1.68	23.95
斜穿	15.60	2.37	4.51	73.8	14.26	28	1.72	22.73
分支	24.81	4.16	5.42	81.9	19.51	18	2.93	24.42
复式	16.60	2.93	4.58	73.4	16.64	27	1.72	25.05

（3）水平段长度优化。

根据单井控制地质储量界限对葡萄花油层水平段合理长度进行了优化。当油价 17 美元 /bbl、储量丰度 $15×10^4 t/km^2$ 及单井供油半径 250m 时，水平段长度至少需要 1290m；油价 25 美元 /bbl、储量丰度 $20×10^4 t/km^2$ 及单井供油半径 350m 时，采用直井开发就有经济效益（表 5-5）。如肇州油田储层物性较好，供油半径大于 350m，在 17 美元 /bbl、储量丰度为 $15×10^4 t/km^2$ 时，水平段长度大于 630m 就可满足经济效益要求。

表 5-5　肇州油田设计水平井在不同技术经济条件下水平段长度界限　　单位：m

油价（美元/bbl）	储量丰度 $15×10^4 t/km^2$			储量丰度 $20×10^4 t/km^2$		
	泄油半径 250m	泄油半径 300m	泄油半径 350m	泄油半径 250m	泄油半径 300m	泄油半径 350m
17	1290	930	630	870	610	390
20	930	630	380	580	360	180
25	650	390	180	350	160	10

（4）井网形式选择。

①井网形式。应用油藏数值模拟对比不同井网方式下的注水开发效果（表 5-6）。水平井注水与水平井采油投资最少，采收率最高，开采周期最短；直井注水水平井采油次之，但开发周期长。考虑到水平井注水工艺配套技术尚待研究，因此，州 603 区块水平井试验推荐采用直井注水水平井采油方式。

表 5-6　肇州油田水平井不同注水开发方式开发效果对比

方案	第一年		十年			经济界限含水率			总投资(10^4元)
	产量(t/d)	采油速度(%)	产量(t/d)	含水(%)	采出程度(%)	开采时间(a)	产量(t/d)	采出程度(%)	
直井开采反九点注水	20.64	2.45	8.5	59.1	18.5	29	2.96	26.57	2700
直井注水水平井采油	21.5	2.56	7.65	64.9	19.4	27	2.24	27.55	2390
水平井注水直井采油	15.5	1.84	9.03	42.2	17.1	37	2.3	27.79	2390
水平井注水水平井采油	43	5.11	5.85	86.1	26.1	19	2.36	29.79	1650

②水平井与直井井距。应用油藏数值模拟方法计算了不同注水井距对水平井开发效果的影响,在此基础上应用现金流量法评价不同注水井距条件下的经济效益。结果表明注水井距在300~400m之间经济效益最好。州603区块实际设计采用320m井距(图5-4)。

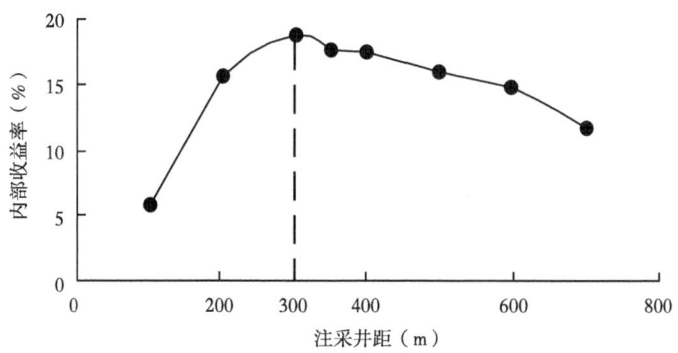

图 5-4　不同注水井距经济效益对比图

2. 水平井随钻调整技术

水平井的成功实施,除了具有较高的油藏精细描述技术和手段确保方案设计水平外,随钻调整和有效管理也是水平井成功的重要环节[3]。

(1)建立随钻预测地层—沉积模型,优化井眼轨迹。

一是落实水平井实际井位及地面海拔,确定着陆标志层以及着陆点垂深,提高着陆点精度。州62—平61井第一次着陆点预测深度为1399.98m,而实际着陆深度为1399.79m,绝对误差小于0.2m。

二是以静态地质模型为指导,建立随钻预测地层—沉积模型,加强动、静模型的分析和研究,指导钻井轨迹运行。由于地质认识程度的差异以及沉积微相的横向变化,必须建立随钻预测模型进行趋势分析,对钻井过程中遇到的各种可能性,必须有相应的调整方案。

(2)建立自然伽马响应模型,确定渗透性砂岩划分标准。

LWD测井主要提供了三条曲线,即自然伽马(GR)、电阻率相位差补偿(RPCH)和电阻率衰减补偿(RACL),是建立地层—沉积模型、进行储层分析和预测的重要信息,其中,自然伽马是地质家进行导向决策的重要依据。因此,要进行钻井轨迹方位调整、识别有效砂岩,必须建立直井与水平井自然伽马响应模型。确定水平井渗透性砂岩划分标准主要依据直井自然伽马、LWD自然伽马以及岩屑录井等资料。州62—平61井葡Ⅰ2和葡Ⅰ3号层渗透性砂岩划分标准:自然伽马分别为小于等于75°API和80°API。

(3)把握地质导向,最大限度降低无效段。

在现场跟踪调整过程中,如何优化井眼轨迹,最大限度地提高所控储量储层的钻遇率,降低无效段是提高水平井开发效果的关键。因此,针对不同的油藏地质特征所确定的钻井方式,要依据随钻预测地层—沉积模型的变化情况进一步优化井眼轨迹。

州62—平61井为阶梯状水平井,第一目的层为葡Ⅰ2号层,第二目的层为葡Ⅱ3号层,两小层砂岩之间泥岩厚度2.1m。按照常规的井眼轨迹,在二次着陆过程中2.1m的泥岩厚度水平段损失应在 100m 以上。在实际随钻调整过程中，依据钻遇油层部位和砂岩发育情况，将二次着陆起始点调整到葡 I 2 号层的顶部，一方面对葡 I 2 号层进行了一次重新穿越，加深对该层的认识，另一方面，可以有效地降低水平段在泥岩部位中的钻遇长度（图 5-5）。州 62—平 61 井二次着陆过程中，在泥岩中水平段减少了 40m 左右，有效地提高了砂岩钻遇率。

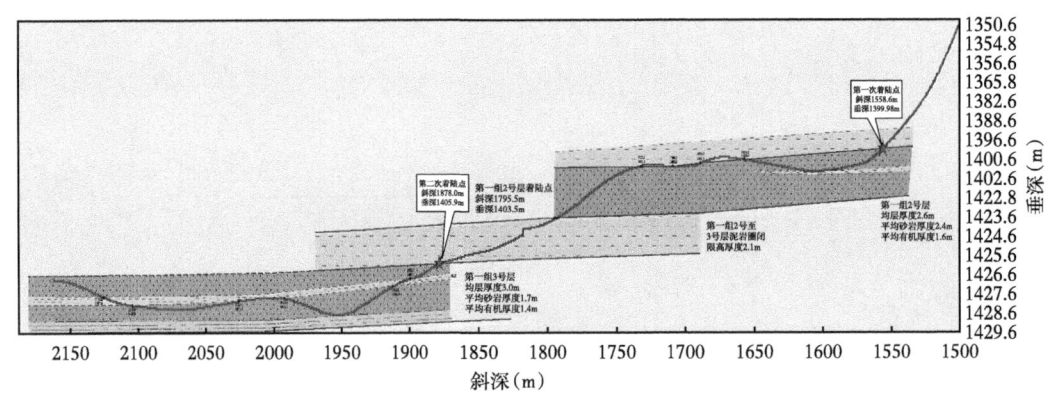

图 5-5　州 62—平 61 井水平段钻井轨迹图

3. 实施效果及认识

肇 55—平 46 井穿越的主要层位为葡 I 3 号层上部砂体，有效厚度为 0.5~1.0m，水平段长 660.0m，砂岩钻遇率为 64.6%。该井于 2002 年 7 月 20 日投产，采用 YD-89 枪，孔密 12 孔 /m，射开 426.2m，投产初期平均日产油 29t，截至 2002 年 12 月 31 日，在没注水的条件下该井日产量仍然保持在 8t 以上。州 62—平 61 井完钻井深为 2172.59m，钻遇水平段 614m，葡 I 2 号层水平钻进 280m，向下调整钻遇葡 I 3 号层，水平钻进 334m。砂岩钻遇率为 67.1%，若扣除二次着陆损失段（按 60m 计算），砂岩钻遇率为 74.4%。该井截至 2002 年 12 月 31 日尚未投产，应用水平井产量计算公式，计算初期平均日产油在 30t 以上。

通过对肇州油田葡萄花油层 2 口水平井的实施，形成以下几点认识：首先，水平井的钻井成功标志着水平井从设计研究、随钻调整到效果评价技术的初步形成，使大庆外围油田特低丰度薄互层油藏的开发已成为可能；其次，要提高水平井地质模型、数值模拟、随钻预测等技术方面相应软、硬件能力，特别是随钻储层预测能力，以保障水平井开发技术在大庆外围油田的推广；第三要建立联合攻关研究队伍，在扩大水平井开发规模的同时，进一步探索降低钻井成本的措施。

州 62—平 61 井和肇 55—平 46 井的钻井成功，为加快特低丰度葡萄花油层开发具有十分重要的意义，对于单井钻遇有效厚度小于 2.0m，以及因地面条件直井无法开发的区块，在地质条件合适的情况下，开展水平井开发可以有效地提高储量动用程度。

4. 技术应用前景

大庆外围油田葡萄花油层剩余储量主要为特低丰度储量，根据不同的油层厚度可以采取不同的开采形式（表 5-7）。

第五章 探索多种开发方式，突破油藏开发界限

表 5-7　大庆外围葡萄花油层不同厚度下开采方式

油层厚度（m）	主力层位情况		地面条件	直井开发	丛式井开发	水平井开发
>2.5			无障碍	抽油		
			有障碍		丛式井	水平井
2 左右	有主力层					阶梯式
	无主力层	井段集中				复式
		井段不集中	无障碍	提捞		
			有障碍		丛式井	
1~1.5	有主力层					阶梯式
	无主力层且含油井段集中					复式

（1）油层厚度在 2.5~3.0m 以上，地面无障碍时，可以采取直井或丛式井抽油方式进行开发；地面有障碍时可以采取丛式井或水平井进行开发。

（2）油层厚度在 2m 左右，有主力油层发育时，可以采取阶梯式水平井进行开发。无主力油层，但井段比较集中，可以采取复式水平井进行开发。井段不集中，但地面无障碍，可以采取直井提捞方式进行开发；地面有障碍时，可以采取丛式井进行开发。

（3）油层厚度在 1.0~1.5m 之间，有主力油层发育时，可以采取阶梯式水平井进行开发；无主力油层，但井段比较集中，可以采取复式水平井进行开发。

通过油藏数值模拟和经济分析，初步论证了葡萄花油层 1.0~1.5m 薄互层条件下采用水平井开发的可行性。

论证条件为：油层井段比较集中（10~15m 以内），采用复式穿越形式（穿越 3 次），水平段长度在 900m 以上（保证钻遇油层段是水平段的十分之一），且水平井价格为直井的 2 倍，油层厚度在 1.5m 时，内部收益率可以达到 10.86% 以上。油层厚度为 1.0m，内部收益率可以达到 7.89%（表 5-8）。

表 5-8　水平井、直井开发经济效益对比

有效厚度（m）	开采方式	水平段（m）	钻遇油层段（m）	油井数（口）	直井注水井数（口）	水平井投资/直井投资（万元）	内部收益率（%）
1.5	直井	0	1.5	9	3		6.89
	水平井	900	90	2	6	3 倍	6.95
						2 倍	10.86
1.0	直井	0	1.0	9	3		-3.26
	水平井	900	90	2	6	3 倍	3.27
						2 倍	7.89

上述论证结果表明，在一定的油层条件和钻井技术经济条件下，采用水平井开发有效厚度为 1.0~1.5m 薄互层葡萄花油层可以取得一定的效益，但需要开展现场试验进一步论证。

三、葡西油田油水同层开发试验

针对葡西油田开发中暴露出的新问题，2002 年在古 109 区块开展了油水同层油藏开发试验，目的是深化油藏成藏机理认识，研究油水同层解释方法，搞清初期含水率和产量变化规律，加快葡西油田开发步伐。

1. 葡西油田为封闭性油水同层油藏

油藏成因机理研究认为，葡西油田为封闭性油水同层油藏，其形成、演化与断裂活动和成岩作用关系密切。通过研究断层活动、泥岩脱水与成藏的配置关系，对葡西油藏的形成有了初步认识。

在构造应力的持续作用下，嫩二段沉积末期葡西地区开始有隆起显示，嫩江组沉积末期鼻状构造基本定型，并且在鼻状构造内大量的油气聚集成藏。至明水组沉积末期，受燕山运动Ⅴ幕的影响，北北西向断层活动，油藏的原始圈闭状态被破坏，并伴随着葡萄花油层以及与其直接接触的青二、三段泥岩中蒙脱石快速向伊利石（绿泥石）转化，脱出大量的再生水，再生水从高位能区向低位能区运移过程中运移路径比较复杂，主流方向是与葡萄花油层直接接触的青二段、青三段泥岩排出的再生水直接进入葡萄花油层，并与葡萄花油层自身排出的地层水一起沿层横向运移，并驱替油气。其次，当局部位能大于岩石破裂压力时形成垂向裂缝，地层水就会沿垂向裂缝散失或向上运动进入与其相通的孔缝系统。

研究发现了一系列油藏被破坏的证据。一是岩心裂缝面观察发现方解石脉覆盖在残余油之上，说明裂缝曾经是油气运移的通道，后期地层水进入形成方解石脉；二是葡萄花油层与青二段、青三段直接接触的葡 I 11 层含钙较高，说明青二段、青三段泥岩脱水作用对其产生了影响；三是古 146 井岩心观察含油产状为含油、油浸的岩心段有明显的水洗特征，且试油产水。

葡西封闭性油水同层油藏主要有以下几个特点：油藏类型为构造岩性油藏，油藏压力系数高；储层黏土矿物以伊利石为主，含量在 70%~90%；油水界面张力低，烃类和脂肪酸有机质的溶解度高，油水分异差，原油分析含水大于 20%；存在垂向微裂缝。

2. 初期含水率的确定

油藏成因分析认识到，来源于泥岩脱出的地层水与原油具有较强的互溶性，以油水同层为主的储层由偏油层到偏水层是一种渐变的过程，给油水层识别带来了很大难度，探索定量解释油水同层的方法，成为该类油藏开发的关键。基本思路是：利用密闭取心资料对相对渗透率实验得到的分流量关系曲线进行校正，可得到油藏条件下的分流量曲线，内插得到油藏条件下不同渗透率样品所对应的分流量曲线，即油水同层初期含水率解释图版。在解释储层初期含水时用到的含水饱和度主要采用最优化解释方法。该方法的主要优点是将测井解释含水饱和度与油井开发动态直接联系起来，可以使解释模型更为准确、可靠。

从试验区生产动态资料分析，11 口单层射孔试验井初期含水率的解释符合率为 82%。多层射孔试验井含水率符合率偏低，其影响因素很多，从 14 口多层射孔试验井生产动态分析，主要因素有：(1)与含水较高的层合采，使含水率增高(如古117-128井)；(2)储层物性差，产液量低，计算的含水率偏高(如古115-124、古115-126和古121-138井)，此类井一般压裂求产，需进一步落实含水率。扣除上述因素的影响，9口井中有7口井储层初期含水率与解释结果相符，符合率为78%[4]。

3. 弹性开采阶段，油井含水基本稳定

葡西油田油水同层试验区共有33口井，截至2002年12月底已投产25口，日产液54.0t，日产油26.0t，平均单井日产油1.04t，综合含水51.5%。

统计区内20口油井，其中6口油井连续生产5~15个月，产油量和产水量同步递减，含水基本稳定；14口正常捞油井生产150d左右，也反映出产油量和产水量同步递减，含水基本稳定的特点(图5-6)。

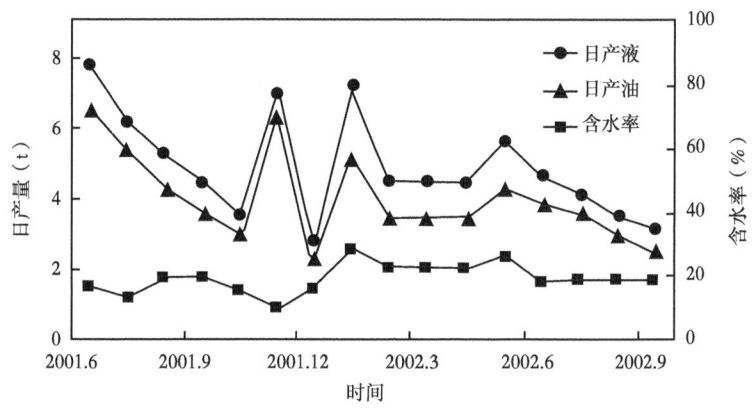

图5-6 葡西试验区古151井月开采曲线

四、低渗透高黏度稀油油藏蒸汽吞吐开采试验

朝阳沟油田扶余油层翼部和杨大城子油层开发效果较差，一方面是储层物性差，另一个重要的方面是地层原油黏度高、流度低。因此，降低原油黏度、提高流动能力是改善这类油层开发效果的一个重要途径。2002年在朝阳沟油田开展了蒸汽吞吐试验。通过试验，研究了适合热采技术的油藏筛选标准、蒸汽注入工艺、注汽隔热技术、油层预处理技术等，形成了一套蒸汽吞吐技术流程。

1. 室内实验结果

1)原油黏—温关系

朝阳沟油田Ⅲ类油层埋藏较深，孔隙度约为15%，渗透率约为5mD，流度小于0.5mD/(mPa·s)，油层温度50℃。原油含蜡25%，析蜡温度49.86℃，熔蜡温度64.53℃。油层条件下原油析蜡较严重。原油黏度对温度的敏感性很强，当温度降到50℃以下，黏度随温度下降而急剧增大(图5-7)。

2)油层岩石热参数

从岩石热参数测定结果看(表5-9)，扶余油层导热系数大于上覆岩层和夹层，表明油层传热能力强，有利于加热油层，且上覆岩层和夹层的热能损失相对较小。而油层热容量

小于上覆岩层和夹层,加热油层所需热量相对较少,在相同注入蒸汽温度下,油层升温越快,越有利于原油降黏。油层、上覆岩层和夹层热参数的匹配关系有利于注蒸汽开采。

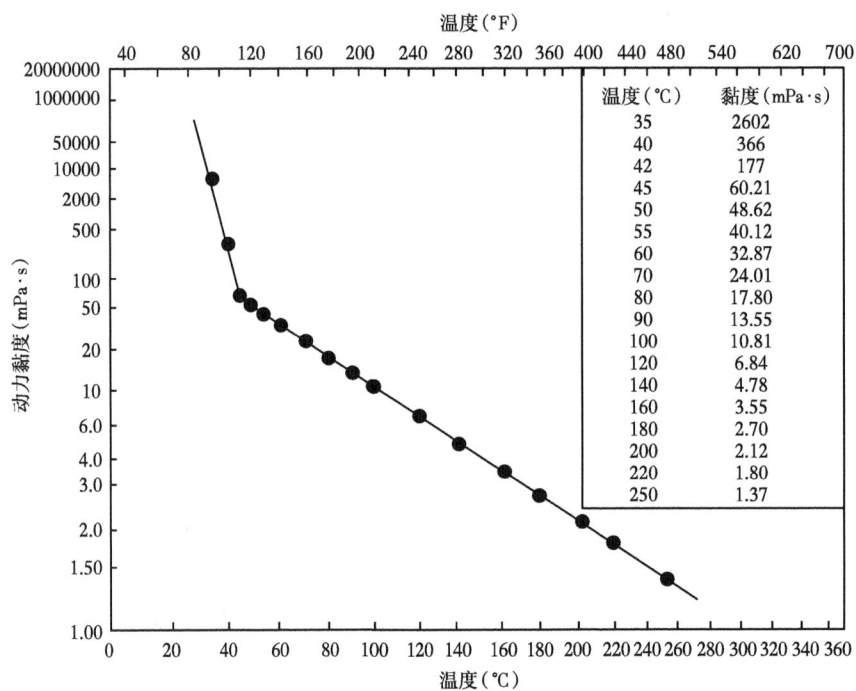

图 5-7　朝阳沟油田扶余油层原油黏—温曲线

表 5-9　朝 44 区块油层岩石热物理参数

井号	部位	导热系数 [W/(m·℃)]	比热容 [J/(g·℃)]	密度 (g/cm³)	热扩散系数 (m²/h)	热容量 [kcal/(m³·℃)]
朝 44	上覆	1.809	0.918	2.4073	0.00294	528.68
	夹层	1.998	0.881	2.4105	0.00338	508.05
	油层	2.028	0.865	2.1862	0.00335	452.41

3)高温条件下相对渗透率变化

室内实验测得 60℃、120℃、200℃时的油水相对渗透率曲线(图 5-8)。从相对渗透率曲线测定结果看,随着温度变化岩石表面亲水性增加,亲油性减弱,油相渗透率明显增大,残余油饱和度由 27.9% 下降到 18.9%,理论上随着温度的升高,水驱最终采收率会有一定的提高。相对渗透率研究结果表明,随着温度的升高,虽然由于岩石受热膨胀的非刚性变形,会使孔隙度和流体通道孔径变小、岩石的绝对渗透率下降,而且黏土膨胀也会使岩石渗透率下降 10%,但在高温下原油黏度大大降低,原油的流度大幅增加,其增大的幅度远比岩石渗透率下降的影响大得多,所以高温下非常有利于驱油。

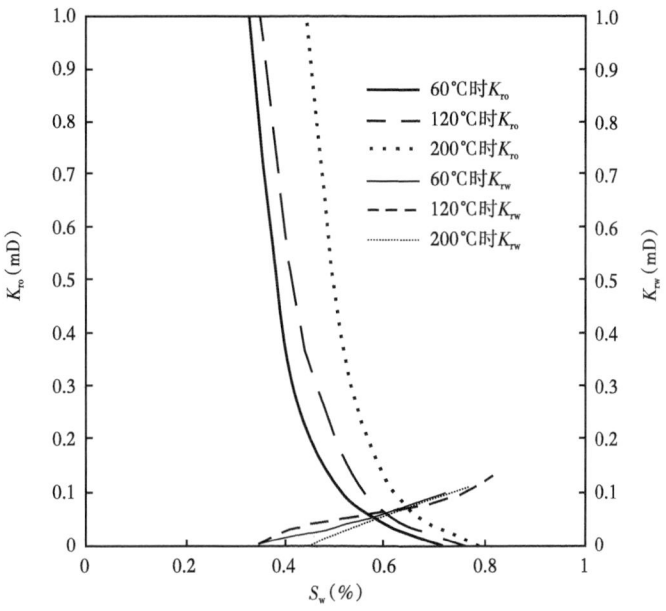

图 5-8 相对渗透率随温度变化

4）驱油效率

开展了驱替相为 55~200℃ 的水及 200℃ 蒸汽的驱油效率实验。实验结果表明，随着注入孔隙体积倍数的增加，驱油效率明显增大（图 5-9），在相同注入孔隙体积倍数下，随温度的增加，驱油效率明显增大，200℃ 蒸汽的驱油效率比 200℃ 水有较大幅度的提高。当注入孔隙体积倍数大于 10 以后，随着注入孔隙体积倍数的增大，驱油效率和残余油饱和度变化不大。

随着油层温度逐渐增高，岩石的润湿性由弱亲水转向强亲水，使得在毛细管渗吸作用下，较小孔道和盲端孔隙中的原油被驱替出来。

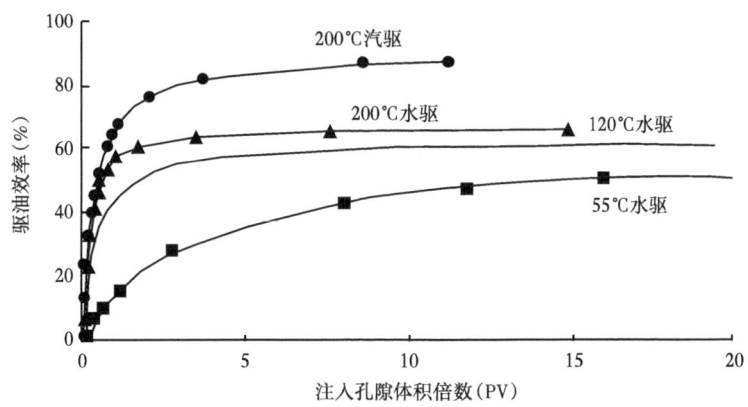

图 5-9 不同温度下驱油效率与注入孔隙体积倍数关系曲线

2. 现场试验取得的初步认识

朝142-69井于2002年9月25日启炉注蒸汽,在平稳的状态下累计注入1500t(图5-10、图5-11)。注汽10d后焖井6d,而后放喷生产,初始井口温度103℃。

朝146-70井于2002年10月28日开始注蒸汽,同样在平稳的状态下累计注入1500t。焖井10d后放喷,初始液量150t以上,含水98%,井口温度65℃。

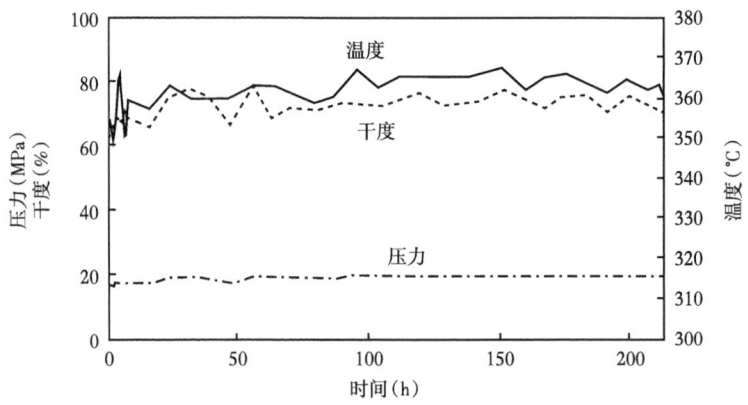

图5-10　朝142-69井注汽压力、温度和干度曲线

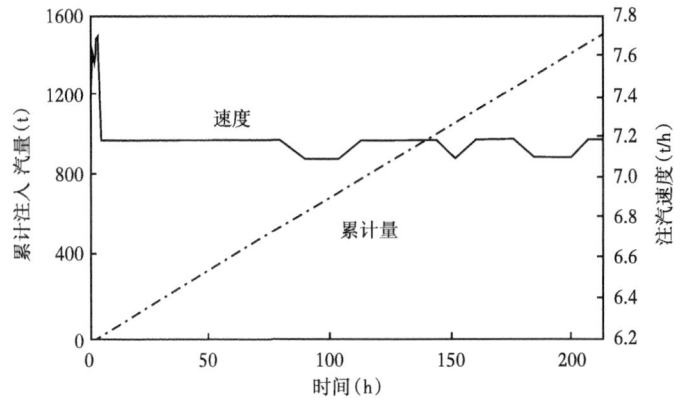

图5-11　朝142-69井累计注汽量和瞬时注汽量曲线

分析朝142-69井的试验效果有以下几点认识。

(1)注入平稳、油层吸汽能力较强。

从图5-10中可看出压力、温度、干度三项指标都很稳定,锅炉出口压力缓慢上升,并在整个注入过程中维持在17.5~19.5MPa范围。注汽速度基本稳定在7.3t/h的水平,而且注入量达1500t,表明这种低渗透油层具有较强的吸汽能力。

(2)油井具有一定的采出能力和增油效果。

试验中,朝142-69井开井放喷时瞬时产液量最高达172m^3/d,朝146-70井开井放喷时产液量达150m^3/d以上,表明在高温下低渗透储层也有较强的产出能力。截止到2002年底朝142-69井累计产油量为277.11t,与注汽前比增油量达141.11t,平均日增油1.76t。

朝 146-70 井累计产油 316.79t，累计增油 227.09t，平均日增油达 5.82t。

试验能够取得较好的效果取决于试验过程中及时调整注入参数（表 5-10），在油层吸汽能力及注入设备能力允许的范围内，尽可能使较多的蒸汽携带大量的热能进入油层。此外，配套的隔热技术及油层预处理措施等均起到一定的作用。

表 5-10 试验中参数调整情况

参数	周期注汽量（t）	注汽速度（t/d）	焖井时间（d）	注入温度（℃）
调整前	600	40	5	300
调整后	1500	170	6.5~10	350

3. 关于特低渗透油藏蒸汽吞吐认识上的突破

注蒸汽采油是一项成熟的技术，而对于特低渗透砂岩油藏采用该技术，2002 年之前，国内外还没有成功的先例。试验的初步成功，标志着认识上的突破。

（1）改变了油层筛选标准下限的认识。

按通常的标准衡量，试验油层条件几项指标都不符合筛选标准（表 5-11），不适合进行蒸汽吞吐，在渗透率如此低的条件下进行蒸汽吞吐试验风险非常大。试验初步效果证明应用蒸汽吞吐技术改善特低渗透油层开发效果是可行的。

表 5-11 试验油层参数与筛选标准对比

参数	渗透率（mD）	孔隙度（%）	纯/总厚度比
筛选标准	> 200	> 20	> 0.5
试验油层	5~10	15	0.43

（2）改变了对特低渗透油层吸汽能力的认识。

由于油层渗透率很低，因此在进行室内评价研究和方案设计时，按蒸汽吞吐技术下限设计第一周期以试注及预加热油层为目的，设计井底蒸汽干度为零、注入温度为 300℃，周期注汽量及注入速度都很低。试验开始后，根据注入动态变化，及时调整了注入参数，放大了注汽速度，提高了注汽干度，在严格控制注入压力的前提下顺利完成注入量。为今后低渗透油层蒸汽吞吐的方案设计提供了实践依据。

五、微生物吞吐提高单井产油量及采收率试验

从改变地下原油物性及流动性等方面考虑，在朝阳沟油田开展了微生物吞吐试验研究。在Ⅰ、Ⅱ、Ⅲ类油层中共选择试验井 13 口，于 2002 年 8 月开始现场试验。

1. 试验认识

（1）所选菌种对油层条件适应性较强，注入微生物在油层中能够生长繁殖。

分析结果显示施工前采出液水中菌数含量在 $0 \sim 10^2$ 个 /mL，注微生物后菌数含量上升到 $10^6 \sim 10^7$ 个 /mL，最高达到 10^8 个 /mL，并且产出水高菌数含量一直保持到现在，说明选用的采油微生物可很好地在地下生长繁殖。

（2）在微生物的作用下，原油组分中中高碳烷烃和长链烃减少，低碳烃和短链烃相对增多。

通过全烃色谱分析各项参数的变化可看出，微生物可选择性地降解原油中的某些中高碳数烷烃，使原油中的长链烃含量减少，短链烃或低链烃含量增加（图5-12）。

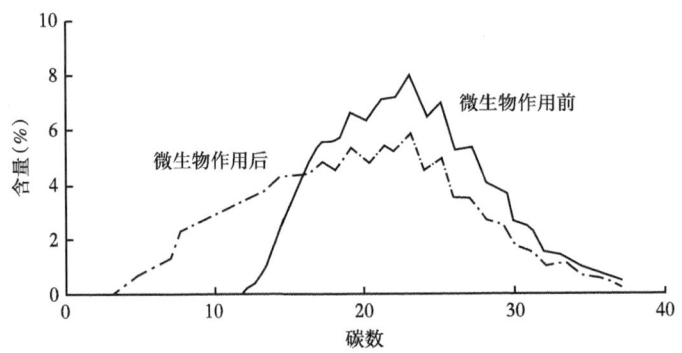

图5-12　朝61—杨21井微生物作用前后正构烷烃分布

（3）菌种作用后原油的蜡含量及胶质含量都有所降低。

注入微生物后原油含蜡、含胶量均大幅度下降，其中朝88-56井含蜡由注入前的40.1%下降到24.7%，下降幅度38.6%。朝61—杨121和翻142-80井含蜡下降幅度分别为35.3%和23.9%（表5-12）。

表5-12　三口井施工前后含蜡含胶变化

井号	朝61—杨121		翻142-80		朝88-56	
	施工前	施工后	施工前	施工后	施工前	施工后
含蜡（%）	27.5	17.8	33.1	25.2	40.1	24.7
含胶（%）	18.4	11.7	20.3	14.8	22.1	15.7

（4）微生物在油层中代谢出活性物质，降低了水的界面张力。

对3口试验井的跟踪结果表明，界面张力由注入微生物前的30mN/m左右下降到18mN/m左右，说明微生物在地下代谢出活性物质，降低了流动阻力，对提高采收率有一定的作用（表5-13）。

表5-13　产出液界面张力分析

井号	朝61—杨121		朝88-56		翻142-80	
	施工前	施工后	施工前	施工后	施工前	施工后
界面张力（mN/m）	30.21	18.16	29.65	17.29	31.98	19.88

2. 试验效果

试验结果表明微生物在油层中发挥了降低原油黏度、降低界面张力、增加流动能力等作用，Ⅰ类油层增油效果明显（表5-14）。

表 5-14 微生物吞吐试验效果

油层类别	井号	注入时间 （月.日）	累计产液 （t）	累计产油 （t）	累计增油 （t）	含水 （%）
Ⅰ类	朝 88-56	8.7	806.4	747.5	312.5	7.0
	朝 61-Y121	8.16	1241.9	892.3	836.7	28
	朝 96-72	9.13	455.9	373	227.4	18
	朝 106-68	9.13	547.8	475.3	283.2	13
	朝 116-66	9.12	512.1	466.5	220.4	9
	朝 102-66	9.12	2241.2	15	-34	99
Ⅱ类	朝 80-154	8.20	158.8	43.6	-41	73
	朝 98-52	9.18	293.4	230.7	113	21
	朝 100-66	9.12	342.2	294.9	112.5	14
	朝 82-52	9.11	301.8	248	20	18
Ⅲ类	翻 126-86	8.16	397	0	-125.1	100
	翻 142-80	8.14	437	320.3	143.9	27
	翻 126-96	8.16	271.8	262.8	68.2	3
合计			8007.3	4369.9	2137.7	45

截止到 2003 年 1 月 8 日，见效较好的有 10 口井（Ⅰ类油层 5 口，Ⅱ类油层 3 口，Ⅲ类油层 2 口）。朝 61-Y121 井效果最好，该井油层较厚，渗透率为 18.2mD，比其他 13 口井的平均渗透率高出 125%，注微生物前产液量为 9.1t/d，含水 95.6%。注微生物后，原油中含蜡量下降了 35.3%，含胶质下降了 36.4%，产出液界面张力下降了 40%，这些作用的综合结果使原油的流动能力大大加强，注微生物后 139d，日产油从 0.4t 增加到 6t，增加了 15 倍，平均含水下降到 28%，下降了 67.6 个百分点，累计产油 892.3t，累计增油 836.7t，日增油达 6.02t。

3 口无效井中，朝 102-66 井为注水井改油井，该井 1988 年 12 月开始注水，累计注水 259280m³，2001 年 9 月改采油井，注微生物前后产液量基本不变，含水均为 100%。说明经过长时间注水，井底周围含油饱和度已很低的井很难见效。翻 126-86 井油层较厚，但渗透率低，只有 4.5mD，动态反映注微生物后液量有所增加，但含水上升到 100%，表明在微生物的作用下，原油的流动能力虽得到改善，但水相的流动能力也有提高，由于渗透率很低，对油相的渗流阻力仍很大。朝 80-154 井油层较厚，渗透率为 8.2mD，注微生物前后产液量基本没变化，无效原因有待进一步分析研究。

13 口试验井注入微生物后平均含水由 61% 下降到 45%，累计产油 4369.9t，累计增油 2137.7t。Ⅰ类油层 6 口井，5 口井见效，累计增油 1846.2t，平均单井日增油 2.4t。Ⅱ类油层 4 口井，3 口井见效，累计增油 204.5t，平均单井日增油 0.49t。Ⅲ类油层 3 口井，2 口见效，累计增油 87t，平均单井日增油 0.2t。试验结果表明朝阳沟油田微生物吞吐在Ⅰ类油层可获得较好的效果，在Ⅱ、Ⅲ类油层也可获得一定的效果。

第二节 零散区块和复杂断块油藏开发试验

2002年,针对大庆外围油田含油层位多,储层低孔、低渗、低产,油藏类型复杂的特点,进一步规范油藏评价管理、整合油藏评价技术,实现了外围油田新增储量与产能建设的同步增长。

一、完善油藏评价方法,发展评价关键技术

2002年,在完善区块油藏评价方法和单井油藏评价技术方面取得新进展。

1. 规范管理,实现"三个"转变,油藏评价成效显著

2002年,成立了勘探开发一体化项目组,界定油藏评价工作范围,制定油藏评价工作程序及时实现油藏评价对象、评价目的和评价部署的转变,保障外围油田油藏评价目标实现。

1)评价对象由单一区块评价转变为区块评价与单井评价并举

2002年,大庆外围地区一方面后备优质储量区块不足,加上区块评价具有评价工作量大,评价周期长的特点,单一的区块评价难以满足增储建产的需要;另一方面积累的大量的地震、钻井、测井、试油等资料没有得到充分地利用,使勘探有重要发现的部分井区短时期难以扩大战果。

2002年,围绕着探明储量和新区产能建设油藏评价工作目标,在卫星、苏仁诺尔油田开展区块评价,实施"整体评价,择优探明,分批滚动,跟踪调整"的评价方法;在勘探有重大发现的零散探井,加强勘探开发信息结合,认真复查已有的探井取心、测井、试油等资料,优选8口目标探井开展单井评价部署,实施"百井工程",初步形成了一套适合大庆外围零散区块复杂油藏特点的单井评价技术,成为寻找油藏评价战略突破口的有效途径。至此,外围油田油藏评价进入区块和单井共同评价阶段。

2)评价目的由单一提交探明储量转变为探明储量和产能建设区块统一

2002年,卫星油田油藏评价坚持优选产能建设区块和提交可动用探明储量统一,在部署中加大开发首钻井设计力度,逐个断块落实葡萄花油层油水界面、岩性变化,落实葡萄花油层可动用储量含油面积,为优选产能建设区块打下了基础。同时,根据探井中扶余油层钻遇油层情况和试油认识,设计了12口井加深评价扶余油层,尽管有5口井在扶余油层获得2.62(卫1-9-20)~4.77(卫101)t/d的工业油流,但在全油田未发现扶余油层单井有效厚度大于8.0m、渗透率大于1.0mD的有利含油富集区,最终该油田扶余油层没有提交探明储量,减少了无效储量的积压。

同样,根据苏131开发试验区开发井资料和苏21断块构造圈闭内苏21-1井地质报废的新认识,在苏仁诺尔油田提出了利用有效开发厚度下限圈定含油面积的原则,改变了预测、控制储量按构造线圈定含油面积的做法,实际提交相对高质量探明储量673×10^4 t,在优选产能建设后备区块和探明储量质量上取得突破。

3)评价部署由单一工作量优化转变为工作量优化与实用评价技术优化兼顾

过去以控制储量区块为单元的区块评价,以满足探明储量规范为最高原则,评价部署主要考虑地震资料重新处理、解释、钻井、录井、测井、试油(采)等工作量的优化,油藏评价对象和油藏评价目的转变后,评价部署不仅考虑评价工作量和资料录取的优化,而

且针对不同控制储量区块、零散单井区控制程度和资料可靠程度，部署不同油藏评价技术，引进和发展关键技术，依靠和采用经济实用技术，优化总体设计。

2002年，苏仁诺尔区块评价总体设计、零散区块单井评价总体设计，都加大了评价技术优化的力度。如苏仁诺尔地区为三维地震资料覆盖，在总体设计时充分吸收勘探连片解释和开发分块解释成果，提出加大断陷盆地高分辨率层序地层学小层精细对比和三维地震资料特殊处理、连片重新解释技术研究，在井位落实时反复追踪、不断认识，直到认清复杂断块油藏特征；又如在零散区块单井评价中，重点加大了短期试采、试井等关键技术部署，并根据不同井区资料情况在部分井（古46）有选择性开展VSP、大地电磁等经济实用的技术，加快预探区有重大发现目标探井区开发试验进程。

通过规范管理，实现油藏评价"三个转变"，2002年区块油藏评价成效显著：

一是2002年新增石油探明地质储量以中高渗透葡萄花油层为主，新增Ⅰ类、Ⅱ类石油探明地质储量$5284×10^4 t$，完成油田公司计划的105.8%；

二是探明储量质量由基本探明Ⅲ类提高到Ⅰ、Ⅱ类，新增探明地质储量动用比例上升到2002年的22.7%，储量动用比例不断提高；

三是加强新增储量区块评价优选，为2005年外围油田上产$500×10^4 t$准备了一批有利的开发区块（表5-15）。

表5-15　2002年油藏评价落实产能建设区块安排

油田	拟动用年度	区块	预布井（口）	动用面积（km^2）	动用储量（$10^4 t$）
卫星	2002	1区、2区	217	18.6	864
	2003	芳24、卫172、芳33、卫251、卫1	150	11.6	627
	2004	卫19、太12东、卫16、	510	31.8	1657
	2005	太17、太109			
苏仁诺尔	2002	苏131	39	1.8	119
	2003	苏102、苏31	63	3.6	113
	2004	海参4	29	2.6	85
	2005	苏21、苏301	41	3.7	174

2. 开展"百井工程"研究，加快零散区块动用步伐

针对大庆外围油田已探明未动用储量井控程度低，待探明地区工业油流井零散、油藏类型复杂，按照常规评价模式具有"风险大、投资高、周期长"等特点，2002年在外围油田实施了"百井工程"，目的就是以重大发现井综合评价为突破口，按照"单井评价、注重探明、探采并举、加快开发"的技术路线和滚动开发方式，进一步扩大勘探成果，加快储量动用步伐，同时，为提交高品位的探明储量和进行经济有效开发提供可靠依据。实践证明，"百井工程"是大庆外围勘探开发一体化综合研究的集中体现，实施"百井工程"是加快外围油田开发步伐，实现经济效益最大化的有效途径。经过多年攻关，已初步形成了"百井工程"实施程序和一套单井评价技术，有效地加快了零散区块提前动用步伐[5]。

1)"百井工程"实施程序

由于实施"百井工程"的对象具有地质认识程度低、开发风险大的特点，必须建立一套合理的工作程序，最大限度地降低开发风险，初步建立了以下的实施程序（图5-13）。

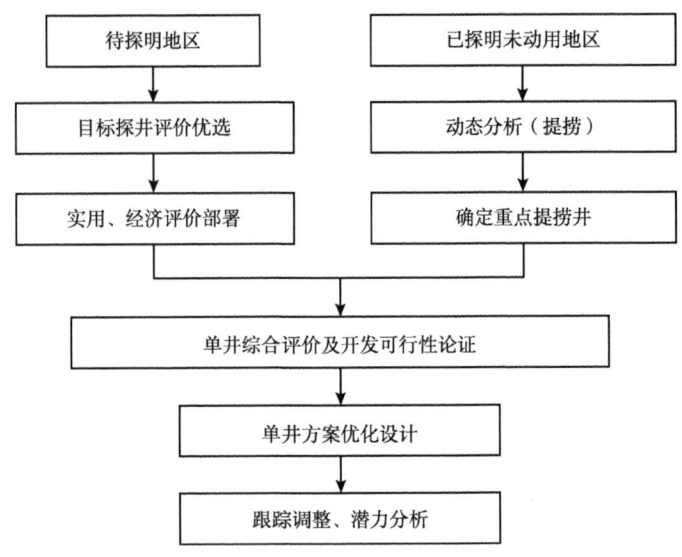

图 5-13 "百井工程"实施流程图

（1）建立零散区块探井优选的标准，确定单井评价目标；

（2）根据目标探井已有资料状况，采用经济实用的评价技术，重点是加强短期试采、试井资料录取，评价油藏的动态特征；

（3）开展单井综合评价及开发可行性论证，深化储层分布和油藏规模认识；

（4）采用灵活的井网形式实现单井方案最优化；

（5）加强方案跟踪调整，提高方案实施率和钻井成功率；

（6）加强已探明未动用区块探井提捞开采力度，落实开发潜力。

2）单井评价关键技术

结合2002年度"百井工程"8口目标探井研究、设计、实施效果分析，进一步完善了复杂、零散探井评价优选以及开发部署方法，确定了以井—震相模式预测技术、探边测试综合解释技术、单井开发方案优化和经济评价为技术路线的单井评价关键技术和部署方法。

（1）井—震相模式预测技术。

井—震相模式预测的基本思路是：在目标探井评价优选的基础上，通过对主要目的层基准面旋回的研究，确定主力油层或含油富集段；充分利用目标探井周围探井、评价井资料，开展沉积微相研究，确定砂体的成因类型；应用层次构成分析法研究砂体稳定性、方向性和继承性；充分利用已有的地震资料开展井约束反演及地震属性分析研究，最后综合确定主力含油层位发育规模和分布范围，圈定有利的含油富集区。

图5-14为目标探井英51井高Ⅳ组主力油层砂体发育分布趋势图。研究认为，高台子油层高Ⅳ组主要受西部物源的影响，主要发育在沿江地区。在单井相分析的基础上，结合周围英14井、英52和英10井对英51井主力油层的延伸方向、发育规模、储层物性变化等进行了分析。分析认为，高Ⅳ1、2号小层为英51井区的主力含油层位；砂体富集带位于英52—英10井一带，且垂向上具有一定的继承性，平面上具有一定方向性和摆动范围；储层物性和厚度的分布趋势分析，英51井的南部要好于北部。

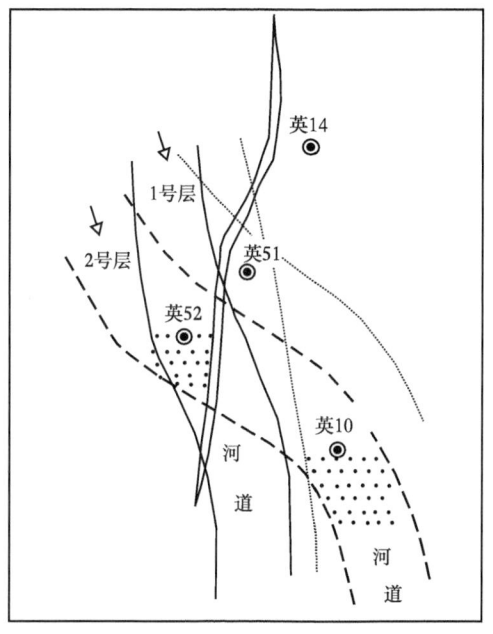

图 5-14　英 51 井区高Ⅳ1、2 小层砂体分布趋势

井约束反演方法是在层位标定的基础上，建立反映储层特征的初始模型，通过合理提取和表征反映储层特征的地球物理信息进行储层预测。属性分析技术是在地震信号保真的基础上建立某种地震属性参数与储层参数之间的定量关系，对砂体的横向变化作出预测（图 5-15）。

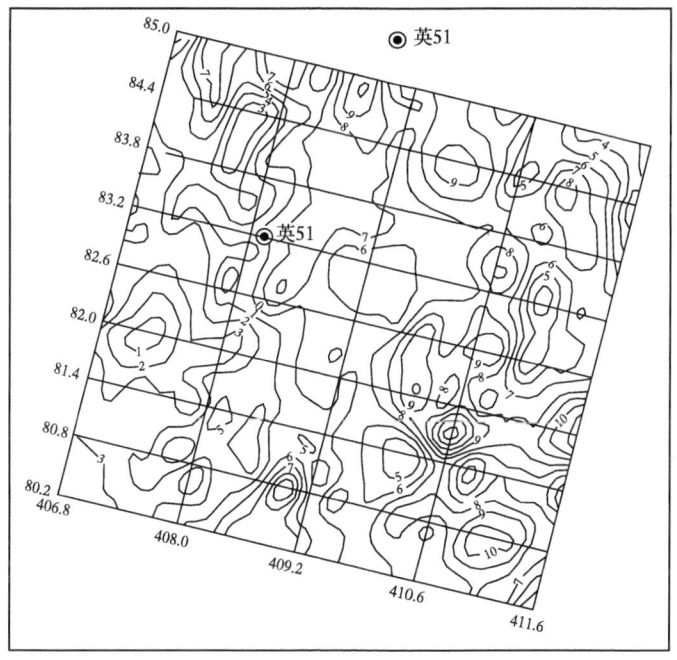

图 5-15　英 51 井区砂体预测分布图

此外，对地震测网较稀、年代早、分辨率低的井区，在储层预测方面探索开展了其他物探技术（大地电磁、VSP等）横向预测方法。利用古46井VSP资料处理、解释成果，对比分析了东方向和北方向的V_P/V_S、泊松比等参数认为：古46井东部的储层物性好于北部的储层物性，是油气聚集的有利地区。根据大地电磁资料对目标探井英28、英51井区块高Ⅳ油层、古46井葡萄花油层进行了预测。英28井区已完钻的3口井储层发育状况与大地电磁预测结果符合较好。

（2）探边测试综合解释技术。

针对大庆外围油田探井、评价井储层物性差、试油产量低等特点，在特低渗透储层渗流特征研究的基础上，初步建立了适合于外围油藏地质特点的测试方法以及探边测试综合解释技术。

拟稳定曲线分析法是利用试油资料进行储层参数解释的一种方法。对试油资料的解释采用拟稳定段的解释方法。该方法依据Duhamel原理，用一个拟稳定时间和拟稳定产量来等效开井流动过程，在拟稳定时间下以拟稳定产量进行生产，得到的总产液量与开井流动过程中的总产液量相当。依据这两个参数对恢复段进行分析，这样就可利用各种试井模型和压力导数曲线对各种边界情况做出判断。与以往的流动段的平均流量法相比更适合于低渗透油藏特点。

英28井压裂前三开流动段采用Peres定流量压力导数方法，压裂后恢复段采用新方法进行了解释（表5-16）。两次解释的渗透率比较接近，但解释出的探测半径不一致。该井于2002年3月14日采用抽油机抽油生产，合采萨尔图、高台子油层。试采初期日产液24.1t，日产油19.0t，综合含水21%，动液面912m，8个月后日产液14.2t，日产油13.9t，综合含水2.4%，动液面707m，试采8个月以来已累计产油1941t。试采结果反映该井储层物性较好、砂体规模大，已完钻的开发井亦证实了油藏范围在400m以上。

表5-16 英28井试井解释成果

解释所用方法	定流量压力导数方法	新方法
解释段	三开流动段	压后恢复段
解释模型	井筒储存+表皮+均质+无限大	均匀流量裂缝+均质
渗透率（mD）	65.4	63.8
表皮系数	0.233	0
流度λ[mD/(mPa·s)]	26.9	26.2
测试半径（m）	271.42	410
裂缝半长（m）		129

特征直线段分析法主要是利用试采资料进行分析、解释。针对不同的油藏地质特点，给出了无限大地层条件、封闭条件及定压边界条件下储层参数解释公式。在英51井应用特征直线段分析法对试采资料进行解释，解释渗透率为3.45mD，应用试油资料解释出的渗透率为5.101mD，二者较为接近。

通过短期试采在"百井工程"的探索性应用，反映出对物性相对较好的储层，试采资料在确定储层物性及其横向变化、预测砂体边界等方面的良好效果,而对于特低渗透储层,由于压力恢复十分缓慢,还需进一步研究攻关。总之,试采资料的综合运用,极大地加深了对油藏动态特征的认识,在零散目标探井评价和开发中具有重要的作用。

(3)采用灵活的井网形式,实现技术—经济最优化。

在"百井工程"开发方案设计中,依据目标探井区资料覆盖程度和地质认识程度,按照技术—经济最优化原则采用合理的开采方式和灵活的井网形式,并考虑与其他开发目的兼顾,降低开发风险。8口目标探井开发井网井距最小为200m,最大为400m,初期采用提捞采油的开采方式,并随着外扩的潜力变化适时调整。在杏树岗杏69井区(图5-16)单独开采扶杨油层风险很大,部署上结合上部萨、葡油层的三次加密可以大大地降低开发风险。

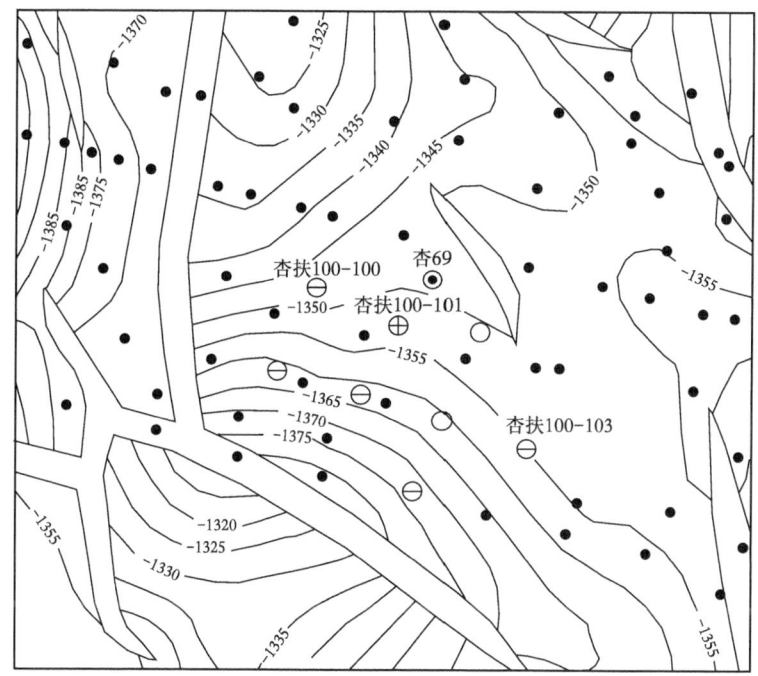

图 5-16　杏 69 井区勘探开发一体化井位图

3)"百井工程"实施效果及认识

(1)2002年优选出徐21、杏69、英28等8口目标探井,设计开发井104口,动用地质储量246×10^{4}t,含油面积8.4km^2,预计建成产能6.9×10^{4}t。截至2002年底,已完钻23口开发井,地质报废井1口,钻井成功率为95.7%。

(2)部署了已探明未动用区块236口探井提捞采油。其中采油八厂、九厂、榆树林公司已经提捞106口井,累计捞油18768.9t,平均单井日捞油0.49~1.08t,大大地提高了探井利用率。

(3)在提捞开采同时,加强了重点提捞井的资料录取,达到了重新评价和认识未动用零散探井区块的目的。第八采油厂提捞的12口探井中,有2口(徐10、14)日捞油稳定在5.0t以上;采油九厂提捞的34口探井中有7口日捞油稳定在5.0t以上。对于这些有潜力的井要进一步加大动态分析研究,优选开展"百井工程"部署。

(4) 2002年是开展"百井工程"研究的第一年,由于单井综合评价与方案设计同步进行,特别是短期试采、提捞现场实施较长影响了方案设计,致使目标探井方案存在很大的风险或方案实施率较低,如徐23井设计开发井8口,2002年只实施了3口井。目标探井综合评价研究工作超前于方案设计,有效地降低单井开发风险。

4) 2003年"百井工程"部署

"百井工程"对加快大庆外围已探明未动用零散工业油流井的优选和评价部署,加快待探明地区勘探开发一体化进程,进一步扩大勘探成果,加快开发步伐,并逐步形成一套适应不同油藏地质特征的单井开发评价配套技术具有重要的意义。根据"百井工程"总体部署,2003年度初步优选出9个目标探井,预计部署开发井77口(表5-17),同时,对2002年度8口目标探井继续跟踪研究,对具有潜力的区块继续扩大其开发规模。

表5-17 2003年大庆外围探区目标探井优选结果

地区	井号	主要目的层	单井厚度（m）	预计动用面积（km²）	预计动用储量（10⁴t）	预计布井（口）
太平川	川3	葡萄花	3.6	0.8	24	9
萨西	古301	葡萄花、高台子	6.3	0.5	26	5
敖南	茂72	葡萄花、黑帝庙	3.2	1.4	36	15
茂兴	茂17	葡萄花	2.0	0.5	11	5
英台	英66	高台子	2.5	0.8	28	9
	英36	黑帝庙	2.7	1.4	45	15
	英27	黑帝庙	3.0	0.8	48	9
海拉尔	贝16	铜钵庙	103	0.5	1605	5
喇西	古708	扶杨	4.5	0.5	12	5
合计				7.2	390	77

二、深化开发试验区油藏地质认识,加快海拉尔新探区开发步伐

海拉尔盆地面积为44210km²,是发育在前古生界深变质岩基底之上的中—新生代断陷盆地。经过多年的勘探,分别在乌尔逊、贝尔、呼伦湖3个凹陷发现了苏仁诺尔、呼和诺仁、巴彦塔拉、乌南、苏德尔特、霍多莫尔、苏乃诺尔、小河口等8个工业油气聚集带;在巴彦呼舒、查干诺尔、呼和湖三个凹陷见到油气显示。已经发现的油气藏类型有复杂的断块油藏、水敏性油藏、多层系含油的油藏、烃类和非烃类气藏。储层有砂岩、砂砾岩、火山岩、基岩风化壳等。其中已探明乌尔逊、贝尔凹陷的苏仁诺尔和呼和诺仁油田,提交探明石油地质储量2009×10⁴t,含油面积21.9km²。

截至2002年底,盆地内共钻探井141口,其中39口井获工业油气流;在苏仁诺尔、呼和诺仁油田共设计开发试验井、开发井90口,目前完钻58口,建成产能5.0×10⁴t。

1. 开发试验区效果分析

1）苏131试验区地质特征和开发效果分析

苏131试验区主要目的层为南屯组二段油层，储层以近岸水下扇和湖底扇沉积为主。储层平均孔隙度为18.1%，空气渗透率为65.17mD，油藏类型为断块—岩性油藏。截至2002年底，试验区有开发井42口，动用面积1.8km^2，动用石油地质储量106×10^{4}t。2001年10月陆续投产，油井30口，注水井12口，截至2002年底，累计产油26587t，平均单井日产油2.38t，采出程度为2.51%。

通过对密井网解剖和开发动态分析，对该区地质特征有以下几点认识。

（1）储层主要为大规模湖相泥岩背景下的扇中和扇缘亚相沉积。

生产井细分层对比结果与探井分层基本一致，在局部区块内标志层相对稳定，但由于砂体为二次搬运的沉积，因此加大了储层对比难度。主力油层为湖底扇沉积，在第四到第二砂岩组沉积时期，湖区主体部位物质供应逐渐减少，由于沉积物为近岸水下扇体前缘沉积物，在底流和重力的作用下，进行重新搬运和二次沉积，形成了大规模湖相泥岩背景下的扇中和扇端亚相的砂岩储层，并导致区块整体缺失扇根亚相。

扇中亚相砂体是水道在沉积过程中向湖盆的延伸部分，包括扇中水道、水道间沉积砂体。单一水道宽度一般为200~300m，厚度约2.0~4.0m，少数也可达5.0m以上，由于以扇中水道沉积为主，物性相对较好。钻遇率约40%，南屯组二段18、19、20、21小层属于此类沉积砂体。

扇端亚相在本区的分布面积较大，砂岩类型以薄层砂为主。由于此类砂体处于扇中水道砂的前缘地带，能量较弱，在底流的作用下，通常在湖底形成较大规模的薄层砂体。单一砂岩的厚度一般在1.0~3.0m，少数可达3.0m以上，砂体的钻遇率一般为50%~80%，此类砂体在本区有9个小层发育，较典型的层如：南屯组二段12、13、16、17、22、23等小层。

（2）现井网对砂体控制程度较高。

苏131开发试验区采用220m井距三角形井网进行部署。砂体解剖结果显示，主力油层单砂体分布比较稳定，有效厚度钻遇率在80%以上，水驱控制程度为82.59%，其中单向连通为40.11%，二向连通为32.09%，三向连通为10.38%。表明现井网对砂体有较高的控制程度。

（3）采用天然能量开采，油井产能下降较快。

苏131试验区平均原始地层压力为14.16MPa，饱和压力为3.54MPa，地饱压差为10.6MPa，综合压缩系数为29.60×10^{-4}MPa^{-1}，计算弹性采出程度为3.09%。苏131试验区原始气油比较低，仅为16m^3/t，溶解气驱能量十分有限。

苏131试验区开采15个月，单井平均日产量从投产初期的3.84t下降到1.94t。如苏72-72井投产时日产量为5.29t，到2002年12月油井日产量下降到2.5t。日产量下降了近三分之一。苏131试验区静压数据对比分析，从2002年2月到6月，苏66-68井下降了6.91MPa。根据大庆外围油田开发经验和苏131区块的开发生产实际，为了保持地层能量，提高油田开发效果，对该类油田的开发宜实行早期注水或同步注水。

由于受到现场条件限制，试验区没有按照方案设计采用早期注水，直至2002年7月才开始注水。根据吸水状况较好的6口注水井同位素吸水剖面分析，平均单井射开砂岩厚度

11.1m，吸水砂岩厚度7.8m，占射开砂岩厚度的70.3%。主要吸水层为南Ⅱ18号层，从7月到9月，注入压力增加了近1MPa，日注水量却从14.62m³降到8.33m³。9到10月，对部分注水井进行洗井，注入压力逐渐下降，日注水量回升，表明地层伤害对注水效果影响较大。

2）贝301开发试验区

贝301试验区位于继承性的断鼻构造上，储层纵向上为多个扇体叠加沉积，沉积厚度大，分布稳定，储层物性好。单井有效厚度39.6m，孔隙度20.8%，空气渗透率137.95mD，区块内具有相对统一的油水界面，为断层—构造油藏。试验区内有11口开发井，2002年6月投产，平均单井日产油19.21t。由于该油藏储层敏感性较强，2002年11月根据室内研究选择了2种黏稳剂进行现场试验。同时，正在室内准备注气实验，以探索合理开采方式。

（1）储层具有较强的敏感性。

贝301区块储层分选性差、胶结疏松、泥质含量高。黏土矿物主要以伊利石、高岭石和蒙脱石为主，相对含量分别为44.9%、31%和18.7%。黏土矿物中蒙脱石和高岭石在注水开发中极易发生水敏和速敏现象，造成储层渗透率下降。

水敏实验结果显示，其水敏指数在0.53~0.96之间，平均值为0.79，表现为强水敏特征。贝3-5井两块岩样的实验结果显示最终注入水进入储层后渗透率降低了60%左右（图5-17）。速敏实验表明，注入流量为0.1mL/min时，一些岩样渗透率出现了明显拐点，其渗透率下降率大于10%（图5-18），可以确定0.1mL/min是该区块储层的临界流速。推算在现场条件下贝301区块临界注入速度为1.28m/d。

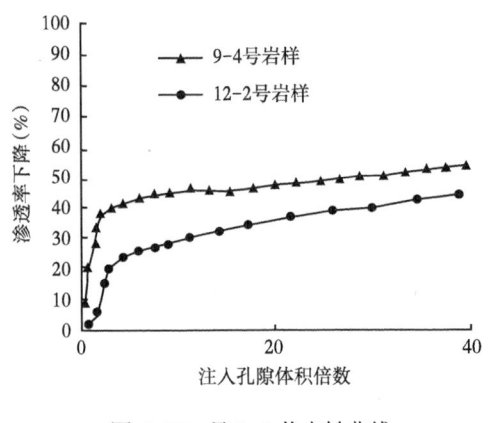

图5-17 贝3-5井水敏曲线

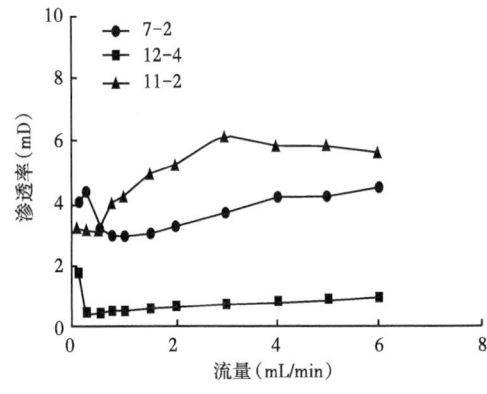

图5-18 贝3-2井速敏曲线

（2）油井有较高的初期产能。

呼和诺仁油田贝301区块的原始地层压力为12.03MPa，饱和压力为3.46MPa，地饱压差为8.57MPa，地层原油弹性压缩系数为$9.33\times10^{-4}MPa^{-1}$，油层综合弹性压缩系数为$14.86\times10^{-4}MPa^{-1}$，计算弹性采收率为2.55%，与大庆外围油田相近。而贝301区块的原始气油比较低，为25.8m³/t，溶解气驱能量十分有限。但油田边部具有一定的边水能量，例如贝302井试水结果，射开厚度1.2m，日产水61.99m³，采水强度为51.7m³/(d·m)，平均单位厚度采水指数为6.54m³/(d·m·MPa)，明显高于外围其他油田。因此，在油田边部可以利用边水能量进行开发。

贝3-2井单井钻遇有效厚度为52.9m，该井于2002年1月开始提捞生产，射开有效厚度32.1m，截至2002年底该井累计产油5905t，平均日产油16.18t，稳定采油强度为0.5t/(d·m)，折算地层压力每降低1MPa累计产油2012t，可见油井具有较高的初期产能。应用油藏数值模拟方法计算了贝301井组天然能量开发动态特征，结果表明在油田边部采用天然能量开发，采出程度为5.5%左右，初期采油速度为2.5%，有效开发期为9年，仅依靠天然能量开发最终采收率较低，需要考虑其他补充能量方式提高开发效果。

2. 勘探开发潜力分析

海拉尔盆地是大庆外围盆地2002年以前唯一一建成产能的地区，随着勘探开发的不断深入，进一步展示了海拉尔地区勘探开发前景。

1）已探明区块具有较大的开发潜力

截至2002年底，海拉尔盆地已探明石油地质储量2009×10^4t，已动用地质储量362×10^4t，尚有未动用地质储量1647×10^4t。

2）重大发现井区勘探开发潜力

（1）贝16断块是近期滚动勘探开发的首选区块。

苏德尔特构造带位于贝尔凹陷中部，贝10井和贝15井分别于布达特潜山顶面基岩风化壳获得了39.7t/d和2.4t/d轻质工业油流。2002年部署贝14井和贝16井，其中贝16井取心见含油状砂岩40.9m，压裂试油获125.8t/d的高产油流，使贝16断块成为贝尔凹陷的又一个油气富集区。

（2）乌16、霍1和霍3断块具有开发的可能性。

乌尔逊南部地区是指乌尔逊凹陷铜钵庙构造带以南的部分，2002年8月完钻的乌16井压裂后抽汲获10.6t/d的工业油流。霍多莫尔构造带的霍1井在大磨拐河组获25.4t/d高产工业油流，霍3井于铜钵庙组压裂后气举，产油7.4t/d。

第三节 油田开发潜力分析

大庆外围油田形成了一套适合特低渗透油藏特点的配套技术，使大庆外围油田年产量达到400×10^4t以上，成为大庆油田可持续发展的重要组成部分。大庆外围油田开发进一步解放思想、创新技术，探索新机制、新体制，不断实现外围油田增储上产。"十五"后三年工作目标：老区实现"123"，即2003年自然递减率降低1个百分点，2005年自然递减率降低2个百分点，调整区块采收率提高3%；新区三年新增探明石油地质储量1.2×10^8t，增加可采储量2480×10^4t，同时，立足于勘探新发现，力争实现可采储量3000×10^4t，实现2005年年产油500×10^4t的奋斗目标，开创外围油田开发新局面。

一、已开发油田潜力分析

1. 外围已开发区块分类

根据外围已开发区块的地质特点和开发效果，按渗透率分为中渗透、低渗透、特低渗透和致密砂岩油藏4类；按中、低渗透砂岩油藏开发水平分为3级；按不同含水级别分为中高含水、中含水、中低含水和低含水4级；按当前经济效益分为3类。在此基础上进行综合评价，将已开发区块分为综合4类。

综合一类为开发较早的中渗透萨葡油层，有 12 个区块，动用储量 $9383 \times 10^4 t$，占总动用储量的 22.9%。如宋芳屯、升平、龙虎泡、齐家、杏西、敖古拉等区块。

综合二类为中低渗透葡萄花油层和开发较早的低渗透扶杨油层，有 25 个区块，动用储量 $11174 \times 10^4 t$，占总动用储量的 27.2%，主要分布在永乐、肇州、朝阳沟油田主体、榆树林油田北区。

综合三类为流度大于 $0.5 mD/(mPa \cdot s)$ 的特低渗透扶杨油层，有 20 个区块，动用储量 $7632.3 \times 10^4 t$，占总动用储量的 18.6%。主要分布在朝阳沟油田二类、榆树林东区的部分区块和葡西油水复杂油藏。

综合四类为流度小于等于 $0.5 mD/(mPa \cdot s)$ 的扶杨油层和高台子油层，有 29 个区块，动用地质储量 $12860.8 \times 10^4 t$，占动用储量的 31.3%。分布在朝阳沟油田翼部、榆树林南区和西区、头台油田的部分区块和龙虎泡高台子油层（表 5-18）。

表 5-18 外围油田已开发区块综合分类结果

综合类别	动用储量（$10^4 t$）	有效厚度（m）	渗透率（mD）	采出程度（%）	综合含水（%）	剩余可采储量（$10^4 t$）	区块
一	9383	4.2	127.6	16.88	59.6	1091.12	宋芳屯、升平、龙虎泡、齐家、杏西、敖古拉等区块
二	11174	3.6（10.2）	61.71	11.71	35.4	1529.73	肇212、肇291、徐家围子、八厂四矿、新店、肇州和朝阳沟一类等区块
三	7632.3	3.4（10.6）	12.25	9.11	26.9	1091.38	龙南、布木格、台105、源13、葡西、新站、树110、朝阳沟二类、榆树林北区和茂11等区块
四	12860.8	（11.6）	3.12	4.83	27.9	1508.37	升南、龙虎泡高台子、朝阳沟三类、榆树林东区、南区、西区、东14、头台油田二类、三类等区块
合计	41050.1	4.2（11.5）	49.2	10.25	41.85	5220.6	

注：括号内数据为扶杨油层有效厚度，括号外为萨葡油层有效厚度。

2. 各类区块开发调整潜力

1）注采系统调整

根据动态资料法、相对渗透率曲线法、吸水产液指数比及注采压差法确定各类区块合理油水井数：综合一类合理油水井数比为 1.6，测算需要油井转注水井 120 口；综合二类由于裂缝发育，合理油水井数比较高为 2.0，测算需要油井转注水井 215 口井（表 5-19）。四类区块共可转注油井 745 口。

表 5-19 外围油田各类区块注采系统调整潜力

综合类别	油井数（口）	水井数（口）	合理油水井数比	2002 年底油水井数比	可转注油井（口）
一	1526	759	1.60	2.0	120
二	2358	857	2.00	2.8	215
三	1406	435	1.95	3.2	201
四	1711	643	1.76	2.7	210
合计	7001	2694	1.7	2.7	745

2）井网加密调整

由于各类油藏埋藏深度和产能不同，其井网加密有效厚度下限不同。综合一类平均有效厚度下限为4m，综合二类朝阳沟油田有效厚度下限为8m，综合三类朝阳沟油田有效厚度下限为8m，榆树林有效厚度下限为10m，综合四类朝阳沟油田有效厚度下限为9m、榆树林油田有效厚度下限为10m、头台油田有效厚度下限为12m。四类油藏共可加密1067口井，建产能50.6×10^{4}t（表5-20）。

表5-20 外围油田各类油藏井网加密调整潜力

综合类别	层位	有效厚度下限（m）	初期产量（t/d）	加密井数（口）	产能（10^{4}t）
一	SPG	4.0	2.2	282	14.0
二	F	8.0	1.9	119	5.1
三	FY	8.0（朝阳沟）10.0（榆树林）	2.0	238	10.7
四	FY	9.0（朝阳沟）10.0（榆树林）12.0（头台）	2.2	428	20.8
合计				1067	50.6

3）非常规采油

已开展的蒸汽吞吐和微生物吞吐试验在朝阳沟油田扶杨油层取得了较好的效果，CO_2驱油和注活性水正准备进入现场试验，今后还准备开展加密水平井、小井距结合整体压裂等试验。这些技术有望成为外围油田改善开发效果的有效手段。

3. 已开发油田综合调整对策

根据各类区块存在的主要问题及原因，制定了各类区块综合调整对策（表5-21）。

表5-21 外围已开发油田各类区块治理对策

调整对象	层位	调整目的	主要调整措施	井数（口）	
				加密	转注
综合一类	萨葡	抑制含水上升速度，减缓产量递减幅度，提高采收率	主要是注采结构调整，其次局部井区进行注采系统和井网加密调整，部分井实施调剖、堵水等措施	282	120
综合二类	葡萄花	降低含水上升速度，扩大注水波及体积，提高水驱控制储量	主要调整注水压力和注采比，使注水压力控制在合理界限内，注采比低于1.5；其次大规模调整注采系统，局部实施调剖、堵水等措施	10	124
	扶杨	减缓层间和平面矛盾，增加水驱动用储量，提高采收率	主要调整注水压力和注采比，使注水压力控制在合理界限内，注采比低于2；局部井区实施井网加密调整，部分注水井实施水井转油井开采	109	91
综合三类	萨葡	提高水驱控制程度，提高有效动用储量	主要是注采系统调整，其次是调整注水压力和注采比，注水压力控制在合理界限内，注采比低于1.5，对裂缝发育、含水上升快的区块，实施调剖和堵水等措施	35	108
	扶杨	降低渗流阻力，增加有效驱动储量，提高采油速度	对厚度较大的未加密区主要实施井网加密与注采系统相结合的综合调整；对厚度较小的未加密区和已加密区主要实施注采系统调整；其次对低效井加大提捞采油力度，探索应用实施微生物吞吐、蒸汽吞吐、注活性水等非常规措施	203	93
综合四类	高台子扶杨	提高储量有效动用程度和采油速度	主要是开展微生物吞吐、蒸气吞吐、注活性水、加密水平井、小排距加密与整体压裂相结合试验，对低效井加大提捞采油力度	428	210

通过以上综合调整措施的实施，力争在"十五"期间使调整区块采收率提高3%以上，其中加密调整区块提高5%，注采系统调整区块提高1%。自然递减率降低2%。

二、已探明未动用储量潜力分析

1. 现有技术条件潜力分析

2002年底大庆外围油田已探明未动用储量 $73410 \times 10^4 t$,落实储量 $62283 \times 10^4 t$,其中2001年底探明储量中落实未动用储量 $58560 \times 10^4 t$,2002年度新增探明储量中落实未动用储量 $3723 \times 10^4 t$。

通过对2001年底的未动用储量进行评价分析,按照不同条件共优选出72个区块,含油面积为 $331.1 km^2$,地质储量 $12138 \times 10^4 t$。扣除有方案未钻的311口井,则在新区块内可动用面积 $302.3 km^2$,储量 $11456 \times 10^4 t$,规划部署开发井3361口,预计建成产能 $196.9 \times 10^4 t$(表5-22)。另外,2002年度提交的卫星和苏仁诺尔油田探明储量动用程度可达90%以上。

表5-22 外围油田2001年底未动用储量评价结果

项目		面积(km^2)	储量($10^4 t$)	井数(口)	产能($10^4 t$)
20(美元/bbl)	关联交易	31.7	2577	374	42.4
	小油公司	44.3	1486	486	29.8
	捞油	27.8	918	307	16.2
	小计	103.8	4981	1167	88.4
25(美元/bbl)	关联交易	21.9	637	241	13.9
	小油公司	33.7	1304	370	20.5
	捞油	142.9	4534	1583	74.1
	小计	198.5	6475	2194	108.5
合计		302.3	11456	3361	196.9

2. 技术进步条件下的潜力分析

在储量技术经济评价的基础上,对"十五"期间的经济技术条件下开发经济效益差或无经济效益的储量充分考虑新机制、新技术,进一步挖掘有效动用潜力。在新技术条件下进行潜力评价方面主要考虑储层构成、砂体分布的稳定性、流度的大小及储量构成、油水复杂程度、地面条件等因素。

1)特低渗透扶杨油层潜力分析

特低渗透扶杨油层有很大一部分储量尚未动用,制约其有效动用的原因,除了具有"三低"油藏开发难度大的特点外,井网控制程度低也是制约其有效动用的关键。扶杨油层以河流相为主的沉积特点,决定了其储层砂体分布零散、横向变化快;但同时,在主体河道发育部位,储层厚度大、物性也相应变好。扶杨油层的潜力主要集中在这类主河道砂体发育部位。

在新技术应用方面主要考虑以下方式。

一是主力油层为河道沉积、单层厚度大于4m、储层物性较好且砂体分布稳定的区块,实施大井距—小排距直井开发、水平井开发和注气开发。

二是存在明显含油富集段、储层物性好且砂体分布稳定的区块,实施大型压裂、水平井与大型压裂结合的开发方式或注气开发。

三是对于单井厚度小、储层物性差的区块，作为次经济储量采取更灵活的机制和体制。

通过以上分析，扶杨油层可进行水平井及注气等开发地质储量 $2635×10^4t$，次经济地质储量 $21454×10^4t$。

2）特低丰度葡萄花油层潜力分析

葡萄花油层提交探明储量有效厚度下限为 1.0m，而常规开发条件下葡萄花油层区块平均有效厚度下限为 2.5m，制约葡萄花油层经济有效开发的主要因素：一是储量丰度低，未动用区块平均储量丰度为 $18.8×10^4t/km^2$；二是油水复杂程度；三是地面条件的影响，例如水泡、鱼塘、村庄等。葡萄花油层主要为三角洲前缘亚相沉积，有利于采用水平井开发。特低丰度薄互层油藏水平井开发试验的成功，为加快葡萄花油层经济有效开发提供了技术支持。

依据葡萄花油层单井钻遇有效厚度、砂体成因类型以及在垂向上的组合、油水分布等特点，进一步落实葡萄花油层的开发潜力和攻关方向。

一是单井有效厚度在 2.0m 左右的区块和单井有效厚度在 1.0~1.5m 且集中发育的区块，主要考虑直井与水平井联合开发、水平井开发等开发方式。

二是对其他现技术经济条件下难以动用的区块作为次经济储量。

通过以上分析，葡萄花油层可进行钻水平井开发地质储量 $4628×10^4t$，次经济地质储量 $17705×10^4t$。根据未动用储量评价结果以及水平井适应条件分析，初步优选出 2003 年水平井开发有利区块 12 个，面积 $21.4km^2$，储量 $472×10^4t$，预计部署直井 46 口，水平井 20 口（表 5–23）。

表 5–23　外围油田薄互层特低丰度油藏水平井开发区块

区块	面积（km²）	储量（10⁴t）	厚度（m）	预计直井（口）	预计水平井（口）
州 253	1.1	34	3.1	2	1
肇深 1	0.94	15	1.6	3	1
肇 61-19	3.0	72	2.4	4	2
肇 71-43	0.8	14	1.6	3	1
源 19	1.1	23	2.1	6	2
州 15	1.3	19	1.5	2	1
肇 51-33	2.6	65	2.5	5	3
肇 41-44	1.8	18	1.0	4	2
州 25	2.5	47	1.9	5	2
芳 230-140	1.0	23	1.9	3	1
芳 180-124	3.0	79	2.2	5	2
州 160	2.3	63	2.3	4	2
合计	21.4	472	2.0	46	20

总体上，2001 年底已探明未动用储量中落实地质储量 $58560×10^4t$，在常规技术和转换机制条件下可动用地质储量 $12138×10^4t$，需要进一步采用水平井、注气、整体压裂等新技

术攻关动用的地质储量为 7263×10⁴t；另有 39159×10⁴t 在 2002 年的技术经济条件下无法动用的次经济储量，要靠更灵活的体制、机制来优选动用（表 5-24）。

表 5-24　外围油田未动用储量综合分类结果

分类	储量（10⁴t）	动用条件
常规技术经济条件下	12138	常规注水开发、小油公司模式
新技术攻关涉及	7263	水平井、注气、整体压裂等新技术攻关成功且经济有效
次经济	39159	一次采油、更灵活的机制和体制
合计	58560	

三、已探明未动用区块零散探井捞油潜力分析

大庆外围油田已探明未动用区块提捞探井、评价井 295 口，以油田为单位进行了提捞产能预测，预计建成年捞油能力 3.7×10⁴t（表 5-25）。通过捞油，使这些探井得到了利用，同时又录取了资料，为优选、评价提供依据。

表 5-25　大庆外围油田已探明未动用区块提捞井产能

油田	层位	井数（口）	月捞油（t）	油田	层位	井数（口）	月捞油（t）
朝阳沟	FY	10	60	新站	H、P	12	120
肇州	P、FY	45	480	龙南	H	2	15
榆树林	P、FY	43	465	葡西	H、P	26	225
永乐	P、FY	33	525	哈尔温	S、P	11	225
宋芳屯	P	24	360	萨西	P、G	1	7
头台	FY	5	22	高西	P	7	135
徐家围子	P	3	22	新肇	P	31	675
升平	FY	4	18				
龙虎泡	S、P、G	38	315	合计		295	3669

注：年捞油量 3.7×10⁴t（按 10 个月计算）。

提捞产能预测未考虑地面问题、试油期间所采用的工艺措施以及资料录取等影响，可以在提捞初期依据每口井的产量变化规律确定合理的提捞周期和提捞产量。

四、待探明地区潜力分析

大庆探区累计剩余石油控制地质储量 33001×10⁴t，含油面积 1182.9km²，主要分布在松辽盆地北部大庆长垣以东地区的下部含油组合扶余油层和长垣以西地区的中浅层含油组合。根据储量丰度、油层厚度、试油产能、叠合状况等因素对控制储量进行升级潜力分析，认为控制储量区内的 12 个区块有 7 个区块具备近期升级潜力，储量 7950×10⁴t，面积

215.5km²。另外还可在预测储量地区优选一部分储量进行升级。

预计三年内待探明地区可提交探明储量 $10600×10^4t$（不包括老油田扩边新增储量），部署开发井 1850 口，截至 2002 年底已经设计了 865 口井（表 5-26）。

表 5-26 大庆外围地区油藏评价安排意见

序号	年度	区块	主要井号	储量（10^4t）	开发井数（口）	已设计井数（口）
1	2003	肇源（源7）	源212、35、源1	900	150	
		巴彦查干	哈10、英20、19、191、25、27	700	100	70
		新站	大415、142	700	200	198
		葡南	葡32、316、317、葡54、462、	1000	150	
2	2004	临江	双30、三501、五204	1000	250	151
		汤家围子	茂71、茂72	900	290	169
		太东	芳3、芳407	1000	350	277
		英台	英32、36、37、64、66	800	100	
3	2005	海拉尔	贝12、14、16	1800	80	
		徐家围子	徐21、22、23	600	80	
		英台	英86、87、89	1200	100	
合计				10600	1850	865

五、"百井工程"潜力

根据"百井工程"滚动开发的总体部署，2003 年度初步优选出 9 个目标探井，预计部署开发井 77 口（表 5-17）。2004—2005 年度计划开展 14 口目标探井评价部署（表 5-27），同时，对勘探当年发现的重大工业油流探井及时纳入"百井工程"范围。

表 5-27 2004—2005 年度开展"百井工程"研究目标探井

2004 年度				2005 年度			
地区	井号	主要目的层	备注	地区	井号	主要目的层	备注
龙南	古44	葡萄花	提捞井	巴彦查干	英205	扶扬	提捞井
龙虎泡	古463	葡萄花		新站	大142	葡萄花	提捞井
徐家围子	徐10	葡萄花	提捞井	肇州	州251	扶扬	
巴彦查干	英64	黑帝庙、萨尔图	提捞井	徐家围子	徐14	葡萄花	提捞井
新站	大153	萨尔图		英台	英42	葡萄花	
英台	英141	萨尔图、高台子	葡西	古156	葡萄花		
葡西	古146	黑帝庙		榆树林	树16	扶扬	提捞井

六、稠油资源潜力

稠油资源潜力评价认为,除葡萄花油田黑帝庙油层外,稠油潜力地区主要集中在西部斜坡区。自 20 世纪 60 年代初在西部斜坡区发现稠油以来,已相继在该地区的富拉尔基油田富 7 井区、平洋地区来 27 井区、阿拉新、他拉红、江桥、新发等地区估算稠油地质储量 6581×10^{4}t。2002 年在江桥地区江 37 井区部署了大庆油田第一口热采井——江 372 井,在青二、三段的高台子油层 586.2~698.0m,取心见饱含油油砂 3.0m,油浸油斑 0.5m。根据原油性质及取心段油砂显示分析,并参考相距较近的富拉尔基油田热采井资料,江 372 井高台子油层适合采用蒸汽吞吐方式开采。

稠油有利区块优选,首先考虑目的层是否为单一砂层或含油层位是否集中,且目的层有效厚度大于 3.0m,其次考虑试油不出水或产水量很低的井区;油层参数考虑厚度及隔夹层分布。

优选结果显示,江 37 井区、富拉尔基以南地区及平洋地区来 27 井等区块将是今后着手开展前期工作的首选目标。由于 2002 年西部斜坡区地震资料密度低、局部构造不落实、砂体分布认识程度低、没有建立相应的稠油层测井解释标准,而且到 2002 年底还没有进行过一口井的热力试油,稠油资源潜力不落实。因此需要加大西部斜坡区稠油开发前期工程力度,建议部署三维地震 50km^2,开发首钻井 2 口,并对优选区块的有利探井进行热试。

第四节　油田开发技术攻关方向

一、油藏评价技术

按照油藏评价实现三个转变的工作要求,在 2002 年勘探开发一体化工作的基础上,重点开展以下三方面工作:一是未动用储量评价新方法研究;二是零散区块单井评价配套技术研究;三是长垣西部油气富集规律和开发区块优选技术研究。继续加大勘探开发一体化进程,实施"百井工程",优选目标探井 23~30 口,部署开发井 200 口,三年提交探明储量 1.2×10^{8}t,动用储量 1.0×10^{8}t。

二、注水开发综合调整技术

注水开发综合调整是"十五"期间改善外围油田开发效果的主要手段。在 2002 年对大庆外围已开发油田全面分类评价的基础上,重点开展以下四方面工作:一是开展精细地质研究;二是井网加密调整和注采系统调整技术研究;三是不同类型油藏调整的技术经济界限;四是不同类型油藏综合调整的技术对策。

三、水平井开采技术

在 2002 年薄油层水平井开采技术取得成功的基础上,进一步落实葡萄花油层应用水平井的潜力,扩大应用规模。同时对扶扬油层开展攻关。将重点开展以下三方面工作:一是水平井的适用条件和开发潜力研究;二是水平井井网优化设计方法研究;三是水平井开发指标预测方法研究。

四、蒸汽吞吐技术

在 2002 年低渗透高黏度的朝阳沟油田开展蒸汽吞吐开发试验取得较好效果的基础上，将重点开展以下三方面工作：一是低渗透油藏蒸汽吞吐适用条件研究；二是水平井蒸汽吞吐开发技术研究；三是蒸汽吞吐开采试验效果分析及经济效益评价。

五、活性水增注技术

为了探索活性水增注的可行性，将重点开展以下几方面工作：一是表面活性剂优选；二是不同注入方式和不同注入浓度条件下启动压力、注入能力等参数的变化规律分析；三是现场活性水增注效果分析和经济效益评价。

六、CO_2 驱油技术

为了探索注 CO_2 驱油的可行性，将重点开展以下三方面工作：一是特低渗透扶余油层注 CO_2 开发机理研究；二是合理注入参数研究；三是注气开发试验效果分析和经济效益分析。

参 考 文 献

[1] 李莉，韩德金，周锡生. 大庆外围低渗透油田开发技术研究 [J]. 大庆石油地质与开发，2004（5）：85-87，124-125.

[2] 牛彦良，李莉. 特低丰度油藏水平井开发技术研究 [J]. 大庆石油地质与开发，2006（2）：28-30，33，104-105.

[3] 姜洪福，隋军，庞彦明，等. 特低丰度油藏水平井开发技术研究与应用 [J]. 石油勘探与开发，2006（3）：364-368.

[4] 崔宝文，周永炳，刘国志. 特低渗透油水同层油藏油层初期含水率解释图版 [J]. 石油学报，2006(S1)：151-154.

[5] 吉庆生，高彦楼，周永炳，等. 单井评价及滚动开发技术 [J]. 大庆石油地质与开发，2005（6）：28-30，105.

第六章 拓展水驱,实现特殊类型油藏有效开发

外围油田经过多年的开发,探索出了一套适合"三低"油藏特点的地下地面一体化配套技术,至2002年产量在$400 \times 10^4 t$以上已连续稳产了5年,成为油田公司可持续发展的重要组成部分。大庆外围油田能否实现上产$500 \times 10^4 t$,控制老区产量递减是基础,增加新区储量有效动用是关键。2003年通过进一步解放思想,转变观念,在深化油藏精细描述研究的基础上,加强了注水开发综合调整技术研究,积极开展了扶扬油层有效动用技术和油水同层开发技术的攻关。同时,加强了海拉尔盆地特殊类型油藏的开发技术研究,为大庆外围油田2005年上产$500 \times 10^4 t$奠定了良好的基础。

第一节 油田开发形势

一、大庆外围油田产油量稳中有升,为2005年上产$500 \times 10^4 t$奠定了基础

2003年大庆外围油田继续加大老区加密调整、注采系统调整力度,改善低渗透油田开发效果。进一步推进勘探开发一体化,提高储量动用程度,新区建成产能比2002年增加40%。继续扩大水平井、微生物吞吐、蒸汽驱油、CO_2驱油等非常规开采技术的试验规模,进一步提高外围低渗透油田采收率。加大海拉尔油田的前期评价及上产力度,使大庆外围油田年产油量达到$443 \times 10^4 t$,至2002年已连续五年年产油在$400 \times 10^4 t$以上稳产,在大庆油田产量结构中发挥了重要作用(图6-1)。

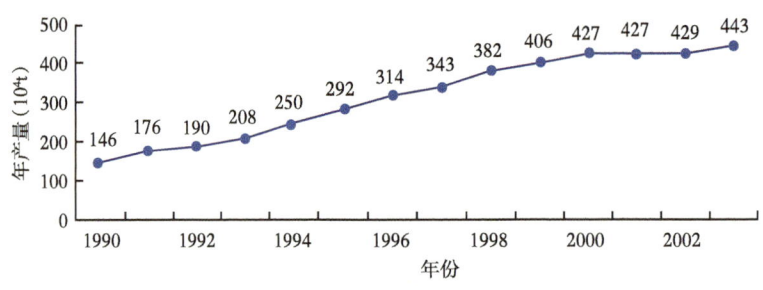

图6-1 外围油田产量曲线

二、大庆外围油田已开发区块产量递减幅度大,措施效益差

大庆外围油田在不断上产的同时,已开发老油田递减也呈加大趋势,以采油八、九、

十厂为例，老井自然递减率从 1995 年的 9.9% 上升到 2003 年的 14.4%（表 6-1）。

表 6-1　"九五"以来大庆外围采油八厂、九厂、十厂自然递减率统计结果

时间	新建产能 （10⁴t）	年产油 （10⁴t）	未措施产油 （10⁴t）	措施增油 （10⁴t）	当年新井 （10⁴t）	自然递减率 （%）	老井自然递减率 （%）
1995	33	236	216	9	10	-1.8	9.9
1996	46	265	242	8	15	-2.5	7.8
1997	48	294	276	6	10	-4.0	8.4
1998	66	324	300	7	16	-2.2	8.7
1999	78	346	317	10	18	1.9	13.9
2000	24	357	335	11	11	3.1	13.2
2001	41	339	316	11	11	11.6	19.3
2002	34	324	306	7	9	9.6	15.6
2003	50	324	299	7	18	7.7	14.4

大庆外围油田措施年增油在 10×10⁴t 左右，在大庆外围油田产量构成中所占比例不足 2.5%，所以油田综合递减率大。2001—2002 年外围油田压裂井投入产出比在 0.38~0.41，经济效益较差（图 6-2）。应深化研究外围油田的有效增产措施，减缓产量递减。

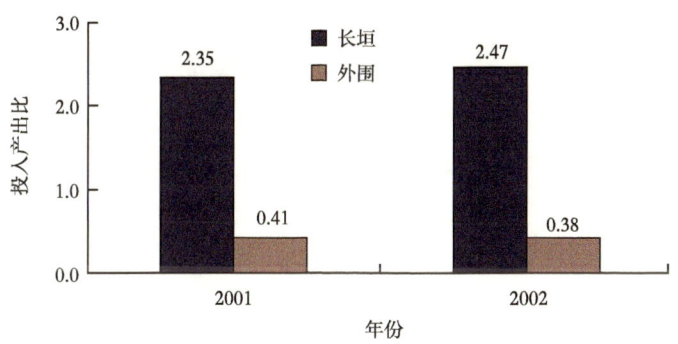

图 6-2　大庆油田 2001—2002 年压裂措施投入产出比

第二节　水驱开发问题及调整挖潜方向

通过对已开发区块存在的主要问题的分析，提出了大庆外围油田分类治理的对策，为分析已开发区块综合调整的潜力、制定今后各类区块注水开发综合调整工作部署提供了依据[1]。

一、油田开发中存在的主要问题及原因

大庆外围油田显著的特点是低渗透、低产、低丰度，各类油层存在较大差异。一是埋藏较浅的萨葡油层渗透率和产能相对较高，但油层较薄、层数很少，部分区块油水分布复

杂。二是埋藏较深的扶杨和高台子油层产能相对较低，窄条带河道砂体，渗透性差，部分区块裂缝发育。近年来针对外围复杂的地质特点和开发实际，为了改善开发效果，从渗流机理研究入手，对储层有效驱动体系进行了深入探索，丰富和发展了低渗透油藏注水开发理论，完善了以井网加密为主的注水开发综合调整技术，取得了显著效果。使大庆外围油田年产量达到了较高水平，为完成大庆油田原油生产任务起到了重大作用。但大庆外围已开发油田还存在以下三个主要问题。

一是油田含水上升加快，产量递减幅度大。

从"九五"以来，大庆外围油田综合含水从1996年的24.1%上升到2003年的43.3%，年平均上升2.74个百分点，自然递减率在14%以上。

通过对投产较早且递减时间在5年以上的28个区块的产量变化分析认为，整体上符合双曲递减规律。但由于投产时间和开发对象不同，各区块递减率差异较大。按油田地质特点和开发状况可将其分为四类。一类为已进入中高含水期的中渗透萨葡油层。由于储层物性好，稳产期末采出程度高，初期递减快，近年来进行了注采系统调整，产量递减有所减缓。如龙虎泡、祝三试验区等油田或区块1998年以前投产的油井，综合递减率从2000年以来已降到9%以下。二类为有裂缝的低渗透葡萄花油层。该类油藏含水上升快，产量下降快。如新站油田试验区2000—2003年含水从30%上升到56.6%，平均每年上升8.9个百分点，递减率由12.2%增加到41.2%。三类为裂缝性低渗透扶杨油层。该类油藏主要是朝阳沟油田主体区块，2003年底含水48.9%，递减率12.3%。四类为裂缝不发育的特低渗透或致密的扶杨油层。如榆树林油田Ⅱ类区块，2003年底含水15.7%，递减率17.14%。

二是扶杨油层采油速度低，低效井比例高。

大庆外围油田扶杨油层从1986年朝阳沟油田正式投入开发以来，采油速度多低于1.5%。进入"十五"以来采油速度降到1%以下，2003年采油速度平均为0.66%（图6-3）。采油速度低，必然导致低效井比例升高。2003年大庆外围油田低效井已达到2906口，扶杨油层占51%。

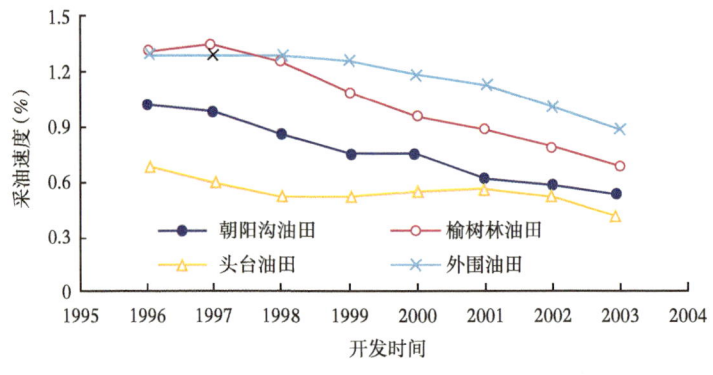

图6-3 外围扶杨油层采油速度变化曲线

三是水驱采收率低，水驱开发效果较差。

葡萄花油层储层渗透率和产能相对较高，但砂体分布零散，水驱控制程度低，投产较早的油田2003年底含水达到60%以上，采出程度约20%，预计采收率在30%左右。而扶杨油层渗透性差，产能相对较低，为窄条带河道砂体。除裂缝发育的油藏经过调整开发效果得到改善外，储量比例较大裂缝不发育的特低渗透油藏开发效果差。如榆树林、头台油田在 300m 井网条件下开采 10 年，采出程度仅 5% 左右，预计采收率只有 15% 左右。

造成上述问题的原因是多方面的，包括储层物性、原油性质、砂体规模、开发井网以及开发技术政策等。分析认为主要有以下四个方面的原因。

一是储层砂体规模小，300m 井距下水驱控制程度低。

在外围油田两套油层中，葡萄花油层主要为三角洲沉积，多以窄条带和小片状砂体分布为主，而扶杨油层主要为河流相沉积，以窄条带、断续条带砂体为主，为特低渗透储层。砂体宽度多在 300~600m，加上断层切割，水驱控制程度较低。统计已开发的 86 个区块，在 300m 井距下有 40 个区块水驱控制程度低于 70%，平均为 60.5%，地质储量为 $1.51×10^8$t，占已动用储量的 36.8%。

二是储层渗透率特低，300m 井距下难以建立起有效的驱动体系。

由于特低渗透油藏要克服由启动压力梯度引起的附加阻力，较中高渗透油藏需要更大的驱动力，才能有效开发。在已开发的 86 个区块中，特低渗透和致密油藏有 43 个区块，储量为 $1.88×10^8$t，占总储量的 45.8%，平均空气渗透率为 3.9mD。其有效驱动距离小于 300m，即使井网能控制住砂体，仍难以建立起有效驱动体系。

三是裂缝发育部分区块，井排方向与裂缝方位不匹配。

大庆外围油田低渗透油藏发育不同程度的裂缝，由于井排方向与裂缝走向成 11.5°、12.5°、22.5°、45° 和 52.5° 等夹角，在反九点注水方式下，出现了注水井排的油井含水上升快，油井排油井难以受效的局面。导致区块含水上升快，产量下降快。如头台和新站等油田注水开发后出现了暴性水淹井，使开发效果变差。

四是低渗透油田油水井数比不合理。

"八五"期间投入较早的龙虎泡和朝阳沟主体等区块进行了较大规模的注采系统调整，油水井数比为 1~2，使大庆外围油田的油水井数比降到 1996 年的 2.3。但随着新区的不断开发、老区注采系统调整力度小，油水井数比逐渐增大，到 2003 年为 2.7（图 6-4）。研究认为，萨葡油层合理油水井数比为 1.6~2，扶杨油层为 1.8~2.3，显然 2003 年底实际的油水井数比过高。

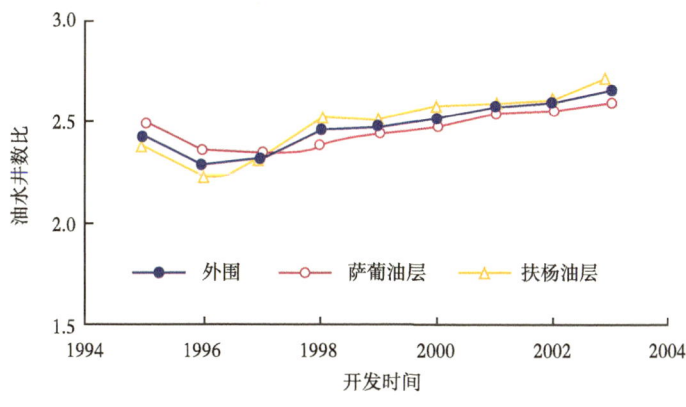

图 6-4　大庆外围油田油水井数比变化曲线

基于上述分析，外围油田只有通过注水开发综合调整，才能从根本上控制已开发油田产量递减这一突出问题。

二、主要调整措施效果分析

1. 井网加密调整

从 1997 年宋芳屯试验区加密以来，至 2003 年已加密 18 个区块，钻加密井 487 口，含油面积 88.1km²，地质储量 5113×10⁴t，分别占外围含油面积和地质储量的 10.6% 和 12.5%，其中包括开发较早的葡萄花油层、裂缝发育的特低渗透和致密的扶杨油层。

1）典型实例分析

（1）中渗透萨葡油层加密。

升平油田升 132 加密区块，含油面积为 16.4km²，地质储量为 931×10⁴t。1987 年采用 350m×350m 井网反九点注水投入开发，开发井 138 口，有效厚度为 4.8m，初期单井日产油 6.8t，采油速度为 1.8%。开发 13 年综合含水 53.1%，采油速度下降到 0.48%，采出程度为 17.91%。2000 年在原正方形井网对角线上加密了 54 口井，井距从 350m 缩小到 247.5m。

加密井投产初期产量高，但含水上升和产量递减较快。加密井初期单井日产油 3.0t，综合含水 40.5%，2003 年底加密井单井日产油 1.2t，加密井平均单井累计产油 2285t。

加密后老井开发效果得到明显改善。加密区老井递减率从加密前的 9.9% 下降到 7.8%，下降 2.1 个百分点，综合含水从 58.8% 上升到 61.3%，两年多时间只上升了 2.5 个百分点（图 6-5）。

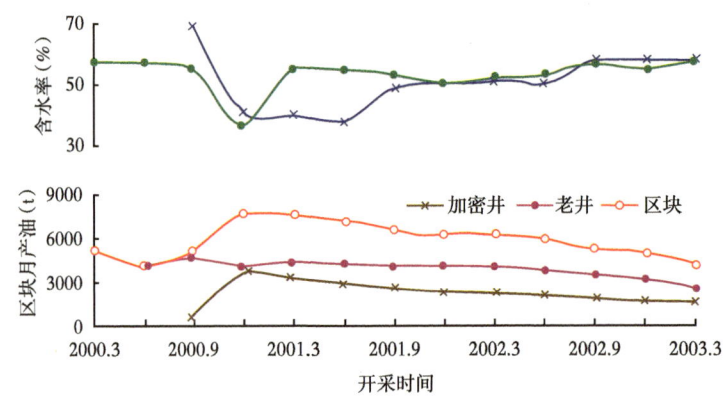

图 6-5 升平油田升 132 加密区综合开采曲线

加密后油层动用状况得到改善。加密后，适时进行了注采系统调整，加密井投注和老井转注 11 口井。水驱特征曲线明显向产量轴偏转，预计采收率提高 6.3 个百分点（图 6-6）。

该区块井网加密取得了较好的效果，但同时表明对于已进入中高含水期的萨葡油层，由于采出程度较高、剩余油分布零散，不宜采用正方形井网对角线上加密的加密方式。

（2）裂缝发育低渗透扶杨油层加密。

朝阳沟油田朝 55 井网加密区，含油面积为 4.7km²，地质储量为 283×10⁴t。1992 年采用 300m×300m 井网反九点注水投入开发，开发井 52 口，平均有效厚为 9.3m，初期日产油 4.7t，采油速度为 1.4%。由于井排方向与裂缝走向成 22.5°，注水开发后油井受效差，1999 年采用不均匀加密，油井井距从 300m 变为 223.6m，注水井井距为 335.6m，排距为 134m，共加密 63 口井，井网密度由 11.1 口 /km² 增加到 24.5 口 /km²。

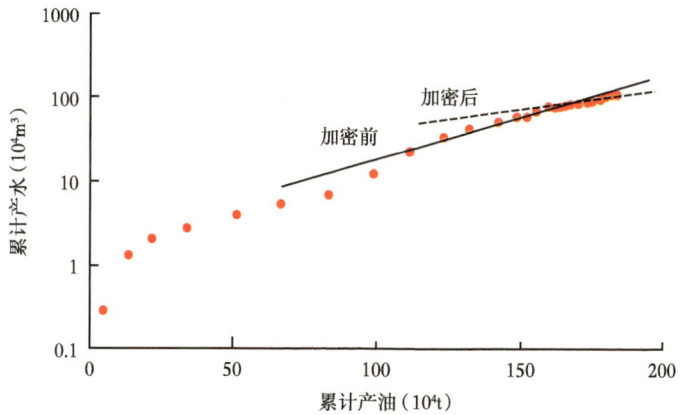

图 6-6　升平油田升 132 加密区水驱开采曲线

加密井初期单井日产油 2.5t，一直保持较低的递减速度。老井递减率为 13.3%，较加密前降低 1.8 个百分点。区块采油速度从加密前的 0.66% 提高到 1.7%，提高 1.04 个百分点。2003 年底采油速度为 1.28%，还高于加密前 0.42 个百分点（图 6-7）。

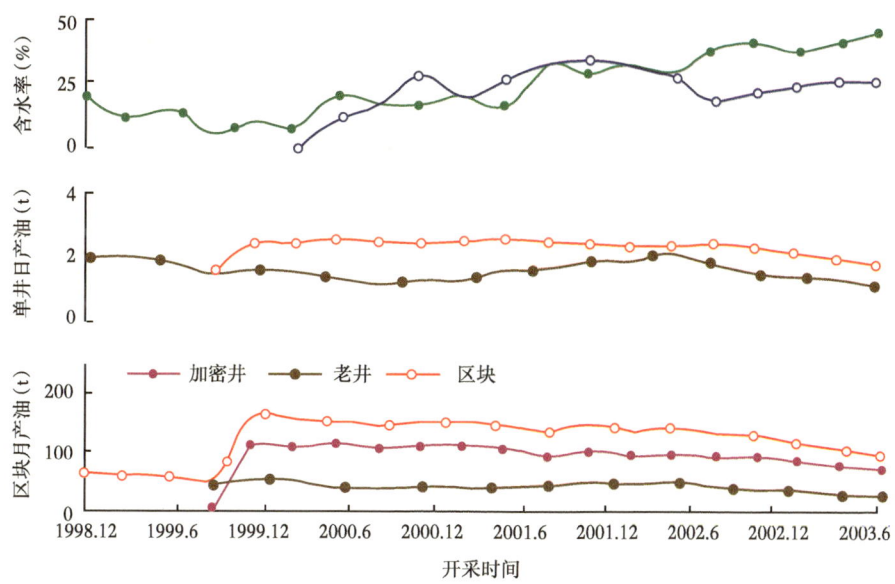

图 6-7　朝阳沟油田朝 55 加密区综合开采曲线

加密后水驱控制程度大幅度提高。由加密前的 68.8% 提高到 80.1%，提高了 11.3 个百分点，预计采收率提高 7.5 个百分点，加密区增加可采储量 22.59×10⁴t，加密井平均增加可采储量 3590t（表 6-2）。

表6-2　朝阳沟油田朝55井网加密试验区加密效果分析表

阶段	井距（m）	井网密度（口/km²）	井数（口）	有效厚度（m）	地质储量（10⁴t）	水驱控制程度（%）	采收率（%）	可采储量（10⁴t）	单井控制可采储量（t）
加密前	300	11.1	53	8.9	274.7	68.8	16.7	45.87	8660
加密后	202	24.5	116	9.2	282.9	80.1	24.2	68.46	5900
增加		13.4	63	0.3	8.2	11.3	7.5	22.59	3590

试验表明，通过井网加密与注采系统调整相结合实现线状注水，是提高裂缝性油藏水驱采收率的有效方法。

（3）裂缝不发育特低渗透扶杨油层加密。

榆树林油田树322井网加密区，含油面积为1.3km²，地质储量为130×10⁴t，空气渗透率为2.76mD，裂缝不发育。1992年采用300m×300m反九点井网注水开发，初期单井日产油7.7t，采油速度为1.69%。注水开采9年，单井日产油1.0t，采油强度为0.06t/(d·m)，采油速度为0.47%，采出程度为6.76%。2002年选择了两个井组，加密井15口，其中北部加密井组8口，南部加密井组7口。在两个加密井组中，有112m、141m、150m、168m四种井距。

加密井初期含水和产量较低，单井日产油1.7t，综合含水21.4%。半年后单井日产油1.4t，综合含水29.1%，一年后单井日产油1.2t，含水为31.5%，比初期含水上升了10个百分点。老井加密后产量和含水基本稳定。但加密井吸水能力低，影响了油井注水受效。4口加密注水井，单井射开砂岩厚度21.6m，射开有效厚度14.1m。初期在24.6MPa注水压力下，日注水30m³。2003年底注水压力上升到26.4MPa，日注水下降到19m³。吸水能力低，影响了油井受效。

由此表明，对于裂缝不发育的特低渗透扶杨油藏，井网加密后仍需要注采系统调整，才能真正改善开发效果。

2）井网加密效果

通过上述井网加密实例解剖，外围低渗透油田井网加密可以取得较好的效果，主要体现在以下几个方面。

（1）井网加密提高了水驱控制程度和采收率。

加密区块增加水驱控制程度6.5~14.8个百分点，平均增加9.8个百分点，提高采收率5.7~7.3个百分点，平均提高6.5个百分点，加密井平均单井增加可采储量6330t（表6-3）。

表6-3　外围油田典型加密区块加密效果表

区块	加密后井网（m）	加密井（口）	初期日产油（t）	加密井含水（%）	提高采油速度（%）	2003年底日产油（t）	老井递减减缓（%）	自然递减率（%）		提高采收率（%）	加密井增加可采储量（t）
								加密前	加密后		
升132	248×248	54	3.5	42.8	0.46	1.2	2.10	9.93	7.8	5.7	1.71
朝55	141×243	63	3.0	9.5	1.04	1.8	3.10	16.40	13.3	7.3	0.60
树322	112、114、150、168	15	1.4	27.1	0.37	1.0	2.27	13.87	11.6	5.9	0.97

（2）井网加密能建立起有效驱动体系。

渗透率越小启动压力梯度越大，有效驱动距离越小。当实际井距大于有效驱动距离时，注采井间则难以建立起有效驱动体系。在已加密的 12 个区块中有 8 个区块，储层渗透率为 3~5mD，注采井距 100~200m 能建立起有效驱动，如头台油田茂 11 区块渗透率为 4.87mD，排间加密水井排后，注采排距缩小到 106m，加密效果十分明显。而茂 8-13 井区渗透率为 0.78mD，加密排距变为 106m 仍不能建立有效驱动体系，与其类似的茂 54-75 井区，加密到排距 50m、70m 才获得了较好的加密效果。

（3）井网加密提高了采油速度。

井网加密提高注采强度，增加了加密区产量，因而提高了采油速度。统计已加密 12 个区块加密前采油速度平均为 0.7%，加密初期采油速度平均提高 0.6 个百分点，较加密前提高近 1 倍。

（4）井网加密减缓了老井产量递减。

朝阳沟油田朝 55 区块井网加密后，前 4 个月老井产量有所下降，第 5 个月产量开始回升，日产油从 1.18t 上升到第 11 个月的 2.14t/d（图 6-8）。

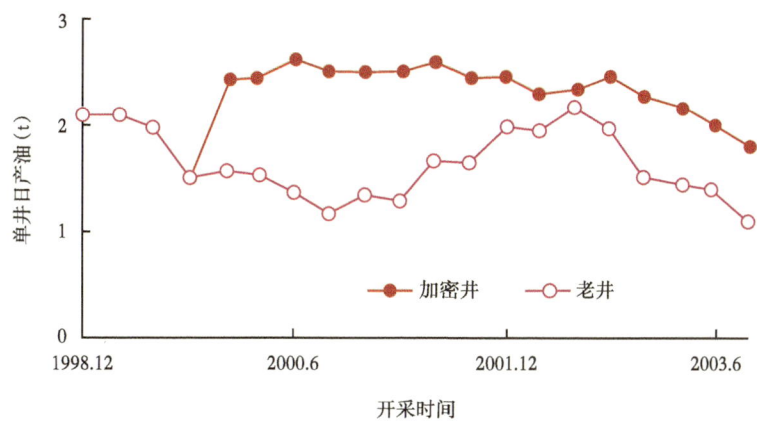

图 6-8　朝阳沟油田朝 55 加密区单井日产量变化曲线

（5）井网加密降低了注水压力，有利于控制套管损坏。

井网加密后缩小了注采井距，降低启动压力和注水压力。如朝 55 加密试验区，加密后启动压力降低 0.6MPa，油井地层压力提高 0.88MPa，注采比降低 1.8，注水压力降低 1.7MPa。由于注水压力和注采比的降低，从而有利于降低套管损坏速度。该区加密前 3 年，年套损 2~4 口井，加密后降到 1 口井。

3）已加密区块调整效果综合评价

依据各加密区块开采效果和经济效益的综合评价结果，将已加密区块分为三类。

一类：开采效果和经济效益好。为裂缝发育的低渗透扶杨油层，有朝 55、朝 1—朝气 3、朝 631、朝 61 及茂 11 共 5 个区块。加密井含水 13.5%~17.5%，采油速度提高 0.58~1.48 个百分点，加密井第一年日产油 2.3~6t，高于加密井初期经济极限日产量 1.8~2.5t。

二类：开采效果和经济效益较好。为中渗透萨葡油层，有宋芳屯试验区、升 132 和龙 20-15 共 3 个加密区。已进入中高含水期，采出程度较高，加密井含水整体上低于老井 10

个百分点以上，加密区第一年平均日产油 2.2~3.3t，单井日产量较一类低，但仍高于加密井初期经济极限日产量 2.1~3.0t。

三类：开采效果和经济效益差。主要是裂缝不发育的特低渗透和致密扶杨油藏，有芳 483 井区、树 322、东 14 和茂 8-13 共 4 个区块。加密后第一年平均日产油仅 1.1~1.6t，低于加密井初期经济极限日产量 2.4~3.2t（表 6-4）。

表 6-4　外围油田井网加密区块加密效果分析表

类别	层位	加密开采时间（a）	空气渗透率（mD）	有效厚度（m）	初期提高采油速度（%）	加密井第一年产量（t/d）	经济极限产量（t/d）	提高水驱控制程度（%）	提高采收率（%）
一类	扶杨	1.4~4.9	1.3~12.7	8.9~15.3	0.58~1.48	2.3~6.0	2.0~2.5	14.8	7.2
二类	萨葡	3.2~6.0	87.0~213.0	4.6~5.8	0.21~1.01	2.2~3.3	2.1~3.0	11.2	5.3
三类	扶杨	1.3~4.1	0.8~2.7	15.1~19.3	0.03~0.37	1.1~1.6	2.4~3.2	7.1	5.0

通过典型区块实例解剖和综合评价，可以看出外围低渗透油田进行井网加密是可行的，但由于油藏地质的复杂性和经济效益的制约，井网加密工作必须搞好区块优选和加密方案优化设计。从井网加密技术经济条件看，外围油田裂缝比较发育的扶杨油层和中渗透萨葡油层井网加密经济效益较好，而裂缝不发育的特低渗透和致密扶杨油层，还需探索新的加密方式和开采方式。

2. 注采系统调整

外围油田投入开发以来，针对不同类型油藏采取了不同的注采系统调整方式，实施后取得了较好的效果。

1）典型实例分析

（1）裂缝发育低渗透扶杨油层注采系统调整。

朝阳沟油田扶余油层主体区块，渗透率为 20mD，天然裂缝发育，初期采用 300m×300m 反九点注水方式，井排方向与裂缝走向成 11.5°。

1987 年注水开发后，5 年后注水井排油井含水高达 67.2%，油井排油井含水仅 1.2%，相差 66 个百分点（图 6-9），地层压力相差 3~4MPa，注水井排油井产量由 1990 年 12 月的 400t 下降到 1992 年 6 月的 236t。区块产量由 46×10^{4}t 下降至 43×10^{4}t。

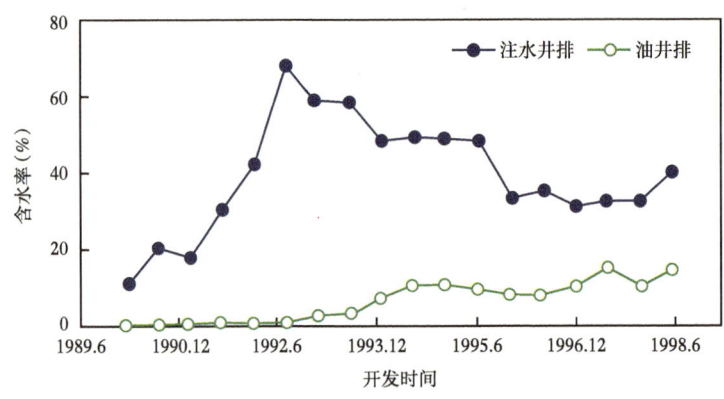

图 6-9　朝阳沟油田主体区块含水变化曲线

第六章　拓展水驱，实现特殊类型油藏有效开发

1992年转为线状注水，注水井排油井含水从67.2%下降到1996年的31%。年产油在40×10⁴t水平上稳产了6年，1998年产量仅比1992年产量下降13.2%，平均年递减率只有2.2%。同时，由于注水井增加，提高了水驱控制程度，取得了较好的调整效果（表6-5）。

表6-5　朝阳沟油田朝5区块注采系统调整前后水驱状况

与水井连通方向 连通厚度及层数	单向		双向		多向		合计		有效厚度（m）	水驱控制程度（%）	油水井数比
	层数（个）	厚度（m）	层数（个）	厚度（m）	层数（个）	厚度（m）	层数（个）	厚度（m）			
调前	70	114.8	53	125.1	46	104.1	169	343.9	475.0	72.4	3.1∶1
调后	27	48.2	51	120.8	119	204.4	197	373.4	475.0	78.6	1.6∶1
差值	-43	-66.6	-2	-4.3	+73	+100.4	+28	+29.5	0	+6.2	

由此表明：对于裂缝性低渗透油藏，通过注采系统调整实施线状注水可以有效改善水驱开发效果。

（2）中低渗透萨葡油层注采系统调整。

祝三试验区含油面积为7.3km²，地质储量为265×10⁴t，有效厚度为3.2m，孔隙度为22.0%，空气渗透率为187mD，采用300m×300m反九点法井网，1986年9月投产、1987年5月转入注水开发。

注水开发后共进行了4次注采系统调整，共转注14口老井，周围受效油井33口，受效井平均单井日增油1.3t，累计增油14372t，降低含水6.1%，区块自然递减率从15%以上降到了10%以下（图6-10）。并使动用状况得到改善，转注后油水井数比由4∶1变为1.63∶1，水驱控制程度由52.6%提高到70.3%，增加水驱控制程度17.7个百分点，预计增加采收率0.54个百分点。

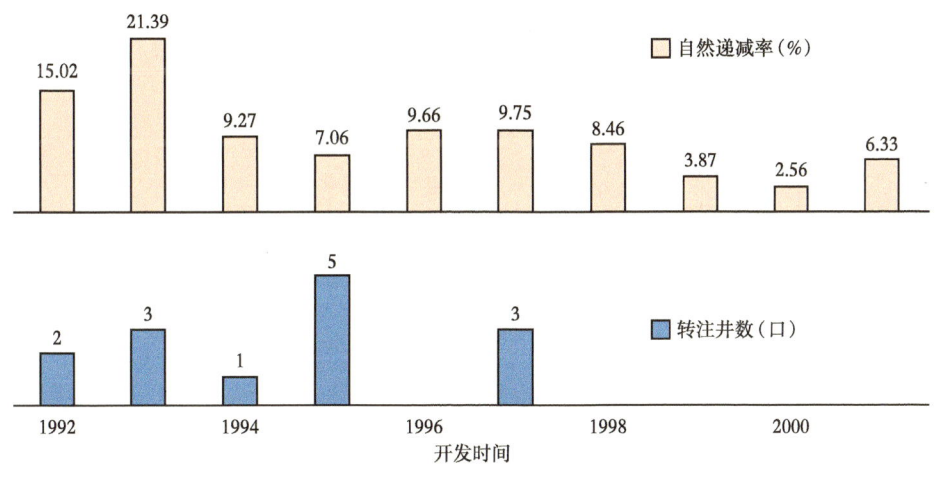

图6-10　祝三试验区转注井数与自然递减率关系图

（3）裂缝发育特低渗透扶杨油层注采系统调整。

头台油田茂11井网加密区，含油面积为6.21km²，地质储量为515.4×10⁴t，有效厚度

为15.3m。该区储层物性差，孔隙度为12.2%，空气渗透率为4.87mD。储层发育近似东西向天然裂缝，且裂缝与基质渗透率比值较大，在几十倍以上。

1994年7月采用300m×300m反九点法井网同步注水开发。注水开发一年，就有15口油井暴性水淹，含水从1994年的20.5%上升到1996年6月的35.8%。1995年将注水井排高含水油井关闭，形成沿裂缝方向的线状注水。调整后含水逐渐下降到2001年6月的13.7%，产量稳定在4500t左右，取得了第一次注采系统调整的好效果（图6-11）。

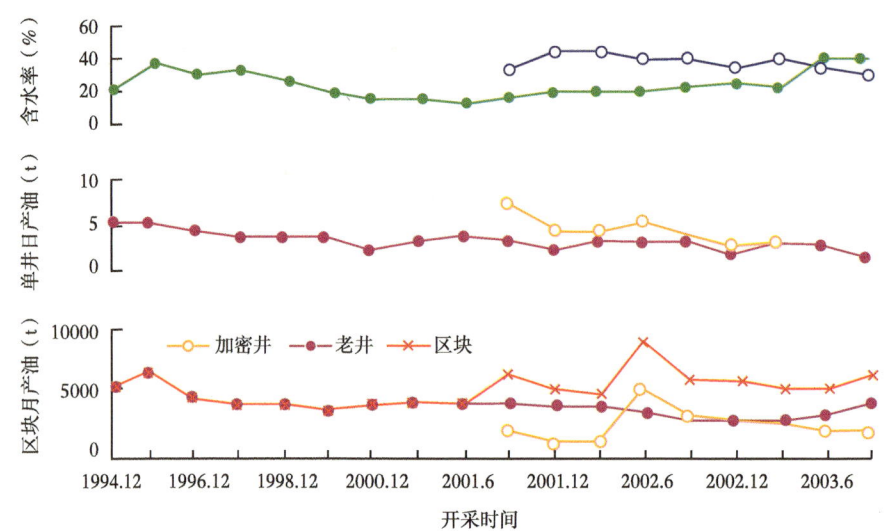

图6-11 头台油田茂11加密区综合开采曲线

2003年在加密区又转注了4口加密井，同时1口老注水井转抽，1口高含水关闭井启抽，使调整区块形成沿东西裂缝方向新的小排距线状注水。调整后整个加密井区日产油提高27.9t，其中注采系统调整区日产油提高36t。第二次注采系统调整又取得较好的效果，表明新的小排距线状注水适合于该类油藏开发（表6-6）。

表6-6 头台油田茂11井网加密区注采系统调整效果分析表

井别	井数（口）	初期			目前		
		日产液（t）	日产油（t）	含水（%）	日产液（t）	日产油（t）	含水（%）
注水井转油井	1	76.2	22.6	70.5	52.6	22.1	58.0
高含水关闭井启抽	1	54.7	43.1	21.0	21.3	15.8	20.0
老油井	12	41.0	32.0	22.0	39.7	32.5	20.8

2）注采系统调整效果

分析大庆外围区块不同类型油藏及不同注采系统调整方式的调整效果，认为大庆外围油田注采系统调整效果主要有以下三点。

一是注采系统调整能提高水驱控制程度，增加可采储量，提高采收率。大庆外围油田砂体规模小，注采系统调整后水驱控制程度和采收率都有一定提高。计算显示大庆外围萨葡和扶杨油层油水井数比每降低1，分别增加水驱控制程度11.4和6.5个百分点（图6-12），分别提高采收率3.3和1.9个百分点。如龙虎泡油田实施井数43口，影响周围86口井，平均单井日增油1.1t，平均单井累计增油495t，平均有效期450d，增加水驱控制程度9.7%，增加可采储量$46.4×10^4$t，预计提高采收率2.8%（表6-7）。

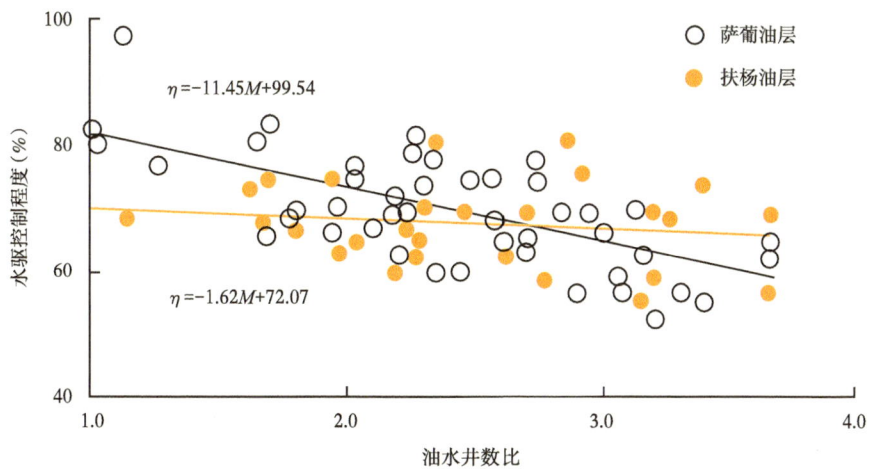

图6-12　大庆外围油田水驱控制程度随油水井数比变化图

表6-7　大庆外围油田部分注采系统调整区调整效果表

油田或区块	转注井数（口）	受效油井数（口）	增加油量(t) 单井初期	增加油量(t) 累计	提高水驱控制程度（%）	提高采收率（%）
龙虎泡	43	86	1.1	495	9.7	2.8
杏西	13	28	1.7	1347	16.4	4.8
敖古拉	4	10	1.8	1114	2.5	0.7
八厂	132	427	0.4	243804	17.0	4.9
合计	206	584	0.6	261132	15.7	4.6

二是控制了调整区块含水上升和产量递减速度。由于转注井周围的油井产液结构得到了调整，同时培养了部分措施井层，调整井区的含水上升和产量递减速度能得到有效控制。据第八采油厂注采系统调整时间较长的186口受效井统计，其转注前含水为49.2%，转注后第一年含水为53.4%，第二年比第一年含水上升幅度降低0.2个百分点。递减率也由转注前的18.6%降低到4.9%，较转注前递减率降低了13.7个百分点。

三是有效地降低了注水压力。注采系统调整不仅能确保油井产能的发挥，而且调整区的注水压力也能得到控制。在第八采油厂转注的163口中，注水压力由调前的16.5MPa降低到调整后的14.7MPa。

三、井网加密和注采系统调整方式

1. 井网加密方式

依据大庆外围加密区块地质特点和动态特征,不同类型区块将采取不同的井网加密方式。

1)中渗透萨葡油层

该类油层采出程度高、含水高、剩余油分布零散,井网加密的主要目的是挖掘剩余油,提高水驱控制程度和提高采油速度。加密方式主要采用油井排加密油井和正方形井网中心加密等方式(图6-13)。

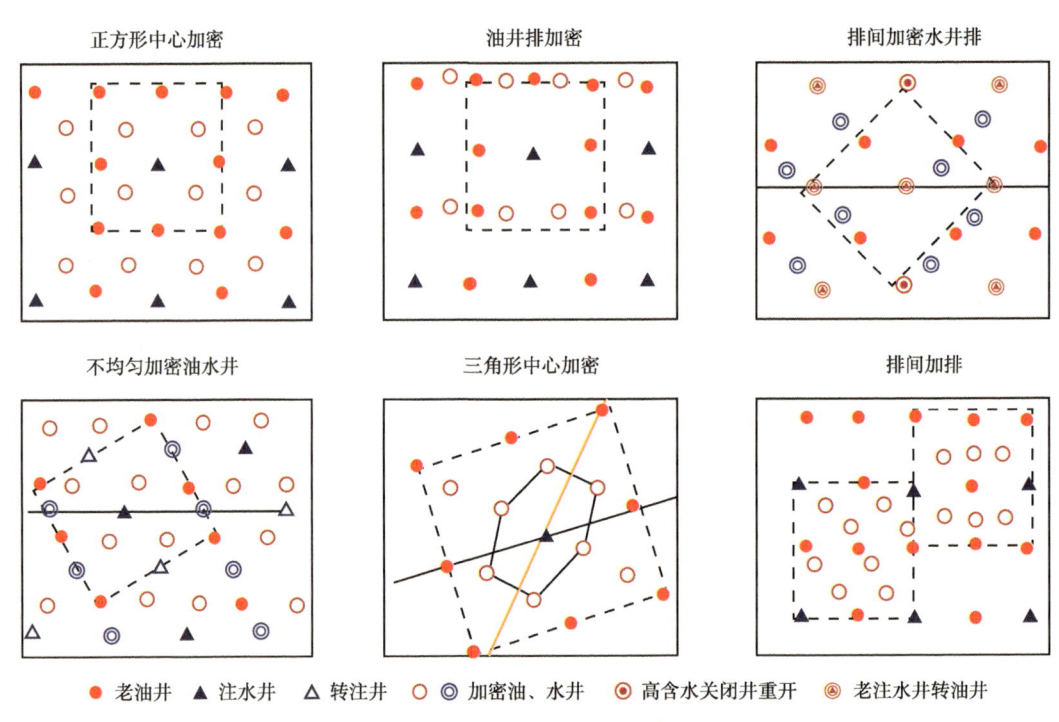

图6-13 大庆外围油田水加密方式示意图

2)裂缝发育的低—特低渗透扶杨油层

主要是中含水、剩余油受井网与裂缝组合关系及注水方式控制。井网加密的主要目的是提高水驱控制程度和实现线状注水。对于井排方向与裂缝走向夹角11.5°采用油井排加密油井,夹角22.5°采用不均匀加密油(水)井,夹角52.5°采用三角形中心加密,夹角45.0°采用排间加密油水井排。

3)裂缝不发育的特低渗透扶杨油层

该类油层采出程度低、综合含水低、剩余油大面积分布。井网加密的主要目的是建立有效驱动体系。主要采用排间加排,配合整体压裂,利用人工造缝实现线状注水。

2. 注采系统调整方式

(1)对于井网控制程度低的油田,采取井网加密与注采系统调整相结合的调整方式。三角洲分流平原和内前缘相沉积,砂体规模小,砂体形态变化较大。如升132加密区,在350m正方形井网中心加密,部分层落空,但每口井又多钻遇了2个新层,说明砂体分布零散。在加密井网油水井数比为 1.82 的条件下，水驱控制程度也仅有 72.7%。因此，对于类似区块只有通过井网加密和注采系统调整相结合才能有效地增加水驱控制程度。

（2）井网控制程度高的油田，由反九点法注水方式逐步转向五点法。三角洲外前缘相沉积，为薄层席状砂，砂体大面积分布，转五点注水后，水驱控制程度较高，且调整效果好于转线状注水。如宋芳屯油田南部在 300m 井网条件下，五点法水驱控制程度为 83.4%，高于线状注水 3.4 个百分点。五点法注水产量递减率小于线状注水 2.1 个百分点。

（3）对于裂缝发育的油田，根据裂缝方向与井排方向关系，确定注采系统调整方式，向行列注水方式转变。对于裂缝性储层注采系统调整的主要目的是实现线状注水。针对外围油田井排方向与裂缝走向存在不同夹角，转线状注水方式不同。对于不能实施井网加密，且井排方向与裂缝走向成 0° 和 11.5° 及 12.5° 的区块，应采用水井排油井转注；夹角 52.5° 井网的区块应采取转注角井；夹角 45.0° 井网的区块采用转（关）角井；夹角 22.5° 井网的区块视动态特点和砂体连通关系转注油井。

（4）对于砂体规模小、断块狭窄区块、断层附近和特低渗透油藏局部油层发育区，采取灵活注水方式。

四、已开发区块分类评价

在借鉴国内油藏注水开发水平分级评价方法的基础上，结合外围油田油藏地质、开发井网及动态变化的实际，从有效驱动体系、水驱控制程度、加密井经济极限井网密度、裂缝与井网组合关系以及合理油水井数比等方面，将大庆外围已开发的 86 个区块分为三大类（表 6-8），并提出了各类油藏综合调整对策。

表 6-8　大庆外围已开发区块注水开发适应性评价表

类别		分类标准	区块（个）	含油面积（km²）	地质储量（10⁴t）	区块名称
注水系统和井网适应		储层中渗透率，整体上能建立起有效驱动体系，地层压力保持水平在 80% 以上	18	343.8	12678	宋芳屯试验区，升平、齐家、祝三试验区，朝阳沟葡萄花层，宋芳屯三矿，宋芳屯四矿，徐家围子，龙虎泡，金2-金17，敖古拉，杏西，芳707，芳17，芳6，芳507，肇291，高西
注采系统不适应		主力层能建立起有效驱动体系，注采系统不完善，油水井数比不合理，水驱控制程度低于 70%	21	165.1	8828	朝1、朝气3、朝631-63、朝55、茂11、朝61、朝45、朝50轴、朝522、升46、树110、源13、龙南、葡西、布木格新店新站、新肇东18肇州朝阳沟试验区南
井网不适	井网与裂缝组合	井排方向与裂缝走向存在一定夹角，原井网难以实现线状注水或实现线状注水后油水井数比不合理	24	147.2	9126	朝80、朝691、朝66、朝64、朝44、北朝661、南朝44、南朝50翼、朝5断块、朝5、北大榆树、朝2轴部、东16、东12、升382、朝阳沟试验区北、朝202轴、朝601、朝89、朝83、朝深2、台105、肇212、朝661北
井网不适	加密有效益	现井距大于有效驱动距离，有效驱动井距大于经济极限井距	12	62.5	4643	升南、树32、树34、树322、树162、树8、茂801、茂9、头台试验区、头台试验区东、长46+31、长8+31
井网不适	加密无效益	现井距大于有效驱动距离，有效驱动井距小于经济极限井距	11	107.4	5775	龙虎泡高台子层、东14、树127、树103、树2、茂8、茂10、朝阳沟杨大城子层、朝202、翼朝2、翼朝2东
合计			86	826	41050	

一类为注水系统和井网适应的区块：这类区块共有 18 个区块，储量占大庆外围总量的 30.9%，主要是龙虎泡、升平等中渗透萨葡油层。

二类为注采系统不适应的区块：这类区块共有 21 个，储量占大庆外围总量的 21.5%，主要是已加密区块和低渗透葡萄花油层。

三类为井网不适应的区块：这类区块有 47 个，储量占大庆外围总量的 47.6%。其中，具有加密潜力的区块有 36 个，地质储量 13769×10^4t，占外围总储量的 33.5%，主要分布在朝阳沟油田和榆树林油田北部区块的扶杨油层。加密无效益的 11 个区块，主要为裂缝相对不发育、有效厚度较薄的特低渗透和致密扶杨油层。

第三节 低渗透油藏综合评价技术

2003 年通过进一步发展和完善低渗透油藏评价技术，提高了油藏描述精度，加大水平井推广和同层开发试验力度，提高了特低丰度葡萄花油层储量动用程度，扩大"百井工程"实施规模，加快了零散区块产能建设步伐，保证了 2004—2006 年新区产能建设区块的落实。

一、新区上产面临主要问题

截至 2003 年底，大庆外围油田已探明未动用储量 7.54×10^8t，待探明地区剩余石油控制及预测储量为 8.80×10^4t。大庆外围油田存在剩余储量数量大与新区上产能力小的突出矛盾，主要原因有以下几点。

一是已探明未动用储量品位差。经过 20 多年的优选和开发，在已探明未动用储量中，储量丰度小于 20×10^4t/km^2 的储量为 1.15×10^8t，油水同层为主复杂油藏储量为 1.7×10^8t，空气渗透率小于 0.5mD、流度小于 0.5mPa·s 特低渗透扶杨油层储量为 2.69×10^8t，待核销储量为 2.0×10^8t。由此可见，已探明未动用储量储层条件、油藏类型更加复杂。

二是待探明地区储量以特低渗透扶杨油层为主，储量升级后产能接替能力减弱。一方面，松辽盆地中浅层整体上剩余储量质量越来越差，特低渗透扶杨、高台子油层占剩余储量的比例高达 61.3%。另一方面，通过加大勘探开发一体化评价力度，局部较优质的储量区块提前安排了产能建设，待探明地区储量升级后产能接替能力减弱。如双城地区扶余油藏预计探明地质储量 1500×10^4t，2003 年已设计完成了双 30、五 204、三 501 有利区块初步开发方案，设计开发井 253 口，动用地质储量 794×10^4t，2004 年提交探明储量后，实际能用于产能建设的探明储量减少约 50%。

三是油藏类型进一步复杂。除了大庆外围低渗透、同层复杂油藏外，海拉尔盆地油藏类型多，如多层位、强水敏性、裂缝性潜山油藏等，其有效开发方式需进一步研究和加大矿场试验力度。

二、完善油藏评价技术，满足复杂油藏开发要求

为了有效地落实产能建设区块，确保实现新区上产目标，经过攻关研究，发展了一套低渗透油藏评价技术系列。

1. 深化机理研究，发展测井评价处理解释技术

测井技术是油藏评价的基本手段。外围油藏评价对象复杂，油藏类型多种多样，大庆

第六章 拓展水驱，实现特殊类型油藏有效开发

长垣西部地区低电阻率油层和高电阻率水层、油水同层普遍发育，这些多种成因的油水层在不同类型油藏中共存，给测井评价带来很大困难。为满足油藏评价和有效开发的需求，从三个方面进一步发展测井评价处理解释技术，提高了油水层识别及油层参数解释精度。

（1）加强基础实验和机理研究，提高低渗透油水层识别精度。

低阻油层、高阻水层成因机理研究表明：外围油田主要存在钻井液滤液侵入深型或高束缚水饱和度型低阻油层，高残余油、含钙、致密水层。采用数值模拟方法，对钻井液侵入影响进行了研究，得出钻井液侵入油层和水层的双侧向和双感应电阻率响应规律，并通过电阻率反演恢复地层电阻率真值，形成依据侵入特征识别油水层的方法。分地区、分层位建立孔隙度、渗透率、饱和度、束缚水饱和度、粒度中值、泥质含量等储层参数计算模型。在准确计算储层参数基础上，建立了电阻率交会法、可动水分析法等油水层识别图版（图6-14）。

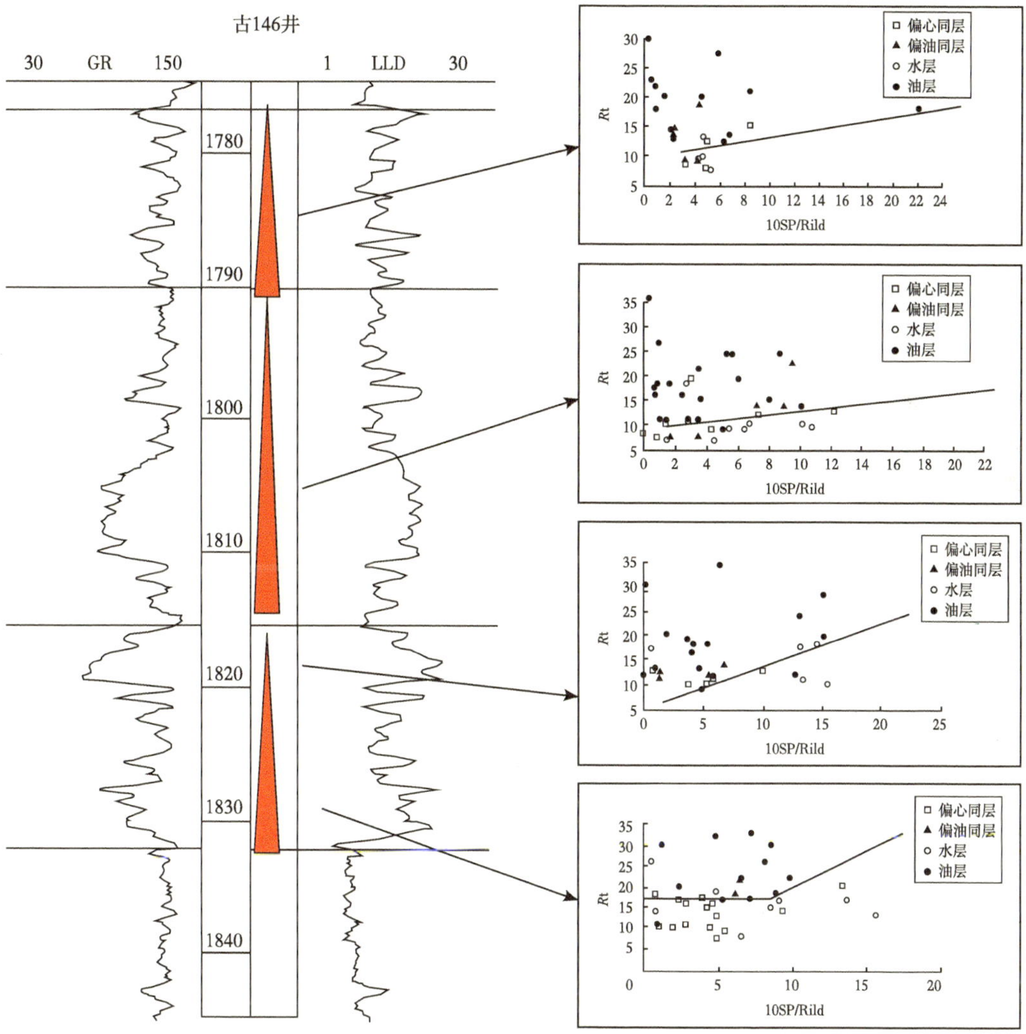

图6-14 葡西油田分油层组油水层图版

上述研究成果使大庆外围油田复杂油水层解释符合率达到86%以上，并有效地解决偏油同层、偏水同层的识别，为偏油同层发育油田的有效开发奠定了坚实基础[2]。

（2）发展裂缝性潜山油藏测井评价技术，提高测井解释水平。

苏德尔特地区布达特潜山属于双孔隙介质储层，以岩心分析和常规测井资料为基础，利用先进的成像测井资料，采用孔隙频谱分析（Porspect）等技术确定双孔隙介质储层基质孔隙度、渗透率及裂缝发育段，并参考其他裂缝性油藏储层评价方法，综合确定油层原始含油饱和度。测井综合解释表明：布达特潜山储层以构造高角缝为主，同时发育网状缝和孔洞，其构造裂缝走向主要为近东西向为主，倾角为15°~83°，裂缝密度和张开度较大，基质孔隙度较发育，平均值为0.48%~2.78%，储层总有效孔隙度平均值为3.08%~9.27%，测井解释裂缝发育的德112-227井试油获得日产油170.2t高产工业油流。

（3）加强引进软件的开发和应用，形成测井资料批处理解释能力。

随着Forward解释软件、Geolog软件、GeoFrame软件、Logview软件的引进和应用，具备了较强的测井资料批处理与解释能力，能够承担预探、评价井处理与解释任务。形成了以区域测井解释模型为基础，单井测井数据处理成果为依据，结合多井评价信息，实现了数据处理、油水层识别、有效厚度划分及储层参数解释一体化，包括岩心刻度测井技术、复杂油水层识别技术、裂缝性储层测井评价技术、火成岩岩性识别技术、天然气测井评价技术、多井测井评价技术等，大大提高了测井评价技术的水平。

2. 加强了地震与地质综合研究的结合，实现了三维地质建模与数模一体化

（1）应用新技术，提供高精度的油藏描述成果。在三维地震资料精细处理和目标处理的基础上，充分发挥相干体分析、可视化、变速成图等解释新技术的作用，提高断层、构造精度；开展储层沉积微相研究，进行井约束相模式地震反演和属性分析，预测储层空间分布。

（2）在油藏描述的基础上建立三维油藏地质模型。经过2年的攻关研究，初步形成适合外围油田储层特点的井震联合建模技术。井震联合建模充分利用外围油田高分辨率地震资料，通过地震属性纵向沉降法，将具有平面分布特征的地震属性，如主频、振幅等，在纵向上匹配到地质模型空间中，利用地震属性值平面上的差异，为井间各个网格节点赋值，来预测井间地质模型的变化。实现了井约束条件下，利用地震属性分析预测储层参数，并随着评价井、开发控制井、开发首钻井的实施，逐渐建立完善的地质模型。

（3）解决了建模和数模软件的接口问题，实现了地质模型与数值模拟一体化。地质模型直接用于油藏数值模拟，既提高了数模的精度和效率，为开发井设计、注采方案确定和开发调整提供依据，同时数模的历史拟合也为地质模型的修改完善提供依据。

通过海拉尔盆地贝301区块和宋芳屯油田芳2区块的应用，井震联合建模与数模一体化应用技术，在油藏评价初期井孔资料较少的情况下，以建立精细的构造模型为主（图6-15），可以有效地优选含油富集区块，用于指导评价部署；在油藏评价中、后期井孔资料相对较多的情况下，以建立砂岩骨架模型、储层属性模型为主（图6-16），与数值模拟连接，使数值模型更全面地反映储层的地质认识，提高油藏表征精度，降低开发方案实施风险。

第六章 拓展水驱，实现特殊类型油藏有效开发

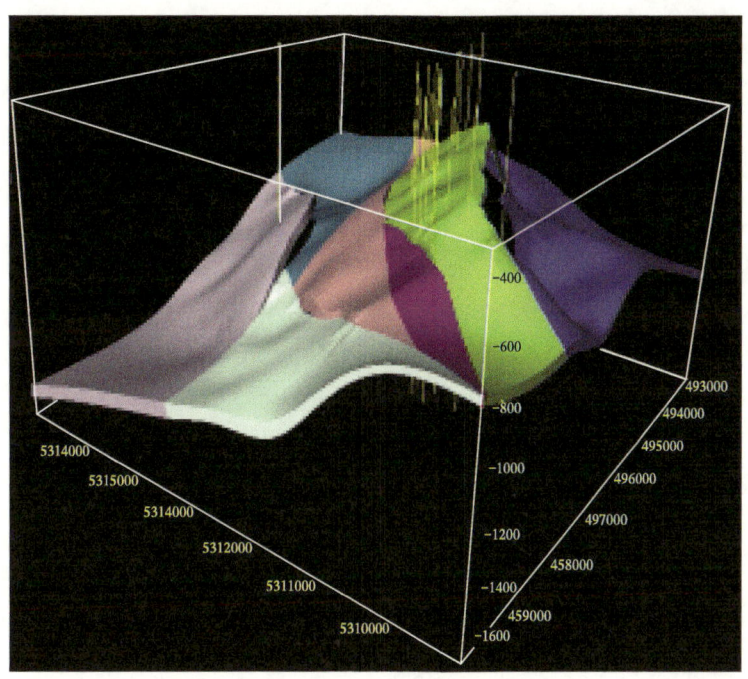

图 6-15 海拉尔贝 301 区块构造模型

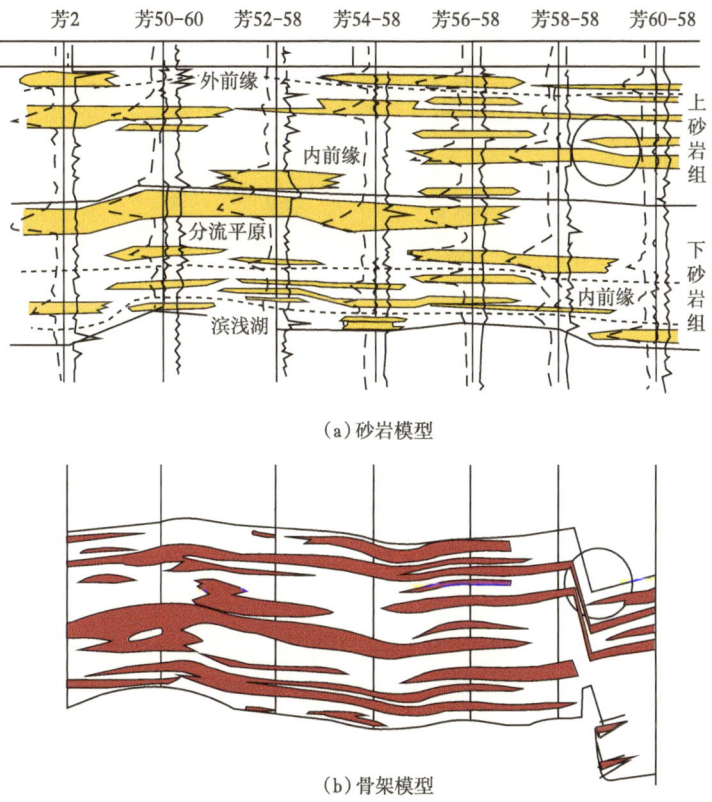

图 6-16 芳 2 区块钻井砂岩与骨架模型

三、实施"百井工程"开发模式,加快零散区块动用步伐

经过 2 年攻关研究,在大庆外围油田形成了单井相模式预测技术、试井综合解释技术和单井滚动开发设计方法,2003 年重点发展了井约束相模式地震反演预测技术,并探索了随钻地震预测单井区构造、储层的可行性,为外围油田实施"百井工程"滚动开发提供了技术支持。

1. 单井目标评价技术

1)井约束相模式地震反演预测技术

以高分辨率层序地层学理论为依据,识别出目标井短、中期基准面旋回,并确定中期基准面旋回的沉积作用转换面,即在垂向上确定主力油层或含油富集段发育层位,图 6-17 为徐 21 井以葡 I_3 层底和葡 I_5 层中部为沉积作用转换面的两个中期基准面旋回,葡 I_3 层底沉积作用转换面规模强于葡 I_5 层中部,根据沉积作用转换面规模预测该井区葡 I_3 主力油层可能范围比葡 I_5 层大。

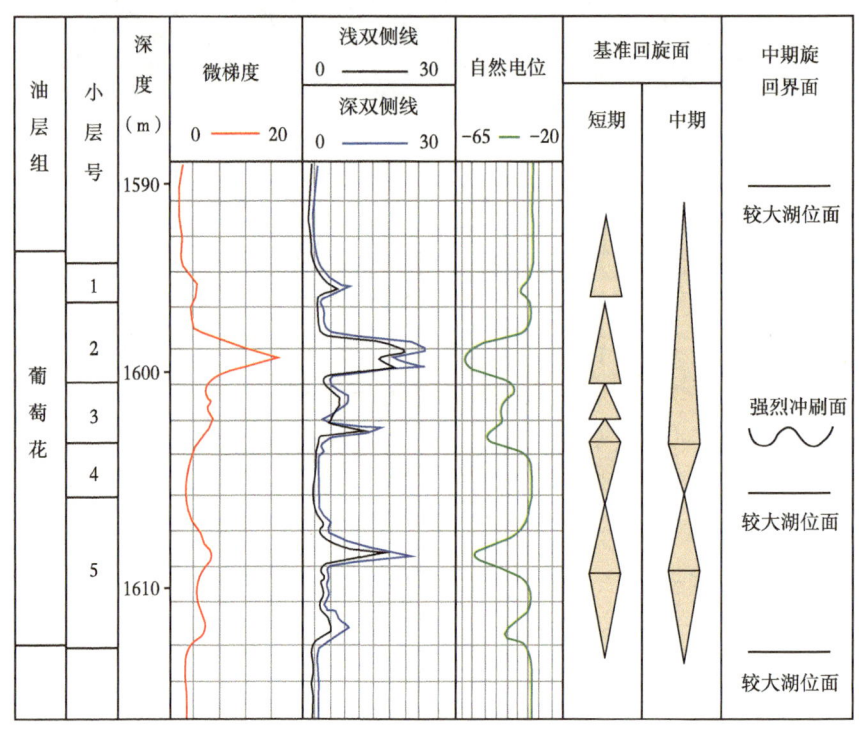

图 6-17 徐 21 井葡萄花油层中、短期基准面旋回划分图

评价阶段短、中期基准面旋回识别和划分是高分辨率地层格架建立的基础,目的是将钻井一维信息变为对三维地层的预测,高分辨率层序准确划分与对比的关键是将单井剖面地质相、测井曲线旋回特征即测井相标定到地震剖面上,研究表明:在一定的沉积、较好的资料采集条件下,葡萄花油层地质相与测井相、地震相有较好的相关关系(表 6-9)。为了解决单井井约束不强的难题,提出了增加虚拟井位的办法,虚拟井一要

位于目标井所在的地质相带内,距离一般不超过1km,二要位于地震资料信噪比较高、频带较宽的区域,保证虚拟井点处地质分层及层位解释的可靠性。按照上述原则,在徐21井区虚拟布设了2口井。2口虚拟井和徐21井联合进行反演,分辨率有了较大提高(图6-18)。

表6-9　徐21井区葡萄花油层地质相、测井相与地震相特征表

油层	地质相			测井相		地震相	
	类型	沉积类型	砂地比(%)	微电极	自然电位	反射特征	反演特征
葡萄花	厚层河道砂	水下分流河道	≥40	箱形	钟形	中强振幅连续性好	波阻抗增大连续性好
	薄层席状砂	水下分流河道间	20~40	锯齿状	指状	中弱振幅连续性较好	波阻抗减小连续性差

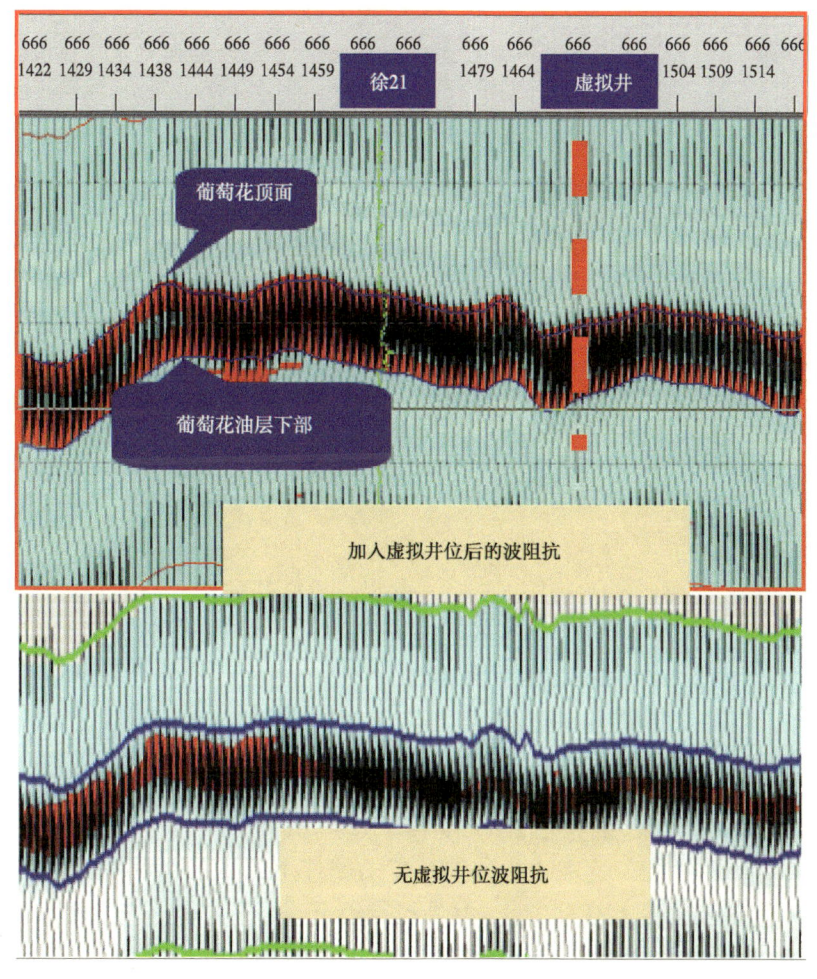

图6-18　徐21井区加虚拟井前后反演剖面对比

这样，井约束相模式地震反演预测技术较好地预测出徐 21 井区有利含油富集区范围（图 6-19），有效指导该井区评价认识和滚动开发。

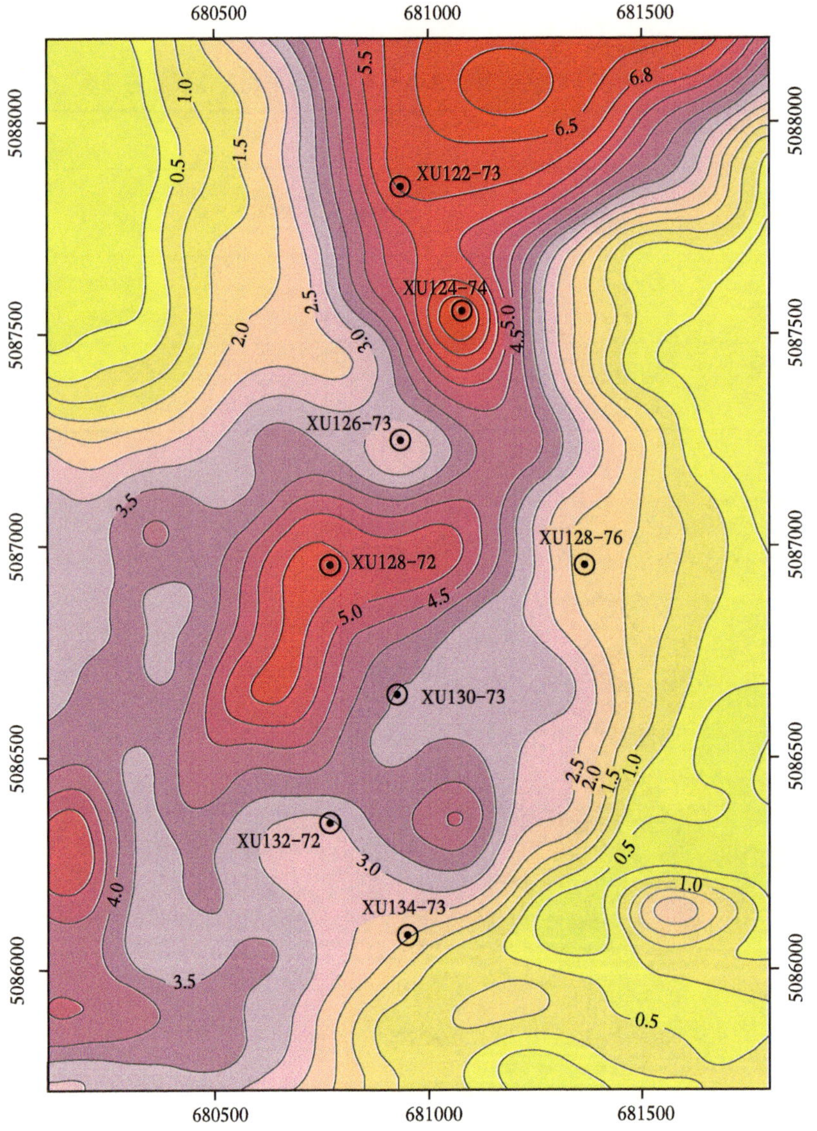

图 6-19　徐 21 井区反演砂岩预测平面图

图 6-20 为目标井杏 69 井扶余油层中期基准面旋回进积叠加样式，其中上部中期基准面旋回沉积作用转换面附近的扶 II_2 号水下分流河道砂体为主力油层。同理，波阻抗反演结果表明杏 69 井区的扶 II_2 层从波阻抗反演特征明显的杏扶 101-103 井厚层河道砂体（有效厚度井 7.0m），逐渐变为波阻抗反演特征不明显的杏扶 101-100 井薄层河道砂体（有效厚度井 4.4m）（图 6-21），井外推地震反演预测结果较好。杏 69 井区 9 口开发井钻井资料统计，主力油层扶 II_2 号层有效厚度钻遇率 100%，平均单井钻遇有效厚度 3.8m。

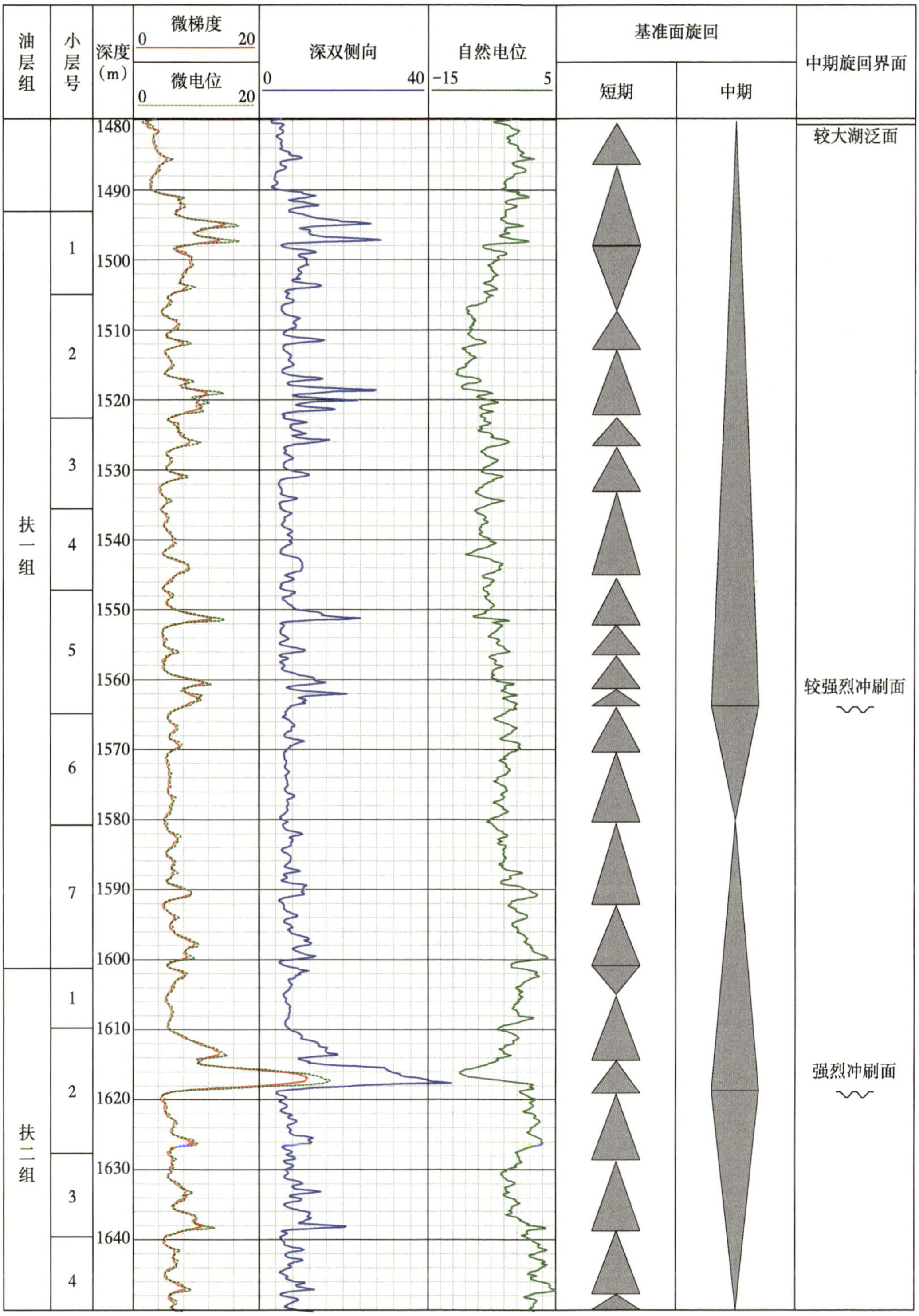

第六章　拓展水驱，实现特殊类型油藏有效开发

图 6-20　杏 69 井扶余油层中、短期基准面旋回划分图

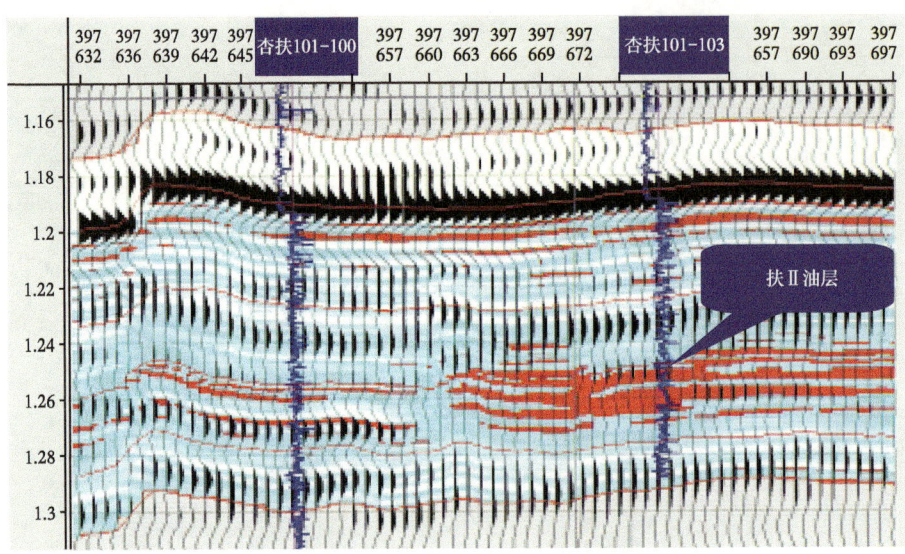

图 6-21　杏扶 101-100、101-103 井波阻抗反演剖面

2）随钻地震储层预测技术

随钻地震就是利用钻头钻进过程中钻头与地层之间的撞击、摩擦所产生的微弱地震信号作为信号源（震源）的一种地震勘探方法。该项技术主要用于标定声波测井数据，适合缺乏高分辨率地震资料的零散地区进行快速、高效单井评价，搞清井旁构造特征，预测储层岩性分布趋势。

2003 年在肇源地区源 35-1 井开展随钻地震初步试验，探索适应大庆外围扶杨油层地质特点的随钻地震数据采集、处理方法。结果表明：随钻地震成像剖面的频带宽为 140Hz，主频为 70Hz，比地面地震剖面高 20Hz 左右，预计可分辨 10m 地层（图 6-22）。

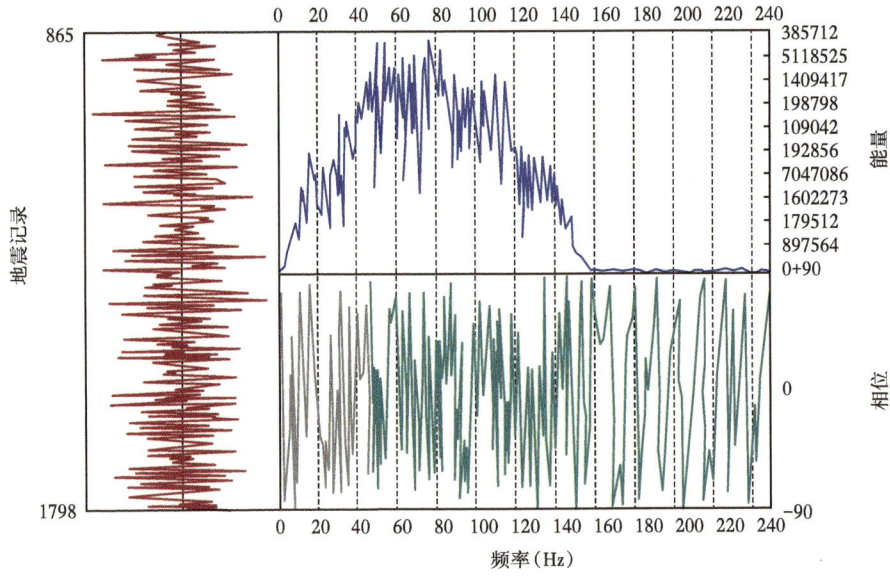

图 6-22　源 35-1 井随钻地震成像剖面的频谱分析结果

2. "百井工程"实施效果

单井目标评价技术为降低未动用区块零散井开发投资和风险，实现单井滚动开发提供了保障。单井滚动已形成一定生产规模，加快了新区上产。其主要做法如下。

一是在待探明地区根据地质条件、地震资料情况优化评价部署，对于已有高分辨率地震资料覆盖的地区，充分利用井约束相模式地震反演预测技术，加强短期试采、试井解释方法评价的力度；对于地震资料测网较稀的边远区块，部署一些经济实用的评价技术（随钻地震、短期试采等），提高单井地质认识程度，搞清主力油层分布状况，通过在评价中开发，起到缩短评价周期、加快产能建设步伐的作用。

二是在已探明未动用区块重点加强单井试油、捞油资料的综合分析，通过少量井的部署和实施，起到进一步评价作用，一方面对有潜力的地区深化油藏地质认识，落实有利开发区块，进行滚动开发方案设计；另一方面对没有潜力的地区，核销探明地质储量。

三是对开发经济界限附近的目标井，推广应用水平井等新技术开发可行性论证和现场试验研究，茂17井区在直井开发无经济效益条件下，针对葡萄花油层主力油层有效厚度薄且稳定分布的特点，开展直井与水平井联合开发设计，设计开发井5口井，2口分支水平井。

两年来在22口零散井区开展单井评价，其中有8口井完成单井滚动开发方案设计，共设计开发井248口，动用地质储量$539 \times 10^4 t$，含油面积$18.6 km^2$，设计建成产能$15.4 \times 10^4 t$。截至2003年11月，完钻开发井81口，其中地质报废井1口，低效井3口，钻井成功率为95.1%。已投产37口井，7个月累计产油12585t。实践证明，以井外推地震反演预测技术、试井综合解释技术和单井滚动开发设计为核心的单井综合评价技术，能有效地缩短复杂油藏评价周期，加快零散井区产能建设步伐。同时，"百井工程"开发模式在一定程度上缓解了上产后备区块不足的矛盾。

四、加大新技术试验研究和推广力度，加快未动用储量有效开发

2003年油藏评价工作加大了油水同层和水平井开发试验力度，加快了葡西、肇州油田葡萄花油层未动用储量开发步伐，并在肇源油田扶余油层开辟了小排距与整体压裂开发试验区，积极探索扶杨油层有效开发的新途径。

1. 发展薄层水平井开发技术，提高特低丰度葡萄花油层动用程度

继2002年第一口阶梯式薄油层水平井成功之后，2003年又设计了20口水平井，已经完钻11口，投产3口，初期产量达到20t/d以上，已初步见到效果。2003年在优化超薄油层直井—水平井方案设计中又有新认识。

一是进一步降低水平井开采界限。通过对肇州油田南部三维地震资料的精细解释和80口探井、已开发区210口井对比分析，确定葡萄花油层底超、顶相变背景下葡I_4底标准层准确位置。油田南部未动用区以葡I_2、葡I_3层超薄层席状砂体发育为主，单井有效厚度为1.5~2.0m，单层有效厚度为0.5~0.8m，在深化沉积微相和地震预测储层的基础上，优选州253、肇49-31区块设计直井—水平井联合开发方案，实现了单层有效厚度0.5~0.8m超薄层水平井开发，水平井开采界限从2002年的2.0~2.5m降到1.5~2.0m。州64—平72井在有效厚度0.8m葡I_2层水平钻进170m，在有效厚度0.5m葡I_3层水平钻进140m，达到地质设计目标。

二是认识隐裂缝对水平井开发效果的作用，优选最佳水平井方向。水平井方位设计应考虑储层裂缝发育、断块断层分布、储层分布等因素。水平井方位与裂缝发育方向的组合关系将直接影响水平井投产效果，钻遇厚度相近的南北向肇55—平46井投产初期产量是东西向州62—平61井的1.3倍。肇州油田南部葡萄花油层虽然岩心观察未见明显裂缝，但发育层理缝，为了分析隐裂缝对水平井方位的影响，应用数值模拟方法优选出肇州油田南部水平井最佳方向为近东西向并有一定夹角（10°~26°）。

三是现场实时修正地质模型，精确调整钻井轨迹，保障钻井成功。利用直井资料和FastTracer软件建立初始地质模型后，应用现场随钻LWD测井数据，实现地质模型的实时传送、计算、显示，实时优化超薄层精细地质模型，准确判别薄砂层层位，及时合理调整钻井轨迹，完钻11口水平井顺利实施。从已投产3口井产量看（表6-10），超薄油层水平井平均日产量9.9t，是相邻直井的3~4倍。

表6-10　已投产的3口水平井生产情况统计表

井号	投产时间	初期产量（t/d）	2003年底产量（t/d）
肇55—平46	2002.07.20	48.0	10.9
州62—平61	2003.01.30	25.4	8.4
州66—平61	2003.08.23	24.4	10.3
平均		32.6	9.9
4口直井平均		5.0	2.5

2. 扩大葡西油田油水同层开发试验规模，为同层油藏开发提供依据

葡西油田探明地质储量6559×10^4t，占第九采油厂未动用储量的33.6%。2000年在古109区块开发方案实施过程中，发现该区油水层分布十分复杂，多以油水同层为主，局部井点有气夹层，油水层解释困难，致使设计的开发井仅完钻27口即停钻调整。

针对葡西油田开发中暴露出的新问题，2002年在古109区块开展了油水同层油藏开发试验，同时，进一步加大油藏评价工作量，开展油藏精细评价，深化油藏成藏机理认识，研究油水同层解释方法，搞清初期含水率和产量变化规律，探索同层油藏开发的可行性。

古109同层开发试验区共有33口井，已投产25口，日产液54.0t，日产油26.0t，平均单井日产油1.04t，综合含水51.5%。统计区内有生产能力的20口井，其中6口连续生产井生产时间5~15个月，14口正常捞油井，生产时间150d左右，油井产油量和产水量同步递减，含水基本稳定（图6-23）。两年来的现场试验表明，对这类油水分异差的同层油藏，虽然初期含水较高，但含水基本稳定，具有一定的产油能力，开发是可行的。

根据葡西油田地质研究和同层开发试验结论，分类评价优选出3个Ⅰ类有利开发区块，含油面积55.7km²，地质储量1891×10^4t，优选出5个Ⅱ类有利开发区块，含油面积79.1km²，地质储量1260×10^4t。2003年在葡西油田古137区块设计201口井，动用面积18.3km²，地质储量421×10^4t，设计产能12.41×10^4t。2003年底完钻84口井，平均单井有效厚度3.7m。

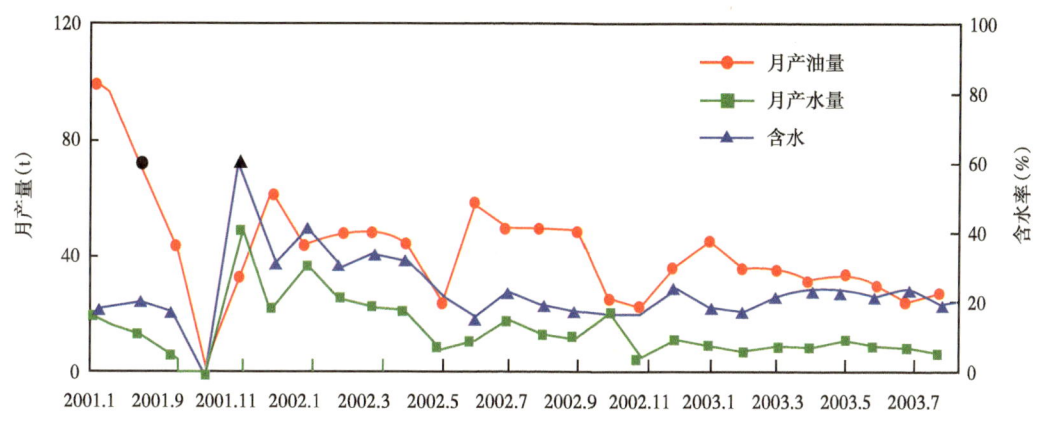

图 6-23 古 116 井月开采曲线

3. 积极探索特低渗透扶杨油层小井距、整体压裂开发途径

2003 年新探明的肇源油田开发目的层为特低渗透致密扶余油层，储层物性差，空气渗透率为 1.2mD；原油黏度高，地下原油黏度为 8.66mPa·s。为了探索此类油层开发途径，在储层裂缝比较发育的含油富集区块，开辟小排距与整体压裂试验区。

在井网部署时，充分考虑裂缝性油藏合理井网形式，结合整体压裂优化设计，应用油藏数值模拟方法，在经济界限井距范围内，对比不同井网形式的开发效果：源 35-1 区块选择较密井网，分别采用 250m×80m 和 250m×100m 井网形式，研究相同井距不同排距的开发效果；在试油产量较高的源 121-3 区块采用 350m×100m 井网形式；在有效厚度较大的源 151 区块设计 350m×150m 的井网。数值模拟研究结果表明：在优化压裂设计的基础上，试验区投产初期采油速度达到 1.66% 以上，10 年采出程度达 15.2% 以上。2003 年在肇源油田设计开发井 109 口。通过 4 种井网先导性开发试验，探索特低渗透扶余油层经济有效的开发方式，为肇源油田全面开发提供技术支持。

4. 加快微生物采油技术矿场试验步伐

在 2002 年朝阳沟油田微生物吞吐矿场试验取得一定成果的基础上，2003 年扩大了规模，进行了 47 口井的吞吐试验，I 类油层成功率在 80% 左右，试验表明微生物吞吐技术可以成为外围油田的增产措施之一。

1）筛选出了适合 II、III 类油层的菌种

针对 I 类油层应用的菌体形态较大，在 II、III 油层应用效果较差等原因，筛选了宽度小于 1.2μm，长度小于 2.5μm 与本源菌大小相当的采油菌 11 株，这些菌种作用后原油流动性能得到改善。在 II 类油层施工的油井中应用了这些形态较小微生物，有效率由 2002 年的 60% 左右上升到 2003 年的 72.2%，取得较好效果。

2）朝阳沟油田微生物扩大吞吐试验效果及分析

截止到 2003 年 11 月 20 日，在朝阳沟油田共完成微生物单井吞吐 47 口，I 类油层 22 口，II 类油层 18 口，III 类油层 7 口。已开井的 44 口油井，明显见效井 32 口，占总井数的 72.7%。有效井平均日增油 1.0t 左右，已累计增油 1397t。

在 I 类油藏 22 口井中，有 17 口见效明显，产量略有增加的井 1 口，无效井 4 口，有

效率77.3%。Ⅰ类区块开井较早的见效井已累计增油873t,2003年底仍保持平均单井日增油0.9t水平,效果最好的是朝92-60井,该井注微生物前产液量为6t,含水为32.3%,注微生物后,产液上升到7t,含水下降到10%,日增油平稳保持在2.2t以上,105d的时间里累计增油近300t。

Ⅱ类油层的18口井中13口井见到效果,无效井5口,有效率72.2%。开井较早见效井累计增油462t,2003年底保持在平均单井日增油0.9t水平。效果最好的是朝100-66井,单井日增油2.4t,在85d的时间里累计增油184t,该井原始产液量只有1.4t,微生物施工后产液量增加到3.05t,上升了218.2%。

4口Ⅲ类油层井中有2口有效井,有效率50%,在近一个月的时间内,累计增油62t(表6-11)。

表6-11 不同类型油层微生物吞吐效果统计表

油层类别	施工井数（口）	有效井数（口）	有效率（%）	累计增油（t）
Ⅰ类	22	17	77.3	873
Ⅱ类	18	13	72.2	462
Ⅲ类	4	2	50.0	62

由表6-12可以看出,第二轮微生物吞吐井也取得与第一轮大体相当的增油效果,表明微生物单井吞吐可以作为一种措施多次施工。

2002年和2003年在Ⅰ类区块微生物吞吐共28口井,有效率在80%左右,增油效果明显。外围油田压裂一口井平均需投入22万元,增油在350t左右,投入产出比为1:0.75;微生物吞吐一口井费用在2万元左右,有效期平均5个月左右,平均增油150t左右,投入产出比为1:5以上,微生物吞吐较压裂投入产出比高5倍以上,优势十分明显。

表6-12 两轮微生物吞吐效果对比表

井号	施工轮次		产液（t/d）	产油（t/d）	含水（%）	累计增油（t）	时间（mon）
116-66	第一轮	措施前	2.4	2.3	4.2	120.4	5
		措施后	3.7	3.5	6.0		
	第二轮	措施前	3.3	3.0	10.0	31.0	2
		措施后	4.1	4.1	3.0		
98-52	第一轮	措施前	1.8	1.1	38.9	58.0	5
		措施后	2.2	2.1	2.4		
	第二轮	措施前	1.7	1.6	3.0	29.2	2
		措施后	4.1	3.0	26.0		
100-66	第一轮	措施前	1.7	1.6	5.9	92.5	5
		措施后	2.6	2.5	4.0		
	第二轮	措施前	1.4	1.1	24.0	184.4	3
		措施后	3.7	3.5	5.4		

第六章 拓展水驱，实现特殊类型油藏有效开发

第四节 复杂断块油藏有效开发方式

海拉尔盆地已经探明苏仁诺尔、呼和诺仁 2 个油田，累计探明石油地质储量 2009×10^4t。近几年苏德尔特构造带预探和油藏评价成果表明，海拉尔将成为大庆外围油田上产又一个新的石油生产基地。

一、海拉尔盆地油藏地质特征

海拉尔盆地增储上产区块集中在乌尔逊凹陷苏仁诺尔油田、贝尔凹陷呼和诺仁油田、苏德尔特和霍多莫尔地区，随着油藏评价和开发工作的不断深入，愈发揭示出断块油藏地质特征的复杂性。

1. 油藏类型复杂，含油层系多且不集中

油藏类型复杂多样，有断鼻、断块油藏、裂缝性潜山型油藏和岩性油藏，而断鼻、断块油藏中又包括了具强敏感性储层的油藏（贝 301 区块、贝 16 区块）、长井段连续含油油藏（贝 16 区块）、大跨距两套砂砾岩含油层系叠合油藏（海参 4 区块）及砂砾岩与裂缝性含油层系叠合油藏（贝 12、贝 14 区块）。

评价区从上部的大磨拐河组、南屯组、铜钵庙组到布达特潜山均见到含油显示。不同构造带、不同断块油层发育层位不同，苏德尔特构造带发育上下叠合的兴安岭潜山和布达特潜山含油层系，海参 4 区块发育两套大跨距的南屯组和铜钵庙组含油层系，贝 301、霍多莫尔构造带仅发育南屯组含油层系。

2. 构造破碎，断块多而小

无论已探明的苏仁诺尔、呼和诺仁油田，还是进入油藏评价的苏德尔特和霍多莫尔地区，构造复杂性的主要特点之一是在油田范围内发育了不同级别、不同方向、不同时期和不同力学性质的众多断层，将构造切割破碎，形成规模不等的断块，从而控制油气藏的形成和分布。如苏德尔特地区兴安岭群、布达特潜山主要发育近东西向断层共计 200 余条，断层落差在 10~800m，断块面积多数在 $0.5~2.0km^2$，最大不过 $5.0km^2$。

海拉尔断块油藏构造复杂性的另一个特点是区域性地震标志层不明显，断块之间的地震特征可对比性差，造成该区地震解释精度低。贝 301 断块开发井实施后，南屯组油层顶面埋深为 1049.5~1238.0m，与地震解释结果对比，一些井区构造解释误差较大，绝对误差为 -56.7~+77.0m。

3. 储层类型多，储层性质变化大

评价区储层类型有粉砂岩、砂砾岩、轻微变质含炭质砂岩、火山碎屑岩、凝灰岩。贝 301 断块南屯组砂砾岩储层具有较强敏感性。苏德尔特构造带兴安岭群、布达特潜山分布火山碎屑岩、凝灰岩、轻微变质含炭质砂岩等储层，溶洞、裂缝发育，并且火山碎屑岩、凝灰岩也存在敏感性，储层复杂的岩性和裂缝分布等使油层识别和测井参数解释难度大。

4. 储层纵向上非均质性严重，平面分布不稳定

苏德尔特构造带评价之初，认为贝 16 断块整体含油，因此部署评价井 8 口，首轮 3 口井实施后证实兴安岭群储层平面变化非常大，贝 16 井钻遇砂岩有效厚度 108m，距该井 700m 的德 103-226 井油层有效厚度减小到 42.6m，断块低部位的德 99-212 井尖灭，纵

向上，储层非均质性严重，贝16井由上到下4个油层组储层渗透率由191.35mD变化到1.22mD。因此，储层预测和有利含油断块优选难度大。

二、海拉尔盆地储量潜力分析

1. 海拉尔盆地储量潜力

截至2003年底，海拉尔盆地剩余预测石油地质储量5600×10⁴t，含油面积38.6km²。剩余控制石油地质储量80×10⁴t，含油面积3.6km²。累计探明石油地质储量2009×10⁴t，含油面积21.9km²，其中苏仁诺尔油田6个断块探明石油地质储量673×10⁴t，含油面积16.7km²；呼和诺仁油田贝301断块探明石油地质储量1336×10⁴t，含油面积5.2km²。

2. 已投产油田开发潜力

截至2003年底已经完成苏131、苏102、苏31、海参4断块和贝301断块初步开发方案设计，共设计开发井180口，设计动用石油地质储量1321×10⁴t，设计动用面积10.5km²，设计建成产能27.58×10⁴t，实际建成产能24.82×10⁴t（表6-13）。

表6-13　已探明油田开发方案设计统计表

区块	探明储量		区块动用情况								
	面积（km²）	储量（10⁴t）	面积（km²）	储量（10⁴t）	有效厚度（m）	设计井数（口）	油井（口）	水井（口）	单井日产（t）	设计产能（10⁴t）	建成产能（10⁴t）
苏131	2.9	169	1.8	106	7.0	45	30	12	3.5	2.45	2.45
苏102	4.5	159	1.8	72	5.2	20	14	5	3.6	1.77	1.77
苏31	1.8	41	1.0	26	3.8	14	10	3	2.6	0.94	
海参4	4.1	133	2.1	67	4.0	27	20	7	2.4	1.82	
小计	11.3	502	6.7	271		106	74	27		6.98	4.22
贝301	5.2	1336	3.8	1050	30.0	74	52	18	12.0	20.60	20.60
合计	16.5	1838	10.5	1321		180	126	45		27.58	24.82

3. 已探明未动用区块开发潜力

苏仁诺尔、呼和诺仁油田剩余未动用储量688×10⁴t，未动用面积11.4km²。未动用储量评价表明：只有贝301和苏131、102断块有外扩的潜力，这些断块还可动用储量436×10⁴t，可滚动钻井25口。

4. 预测储量区和滚动评价重大发现区潜力

苏德尔特构造带位于贝尔凹陷的中部，在兴安岭群顶面由40个断块组成。2003年甩开预探的同时，以贝16、贝14断块为重点，提前介入开展油藏评价，部署评价井21口。

贝16断块完钻5口评价井，评价结果表明：一是贝16断块上部兴安岭群储层变化大，相距不到 2.0km 的德 103-226 和德 99-212，兴安岭群砂砾岩油层由 22 层 42.8m 急剧变为 0m；二是下部布达特潜山裂缝性油藏规模较大，德 112-227 井布达特潜山储层，解释有效厚度 105.0m，仅射开其中 21.0m 储层，自喷求产，获得 170.2t/d 的高产油流，这也是海拉尔盆地勘探开发以来试油产量最高的一口井。

整个构造带完钻 11 口评价井，评价结果表明：沿贝 15、贝 28、德 115-149、贝 14、贝 16 断块布达特潜山裂缝性油藏具有连片分布趋势。8 口评价井布达特潜山裂缝性储层，单井有效厚度在 3.8~126.8m。

通过 7 口探井甩开和 11 口滚动评价井的实施，苏德尔特构造带兴安岭群砂砾岩油藏已经落实贝 16、德 112-227 断块、贝 28 断块的贝 28 井区、德 115-149 井区，布达特裂缝性油藏已经落实贝 16、贝 12、贝 10 断块、贝 14 断块的贝 14 井区、贝 15 断块的贝 15 井区、贝 28 断块的贝 28 井区，10 个断块（井区）动用地质储量 1700×10^{4}t，动用面积 6.0km^2（表 6-14）。

表 6-14 苏德尔特构造带动用储量开发潜力

油层	区块	动用地质储量（10^{4}t）	预计开发潜力		
			设计井数（口）	单井日产（t）	设计产能（10^{4}t）
兴安岭群	贝 16 上部	220	20	10	4.5
	贝 16 下部	220	20	5	2.3
	贝 16 合	132	12	5	1.3
	贝 14	187	17	8	3.1
	贝 12	317	33	8	6.0
布达特潜山	德 112-227	180	15	5	1.7
	贝 12	300	25	5	2.7
	贝 14	84	7	5	0.7
	贝 10	60	5	5	0.6
合计		1700	154		22.9

此外，海参 4 区块经过不断的滚动评价，不仅南屯组油层含油面积外扩，而且下部新的工业含油层系铜钵庙组相继在苏 13-1、苏 29-45、苏 15-55 井区具有连片分布的趋势，可能形成一定的产能规模。预计在海参 4 区块南屯组外扩增加石油地质储量 150×10^{4}t，在铜钵庙组估算地质储量 150×10^{4}t，总计可增加储量 300×10^{4}t。动用储量 300×10^{4}t，可钻井 24 口，预计产能 2.0×10^{4}t。不考虑预探待发现区潜力，海拉尔可动用地质储量为 3757×10^{4}t，可建产能 54×10^{4}t（表 6-15）。

表 6-15　海拉尔盆地储量潜力及可动用开发潜力分析表

区块		已探明地质储量（10⁴t）	未探明储量（10⁴t）	可动用储量（10⁴t）	剩余地质储量（10⁴t）	产能（10⁴t）
苏仁诺尔油田	苏仁诺尔油田	673		421	252	7.2
	苏仁诺尔油田海参4外扩		300	300		2.0
	苏仁诺尔油田零散区块		407		407	
	小计	673	707	721	659	9.2
呼和诺仁	呼和诺仁贝301区块	1336		1336		21.9
	呼和诺仁贝13		22		22	
	小计	1336	22	1336	22	21.9
苏德尔特			3500	1700	1800	22.9
霍多莫尔			340		340	
乌中			192		192	
巴彦塔拉			303		303	
苏乃诺尔贝17			73		73	
合计		2009	5137	3757	3389	54.0

综上所述，海拉尔盆地已有的探明、预测石油地质储量还不能完全满足2005年产油50×10⁴t的要求。今后，还要在乌中构造带及巴彦塔拉构造带、贝西北苏乃诺尔构造带加强预探，2003年乌中构造带岩性预探有突破，完钻的乌20井解释油层1层有效厚度0.4m，同层1层有效厚度5.8m，在大磨拐河组试油，获15.1t/d工业油流，同时产水49.5m³/d。2004年力争有3~5个断块实现重大发现，形成较大的储量规模场面，为"十五"后优选产能建设区块做准备。

三、注水开发可行性研究

海拉尔盆地油藏类型复杂、储层类型多样，注水开发难度较大。2003年在低渗透砂岩油藏和强水敏砂砾岩油藏已开辟了注水开发试验区，将为该类油藏开发部署提供科学依据。

1. 低渗透砂岩油藏已明显见到注水效果

苏仁诺尔油田苏131试验区是海拉尔盆地第一个开发生产试验区，开发目的层为南屯组低渗透砂岩。2001年10月投产，采用220m井距三角形井网四点法注水开发。共有开发井42口，其中油井30口，水井12口，平均单井钻遇有效厚度7.1m，动用地质储量106×10⁴t，含油面积1.8km²。

苏131断块注水开发一年多，断块整体已明显注水受效。其中，13口显著见效井，主要分布在以扇中水下河道沉积为主且注采关系完善的中部地区；11口见效缓慢井，分布在区块构造边部、断层附近和以扇端前缘席状砂沉积为主的北部地区，注采关系较完善，但多为单方向注水；4口未见效井，位于区块构造边部或断层附近，因注采关系不完善或与注水井连通较差尚未见效；2口弹性开采井，位于区块构造边部和断层附近，因没有注水井点，产量继续下降（表6-16）。

表6-16 苏131区块油井注水受效情况分类统计

分类	井数（口）	2002年12月			2003年6月			2003年9月		
		产液(t/d)	产油(t/d)	含水率(%)	产液(t/d)	产油(t/d)	含水率(%)	产液(t/d)	产油(t/d)	含水率(%)
见效显著	13	2.7	2.6	4.84	4.8	4.3	11.11	5.4	5.0	6.32
见效缓慢	11	1.9	1.6	14.49	1.4	1.2	14.84	1.4	1.1	21.43
未见效	4	4.1	3.8	9.09	2.5	2.4	6.93	1.1	1.0	11.11
无注水井	2	3.7	2.7	27.40	2.7	2.0	27.78	2.4	1.5	39.58
合计	30	2.7	2.4	10.30	3.1	2.8	12.23	3.0	2.7	9.98

截至2003年底，平均单井日产油3.0t，年产油1.99×10⁴t，累计产油4.25×10⁴t，采油速度为0.97%，采出程度为4.01%，综合含水为11.86%，区块产量稳定。

2. 贝301断块水敏储层防膨试验初见效果

贝301区块是海拉尔盆地已建产能的重要区块，其产能占海拉尔已建产能的84.0%，该区块开发的成败关系到海拉尔盆地产能建设的进程。由于贝301区块储层存在强水敏特征和中等偏强的速敏性。为此，在室内注水实验的基础上，开展了贝301区块注水开发矿场试验研究。

1）贝301区块可利用天然能量程度低，必须进行注水开发

呼和诺仁油田贝301区块为正常压力系统，地饱压差为8.44MPa，油藏综合压缩系数为$15.6×10^{-4}MPa^{-1}$，原始溶解气油比为28.5m³/t，溶解系数为5.83m³/(m³·MPa)，弹性和溶解气驱能量较低；采水强度为12.07m³/(d·m)，单位厚度采水指数为3.62m³/(d·MPa·m)。

利用数值模拟技术计算了贝301区块弹性能量和溶解气能量的开发动态，设计5种不同井距的弹性开采方案。计算结果表明，不论用何种井距，利用弹性能量开发最终采收率低，仅有5%左右。

综合分析认为，贝301区块弹性能量和溶解气能量较小，边水作用小，与大庆长垣各油田相近。因此，必须采用注水方式补充能量，提高油田的开发效果。

2）室内注水开发实验取得新认识

针对贝301区块储层黏土含量高的特征，开展储层敏感性室内实验研究。分析了贝301区块采用注水开采可能对储层造成的伤害及伤害程度，并针对伤害机理，研究了防止储层伤害的保护措施。

（1）储层敏感性评价。

贝301区块储层中黏土矿物伊利石含量为44.9%，高岭石含量为31%，蒙脱石含量为18.7%。室内实验分析表明（图6-24），该区块速敏程度表现为中等偏强速敏，临界速度为1.28m/d。注水开发过程中应把注水速度控制在临界流速之下，如果流速过大，会造成孔隙堵塞。

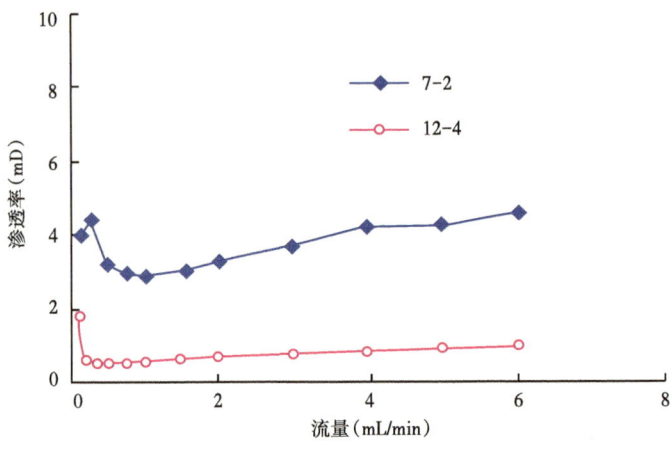

图6-24 贝3-5井速敏曲线

贝301区块储层中蒙脱石、伊蒙混层和伊利石的含量较高,水敏指数平均值为0.79,储层表现出强水敏特征(表6-17)。因此,注水开发时应考虑注入水与地层水的配伍性。可以使用与地层水矿化度比较接近的备用水源,并在注入水中加入黏稳剂,防止注入水伤害油层。

表6-17 贝301区块水敏性评价数据表

序号	井号	岩样编号	层位	气体渗透率（mD）	孔隙度（%）	地层水渗透率（mD）	次地层水渗透率（mD）	损害后渗透率（mD）	水敏指数	水敏类型
1	贝13	15-1	南屯组	12	20.56	3.7	3.4	1.7	0.53	中等偏强
2	贝13	15-3	南屯组	58	21.19	19.8	13.3	6.8	0.66	中等偏强
3	贝3-1	26-1	南屯组	274	20.78	4.2	2.3	0.7	0.84	强水敏
4	贝3-1	26-4	南屯组	532	20.53	22.1	12.4	8.4	0.62	中等偏强
5	贝3-1	35-2	南屯组	762	20.69	13.2	2.6	1.6	0.88	强水敏
6	贝3-1	35-4	南屯组	80	16.34	1.8	0.6	0.4	0.76	强水敏
7	贝3-5	3-1	南屯组	52	20.04	2.7	0.7	0.7	0.75	强水敏
8	贝3-5	7-1	南屯组	4	21.78	1.2	0.2	0.2	0.86	强水敏
9	贝3-5	11-3	南屯组	239	23.62	17.3	9.6	2.4	0.86	强水敏
10	贝3-5	12-1	南屯组	4	16.63	1.1	0.4	0.3	0.73	强水敏
11	贝3-5	14-2	南屯组	479	23.63	41.3	29.9	18.8	0.54	中等偏强
12	贝3-5	15-1	南屯组	152	21.10	1.1	0.7	0.4	0.65	中等偏强
13	贝301	1	南屯组	75	26.96	12.8	7.0	0.4	0.96	强水敏
14	贝3-4	1.1	南屯组	173	21.87	2.6	1.0	0.1	0.97	强水敏
15	贝3-4	1.3	南屯组	66	22.33	0.9	0.2	0.1	0.91	强水敏

从实验结果中可看出，贝 301 区块储层表现为中等偏强的酸敏性（表 6-18）。该类储层进行酸化时，不应盲目使用土酸酸化，必须针对储层特性，优选酸化配方，采取合理的酸化工艺，才能改善储层的渗流能力。在钻井和作业中，要考虑完井液、压井液与储层的配伍性，避免与储层配伍性差的工作液进入储层。

表 6-18 贝 301 区块酸敏性评价数据表

序号	井号	层位	岩样编号	气体渗透率（mD）	孔隙度（%）	酸型	初始渗透率（mD）	损害后渗透率（mD）	酸敏指数	酸敏类型
1	贝 13	南屯组	15-2	30.40	24.32	土酸	8.82	4.15	0.53	中等偏强
2	贝 13	南屯组	26-2	305.00	21.84	土酸	1.66	1.70	-0.02	无酸敏
3	贝 13	南屯组	26-3	689.00	21.27	土酸	10.89	4.52	0.59	中等偏强
4	贝 13	南屯组	35-1	121.00	19.57	土酸	2.38	0.76	0.68	中等偏强
5	贝 13	南屯组	35-3	140.00	19.98	土酸	2.05	0.53	0.74	强酸敏

（2）黏土稳定剂优选。

室内实验结果表明，在水驱过程中使用性能较好的黏土稳定剂，能有效地控制贝 301 区块储层中黏土矿物的水化膨胀、分散运移，减少注入水对储层产生的伤害，提高采出程度。

利用贝 3-8 井岩心对 4 种优选出来的黏稳剂（含量 1.5%）进行驱替实验。从实验结果看出（图 6-25），7 号黏稳剂与储层的配伍性最好，对储层渗透率伤害仅为 20%，低于 30% 的行业标准。因此，根据实验结果可知，7 号黏稳剂对贝 301 区块储层渗透率伤害率较小，5 号黏稳剂次之。

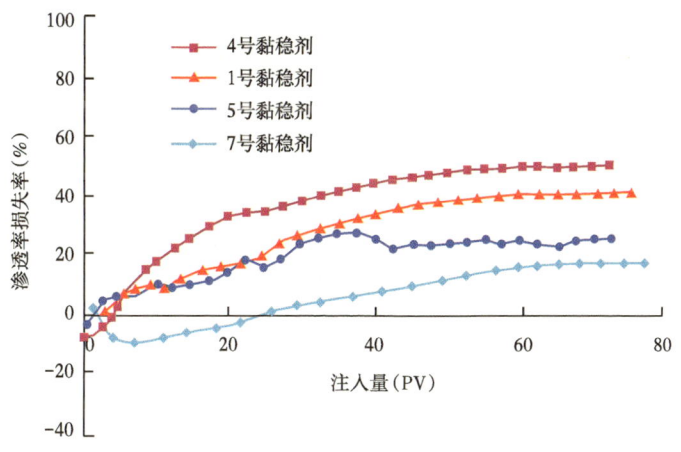

图 6-25 贝 3-8 不同黏稳剂伤害率对比曲线

（3）水驱油实验。

为了进一步评价黏土稳定剂的性能，开展了水驱油实验。实验选用贝 62-60 井岩心，空气渗透率范围在 8.84~186.56mD 之间，采用的注入介质分别为加入 5 号和 7 号两种黏稳剂、浓度为 1.5% 的注入水。

实验结果表明（表6-19）：水驱时，无水期采收率平均值为13.70%，最终驱油效率平均值为46.51%。5号黏稳液驱时，无水期采收率平均值为20.99%，最终驱油效率平均值为52.00%。7号黏稳液驱时，无水期采收率平均值为24.51%，最终驱油效率平均值为54.51%。

室内实验表明：贝301区块储层具有强水敏、强盐敏和中等偏强的速敏与酸敏性，但注入黏土稳定剂后，可以保证取得较好的注水开发效果。

表6-19 不同注入介质驱油效果对比

岩样号	气体渗透率（mD）	孔隙度（%）	束缚水饱和度（%）	残余油饱和度（%）	残余油时水相相对渗透率（%）	无水采收率（%）	最终采收率（%）	黏稳剂号
166-1	119	23.2	39.21	33.43	29.3	18.31	45.01	注入水
166-2	114	22.9	40.17	28.72	30.0	25.71	52.00	5号黏稳剂
166-4	186	23.0	34.30	30.88	28.5	32.47	53.00	7号黏稳剂
118-2	8	17.0	49.89	26.06	27.0	9.10	48.00	注入水
118-1	9	17.3	51.90	23.09	29.8	16.28	52.00	5号黏稳剂
118-4	10	17.7	50.08	21.95	29.0	16.55	56.01	7号黏稳剂

3）现场注水开发试验取得初步效果

在室内实验评价的基础上，于2002年11月起先后选择4个注水开发试验井组进行水敏性储层注水开发现场试验。现场试验表明，注入水加防膨剂进行注水开发是可行的。

贝58-60注水井组连通油井2口（贝3-2、贝60-58），采用300m正方形井网反九点注水方式。该井于2002年11月5日转注，注水层段为南Ⅱ$_{5-3}$，注水厚度24.7m，配注40m³/d，破裂压力为8.8MPa，注水压力不超过8.5MPa，优选5号稳定剂采用计量泵连续加入，浓度不大于1.5%。从该井组注水的情况可以看出（图6-26）：注水压力上升也比较快，注水2个月压力由4.5MPa升至7.7MPa，之后趋于稳定，2003年9月该井的日注水量为40m³。从贝58-60井的HALL曲线上看（图6-27），斜率保持不变，说明此井吸水能力较好，并保持稳定。

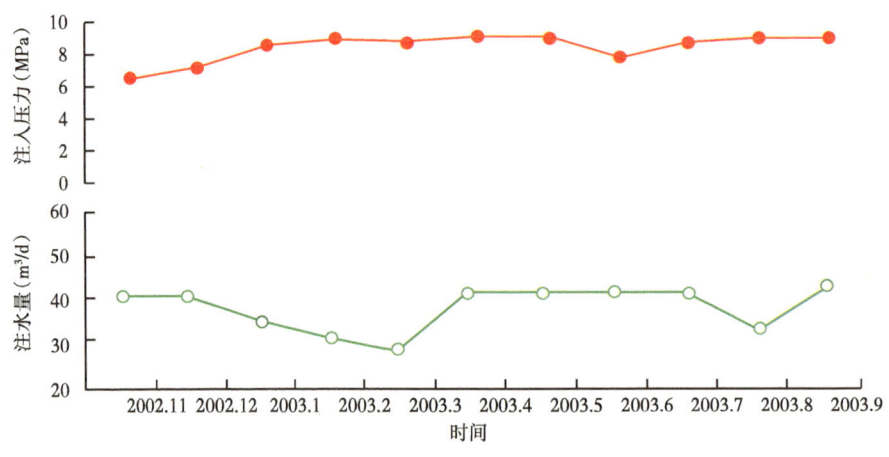

图6-26 贝58-60井组注水压力和注水量曲线

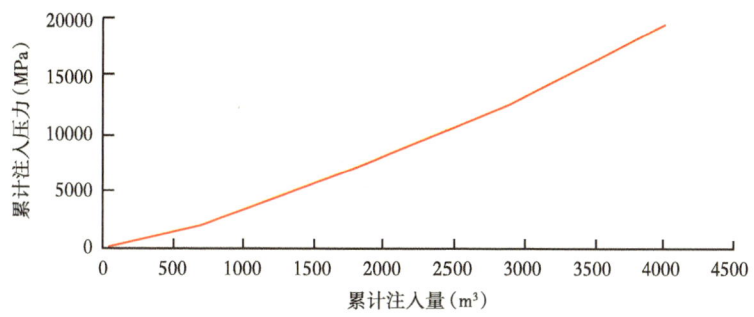

图 6-27 贝 58-60 井 HALL 曲线

与贝 58-60 井连通较好的贝 3-2 井已注水受效。该井分层测试资料证实,注水开采层段南 $II1_{3+4+5}$ 产液量由 2003 年 3 月的 1.7t/d 增加到 2003 年 8 月的 17.4t/d,该层注水已见到明显效果。而弹性开采层南 $II2_{12}$ 和南 $II2_{13}$ 产液量分别由 10t/d 和 9t/d 下降到 5.2t/d 和 5.3t/d,产量下降幅度较大。

为了探索降低黏稳剂浓度注入的可行性,选择了贝 60-62 井组开展试验。黏稳剂使用浓度为 0.8%。该井于 2003 年 6 月 2 日转注,初期注水压力为 7.03MPa,日注水 34m^3。2003 年 9 月注水压力为 8.6MPa,日注水量为 49m^3,吸水状况稳定。

4)吨油注黏土稳定剂附加成本

根据预测开发指标测算了注黏土稳定剂增加的吨油操作成本,黏土稳定剂初期(第一年注水平均值)加药量分别按照 0.5%~1.2% 计算,考虑到采出注入水的重复利用,注水开发见效后加药量逐步降低,黏土稳定剂按照 $1×10^4$ 元 /t 计算,注黏土稳定剂增加吨油操作成本初期为 73~176 元 /t。

四、海拉尔盆地开发规划安排

1. 产能建设工作安排

海拉尔盆地 2004—2006 年产能建设安排,包括已探明区块、勘探开发一体化评价区块及待评价区块,共安排钻井 592 口,基建 604 口,建成产能 $56.3×10^4$t。其中 2004 年共安排钻井 292 口,基建 304 口,建成产能 $28.7×10^4$t;2005 年共安排钻建井 150 口,建成产能 $14.0×10^4$t;2006 年共安排钻建井 150 口,建成产能 $13.6×10^4$t(表 6-20)。

表 6-20 海拉尔盆地 2004—2006 年钻井基建规划安排

时间	钻井				基建			
	井数(口)			建成能力(10^4t)	井数(口)			建成能力(10^4t)
	油井	水井	小计		油井	水井	小计	
2004	225	67	292	28.7	231	73	304	28.7
2005	113	37	150	14.0	113	37	150	14.0
2006	113	37	150	13.6	113	37	150	13.6
合计	451	141	592	56.3	457	147	604	56.3

2. 产量构成

海拉尔盆地到 2006 年实现年产油 $53×10^4$t，其中"十五"前三年井年产油达到 $19.0×10^4$t；"十五"后两年井年产油达到 $31.0×10^4$t，2006 年新井年产油达到 $3.0×10^4$t（表 6-21）。

表 6-21　海拉尔盆地 2004—2006 年产量产量构成表

年份	"十五"期间井			"十一五"期间井（10^4t）	合计（10^4t）
	"十五"前三年（10^4t）	"十五"后两年（10^4t）	合计（10^4t）		
2004	23.4	6.6	30.0		30.0
2005	22.6	27.4	50.0		50.0
2006	19.0	31.0	50.0	3.0	53.0
合计	65.0	65.1	130.0	3.0	133.0

五、需要深化研究的问题

为保证实现 2005 年年产油量 $50×10^4$t 的目标，应进一步加快科技攻关步伐，制定合理的开发对策。

1. 贝 16 断块凝灰质砂砾岩和凝灰岩储层的敏感性研究

贝 16 断块兴安岭群含油井段近 500m，其中上部主力产层黏土矿物中蒙脱石含量较高，且多为凝灰质砂砾岩，下部存在凝灰岩产层，凝灰岩遇水膨胀比较严重。如贝 16 井 97 号层，取心岩性为玻屑质凝灰岩，岩石细腻可见孔洞，该层有效孔隙度为 19.1%，空气渗透率仅 1.22mD，解释有效厚度 6.9m，试油产量仅 1.85t/d。贝 16 断块 2004 年规划建成产能 $8.1×10^4$t，必须研究储层敏感性问题。

2. 裂缝型潜山油藏开发技术研究

海拉尔为复杂断陷盆地，存在多种类型油藏。苏德尔特构造带发育一套以裂缝为主的双重介质含油的布达特潜山油藏。2003 年以前对该套油层分布规模、裂缝分布特征、油藏的油水分布特征还不十分清楚。针对这种类型油藏的开发还有待于进一步的研究。

3. 苏德尔特构造带地层对比

苏德尔特构造带西部在贝 12、贝 14 断块与贝 16 断块一样存在断块内油层厚度变化大问题。贝 12 断块的德 123-158 井在兴安岭群钻遇 8 层 32.0m、德 120-175 井钻遇 26 层 88.2m 厚油层；贝 14 断块的德 118-190 井钻遇 25 层 65.7m 厚油层，而相距很近的探井贝 12、贝 14 井却仅在贝 14 井钻遇 2.9m 油层，断块内油层变化非常大，地层对比仍需要进一步研究。

4. 开发层系划分、井网部署及注水方式研究

海拉尔油田油藏类型复杂，要根据油藏类型和油层发育特征研究开发井网形式、层系划分、各类油层采油能力、分层注水开发可行性，以及开发经济效益评价等问题，为方案设计提供依据。

第五节　稠油开发评价

稠油主要分布在葡南地区和西部斜坡区，葡南黑帝庙油层稠油储量已部分投入开发，并形成了年产 2×10^4t 以上的热采生产规模。近几年，在西部斜坡又相继发现了一些稠油油藏，一些冷试低产的探井使用热采方法试油获得了较高的产量，为采用热采技术开发稠油资源预示了较好的前景。因此，今后几年应加大稠油评价工作的力度，以 2003 年期间比较落实的区块为突破口，逐渐滚动扩大规模，使稠油资源得到有效动用。

一、加强地质研究，科学评价稠油资源潜力

通过对稠油资源的评价研究认为，2003 年以前认识比较清楚的稠油油藏主要分布在大庆长垣南部的黑帝庙层、大庆长垣西部斜坡区的萨尔图层和高台子层。

1. 稠油区块的基本地质特征

1）西部斜坡区萨尔图及高台子油层

从区域构造特征看西部斜坡区是一个东倾的单斜，西部边缘与泰康隆起带东缘的高差大约在 1000m，由东向西又可分出三个较平缓的构造带，分别为阿尔什代、白音诺勒构造带，阿拉新、二站构造带以及江桥、泰来构造带。在三个构造带上发育一些低幅度的鼻状构造、面积较小的背斜圈闭等。该区域 2003 年以前研究所了解的油气聚集及油气显示主要分布在这几个构造带上，油藏规模小、分布零散。

依据 2003 年以前研究的认识，西部斜坡区储层主要是萨尔图、高台子油层。萨零、萨一组以水下河道沉积为主，部分地区发育三角洲前缘席状砂。萨二、三组以三角洲沉积体系为主。高台子油层沉积体系基本上与萨尔图油层沉积时的格局一致。这些沉积砂体构成西部地区的主要储集体，同时也是齐家—古龙凹陷烃源岩生成的油气向西部斜坡区运移的主要通道。

萨尔图油层为岩屑质长石砂岩，厚度一般在 3~7m。储层埋藏较浅，岩石胶结疏松。储层物性较好，孔隙度一般分布在 20%~30%，平均孔隙度为 25%；渗透率较高，富拉尔基萨尔图油层渗透率为 696~3508mD，平均 1898mD。

高台子油层砂体平面分布不稳定，厚度变化也较大。主力产油层储层岩石以细砂、粉砂岩为主，岩石颗粒较细、泥质含量不高、分选性较好。根据江 372 井取样分析结果，平均有效孔隙度为 33.1%，平均空气渗透率 899.04mD；油层平均含油饱和度为 61.4%。

2）葡南黑帝庙油层

黑帝庙油层构造形态与葡萄花油层具有明显的继承性，南北轴向构造位置较高，向东西两侧逐渐倾伏。断层主要为北西向及近南北向分布。断层延伸长度较葡萄花油层缩短。

黑帝庙油层在葡萄花地区属于三角洲外前缘亚相沉积，除局部发育水下分流河道砂外，主要为大面积分布的前缘席状砂。

油层埋藏浅，成岩作用差，砂岩胶结疏松，孔、渗条件较好。根据取心井分析及测井解释结果，有效孔隙度为 25.2%~40.1%，平均为 33.5%；渗透率为 862~7769mD，平均达 2740mD。根据葡浅 19 井密闭取心分析结果，含油饱和度平均为 62.6%。

2. 储量潜力

葡南地区黑帝庙油层稠油地质储量为 479×10^4t。主要发育黑 I_2、黑 I_3、黑 I_6 层。其

中葡浅12区块油层平均有效厚度为10.0m，面积1.5km²，地质储量351×10⁴t。该区块为已开发区，形成了一定的生产规模。葡浅16区块油层平均有效厚度为7.9m，面积0.7km²，地质储量127×10⁴t。2003年该区块未动用。

富拉尔基和平洋是西部斜坡区规模相对较大的稠油区块，发育油层均为萨尔图层，其中富拉尔基平均有效厚度为4.8m，面积32.9km²，地质储量2861×10⁴t。平洋的来27井区平均有效厚度为2.5m，面积7.6km²，地质储量255×10⁴t；来64井区平均有效厚度为1.9m，面积68.6km²，地质储量2043×10⁴t。

江37井区热采试验效果和富拉尔基油田稠油的开发经验表明，厚度3m的油层也能获得较好的热采效果。据此，还有30口取心或录井有显示、常规试油低产的探井，通过热采试验，也有获得较高生产能力的可能。

这些井按油层厚度及试油结果可分为三类。

Ⅰ类：厚度＞3m且试油低产，有18口井，平均有效厚度为4.2m，考虑储层沉积特点及油藏类型的认识，按照每口井控制1km²初步估算储量为1246×10⁴t，这类井是近期评价和开发的重点井区。

Ⅱ类：厚度＜3m且试油低产或不产，有9口井，平均有效厚度为1.8m，同样算法，初步估算储量为258×10⁴t，这类井热采开发效益低，需要通过技术攻关确定研究新的开采技术。

Ⅲ类：解释有一定厚度，但试油出水，有3口井，这是需要进一步落实的井区。

因此，西部斜坡区有望动用的稠油储量为1504×10⁴t，加上黑帝庙油层稠油储量479×10⁴t，合计为1983×10⁴t。其中2003年的技术条件下可动用储量1725×10⁴t。

二、总结大庆油田稠油热采经验，为有效开发稠油资源做准备

1. 国内外稠油开发现状

稠油热采技术自20世纪60年代工业化生产以来，几十年中有了突飞猛进的发展，稠油资源丰富的大国主要有加拿大、委内瑞拉、美国、俄罗斯、中国和印度尼西亚等国，稠油储量4000×10⁸m³以上，年产稠油量可达1×10⁸t以上。1996年美国年产稠油2461.5×10⁴m³，委内瑞拉1899×10⁴m³，印度尼西亚1741×10⁴m³，加拿大696.5×10⁴m³，中国1096×10⁴t。在热力开采的稠油产量中以蒸汽吞吐和蒸汽驱技术为主，加拿大和美国有少部分火烧油层产量。此外，稠油冷采技术在加拿大、委内瑞拉等国有一定规模的应用，年产量可达1000×10⁴m³。稠油热采水平较高的国家，如加拿大、美国，"十五"期间主要开展水平井、分支井、蒸汽—轻烃混注、井下蒸汽发生器、油层电加热等新技术研究。

我国稠油资源分布较广，大部分含油气盆地稠油与常规油有共生和有规律过渡分布的特征，稠油资源十分丰富，约占总石油资源的25%~30%以上。

辽河油田从1982年9月在高升油田开始进行蒸汽吞吐试验，稠油储量和产量逐年增加，从1994年开始辽河油田已成为我国最大的稠油生产基地。到2000年稠油储量占探明储量的46%，2000年辽河油田原油产量为1401.1×10⁴t，其中稠油产量为851.1×10⁴t，占60.7%。稠油产量中热采产量为720.21×10⁴t，占84.6%。稠油热采产量中蒸汽吞吐产量为712×10⁴t，占98.8%。辽河油田开采稠油的主要技术是蒸汽吞吐、蒸汽驱，并在进行水平

井热采、蒸汽段塞驱、非混相驱等热采技术及热采新工艺研究。

胜利油田从1973年5月在胜坨油田进行蒸汽吞吐开始，到1997年热采稠油储量已达2.7×10^8t，已动用1.5×10^8t，占55%。1997年稠油年产量达220.61×10^4t。该油田开采稠油的主要技术是蒸汽吞吐和蒸汽驱。

2. 葡南黑帝庙层稠油开采试验为大庆油田稠油开发打下了基础

葡南地区黑帝庙油层稠油开发开始于1989年9月，2003年以前主要开发的是葡浅12区块。20世纪末加大了投入，形成了较大规模的注汽系统，2001年又对该区进行了井网加密，钻加密井36口，使该区块稠油生产达到了较大的规模，年产量2×10^4t以上。葡浅12区块为大庆油田稠油开发积累了宝贵的经验[3]。

1）葡浅12区块概况

葡南地区黑帝庙油层2003年以前开发的葡浅12区块，面积$1.5km^2$，储量351×10^4t，已动用133×10^4t，共有生产井54口，正常生产井43口。

2003年葡浅12试验区稠油产量为2.92×10^4t，平均单井年产原油678t，单井平均日产原油2.7t。单井采油速度在1.6%~12.0%，区块采油速度为2.2%。

2）黑帝庙稠油生产特点

通过分析葡浅12试验区蒸汽吞吐井的生产规律，可看出稠油热采生产特征。

（1）井口注汽压力逐渐降低。葡浅12试验区第一周期井口注汽压力平均为6.9MPa，第二周期降为平均6.0MPa，第三周期降为平均5.4MPa。

（2）由于油层埋藏浅、厚度薄、弹性产能低，表现为周期生产时间短。葡浅12试验区油层中部深度272m，油层平均厚度10m，吞吐周期生产时间为105~180d，平均120d。

（3）蒸汽吞吐采油过程中，驱动方式以弹性能量驱为主，产量服从指数递减规律。

3）黑帝庙油层稠油生产中提高吞吐效果的措施

葡浅12试验区在抓生产的同时注重技术研究，通过有效措施提高蒸汽吞吐效果。

（1）注蒸汽预处理清除油层污染，提高吞吐效果。

葡浅12试验区由于油藏埋藏浅，地层成岩程度低，油层砂岩疏松，具有高孔隙度、高渗透率的特点。在钻井过程中虽然控制钻井液的密度，仍然不可避免地发生油层伤害现象。注蒸汽预处理是在生产井进行正式蒸汽吞吐之前注入第一周期注入量的三分之一注汽量（约30t/m蒸汽），焖井1~2d，大排量放喷生产，用来清除油层伤害，提高油层吸汽能力，进而提高生产井蒸汽吞吐效果的一种方法。

根据32口生产井（1996年以前）的生产数据分析和对浅、薄层稠油油藏生产特点分析，新钻井采用了注蒸汽预处理方法。32口新钻生产井与24口老井第一周期生产数据对比，生产井油汽比指标由0.406提高到0.594，提高了接近40%。

（2）优化单井注入强度。

根据数值模拟计算，总结前期蒸汽吞吐注入参数和生产动态资料，结合葡浅12试验区具体地质条件，将国内比较通用的生产井第一周期蒸汽注入强度由120t/m调整为80t/m，有效地控制了生产井的注入压力。井间汽窜率下降了75%。提高了单井的生产油汽比，36口生产井生产油汽比提高0.15，在相同的生产周期内（三个周期）采出程度提高1.5个百分点。

（3）调整注汽组合，提高单井蒸汽注入方案符合率。

在注汽方案编制过程中，考虑单井的油层条件（有效厚度、孔隙度、渗透率），上一周期的生产动态（产液、产水、回采水率等），并结合注汽管网条件，合理调整了注汽组合和注汽顺序，获得良好效果。注汽方案符合率由57%上升到85%。并且部分前一周期吸汽能力差的生产井本周期吸汽转好，获得比较好的油汽比和回采水率。

（4）采用新式稠油生产井完井方法，降低生产井套变概率，提高生产井利用率。

葡浅12试验区1996年以前所钻的32口生产井已经有23口发生了套变，报废停产，严重影响了整体开发效果。2002年结合黑帝庙油层葡浅12试验区的油层条件，确定了热采专用筛管防砂完井、油层部位上部加应力补偿器的完井方式。在葡浅12试验区葡浅19井区采用上述完井方式完钻6口生产井，初步获得成功。原完井方式的生产井在注汽过程中套管伸长量一般在30~60cm，新完井方式的生产井在注汽过程中套管伸长量一般在10cm以下，有效降低了生产井的套变概率。

（5）在严重汽窜井中使用超细水泥封堵，效果突出。

葡浅12试验区有5口严重汽窜井，处于停井状态。2003年通过调研和细致的地质工作，决定在葡浅3-41、5-41井进行超细水泥堵窜试验。该方法的原理就是利用超细水泥粒度小、水泥浆具有渗流能力较强和相对密度较小的特点，注入地层可有效封堵高渗透层。葡浅3-41井为1996年完井，注入第一周期即与第七采油厂注水井发生汽窜，一直处于停井状态。2003年9月注入超细水泥，10月进行了蒸汽注入未发生汽窜现象。11月5日转抽，截止到12月22日累计增油489.7t，日产油9.8t。葡浅5-41井与周围的3口生产井均有窜通现象，甚至其他3口井在冲砂过程中，葡浅5-41井井口达到出砂出水的程度，4口井基本处于停产状态。2003年9月注入超细水泥，10月进行了蒸汽注入未发生汽窜现象。11月5日转抽，初期日产油达到16.1m³，截止到12月22日累计增油204.7t，日产油8.5t。与其窜通的3口生产井正在进行蒸汽注入，未发生汽窜现象。

3. 江37井区热采试验初步见到好的效果，坚定了西部斜坡稠油开发的信心

2003年在江37和江372井进行了蒸汽吞吐试验。试验目的层为高台子层，埋藏深度为590~610m，两口井油层厚度分别为6.4m、3.3m，净总厚度比分别为0.81、0.52。2003年试验正在进行第一周期的蒸汽吞吐，截止到2003年12月30日，江37井平均日产油3.58t，累计产油211.0t，油汽比已达0.264，井底蒸汽干度为34%，江372井平均日产油2.99t，累计产油242.2t，油汽比已达到0.346，井底蒸汽干度为32.9%。两口试验井均获得了较好的试验效果。类似条件还有江28、江54、江55、杜66等井可以开展热采试验。

三、加快稠油开发步伐，尽快实现产量上规模

随着对稠油资源潜力认识不断深入及热采技术的研究和应用水平的不断提高，稠油热采的可行性及效果渐渐展现出清晰的前景，应加快稠油热采的步伐，尽快形成产量规模。

1. 规划指导思想及目标

稠油开发规划的指导思想：加大前期评价工作力度，落实稠油储量潜力；大力发展热采技术，加快已落实稠油资源的开发步伐，尽快建成一定的产量规模；加大稠油开采技术研究和现场试验力度，努力提高稠油采收率及开发经济效益。

稠油热采的规划目标：到2007年西部斜坡区探明稠油地质储量$1500×10^4$t，葡南地区黑帝庙油层探明稠油储量$500×10^4$t，建成稠油生产能力$30×10^4$t。

2. 提交储量区块及估算储量

根据西部斜坡区探井复查结果,可动用的稠油储量区块主要有:江 54-55 井区、江 37 井区、江 28 井区、杜 4 井区、杜 616 井区、阿拉新—二站油环、杜 19 井区及平洋地区;葡南地区的葡浅 12、葡浅 16 井区。这些区块为一类区块,估算储量为 $1725×10^4$t(表 6-22)。通过技术攻关有望动用的稠油储量区块主要有:杜 66 井区、江 64 井区、阿拉新—二站油环、杜 20 井区和平洋地区,这些区块为二类区块,估算储量为 $258×10^4$t(表 6-23)。

表 6-22 一类区块及估算储量

区块	层位	有效厚度 (m)	原油密度 (g/cm³)	储量 (10^4t)
江 37 井区	高台子	8.8	0.920	155
江 54-55 井区	萨Ⅱ+Ⅲ	4.2	0.929	370
江 28 井区	高台子	4.2	0.920	74
杜 4 井区	萨Ⅰ	3.6	1.009	119
杜 616 井区	萨Ⅰ、萨Ⅱ+Ⅲ	4.7	1.070	230
阿拉新—二站油环	萨Ⅰ	3.0	0.925	100
杜 19 井区	萨尔图	3.2	0.931	73
平洋地区	萨Ⅰ	3.9	0.921	125
葡浅 12 井区	黑Ⅰ	10.0	0.916	351
葡浅 16 井区	黑Ⅰ	7.9	0.916	128
合计				1725

表 6-23 二类区块及估算储量

区块	层位	有效厚度 (m)	原油密度 (g/cm³)	储量 (10^4t)
杜 66 井区	萨Ⅰ	2.5	0.925	81
江 64 井区	萨Ⅱ+Ⅲ	1.2	1.052	21
杜 20 井区	高台子	0.6	1.100	7
阿拉新—二站油环	萨Ⅰ	1.2	1.078	38
平洋地区	萨零	2.3	1.052	111
合计				258

3. 西部斜坡区稠油产能构成

为使稠油开发尽快形成规模,必须加快稠油潜力评价研究步伐,使稠油资源得到合理利用,成为大庆油田可持续发展的重要部分。

截至 2003 年底,江 37 井区两口试验井平均单井日产油 3.24t,累计产油 453.2t,平均含水 46%。试验动态表明该区块稠油层有较好的热采产能。因此,在这一区块应扩大热采规模,进行滚动开发。根据该区块的砂体发育延伸方向,2004 年在该试验区的南部和北部钻热采开发试验井 15 口。此外,在江 28 井区、江 54-55 井区、杜 66 井区钻开发井和评价井 25 口(表 6-24),形成 $2.5×10^4$t 产能。

表 6-24　2004 年西部斜坡区新钻井及稠油产能构成

区块	新钻井数(口)	产能(10^4t)	预计年产油(10^4t)
江 37 井区开发井	15	1.00	0.625
江 28 井区开发井	5	0.30	0.125
江 54 井区开发井	4	0.25	0.150
江 55 井区开发井	5	0.30	0.125
杜 66 井区开发井	6	0.35	0.200
江 54-55 井区评价井	5	0.30	0.125
合计	40	2.50	1.350

第六节　油田开发潜力和攻关方向

一、各类油藏开发潜力

2002 年开发技术座谈会上,油田公司提出"11599"工程目标,对大庆外围油田上产提出了明确要求。通过一年来的实践,结合对油田各类开发潜力评价和产量递减趋势分析等,基本落实了外围油田 2005 年年产油 $500×10^4$t 的规划部署。

1. 已开发油田潜力分析

1)井网加密潜力

根据井网适应性评价结果,考虑到经济有效,外围油田有 36 个区块可以进行井网加密调整,含油面积 148.1km²,地质储量 $8558×10^4$t,可钻加密井数 1462 口,建成产能 $94.6×10^4$t,增加可采储量 $578×10^4$t。其中包括 2003 年已完成布井方案但未钻的朝阳沟油田翻身屯 195 口,龙虎泡油田龙 37 排以北的 28 口井。

2)注采系统调整潜力

一是已加密区块和补孔区。加密区块注采系统还有不完善的地区,在一定程度上影响了井网加密的效果。需油井转注 91 口。

二是待加密区块。按照井网加密潜力分析结果,考虑加密调整与注采系统调整相结合,则待加密区块注采系统调整井数为 231 口。

三是非加密区。评价认为暂不加密区块,涉及总井数 9330 口,可转注油井 537 口,占三类注采系统调整总数的 62.5%。

上述三种注采系统调整潜力 859 口,特别是暂不加密区块可以使油水井数比从 2.4 提高到 1.8,测算增加水驱控制程度 4.24 个百分点,增加可采储量 $320×10^4$t。

3)压裂措施潜力

近十年来,外围油田措施增油量只有 $(8~10)×10^4$t,占总产量的 3% 左右,其中压裂增油量占外围油田总增油量的 70% 以上。从总的单井压裂效果分析，"十五"前两年萨葡油层压裂单井年增油 491t，而扶杨油层单井年增油 356t。

以油井压裂增油量的产值大于压裂措施投入总成本作为外围油井压裂经济下限，考虑含水、井况、已措施情况，逐厂分析后认为，在油价 20 美元 /bbl 时，预计有 1852 口油井具有压裂潜力。扣除 2003 年油井压裂 175 口，尚有 1677 口井的压裂潜力。

2. 已探明未动用储量潜力分析

储量的动用程度取决于地质条件、开发技术进步和经济界限。

1）目前开发技术条件下可动用的储量及区块

在现有技术条件下，共优选评价出 47 个区块可以开发动用。其含油面积为 262.0km^2，地质储量 6763×10^{4}t。其中规划安排 23 个区块，含油面积为 131.1km^2，地质储量 5390×10^{4}t。

2）技术进步条件下优选区块

考虑肇州油田葡萄花超薄油层水平井开发新技术推广和扶杨油层蒸汽吞吐、注活性水、注 CO_2 进入矿场试验，在技术进步条件下还可以优选出 27 个区块，含油面积为 135.2km^2，地质储量 2467×10^{4}t。有待 2006 年以后纳入产能建设规划。

二、攻关方向

大庆外围油田已开发区块递减大，而且控制递减难度大；已探明未动用和待探明储量品质差，油层埋藏深，油水分布复杂，要保持大庆外围油田 500×10^{4}t 稳产，有些关键性的开发技术亟待加快研究。面临严峻的开发形势，必须解放思想，积极寻找弥补产量递减的对策。

1. 大庆外围低渗透油田油藏描述表征技术研究

针对大庆外围已开发油田改善开发效果和新区上产等问题，全面开展精细油藏描述技术研究，探索低渗透、裂缝性油藏精细三维地质建模方法，努力实现地质建模与油藏数值模拟、剩余油分布研究和调整挖潜工作的一体化。

2. 改善大庆外围已开发油田水驱效果配套技术研究

为进一步改善大庆外围油田的开发效果，提高储量的动用程度，需进一步研究不同类型储层动用条件，形成配套的加密调整技术；同时加强以增产增注为核心的"压—注—采"整体改造技术研究，通过高强度压裂、注微生物、细分注水及调剖等技术提高注入能力；通过水平井、压裂、酸化、微生物及蒸汽吞吐等技术手段提高采出能力；根据油藏地质特点及开发规律，合理调整注采系统，形成改善外围已开发油田水驱效果配套技术，为外围油田的高效挖潜提供技术保证。

3. 未动用储量有效动用技术研究

为有效开发大庆外围油田未动用储量，需完善未动用储量的评价技术；开展水平井、小井距、大型压裂、注气等研究及矿场试验，评价该类技术开发未动用储量的可行性；探索提高未动用储量新的开发手段，为未动用储量的有效动用提供技术保障。

4. 微生物采油配套技术研究

进一步筛选适合大庆油田不同功能的微生物高效菌种；逐步建立微生物菌种库；扩大微生物吞吐的试验规模（大庆外围油田、老区过渡带等）；开展微生物驱的矿场试验，研究微生物驱的应用地质开发条件，使微生物采油成为大庆油田有效增产增注措施。

5. 稠油热采试验

通过西部斜坡区蒸汽吞吐矿场试验和黑帝庙热力采油试验，搞清热力采油所需的油层厚度下限，评估其储量潜力；完善稠油热采开发配套技术，扩大稠油热采的规模；探索冷采和水平井开发稠油的可行性，实现稠油开发的多元方式。

6. 扶杨油层水平井开发试验

针对特低渗透油藏直井难以动用的特点，开展扶杨油层水平井注水和采油试验。搞清扶杨油层水平井开发动用条件，研究水平井井网优化设计方法，落实水平井开发扶杨油层动用潜力及水平井的应用规模，为特低渗透扶杨油层有效开发提供技术支持。

参 考 文 献

[1] 李莉. 大庆外围油田注水开发综合调整技术研究 [D]. 廊坊：中国科学院研究生院（渗流流体力学研究所），2006.

[2] 边岩庆，杨青山，杨景强. 葡西油田油水层识别 [J]. 大庆石油地质与开发，2006（6）：108-111，126.

[3] 陈杰，钱昱，李士平. 葡南葡浅12区块蒸汽驱矿场试验研究 [J]. 大庆石油地质与开发，2007（5）：68-71.

第七章 完善水驱，加大非水驱开发试验攻关

2004年是实现大庆外围油田上产的关键一年，外围油田开发工作以油田公司"持续有效发展，创建百年油田"为指导方针，积极控制老区产量递减，努力增加新区储量有效动用，科学实施加快评价、加快试验、加快上产。在深化"三低"油藏精细描述研究的基础上，扩大成熟开发技术应用规模，葡萄花油层难采储量得到有效动用，加大新区新技术矿场试验力度，进一步明确了扶杨油层难采储量下步攻关方向，同时，海拉尔复杂断块油藏开发技术研究取得初步成果，为实现外围油田增储上产新目标奠定了坚实的基础。

第一节 全面完成各项开发指标，科研生产取得可喜成绩

一、多学科联合攻关，取得了重要进展

1. 开展了大庆外围扶杨油层小井距整体压裂试验

为改善裂缝不发育、渗透率小于2mD扶杨油层的开发效果，在油藏地应力研究的基础上，利用数值模拟进行井网与压裂的整体优化设计，探索了大井距、小排距矩形井网与整体压裂结合开发扶杨油层的可行性。现场试验结果表明，压裂后初期单井日产油3t，拓宽了未动用储量的有效开发途径。

2. 探索了大庆外围零散区块随钻地震技术

针对大庆外围零散区块开发对象目标小、大规模三维地震施工受成本高、周期长的限制，在国内率先探索建立了一套应用随钻地震技术进行地震资料采集、处理、解释的方法，获得的实际资料经三维地震资料验证，具有很好的可靠性与有效性。该方法成本低、周期短、资料分辨率和利用率高。在小断层识别、砂体追踪、井位优选等方面具有良好的应用前景，为加快外围零散区块的评价步伐提供了有效的手段。

3. 深化了葡西油田葡萄花油藏地质认识

应用高分辨率层序地层学原理将储层划分为三种沉积模式，从成因上研究了低渗透油水同层油藏的演化过程和形成机理，分层建立了油水同层的解释图版。研究出了低渗透油水同层油藏的区块优选方法，优选出了$3562×10^4$t可开发动用的地质储量。共设计开发井554口，完钻170口，钻井成功率95%以上，油水层解释符合率85%以上。

4. 加强了微生物采油技术研究和应用

继微生物吞吐技术成为大庆外围油田增产增注的有效措施后，在朝阳沟油田又开展了微生物驱矿场试验，初步见到了注入压力下降、采油井菌数增加的好效果，起到了解堵增

油的作用,展示了微生物采油技术在大庆油田良好的应用前景。

5. 解决了海拉尔油田强水敏储层的注水开发问题

针对海拉尔油田贝 301 区块储层存在的强水敏特征,通过大量的静态与动态模拟实验,系统评价了储层的伤害机理,优选出了能有效控制储层中黏土矿物水化膨胀、分散运移的黏土稳定剂,揭示了黏稳剂抑制水敏现象发生的机理。给出了贝 301 区块单井注水强度界限,研究了转注时机、注入速度和注入方式,开展的三个井组注水开发试验,取得了良好效果,解决了强水敏储层的注水开发问题,对同类油田的注水开发有重要的指导作用。

二、圆满完成产量任务,油田开发成效显著

大庆外围油田通过加大新区储量动用程度、老区井网加密、注采系统调整以及采取水平井与直井联合开发等多元开采方式,年产量达到 $483×10^4t$,与 2003 年对比增产 $50×10^4t$,是大庆外围油田投入开发以来增产幅度最大的一年(图 7-1)。

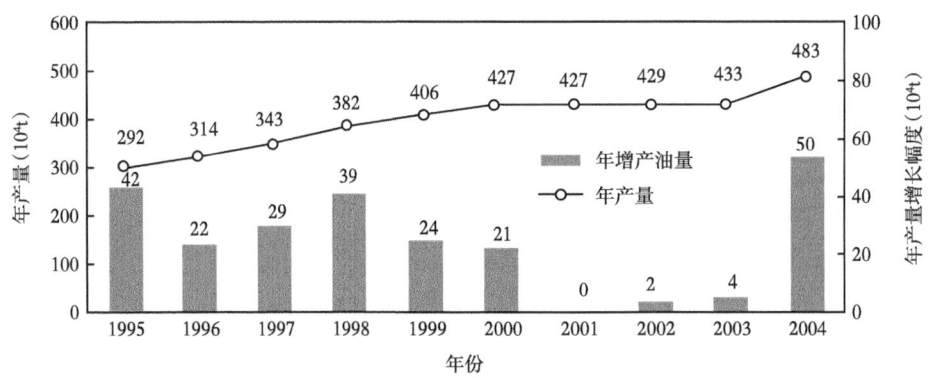

图 7-1 外围油田产量曲线

1. 肇州油田低丰度葡萄花油层水平井开发试验成效显著

针对未动用葡萄花油层,储量丰度低,一般都小于 $20×10^4t/km^2$,厚度薄,单井厚度在 1~2m,平均有效厚度在 1m 以下的特点,大庆油田第八采油厂 2002 年在肇州油田葡萄花油层开展水平井开发试验。以油藏工程分析和数值模拟为手段,对水平井进行了优化设计。系统研究了水平井与常规井网互相协调的注采方式,论证了采取早期注水对保持水平井区地层压力和提高水平井稳定产量的重要性。

方案设计水平井 17 口,已完钻 14 口,2004 年已投产 10 口井。平均单井日产油 8.3t,综合含水 8.8%,已累计产油 27024t,平均单井累计产油 2702t,在外围"三低"油田中属于高产井。2002 年 7 月投产的第一口水平井肇 55 平 46 井,2004 年 12 月份日产油仍保持在 10t,是周围直井产量的 3 倍。

大庆低渗透油田水平井开采实践表明,水平井的生产能力是同类地区压裂直井的 3~6 倍,水平井技术在低渗透油田具有一定的应用前景。

2. 油藏评价工作业绩突出

2004 年外围油田紧紧围绕实现增储上产新目标,工作中注重静态与动态相结合,主

观与客观相统一，宏观与微观相渗透，全局与局部相协调，围绕敖南、苏德尔特、乌北地区，从提前介入预探、油藏工程与采油、地面工程一体优化和加大三维地震采集三个方面加快评价部署；深入分析已探明未动用储量有效动用和海拉尔油田上产面临的主要问题，加快矿场试验；因区制宜，因井制宜，落实各类潜力，加快上产步伐。通过一年的实践，科学实施"三个加快"，完成新增石油探明储量 10409×10^4t，新增探明可采储量 2152×10^4t，为 2005 年外围油田实现年产油 500×10^4t 以上打下了坚实的基础。

第二节　低渗透油藏水驱动用界限及非水驱开发试验

一、大庆外围油田未动用储量构成和分类

按照"单层位分析、多层位评价"基本思路，加强了 2003 年底以前大庆外围油田未动用储量分类评价研究，通过细分评价单元，将 21 个油田未动用储量划分为 282 个评价单元，其中葡萄花油层 137 个，扶杨油层 98 个，重新落实每个评价单元面积、储量、油藏深度、储层物性、原油黏度等参数，系统地建立了未动用储量信息库，为建立评价单元概念地质模型、优选未动用储量开发潜力提供了基础。

1. 未动用储量构成

2003 年底以前大庆外围油田已探明未动用储量（包括葡萄花油田南部）54698×10^4t，待核销储量 20019×10^4t。在剩余已探明未动用储量中，大庆长垣外围（含长垣葡萄花油田）未动用储量 53943×10^4t，海拉尔油田未动用储量 755×10^4t。从不同油田、层位和采矿权隶属关系，分析了大庆长垣外围油田未动用储量分布状况。

1）不同油田未动用储量分布

大庆长垣外围已探明 30 个油田，经过不断优选开发和 2000—2001 年储量复核复算，还有 21 个油田剩余未动用储量，其中，肇州油田剩余未动用储量最多，为 12879×10^4t，其次是头台、榆树林、龙虎泡等油田，剩余未动用储量均在 5000×10^4t 以上。

2）不同层位未动用储量分布

大庆长垣外围油田剩余石油探明地质储量为 53943×10^4t，主要集中在葡萄花、扶杨油层。葡萄花油层剩余未动用储量为 18944×10^4t，占 35.1%，扶杨油层剩余未动用储量为 28719×10^4t，占 53.2%。

3）不同采油厂未动用储量分布

大庆长垣外围未动用储量采矿权隶属关系复杂，按照采油厂划分，涉及 9 个单位。剩余未动用储量主要分布在第八采油厂、第九采油厂，分别占未动用储量的 23.4% 和 28.2%；其次为榆树林、头台公司、合作区块、第七采油厂等。

2. 未动用储量分类

1）葡萄花油层

大庆长垣外围葡萄花油层石油探明地质储量为 49489×10^4t，葡萄花油层剩余未动用储量为 18944×10^4t，含油面积为 $1023.9km^2$，主要分布在宋芳屯、肇州、永乐和葡西油田，平均储量丰度为 $18.5\times10^4t/km^2$。未动用储量有两个特点。

一是地面有依托储量占 66.9%。剩余未动用储量中，地面有依托探明地质储量

12675×10⁴t，含油面积696.3km²，主要分布在肇州、永乐、葡西等油田，平均储量丰度为18.2×10⁴t/km²；地面分布零散无依托探明地质储量6269×10⁴t，含油面积327.6km²，主要分布在榆树林、龙虎泡、新肇、高西等油田，占未动用储量的33.1%，平均储量丰度为19.1×10⁴t/km²。

二是油水分布复杂型储量占一定比例。按照油水复杂程度将葡萄花油层未动用储量划分为油水复杂型和相对简单型，油水复杂型储量为6639×10⁴t，含油面积346.8km²，平均储量丰度为19.1×10⁴t/km²，占未动用储量35.0%，主要分布在长垣东部的卫星、长垣西部的葡西、哈尔温、龙虎泡等油田；相对简单型储量为12305×10⁴t，含油面积677.1km²，平均储量丰度为18.2×10⁴t/km²，占未动用储量65.0%，主要分布在长垣东部肇州、宋芳屯、永乐等油田。

按储量丰度将葡萄花油层剩余未动用储量分为两类：Ⅰ类储量丰度大于等于20×10⁴t/km²，地质储量11429×10⁴t，其中，油水分布相对简单型储量7133×10⁴t，油水分布复杂型储量4296×10⁴t；Ⅱ类储量丰度小于20×10⁴t/km²，地质储量7515×10⁴t，其中，油水相对简单型储量5172×10⁴t，油水复杂型储量2343×10⁴t。

2）扶杨油层

2004年，大庆长垣外围扶杨油层已探明12个油田和1个气田油环，探明石油地质储量为63386×10⁴t，含油面积1311.8km²，动用地质储量24902×10⁴t，含油面积379.7km²。已探明未动用储量为38484×10⁴t，其中，待核销储量9765×10⁴t，剩余探明未动用地质储量28719×10⁴t，含油面积635.4km²，占扶杨油层探明地质储量45.3%。

根据扶杨油层探明未动用储量在垂向上与葡萄花油层的叠置关系划分为叠合型和非叠合型。非叠合型地质储量16271×10⁴t，含油面积367.2km²，主要分布在榆树林、头台、升平等油田。叠合型储量为12448×10⁴t，含油面积268.2km²，主要分布在肇州、永乐、宋芳屯、他拉哈等油田。其中，上部葡萄花油层已经开发扶杨油层未动用储量4148×10⁴t，含油面积72.1km²，主要分布在葡南、肇州、永乐、宋芳屯油田。

按储层渗透率和原油流度将扶杨油层未动用储量分为四类，Ⅰ类为储层渗透率≥1.5mD、流度≥0.35mD/(mPa·s)，未动用地质储量5420×10⁴t，平均储量丰度38.7×10⁴t/km²；Ⅱ类为储层渗透率1.0~1.5mD、流度0.25~0.35mD/(mPa·s)，未动用地质储量8063×10⁴t，平均储量丰度46.6×10⁴t/km²；Ⅲ类为储层渗透率0.5~1.0mD、流度0.15~0.25mD/(mPa·s)，未动用地质储量9507×10⁴t，平均储量丰度51.4×10⁴t/km²；Ⅳ类为储层渗透率<0.5mD、流度<0.15mD/(mPa·s)，未动用地质储量5729×10⁴t，平均储量丰度41.8×10⁴t/km²。扶杨油层未动用储量多分布在储层渗透率0.5~1.5mD、流度0.15~0.25mD/(mPa·s)之间，开发难度大。

二、整合特低渗透油藏开发技术，提高扶杨油层储量动用程度

扶杨油层剩余未动用储量地质特征复杂，一是储层物性差，渗透率主要分布在0.5~1.5mD；二是砂体变化大，地震预测精度低；三是存在较高启动压力，注采井间难以建立起有效驱动体系；四是原油流度低。这些特点决定了扶杨油层储量优选开发的难度大，为此，2004年加强注水开发技术整合和矿场试验，积极推进特低渗透扶杨油层未动用储量有效动用。

1. 发展注水开发技术，提高水驱开发效果

1）未动用储量优选界限和有效驱动技术经济界限

大量的室内实验以及矿场实践表明，储层渗透率越低岩石孔隙系统的孔喉半径越小，非均质程度越严重，微孔隙所占的孔隙体积比例越大。特低渗透储层的渗流特征非常复杂，一是特低渗透储层存在启动压力梯度，具有非线性渗流的特点；二是特低渗透储层具有低速渗流的特点，有效渗透率随着压力梯度的增加而趋于某一定值。

（1）扶杨油层储量优选技术界限为渗透率 0.5mD 以上。

大庆长垣外围油田扶杨油层探明储量有效厚度物性下限是通过建立压裂后采油强度与平均孔隙度和平均渗透率的关系进行确定，孔隙度下限为 9%，渗透率下限为 0.1mD（表 7-1）。扶杨油层驱替实验分析资料、拟启动压力梯度分析资料以及油田开发动态资料研究表明，水驱阶段东部扶杨油层储量优选技术界限为渗透率大于等于 0.5mD。

表 7-1　扶杨油层有效厚度下限层试油成果表

井号	层位	有效孔隙度（%）			空气渗透率（mD）			试油结果	
		最小	最大	平均	最低	最高	平均	方式	产量（t/d）
树10	F I 7	7.9	14.9	11.6	0.01	3.44	1.05	压捞	0.79
树14	Y I 2	8.1	13.3	11.2	0.01	2.88	0.42	压MFE	1.55
树16	F I 3	7.3	14.4	9.8	0.01	2.07	0.2	压MFE	2.46
树13	F I 7	7.5	14.5	10.9	0.01	0.3	0.11	压MFE	0.2
朝65	F I 4	8.6	13.1	11.0	0.02	1.74	0.31	压MFE	1.51
朝39	Y II 2	9.0	12.9	10.9	0.01	0.56	0.09	压MFE	1.51

应用核磁共振技术对扶杨油层样品进行驱替实验，实验表明，束缚水的孔喉直径在 0.01~3μm，且主要分布在小于 0.8μm 的孔隙中，岩心中原始含油的孔喉直径主要分布在 0.2~40μm，可动油主要分布在孔喉直径大于或等于 0.8μm 的孔径中，即最小可动油孔喉半径为 0.4μm。扶杨油层储层渗透率与平均孔喉半径关系曲线存在一个比较明显的分界点，其对应的平均孔喉半径为 0.4μm。大量毛细管压力资料统计结果，平均孔喉半径 0.4μm 所对应的平均渗透率为 0.66mD，平均孔隙度为 11.2%。表明东部扶杨油层储量动用技术界限为渗透率大于或等于 0.66mD。

室内实验研究结果表明：拟启动压力梯度与渗透率成反比，渗透率越低，拟启动压力梯度越大。利用实验测定的拟启动压力梯度经过校正后得到的地层条件下拟启动压力梯度（地温 60℃）与渗透率关系。从曲线上可以明显看到，渗透率 0.6mD 时拟启动压力梯度存在一个明显的拐点，当渗透率小于 0.6mD 时拟启动压力梯度值随着渗透率的减小急剧增加；当渗透率大于 0.6mD 时拟启动压力梯度随渗透率的增大而减小，但变化的幅度较小。

应用榆树林油田 11 口井 11 个层单层试油资料重新建立采油指数与渗透率关系图版，对于渗透率相对较好的油层，采用算术平均值，对于渗透率较差的油层，采用相应油层渗透率最大值。从渗透率与采油强度的关系曲线中可以看出，当采油强度趋近于零时渗透率值趋近 0.48mD。

统计榆树林油田扶杨油层12口井产液剖面测试资料，12口井中渗透率小于0.5mD的油层23个，测试结果表明动用的只有6个层，占总动用厚度的13.5%，但相对产油量仅占测试产油量的3.9%（表7-2）。矿场实际资料表明，渗透率小于0.5mD的油层基本无产油能力。

表7-2 榆树林油田扶杨油层动用状况表

序号	井号	有效厚度（m）	动用厚度（m）	日产油（t）	渗透率小于0.5mD油层						
					层数（个）	有效厚度（m）	产油层（个）	动用厚度（m）	百分数（%）	日产油（t）	相对产油（%）
1	树45-57	6.0	3.6	5.8	1	0.8				0	
2	树59-60	23.0	8.8	7.6	2	1.2				0	
3	树59-61	8.0	7.4	4.5	1	0.6				0	
4	树59-63	21.8	13.6	1.6	3	6.8	1	4.2		0.3	
5	树62-59	12.6	7.6	2.5	1	1.8					
6	树63-65	15.8	9.4	7.5	1	1.6					
7	树67-65	20.8	15.8	1.87	1	1.0				0	
8	树69-64	20.8	15.0	7.8	1	1.4				0	
9	树94-33	15.4	8.4	1.5	4	5.6	2	2.6		0.5	
10	树95-40	24.6	21.6	4.7	4	11.2	2	8.2		1.1	
11	树98-38	26.6	12	5.9	2	4.8					
12	树100-40	20.4	14.8	1.9	2	5.0	1	3.6		0.19	
合计		215.8	138	53.1	23	41.8	6	18.6	13.5	2.09	3.9

综上所述，地层原油黏度在4.0~5.0mPa·s条件下，东部扶杨油层水驱开发优选的技术界限为渗透率0.5mD以上。

（2）建立有效驱动体系是水驱有效开发的基本条件。

扶杨油层多采用300m正方形井网注水开发，由于储层渗透率低，注采排距过大，不能建立有效驱动体系，表现为单井产量低，递减幅度大，要改善开发效果，首先必须解决有效驱动体系问题。

低渗透油藏渗流理论与开发实践表明，由于低渗透油藏启动压力梯度的存在，在注水开发中不同流度油藏其有效驱动的能力不同，储层渗透率越低或流度越低，其有效驱动距离越小。

以往主要通过理论公式计算有效驱动井距，但实际开发中反映计算值偏大。为此，提出了应用矿场加密区块资料计算有效驱动距离的方法。

根据大庆外围加密区块的动静态资料分析，按照油井产液能力达到开发初期产液能力的80%为有效的标准，分析在扶杨油层14个加密区块中，朝522、朝55和东16三个加密区块，原300m井网基本能建立起有效驱动体系，其他11个区块原井网不能建立起有效驱动体系，这11个区块井网加密后有6个能建立起有效驱动体系。因此，应用7个有效驱动区块（朝522、朝55区块未用），建立了有效驱动距离与油相流度的关系（图7-2）。

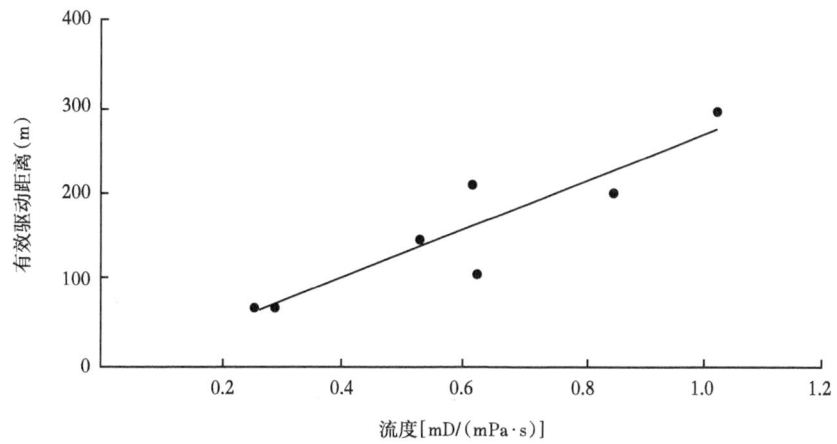

图7-2 大庆外围油田扶杨油层有效驱动距离与流度关系图

$$L_{有效} = 278.26M - 7.11 \tag{7-1}$$

式中 $L_{有效}$——有效驱动距离，m；

M——流度，mD/（mPa·s）。

①各类储层有效动用的井排距界限。

根据上述有效驱动公式，分别计算了未动用储量Ⅰ类和Ⅱ类（地层原油黏度4.2mPa·s）有效驱动距离，有效驱动距离为90~120m。考虑砂体对井网的要求，扶杨油层河道砂体宽度一般为300~600m，分别设计了400m、450m和500m三种井距。其中500m井距对应Ⅰ、Ⅱ类未动用储量的有效驱动井网密度分别为16.7口/km²和22.2口/km²（表7-3）。

表7-3 大庆外围油田扶杨油层有效驱动井网密度分析表

类别	注采排距（m）	井距（m）			井网密度（口/km²）		
Ⅰ	120	400	450	500	20.8	18.5	16.7
Ⅱ	90	400	450	500	27.8	24.7	22.2

②各类储层有效动用储量丰度界限。

根据大庆外围油田实际的投资和成本费用：钻井关联交易为700元/m、小油公司为480元/m；地面建设关联交易为90×10⁴元/口、小油公司为70×10⁴元/口；压裂为30×10⁴元/口。由此计算出油价分别为20美元/bbl、25美元/bbl、30美元/bbl，内部收益率分别为5%、8%、10%和12%时,关联交易单井产油量为9778~13104t、小油公司为3222~9328t。例如正常开发时单井经济产量为7710t,如果采用小油公司模式开发,单井经济产量为5384t。

根据单井经济极限产量,计算了有效动用所需的经济极限储量丰度。Ⅱ类储层有效驱动排距为90m,在井距500m条件下,采用关联交易模式储量丰度为$82×10^4t/km^2$,如果采用小油公司模式开发对应储量丰度为$57×10^4t/km^2$。Ⅰ类有效驱动排距为120m,在井距500m时,若采用关联交易模式储量丰度为$64×10^4t/km^2$,小油公司模式储量丰度界限为$45×10^4t/km^2$(表7-4)。因此,对于扶杨油层储量丰度小。渗透率低的区块应该采用小油公司体制开采,才能提高扶杨油层储量有效动用程度。

表7-4 大庆外围油田扶杨油层有效动用储量丰度表　　单位:$10^4t/km^2$

投资方式		关联交易			小油公司		
井距(m)		400	450	500	400	450	500
类别	Ⅰ	76	70	64	53	49	45
	Ⅱ	97	89	82	68	62	57

(3)各类储层典型区块实例分析。

①未动用Ⅰ、Ⅱ类储层采用水驱开发可以建立有效驱动体系。

朝阳沟油田长31区块,空气渗透率为4.19mD,流度为0.58mD/(mPa·s),计算有效驱动距离为154m。该区1995年采用300m×300m反九点注水投入开发,初期单井日产油4.3t,到加密前的2003年10月单井日产油0.9t,采油速度为0.30%,8年采出程度仅6.1%。加密到井距150m后,采油速度提高1.28个百分点,2004年底采油速度为1.2%,仍高于加密前0.9个百分点,说明井网加密到150m建立起了有效驱动体系。

头台油田茂9-13井区,空气渗透率为1.18mD,流度0.28mD/(mPa·s),计算有效驱动距离为72m。第一次排距加密到106m,没有见到注水效果,进一步缩小到70m,生产6个月加密井与老井明显见到了注水效果,平均单井日增油2.3t。说明虽然储层物性差,井距缩小到有效驱动距离内也可以建立起有效驱动体系。

②未动用Ⅲ类储层难以水驱开发。

头台油田茂401区块,储层物性差,空气渗透率为0.84mD,流度为0.21mD/(mPa·s)。该区采用井距600m,排距50m、70m、90m三种井网,于2003年12月投入开发,初期日产油0.9t,2004年底日产油0.5t。注水压力从初期的10.8MPa上升到2004年底的12.8MPa,仍没有见到明显的注水效果。初步看排距降到50m也难以有效动用。

2)井网与压裂的整体优化是特低渗透油藏有效开发的主要途径

大庆外围特低渗透油藏开发井网部署大体经历了井排方向与最大水平主应力方向呈不同角度的正方形反九点面积井网,调整到井排方向与最大水平主应力方向平行的五点法注水方式,再发展到沿裂缝方向线状注水的矩形井网形式三个阶段。

(1)矩形井网线性注水是特低渗透油藏合理的井网形式。

①有效井网形式采用矩形井网。

扶杨油层储层空气渗透率仅0.1~5.0mD,不同程度发育裂缝,压裂投产后,人工裂缝和天然裂缝构成了复杂的裂缝系统，造成油水运动的不均衡性。如朝阳沟、头台油田开发初期采用正方形反九点井网，油水井同处裂缝系统中，造成了油井见水过快和暴性水淹的现象，因此，必须在开发部署时对井网系统和裂缝系统进行优化组合。

合理的井网形式主要考虑：一是以最小的井网密度获得最大的水驱控制储量；二是最大限度地控制油水运动的不均衡性，获得最大的波及系数。

对于特低渗透油藏，合理的井网形式主要取决于裂缝组系与方位，井排和井距主要取决于裂缝及现地应力场造成的渗流各向异性，且与裂缝、基质的渗透率比值有关；从特低渗透油藏的地质特征看，用不等距井网开发是一种必然趋势。

朝503区块油藏数值模拟研究结果表明，矩形线状注水方式开发效果最好，其次为反七点法、正方形井网五点法，正方形井网反九点法最差，矩形井网在单井产量、采油速度、采出程度、见水时间方面都比其他井网好，是低渗透油藏开发效果最优的井网形式。

②井排方向平行于最大水平主应力方向。

扶杨油层普遍压裂投产，裂缝渗透率远大于基质渗透率，井排方向应平行于渗透率优势方向，在注水开发中形成线状注水方式。研究表明，扶杨油层最大水平主应力方向近东西向，因此合理井排方向应为东西向（表7-5）。

表7-5 大庆外围油田裂缝系统及开发动态情况统计表

油田	天然裂缝系统		人工裂缝系统		见水方位
	方位（°）	密度（条/m）	水平主地应力方位（°）	裂缝监测方位（°）	
朝阳沟	近东西（北东85°）	0.046	NE74°~NE84°	NE85°	东西向
榆树林	以北北东为主	0.012	NE85°~NE95°	近东西向	东西向
头台	北东60°、北西120°	0.057	NE100°	近东西向	东西向

③合理井排距比优化。

根据渗流力学和油藏工程原理，基于平面波及系数最大，推导出了井排比 R、裂缝与基质渗透率比值 m 的关系式，即 $R=2\sqrt{m-2}$。由此计算出特低渗透油藏不同渗透率条件下的合理井排距（表7-6）。

表7-6 低渗透油藏矩形井网合理井排距计算表

油藏类型	渗透率（mD）	合理排距（m）	合理井距（m）	井距/排距	井距/排距（理论计算）
致密低渗透油藏	<1	<100	400	≥4	>7
特低渗透油藏	1~5	100~150	450	≥3	4~7
	5~10	150~200	500	≥2.5	3.5~4.5
低渗透油藏	>10	200~250	600	≥2.5	2~4

综合分析认为，采用矩形井网开发可拉大井距，降低井网密度，提高储量控制程度；缩小排距，降低启动压力，建立有效驱动体系，是特低渗透油藏有效的开发井网形式，合

理的井排方向应平行最大主应力方向，井排距应根据储层条件优化[1]。

（2）井网优化与大规模开发压裂结合开发效果最佳。

优化后的矩形井网拉大了井距，必须加大压裂规模，增大泄油半径，保证合理的穿透比，提高单井产量。

①大规模压裂增大泄油面积，提高油井产量。

特低渗透油藏的特点是单井自然产能低，加大压裂规模是提高产能的最有效手段。根据头台油田周边7口探井统计，平均加砂强度为4.17m³/m，平均支撑缝半长达183m。开采3年后平均单井日产油仍保持在1.7t左右。2002年在头台油田Ⅱ类区块茂J55-74井进行了大规模压裂，单层扶Ⅱ$_1$压开有效厚度3m，设计半缝长276m，实际半缝长300m，初期日产油3.7t，开采两年后日产油1.8t，采油强度为0.6t/(d·m)，比周围8口油井采油强度[0.27t/(d·m)]高一倍，可以看出大规模压裂可明显提高头台油田Ⅱ类储层的开发效果。

为保证大规模压裂成功，压前应进行小型压裂测试、测压降曲线以及微地震裂缝监测，了解人工裂缝发育状况、裂缝方位、形态及地应力情况，为区块的整体压裂设计提供有关参数。

②开发压裂设计优化提高整体开发效果。

矩形井网线状注水可以通过开发压裂优化设计来实现。根据肇源油田的地质特征设计了4种矩形井网，设计排距为80~150m，井距为250~350m，分析了油水井不同裂缝穿透比对开发效果的影响，研究认为，随着裂缝穿透比的增加，累计产油量增加，但含水率也增加，综合研究确定油井裂缝穿透比为0.6~0.7，注水井裂缝穿透比确定为0.8~0.9。优化压裂裂缝导流能力为25~30mD·m。依据各区块井网井距参数及地质条件，得出各区块初步施工裂缝参数（表7-7）。

表7-7　压裂施工裂缝参数表

区块	井排距（m）	导流能力（mD·m）	半缝长（m）	
			油井	注水井
源121-3	350×100	25~30	105~123	140~158
源151	350×150	25~30	105~123	140~158
源35-1南块	250×100	25~30	75~88	100~113
源35-1北块	250×80	25~30	75~88	100~113

肇源油田投产的76口油井初期单井产液3.0t/d，产油2.8t/d，采油强度为0.28t/(d·m)，生产4个月后单井产液2.8t/d，产油2.6t/d，采油强度为0.26t/(d·m)，达到了设计产能要求。

综上所述，井网优化与大规模压裂必须建立在有效驱动体系基础之上，才能保证整体开发效果。"拉大井距缩小排距与大规模压裂整体优化"技术适用于扶杨油层Ⅰ类和Ⅱ类未动用储量，在油价30$/bbl，采用小油公司模式，可动用储量4964×10⁴t，面积100.7km²，其中，动用Ⅰ类储量3237×10⁴t，面积71.6km²，动用Ⅱ类储量1727×10⁴t，面积29.1km²（表7-8）。

表 7-8 扶杨油层井网与压裂整体优化的潜力及安排表

油田	所属单位	类别	区块	预计动用 面积（km²）	预计动用 储量（10⁴t）	预计建成产能（10⁴t）	规划安排
升平	榆树林	I	升554、升55	3.7	126	3.86	2005
尚家	榆树林	I	升26	1.9	182	1.59	2005
榆树林	榆树林	II	树16	15.3	513	11.69	2005
肇州	第八采油厂	I	州21	6.7	370	6.62	2005
肇州	第八采油厂	I	州201、州2	18.2	1019	15.13	2006
肇州	第八采油厂	I	州401东、州101、州101西	20.1	891	15.71	2007
榆树林	榆树林	I	东140、升182	15.7	427	12.45	2006
升平	榆树林	I	升22	2.0	72	1.69	2006
永乐	头台	I	肇294	3.3	150	3.42	2006
葡南	第七采油厂	II	葡31	11.8	1071	8.64	2006
肇州	第八采油厂	II	芳48	2.0	143	1.44	2007
合计		I		71.6	3237	60.47	
		II		29.1	1727	21.77	
		I+II		100.7	4964	82.24	

2. 复杂结构井开发低丰度扶杨油层的设想

大庆长垣外围扶杨油层剩余未动用储量平均储量丰度仅 $45.2\times10^4t/km^2$，明显低于已开发区块平均储量丰度（$68.0\times10^4t/km^2$）。由于主体河道砂体不发育，开发的难度更大，根据扶杨油层未动用低丰度储量垂向上多与萨葡油层叠合的有利条件，开拓思路，探讨了应用复杂结构井开发的可行性。

1）砂体组合模式与复杂结构井钻井方式的合理匹配

扶杨油层未动用低丰度储量主要分布在头台、榆树林油田边部和肇州、永乐、宋芳屯、葡萄花油田南部，其中头台、榆树林油田边部扶杨油层的油层少、有效厚度小，但局部发育主体河道砂；肇州、永乐、宋芳屯、葡萄花油田南部和西部他拉哈油田扶杨油层含油层数多，单层厚度薄，多与萨葡油层含油区叠合。针对上述地质特点，给出了三种砂体组合模式，探索了相应的复杂结构井进行开发的可行性。

（1）多层位错叠分布型，采用定向井方式。

与其他含油层位叠合、油层数多、油层相互错叠分布的扶杨油层，通过采用定向井方式开发，可以增加单井钻遇层数、油层厚度，提高对储量的控制程度，使动用储量丰度相对增加。根据他拉哈油田英51区块直井与定向井砂体钻遇率统计，定向井比直井多钻遇扶杨油层砂体1.2个，钻遇率提高17.4%（表7-9）。除了长垣西部的他拉哈油田外，在长垣东部的肇州、永乐、宋芳屯油田也发育多层位错叠分布的扶杨油层，未动用石油地质储量 1433×10⁴t。

表 7-9 他拉哈油田英 51 区块直井与定向井砂体钻遇率对比表

类型	井数（口）	平均单井钻遇砂层个数（个）				平均单井有效厚度（m）			
		高四	青一段	扶杨	小计	高四	青一段	扶杨	小计
定向井	27	6.1	3.9	8.1	18.1	6.3	3.5	7.2	17.0
直井	24	5.5	3.7	6.9	16.1	4.2	2.7	5.6	12.5
差值	3	0.6	0.2	1.2	2.0	2.1	0.8	1.6	4.5

（2）主力油层发育型，分单砂体采用水平井方式。

针对局部主力油层发育的扶杨油层，应用地质、地震方法综合追踪主力河道砂体，完善对主力油层单砂体的控制，兼顾其上的薄层，达到有效开发的目的。根据扶杨油层主力油层、非主力油层组合特点，采用单支、阶梯式、复式水平井开发。这类扶杨油层主要分布在榆树林油田南区、肇州、宋芳屯油田、头台油田，未动用石油地质储量 3822×10⁴t。

（3）葡扶叠合型，采用上下兼顾钻井方式。

大庆长垣东部肇州、永乐、宋芳屯油田扶杨油层储量是与葡萄花油层叠合整体评价后提交的，单独开发无经济效益，上部葡萄花油层物性较好，部分地区葡萄花油层已投入开发。对葡萄花油层已开发区，一是采用单开扶杨油层的方式；二是采用葡萄花油层钻加密调整井与水平井开发扶杨油层相结合的方式，局部用直井完善井网。对未开发区，一是扶杨油层发育主力油层，采用分支水平井开发；二是扶杨油层主力油层不发育，采用葡、扶合采方式开发。为减少层间矛盾，可先采扶杨油层，再开发葡萄花油层。这类扶杨油层主要分布在肇州、永乐、宋芳屯油田。

2）水平井开发设计优化及开发部署

大庆长垣外围油田在扶杨油层已投产 4 口水平井，其中树平 1 和茂平 1 井开发效果较好。树平 1 井水平段长 299m，前三年平均日产油为 10.7t，截止到 2004 年底已开采 12 年，累计产油 2.1×10⁴t，平均日产油 3~5t。茂平 1 井水平段长 575m，第一年平均日产油 17.6t，达到了同区直井的 6 倍以上。另外朝平 1 和朝平 2 两口井投产后由于原油黏度高，开发效果差。

（1）经济极限产量、厚度。

根据经济评价参数，分析了扶杨油层水平井开发界限，油价 30$/bbl 时，经济极限产量为 6.2t/d，经济极限可采储量为 2.5×10⁴t。通过稳态产量公式，计算了经济极限厚度。结果表明，未动用Ⅰ类储量单层经济极限厚度为 3.0m，未动用Ⅱ类储量单层经济极限厚度为 4.0m。

（2）水平井开发设计优化。

井网优化：分析扶杨油层不同布井方式的开发效果，结果表明，水平井注水—水平井采油开发效果最好，直井注水—水平井采油次之，水平井注水—直井采油开发效果最差。

由于低渗透油藏直井注水压力高、吸水能力差，而水平井注水可降低注水压力、提高注入能力。目前直井注水—水平井采油模式应用较广泛，水平井注水开发还处于研究阶段。

水平段长度与方位优化：分析不同渗透率条件下水平井长度与初期产量关系，结果表明，当水平井长度大于 800m 后产量增加幅度明显减小，在单层有效厚度 4.0m 条件下，要达到经济极限产量，未动用Ⅱ类储量水平段长度不低于 662m，未动用Ⅰ类储量水平段长度不低于448m。

应用油藏数值模拟计算，要使水平井开发达到经济极限可采储量界限，扶杨油层未动用Ⅱ类储量单层有效厚度大于4.0m，水平段长度大于600m；未动用Ⅰ类储量单层有效厚度大于3.0m，水平段长度大于400m。不同水平井长度经济效益评价也表明未动用Ⅱ类储量合理水平段长度为600~800m，未动用Ⅰ类储量合理水平段长度为400~900m。

地应力方向与水平井水平段之间的夹角影响到水平井泄油面积的大小，对扶杨油层还存在方向性见水问题。应用油藏数值模拟方法预测了不同方位水平井开发效果，计算中考虑了裂缝发育状况对注水开发的影响。结果表明，当裂缝不发育时，垂直方向累计产量高，开发效果最好；当裂缝发育或压裂导致注采井沿主裂缝方位沟通时，水平方向开发效果最好。因此，设计水平段方位应考虑裂缝发育状况和压裂规模。

依据上述研究成果，2004年在榆树林油田东14区块设计了1口加密水平井，水平段长度473m，与直井排距75m，拟开展水平井注水开发试验；在双城油田双30区块又设计了3口水平井，水平段长度722m，拟进行水平井注水与水平井采油开发。下步应加快水平井注水开发现场试验的进程。

低丰度扶杨油层采用水平井和定向井开发，在油价35$/bbl，采用小油公司模式，可动用储量2256×10^{4}t，面积49.1km^2，预计建成产能28.6×10^{4}t（表7-10）。

表7-10 扶杨油层采用水平井和定向井潜力表

油田	归属	类别	区块	预计动用面积（km^2）	储量（10^{4}t）	预计建成产能（10^{4}t）	钻井方式
榆树林	榆树林公司	Ⅰ	升381	1.7	48	1.1	水平井
榆树林	榆树林公司	Ⅱ	东162	4.3	178	2.8	
榆树林	榆树林公司	Ⅰ	升481	5.9	180	2.9	
榆树林	榆树林公司	Ⅰ	升361	12.0	352	5.3	
榆树林	榆树林公司	Ⅱ	树18	6.2	260	4.7	
肇州	第八采油厂	Ⅰ	州132	14.5	1056	9.2	
小计				44.6	2074	26.0	
他拉哈	第九采油厂	Ⅱ	英205	2.5	116	1.6	定向井
他拉哈	第九采油厂	Ⅱ	哈7	2.0	66	1.0	
小计				4.5	182	2.6	
合计		Ⅰ+Ⅱ		49.1	2256	28.6	

3. 开展非水驱试验，探索扶杨油层有效开发新途径

根据未动用储量分类评价结果，扶杨油层Ⅰ、Ⅱ类未动用储量可以采取注水开发，而Ⅲ类储量由于储层渗透率特低，导压能力差，难以有效动用。为此，必须探索其他非水驱的开发方式。

1）加大注气开发试验规模

（1）注气可以解决一些致密储层的注入问题，提高原油采收率。

注气主要有CO_2、N_2、烟道气、空气等，CO_2驱油应用最广。在油层条件下，CO_2与原油接触可形成一个类似干气驱过程的混相前缘。原油中溶入部分CO_2，可使原油体积膨胀，降低原油黏度，改变原油密度，还可以对原油中的轻组分有一定的萃取作用。同时对岩石起到酸化作用，降低界面张力，提高注入能力，从而提高原油采收率。

室内实验表明，注气直接驱替需要的启动压差较注水驱替及气水交替驱替要小。在宋芳屯油田芳48区块注气试验区开展的长岩心测试实验表明，芳深6井、升气1-4采用气驱替，其启动压差只有2.19MPa、2.06MPa，注气驱替比注水启动压差低3.26~3.39MPa，说明注气比注水容易（表7-11）。

表7-11 实验数据分析表

项 目	启动压差（MPa）	突破点采收率（%）
芳深6井气直接驱替	2.19	29.08
升气1-4气直接驱替	2.06	27.41
升气1-4气/水交替驱替	5.77	未突破
水驱实验	5.45	23.28

长岩心测试实验还表明，芳深6井、升气1-4气驱替突破点的采收率为29.08%、27.41%，而注水驱替的采收率为23.28%。

细管实验测得在地层温度（85.9℃）下的最小混相压力为47MPa，对应的驱油效率为92%。随驱替压力增加，驱替效率不断增大。

通过一年多的现场试验，芳48区块注气压力较低，在平均日注44m³液态CO_2情况下，井底压力只有29.5MPa，相当于日注水140m³，井口注水压力10MPa左右。由此可见，注CO_2可以解决特低渗透储层注水难的问题。

（2）注空气开发方式。

国内外室内实验表明，虽然注入纯CO_2的驱油效率较高，但CO_2气源、成本均不如N_2优越，N_2的成本为CO_2的1/2~1/3。采取CO_2/N_2和CO_2/C_1混合驱替，可以降低注气成本，改善扶杨油层开发效果。

另外，对注入空气开发进行了调研。研究认为，当空气进入油层时，氧与原油发生热物理化学反应，产生CO、CO_2、N_2等气体混合物而形成烟道气，这种反应使温度上升，从而使部分轻质油汽化。对注空气来说，最重要的是油藏温度必须足够高，保证空气中的氧气能就地燃烧反应而消耗掉。室内低温氧化实验表明：采收率随注入量增加而增加，突破以后，采收率增加缓慢。美国北达科他州Willioston盆地有三个油田进行过注空气现场试验，预计提高采收率10%~16%。

2）热力采油开采模式

（1）蒸汽吞吐试验带来新的启示。

朝阳沟油田2003年先后在Ⅱ类区块和Ⅲ类区块进行蒸汽吞吐试验。Ⅱ类区块两口试验井净总比为 0.43~0.58，累计产油 5003.2t，累计增油 2441.3t，平均单井日增油 1.9t，阶段采出程度为 2.49%，采油速度由注汽前的 0.84% 提高到 1.25%。Ⅲ类区块有 2 口井见效，净总比为 0.15~0.2，累计产油 1422.5t，累计增油 738.7t，阶段采出程度为 0.71%，采油速度由注汽前的 0.67% 提高到 0.71%。试验取得较好效果。

上述试验油层的渗透率分别为 10mD、3mD，个别层渗透率在 1~2mD，吸汽剖面测试结果显示，这些油层也有流体注入，说明特低渗透油层蒸汽注入问题不大，关键在于提高油层产能的幅度。对于低渗透、特低渗透油层，蒸汽吞吐作用机理相同，油层和原油的热物性相差不大，能够注入热流体（蒸汽或热水）的油层都可能获得一定的热采效果。为使热采技术能够在外围特低渗透难采储层的有效动用中发挥作用，应针对渗透率在 1mD 左右的油层开展蒸汽吞吐试验研究。

研究对象包括渗透率在 1mD 左右的朝阳沟油田和榆树林油田的扶杨油层及渗透率在 0.5mD 的龙虎泡高台子油层，这类油层含油性很差，常规开采一般不具备产油能力。通过注蒸汽，增强岩石的亲水性、提高原油流度，有望改善开发效果。

（2）室内评价。

原油黏度对温度具有一定的敏感性。榆树林、头台、升平、肇州油田测得的黏温关系均显示，随着温度的升高，原油黏度明显降低。当温度升到 200℃ 时，原油黏度可降到 2.0mPa·s 以下，可明显提高油相流度。

温度升高岩石表面的润湿性向亲水性增强，使得油相的渗透率提高，流动能力增加。如朝 44 断块含油饱和度为 50%，60℃ 时油相相对渗透率为 0.12，120℃ 时油相相对渗透率为 0.2，200℃ 时油相相对渗透率增大到 0.44，增加了近 4 倍。

在相同注入孔隙体积倍数下，随温度的增加，驱油效率明显增大。当注入孔隙体积倍数为 1.0、温度从 55℃ 上升到 200℃ 时，驱油效率由 14.0% 增加到 57.1%，且剩余油饱和度由 54.6% 降低到 24.5%，明显提高最终采收率。

（3）增加采油井吞吐周期数，提高低渗透油层蒸汽驱效果。

扶杨油层采用的只是蒸汽吞吐，该方法具有较大的技术优势，但其采收率较低。依据合理开发石油资源、追求最大采收率的原则，应进一步研究低渗透油藏蒸汽驱，该技术采收率较吞吐提高 1 倍以上。

水敏性油层注蒸汽，对岩石渗透性具有一定的伤害，孔渗条件越差的油层，水敏影响越严重。为保证连续正常注蒸汽，必须进行油层处理技术研究，明确油层伤害程度和预防措施。

常规蒸汽驱技术是在注采井吞吐若干周期后，注入井连续注汽，采油井连续生产。低渗透油层采用蒸汽驱技术可能遇到的困难：油层井间热连通需较长时间才能建立起来；按常规蒸汽驱注采方式，当注入井连续注汽时，温度场扩散速度慢，采油井端油层得不到及时能量补充，热损失大，温度场低值，原油流动阻力较大，难以形成热连通。

3）微生物采油技术取得新进展

（1）微生物吞吐已经成为低渗透油田成熟的增产增注技术。

2003 年在朝阳沟油田共完成微生物单井吞吐 47 口，Ⅰ类油层 22 口，Ⅱ类油层 18 口，Ⅲ类油层 7 口。有效井 32 口，占总井数的 72.7%，平均日增油 1.0t 左右，平均单井累计增油 80t 左右，有效期 6 个月，累计增油 3866.8t，投入产出比为 1：5.12。

另外，在部分有效井中实施了第二轮微生物吞吐，也取得与第一轮大体相当的增油效果，表明微生物吞吐可以作为一种措施多次施工使用（图7-3）[2]。

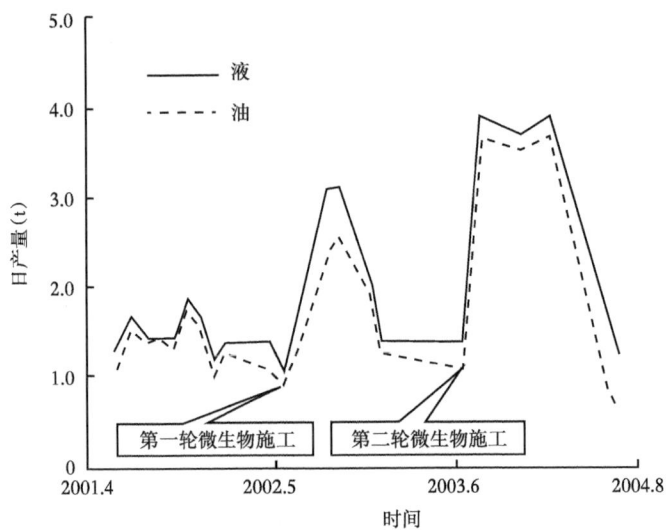

图7-3 第十采油厂C100-66井开采曲线

为了使该项措施推广应用，研究了微生物吞吐适应的油藏条件。其地层温度范围在30~60℃，矿化度应在5%以下，渗透率大于8mD，其他参数见表7-12。此外，试验表明，对于初期产量较高，产量下降较快，存在结蜡、有机堵塞等油井，吞吐效果明显。

表7-12 微生物吞吐技术适应条件

油藏参数	范围
矿化度	NaCl＜5%
温度	＜60℃
含蜡	＞5%
井深	＜2000m
微量元素	砷、汞等＜15mg/L
地层渗透率	＞8mD
原油密度	＜0.9659g/cm^3
残余油饱和度	＞25%
孔隙度	＞15%
pH值	4~9
压力	10.5~20.0MPa

微生物吞吐技术可应用于外围油田和老区过渡带，单口油井菌液和施工费用约2~3万元，一口井可多次应用。近两年的试验表明，在朝阳沟油田Ⅰ、Ⅱ类区块均可取得较理想的效果。

（2）朝阳沟油田微生物驱矿场试验。

在微生物吞吐取得成功的基础上，为了提高原油采收率，根据朝阳沟油田的油藏条件，

第七章 完善水驱，加大非水驱开发试验攻关

室内实验筛选优化出了 5 种与油田相匹配的菌种，并在朝 50 区块开展了微生物驱矿场试验。

试验区位于朝 50 区块，主要开采扶余油层，油层埋藏深度为 989m，原始含油饱和度为 57%。井区普遍发育裂缝，裂缝主方向为北东 85°，南北向发育次要裂缝（图 7-4）。试验区 2 注 10 采，控制面积 0.81km^2，地质储量 62.8×10^{4}t，平均单井有效厚度 10.7m，孔隙度为 17%，储层渗透率为 25mD。

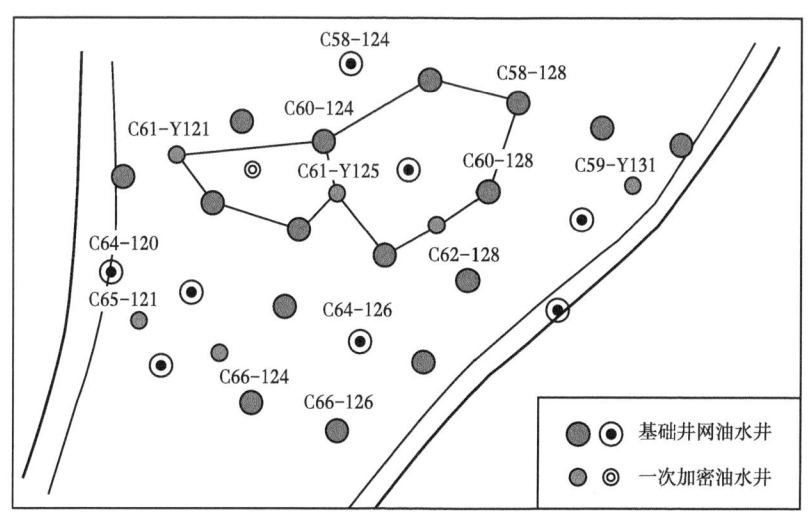

图 7-4 微生物驱井位图

试验共设计两个段塞，微生物总用量确定为 100mg/（L·PV）。第一个段塞菌液浓度为 5%，第二个段塞浓度为 2%。每个段塞微生物用量均为 125.2t，合计用量为 250.4t。于 2004 年 6 月 4 日开始注入，2004 年 11 月 21 日完成第一段塞注入，共注入 70mg/(L·PV)，矿场试验取得较好效果。

①两口注入井压力下降，注入能力增强。

两口注入井 C60-Y123、C60-126 的注入初期压力分别为 11.6MPa 和 13.0MPa，注入一个月后压力分别下降到 9MPa 和 11.0MPa，下降了 2MPa 以上，注入能力提高（图 7-5）。

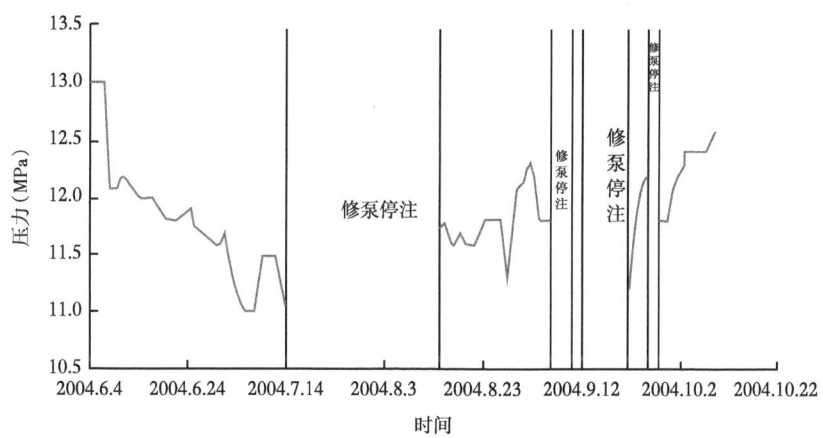

图 7-5 C60-126 井微生物注入压力曲线

②部分油井产量上升，初步见到增油效果。

处于东西裂缝方向的 C61-Y121、C61-Y125 两口井在 8 月下旬首先见效，C61-Y121 井液量和油量分别由 4.4t/d、4.3t/d 上升到 14.2t/d、9.1t/d；C61-Y125 井液量和油量分别由 4.3t/d、0.3t/d 上升到 8.1t/d、1.1t/d；C58-126、C58-128 两口井 9 月中旬见效，其中 C58-126 井日产油由试验初期的 7.1t 上升到 11.3t；C62-126 井 2001 年关井，9 月份开井，2004 年 12 月 5 日产液量和日产油量稳定在 1.2t/d、0.1t/d；另外四口井效果不明显需进一步观察（图 7-6）。

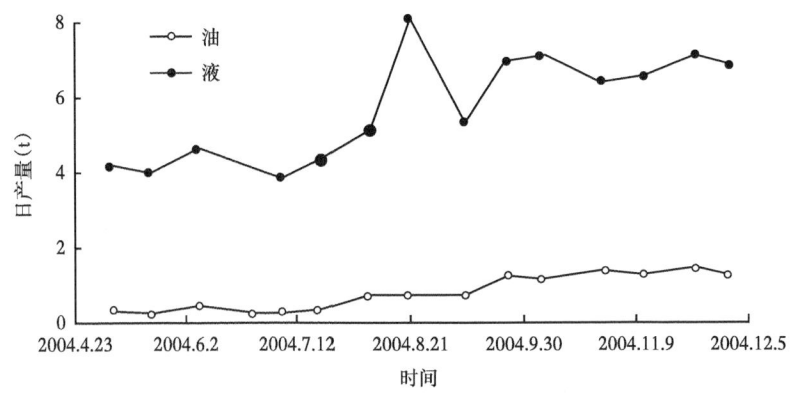

图 7-6 C61-Y125 井开采曲线

③采出液菌数上升，原油性质发生变化。

C61-Y121、C61-Y125 两口井的采出液分析表明：原油黏度分别由 82.9mPa·s、大于 100mPa·s 下降到 50.86mPa·s、55.57mPa·s；菌数由 $1.5×10^4$ 个/mL、$2.0×10^3$ 个/mL 上升到 $7.8×10^7$ 个/mL、$3.0×10^7$ 个/mL，含蜡、含胶、凝固点和油水界面张力不同程度下降（表 7-13）。

表 7-13 见效井采出液化验分析结果

井号	阶段	菌数（个/mL）						界面张力（mN/m）	凝固点（℃）	黏度（mPa·s）	含蜡（%）	含胶（%）
		7月	8月	9月	10月	11月	12月					
C61-Y121	见效前	$1.5×10^4$	$6.0×10^3$					45.8	36	82.9	18.9	20.2
	见效后		$1.2×10^7$	$7.8×10^7$	$1.0×10^7$	$1.2×10^7$	$1.0×10^7$	30.81	35	50.86	7.6	9.6
C61-Y125	见效前	$2.0×10^3$	$3.5×10^3$					55.9	43	>100	7.8	12.0
	见效后		$1.8×10^5$	$3.0×10^7$	$7.9×10^4$	$1.2×10^6$	$1.4×10^6$	31.08	35	55.57	7.3	11.1

4. 扶杨油层未动用储量潜力评价

根据未动用区块与已开发区块的关系分为依托区块和独立区块两种类型，依托区块考虑地面工程建设时可简化地面流程，从而降低地面基建投资。对于依托区块和独立区块，分别在关联交易模式和小油公司模式下进行经济效益评价。

扶杨油层未动用储量 $28719×10^4$t，含油面积 634.6km²。根据渗透率大小将扶杨油层分为四类,在经济评价时重点对Ⅰ类、Ⅱ类未动用储量(储量 13483×10^4t,含油面积 $313.3km^2$)进行评价。在关联交易模式、油价 30 美元 /bbl 条件下,扶杨油层未动用储量不能有效动用(表 7-14);在小油公司模式、油价 30 美元 /bbl 条件下,扶杨油层未动用储量共优选出 16 个区块,地质储量 4964×10^4t(表 7-15),占扶杨油层Ⅰ类、Ⅱ类未动用储量的 37%,占扶杨油层全部未动用储量的 17%。其中,近期可开发储量 1564×10^4t,低效益一类储量 253×10^4t,低效益二类储量 3147×10^4t。2005 年在扶杨油层安排动用储量 2317×10^4t,钻井 488 口,建产能 25.4×10^4t。

表 7-14 扶杨油层关联交易模式经济评价结果

油价 (美元/ bbl)	有效益储量(税后内部收益率大于 8.4%)						暂无效益储量			
	Ⅰ		Ⅱ		合计		Ⅰ		Ⅱ	
	面积 (km^2)	储量 (10^4t)	面积 (km^2)	储量 (10^4t)	面积 (km^2)	储量 (10^4t)	面积 (km^2)	储量 (10^4t)	面积 (km^2)	储量 (10^4t)
18	0	0	0	0	0	0	140.1	5420	173.2	8063
25	0	0	0	0	0	0	140.1	5420	173.2	8063
30	0	0	0	0	0	0	140.1	5420	173.2	8063
35	29.4	1564	0	0	29.4	1564	110.7	3856	173.2	8063

表 7-15 扶杨油层小油公司模式经济评价结果

油价 (美元/ bbl)	有效益储量						暂无效益储量			
	Ⅰ		Ⅱ		合计		Ⅰ		Ⅱ	
	面积 (km^2)	储量 (10^4t)	面积 (km^2)	储量 (10^4t)	面积 (km^2)	储量 (10^4t)	面积 (km^2)	储量 (10^4t)	面积 (km^2)	储量 (10^4t)
18	0	0	0	0	0	0	140.1	5420	173.2	8063
25	24.6	1372	0	0	24.6	1372	115.5	4048	173.2	8063
30	71.6	3237	29.1	1727	100.7	4964	68.5	2183	144.1	6336
35	101.7	4255	48.1	2965	149.8	7220	38.4	1165	125.1	5098

三、发展特低丰度油水复杂油藏开发技术,加快葡萄花油层经济有效开发

大庆长垣外围葡萄花油层主要为三角洲前缘亚相沉积的水下分流河道、前缘席状砂,地层厚度薄,油层数少,单层厚度薄(小于 1.0m 为主)。长垣西部油藏规模小,油水分布复杂;长垣东部油水关系相对简单,储量丰度特低,这些地质特征制约了储量有效动用。经过攻关,逐步形成油水分布复杂油藏评价优选技术和特低丰度油藏水平井开发技术。

1. 油水分布复杂难采储量可以有效动用

葡西油田是长垣以西地区葡萄花油层规模最大、油水分布最复杂的油藏。2000 年在古 109 区块设计开发井 156 口,由于油水层复杂等问题仅完钻 27 口即停钻调整。经过同层开

发试验攻关，深化了葡西油田地质特征认识，形成了油水分布复杂油藏的油水层解释方法和区块评价优选技术。2004年，应用这些技术已能使油水分布复杂的油藏正常投入开发。

1) 油水分布复杂油藏评价优选技术

(1) 研究油水分布控制因素，圈定含油富集区。

根据油气运移理论，大庆长垣以西地区油气运移总趋势是古龙凹陷生成的油气向大庆长垣运移，形成正常压力场的中、高渗透油藏，油气水重力分异好，油藏规模大；而古龙凹陷内的葡西油田位于滞留区，属于超高压力系统，为油气扩散的场所，形成超高压力场的特低渗透油藏，为受单砂体控制的小油藏群，油水分异差。葡西油田葡萄花油层处于扩散状态，任何成岩演化和断裂活动都可能造成油气的再次运移和聚集，由于油气的再次运移，使油藏类型变得非常复杂。通过研究断层活动期、泥岩脱水期与成藏期的匹配关系以及蒸发分馏作用对成藏的影响，提出葡西油田葡萄花油藏经历了成藏—破坏—再成藏的二次成藏过程，油藏以油水同层为主，局部单砂体上倾尖灭部位存在凝析气藏，油、水层分布受控于早、晚期断层和异常高压区的分布。

①早期断层对偏油同层起控制作用。

成藏机理研究认为：在葡萄花油藏成藏过程中，早期断层活动对油气运移起通道作用，晚期断层活动对葡萄花油藏有破坏作用，2004年的开发井资料已经证实了早期断层对偏油同层起控制作用。如古821区块的两条断层为早期断层，开发井证实沿这两条断层偏油同层很发育。古1井以西的断层为晚期断层，沿这条断层钻的3口开发控制井试油均产水。基于上述认识，根据葡西油田断层发育史编制早期断层平面分布图，进一步优选含油富集区块，在2004年开发区块优选中见到明显效果。

②异常高压带是油气聚集的有利场所。

压力封存箱理论认为，具有较高地层压力系数分布的箱顶、箱缘部位有利于烃类富集成藏。葡西油田37口井地层测试资料表明（表7-16），地层压力与油气分布有较好的对应关系，即油层和偏油同层压力系数偏高，水层、偏水同层和干层压力系数偏低。从压力系数平面图可以看出，油气的富集区主要在压力系数大于1.2的地区，如优选的古821井区和古105井区均位于压力系数大于1.3的高压带。

表7-16 葡西油田地层压力与油水层关系对比表

压力系数	油层（层）	偏油同层（层）	偏水同层（层）	水层（层）	干层（层）
<1.2	1	1	7	0	2
≥1.2	19	3	2	2	0

(2) 分砂岩组编制油水层解释图版，满足区块优选和开发需要。

大庆长垣西部葡萄花油层地层厚度在60m左右，为一套受北部沉积体系控制的三角洲前缘相沉积，从葡萄花油层岩性剖面、测井曲线电性特征分析，葡萄花油层分成葡I_{1-3}、葡I_{4-6}、葡I_{7-11}三套砂岩组，各砂岩组具有不同的沉积特征。葡I_{7-11}砂岩组形成于低可容纳空间的多期水下分流河道砂体互相叠置，分布广泛，连通性好，其分隔性表现为砂体内的非均质变化和砂体内薄层泥岩夹层作用。葡I_{4-6}砂岩组由于基准面持续上升，发育的水下分流河道表现为一定的继承性，形成于高可容纳空间的水下分流河道砂体彼此孤立，单个砂体为储层单元，分布范围小，砂体间部分连通或连通的概率很小，其分隔性表现为"泥包砂"的特征。葡I_{1-3}砂岩组为单期水下分流河道砂体，砂体厚度不大，但较稳定，具有片状的特征。

各砂岩组具有不同电性响应特征。葡I_{4-6}砂岩组存在低电阻率油层，自然伽马为中高值，自然电位数值较低，声波时差为中高值，说明储层岩石颗粒细、束缚水饱和度较高；而深侧向、深感应电阻率值相对较低，说明储层含油饱和度较低。葡I_{9-11}砂岩组存在高电阻率水层、油水同层，自然伽马值较低，自然电位为中—高值，声波时差为中低值，深侧向电阻率值受储层致密、含钙的影响，为高值显示。另外，由于葡萄花油层下伏泥岩脱水作用，使葡I_{9-11}层岩性致密，造成下砂组中的葡I_{7-8}和葡I_{9-11}层电性响应特征也不同。为了消除低阻油层和高阻水层的影响，根据各砂岩组的电性响应特征，利用深侧向、深感应、自然电位曲线分别建立葡I_{1-3}、葡I_{4-6}和葡I_{7-8}、葡I_{9-11}层组的油水层识别图版。对于疑难层，利用井壁取心的荧光显微图像、热解参数和气相色谱分析资料综合识别油水层。如古 147-96 井 55 号层测井曲线显示油水层特征不明显，荧光显微图像显示为含油水层，综合判断为油水同层，MFE+ 自喷求产，日产油 0.471t，日产气 576m³，日产水 16.8m³。古 159-88 井 45~51 号层测井曲线显示油水层特征不明显，荧光显微图像显示为油层，综合判断为油层，压后自喷求产，日产油 14.4t，日产气 2465m³。

上述综合解释图版经两批开发首钻井和开发井验证，应用效果较好。利用油水层识别标准解释了古 137、古 1 区块的 15 口开发首钻井，符合率为 86.4%；古 137 区块的 107 口开发井解释符合率达 80% 以上。

2）油水分布复杂油藏未动用储量潜力及安排

根据未动用储量分类评价结果，油水分布复杂葡萄花油层未动用储量为 6639×10⁴t，面积 346.8km²，根据油水分布复杂油藏区块评价优选技术，预计葡西、龙虎泡、哈尔温、卫星等油水分布复杂油藏可动用地质储量为 3849×10⁴t（表 7-17）。

表 7-17 葡萄花油水分布复杂油藏未动用储量规划潜力及安排表

油田	区 块	预计动用		预计建成产能（10⁴t）	规划安排
		面积（km²）	储量（10⁴t）		
葡西	古 120、古 58、古 81、古 118、古 102、古 105	108.3	1787	45.1	2005
卫星	芳 18 上、卫 10、卫 17、卫 112 东、卫 25、卫 2-44-17、卫 1-10-1、卫 26	14.4	678	6.7	2005
小计	14 个	122.7	2465	51.8	
新肇	古 649、新 90-47	15.3	517	7.1	2006
龙虎泡	塔 23	0.8	34	0.4	2006
龙南	古 40	4	112	1.9	2006
他拉哈	英 19	0.6	30	0.27	2006
卫星	太 127、卫 102	3.9	114	1.5	2006
小计	7 个	24.6	807	11.2	

续表

油田	区块	预计动用 面积（km²）	预计动用 储量（10⁴t）	预计建成产能（10⁴t）	规划安排
龙虎泡	塔284	1.8	35	0.77	2007
葡西	古126	25.7	280	11.45	
萨西	古301	1.4	101	0.75	
哈尔温	古17、古22	6.8	161	2.8	
小计	5个	35.7	577	15.8	
合计	26个	180.0	3849	78.8	—

2. 特低丰度葡萄花油层水平井开发技术

在水平井阶梯式钻井、直井注水水平井采油设计的基础上，2004年以提高薄层水平井开发效果和降低特低丰度储量动用界限为目标，根据葡萄花油层不同砂体组合模式，水平井钻井方式从阶梯发展到波动式、从长支发展到短支、从单支发展到分支，应用水平井技术，使特低丰度油藏得到有效动用。

1）砂体组合模式与复杂结构井钻井方式合理匹配

肇州油田南部葡萄花油层以三角洲外前缘末端—滨浅湖相席状砂沉积为主，局部井点发育水下分流河道和沿岸坝，由北向南超覆沉积，厚度逐渐减薄，含油层数逐渐减少，油层发育层位葡I2、葡I3、葡I4。葡I2号层为三角洲外前缘沉积的大面积席状砂，发育1~2个小层，单层砂岩厚度0.4~0.6m；葡I3号层为三角洲外前缘沉积的大面积席状砂为主，发育1~3个小层，单层砂岩厚度0.4~1.0m，局部井点发育水下分流河道；葡I4号层为滨浅湖相沉积，为透镜砂和沿岸坝。

根据肇州油田葡萄花油层三种砂体组合模式，分别采用不同水平井钻井方式。

（1）多层席状砂叠合型，采用单层、阶梯或复式水平井。

发育席状砂和主力单砂体的井区，采用单层水平段钻井方式；多层席状砂均匀分布且层间泥岩夹层1~3m的井区，采用阶梯式钻井；多层席状砂体稳定发育且砂体间隔0.5m左右的井区，采用波动式钻井。2004年已设计单层水平段水平井5口，完钻2口；设计阶梯式水平井23口，完钻12口；设计波动式水平井1口。

（2）席状砂与河道砂叠合型，采用阶梯加斜穿或短支水平井。

对于席状砂发育、河道砂分布范围不确定的井区，采用阶梯加斜穿钻井方式；对于水下分流河道为主的井区，采用短支水平井、水平段穿越水下分流河道兼顾穿越席状砂的钻井方式。2004年已设计4口阶梯加斜穿水平井和2口短支式水平井。

（3）断层与席状砂组合型，采用分支水平井。

肇州油田南部葡萄花油层小断层发育，油藏多被切割成小断块，针对被断层切割的席状砂，采用分支水平井。已设计完成州分68—平72两分支水平井，下降盘为阶梯式，上升盘为短支。

水平井设计继续坚持"三步法",从地震地质预测有利含油富集地区,优选直井、水平井设计区块;根据油藏特征和开发情况,优化水平井设计参数设计井位;依据已完钻直井细分层对比单砂体连通关系,编制精细单砂层顶面1.0m构造图,以地震预测砂岩厚度分布约束确定断续的席状砂、河道砂单砂体分布,建立砂体精细地质模型,根据砂体平面分布和纵向组合模式,修正水平井参数,设计水平井钻井轨迹。2004年设计葡萄花油层薄油层水平井18口,完钻5口井,水平段钻遇含油砂岩321~526m。

2)水平井井网优化

(1)水平井经济极限。

分析葡萄花油层水平井开发界限,油价30美元/bbl时,经济极限产量为5.2t/d,经济极限可采储量$2.0×10^4$t。通过稳态产量公式计算了经济极限厚度,计算结果:储层渗透率10mD时,经济极限厚度为1.5m;渗透率20mD时,经济极限厚度为1.0m。

(2)水平井开发设计。

进一步分析不同水平井和直井联合开发井网形式,水平段长度及方位对开发效果的影响,并在方案设计中得到应用。

井网优化:应用数值模拟方法预测了6种不同井网形式的开发指标,结果表明水平井注水—水平井采油开发效果最好,直井采油—水平井注水开发效果次之,直井注水—水平井采油开发效果相对较差。

水平段长度优化:水平井长度与控制可采储量关系表明,水平段长度不应小于400m。从水平段长度与稳定产量关系分析,水平段长度不应小于500m。不同水平段长度的经济效益评价表明,水平段长度在600~800m效果最好。因此,综合确定葡萄花油层水平段合理长度为500~800m。

水平段方位优化:现地应力方向与水平井水平段之间的夹角影响水平井泄油面积的大小。应用数值模拟技术,研究水平段与人工缝夹角对开发效果的影响。含水90%条件下不同角度采出程度对比表明,葡萄花油层水平段与人工缝之间最佳角度在15°~30°之间(表7-18)。

表7-18 含水90%条件下,不同角度的水平井采出程度计算表

角度(°)	0	15	22.5	30	45	60	90
采出程度(%)	27.1	27.5	28.2	28.0	27.2	26.4	24.8

3)特低丰度葡萄花油层水平井开发效果、潜力

截至2003年底,外围油田葡萄花油层共设计水平井35口,动用储量$581×10^4$t,面积28.2km²,设计产能$14.2×10^4$t。完钻16口,投产10口井,初期平均日产油19.5t,2004年底为8.9t/d,是相邻直井产量的3倍,平均每口水平井已累计产油3089t,取得了较好的开发效果。

2004年在敖南油田茂17区块以"百井工程"方式完成水平井注水开发设计,1口水平井注水、4口直井采油,水平段长度700m。在茂2区块设计一个整体压裂水平井开发试验井组,5口直井注水,2口水平井采油,水平段方位分别为10°、30°,水平段长度分别为550m、350m,与直井方案对比,预计采收率可提高2~7个百分点。

根据未动用储量分类评价结果，油水分布相对简单的葡萄花油层油价在 30 美元 /bbl 条件下，直井开发没有经济效益，其未动用储量 2184×10⁴t，扣除西部和东部州 13 合作区块的储量（875×10⁴t），预计在肇州、永乐油田规划设计水平井 100 口，直井 450 口，动用储量 1309×10⁴t，面积 111.1km²（表 7-19）。此外，2004 年在敖南油田规划设计水平井 45 口，动用储量 818×10⁴t。

表 7-19 特低丰度 葡萄花油层水平井开发潜力表

油田	所属单位	区块	预计动用 面积（km²）	预计动用 储量（10⁴t）	预计建产能（10⁴t）	规划安排
肇州油田	第八采油厂	州 52-60	9.5	265	5.8	2005
		州 101、州 191、州 402、州 21、州 301	63.6	587	10.9	
榆树林	榆树林	徐 7	6.5	75	1.4	2006
永乐油田	第八采油厂	台 6	6.5	90	1.6	
	第七采油厂	葡 362	12.6	133	2.4	2007
	头台	源 13、20、肇 261	12.4	169	2.9	
小计			31.5	392	6.9	/
合计			111.1	1309	23.6	/

3. 葡萄花油层未动用储量潜力评价

葡萄花油层剩余未动用储量为 18944×10⁴t，含油面积 1023.9km²，考虑到葡萄花油层油水关系的复杂程度，分油水简单型和油水复杂型两种进行经济评价。在关联交易模式、油价 30 美元 /bbl 条件下，优选出 16 个区块，地质储量为 1843×10⁴t（表 7-20）；在小油公司模式、油价 30 美元 /bbl 条件下，优选出 104 个区块，地质储量为 11735×10⁴t（表 7-21），占葡萄花油层的 62.0%，低效益二类储量 867×10⁴t。2005 年在葡萄花油层已安排动用储量 3096×10⁴t，钻井 943 口。

表 7-20 葡萄花油层关联交易模式未动用储量经济评价结果

油价（美元 /bbl）	有效益储量						暂无效益储量			
	油水简单型		油水复杂型		合计		油水简单型		油水复杂型	
	面积（km²）	储量（10⁴t）	面积（km²）	储量（10⁴t）	面积（km²）	储量（10⁴t）	面积（km²）	储量（10⁴t）	面积（km²）	储量（10⁴t）
18	0	0	0	0	0	0	677.1	12305	346.8	6639
25	0	0	0	0	0	0	677.1	12305	346.8	6639
30	58.4	1611	4.7	232	63.1	1843	618.7	10694	342.1	6407
35	271.2	6202	91.7	1994	362.9	8196	405.9	6103	255.1	4645

表 7-21 葡萄花油层小油公司模式未动用储量经济评价结果

油价 (美元/bbl)	有效益储量						暂无效益储量			
	油水简单型		油水复杂型		合计		油水简单型		油水复杂型	
	面积 (km^2)	储量 ($10^4 t$)	面积 (km^2)	储量 ($10^4 t$)	面积 (km^2)	储量 ($10^4 t$)	面积 (km^2)	储量 ($10^4 t$)	面积 (km^2)	储量 ($10^4 t$)
18	0	0	0	0	0	0	677.1	12305	346.8	6639
25	297.6	6724	123.5	2499	421.1	9223	379.5	5581	223.3	4140
30	353.1	7886	183.0	3849	536.1	11735	324.0	4419	163.8	2790
35	466.9	10070	241.7	4940	708.6	15010	210.2	2235	105.1	1699

第三节 强水敏性、凝灰质储层及潜山油藏有效开发技术

截至 2004 年底,海拉尔盆地共探明 3 个油田,提交探明储量 $7144 \times 10^4 t$,已动用 $1845 \times 10^4 t$,开发井 206 口,建成产能 $33.5 \times 10^4 t$。

2004 年海拉尔油田积极跟踪贝 301 断块强水敏储层注水开发试验,深化苏德尔特油田兴安岭群、布达特潜山复杂断块油藏地质认识,整体高效探明苏德尔特油田的同时,开展了复杂断块强水敏油藏、凝灰质厚油层油藏和裂缝潜山油藏有效开发技术研究,为海拉尔油田实现年产油 $50 \times 10^4 t$ 目标提供了储量基础和技术保障[3]。

一、兴安岭群油藏地质特征

(1)兴安岭群油层构造与布达特潜山具有继承性,具有多断块多高点特征。

从三维地震资料解释成果来看,苏德尔特油田兴安岭群油层兴Ⅰ、兴Ⅱ、兴Ⅲ、兴Ⅳ组顶面构造与下伏布达特潜山顶面形态具有一定的继承性。兴Ⅰ组顶面主体断块由 9 条控边断层组成,自西向东形成了贝 15、贝 30 断块,贝 28—贝 14、贝 16 断垒块,受内部断层和多期次断层活动影响,贝 28—贝 14、贝 16 断垒块内断背斜发育,贝 15、贝 30 断块单斜发育。布达特潜山整体上为一具有多高点的断块山,由西北向东南潜山呈现断阶—断垒—断槽—断阶的构造格局,贝 28—贝 12 井一带为苏德尔特油田布达特潜山的高部位。

(2)兴安岭群厚 100~590m,据三期湖泛作用面和两次不整合面将兴安岭群油层划分为六个油层组。

苏德尔特油田布达特潜山在地层基准面下降、长期出露剥蚀后,在山前地带堆积,形成兴安岭群初期山麓洪积相沉积。随后的构造运动使苏德尔特部分断块下降成盆,可容纳空间增大,沉积了湖泊—扇三角洲沉积体,地层厚度 100~590m。兴安岭群沉积过程中,随着构造、断层活动的不断变化,可容纳空间和沉积物供给量周期性变化,发生了三次规模不等的湖泛,每次湖泛作用沉积 10m 左右较纯的泥岩。在地震剖面上该层泥岩反射轴呈断续状,砂砾岩段反射具有顶超特征。

兴安岭群沉积末期,大规模的构造运动使贝 16 断块强烈抬升出露水面,长时期沉积间断,贝 12 及其北部古隆起区抬升幅度较小,兴安岭群缺失较少。兴安岭群顶、底面发

育的两个不整合面，在地震剖面上为上部地层削截、下部底超特征。

应用层序地层学原理，综合钻井、录井、试油、测井和地震资料，根据兴安岭群岩性剖面、测井曲线和地震剖面中期地层基准面识别标志，按兴安岭群发育的二期不整合面、三期湖泛面，将兴安岭群划分为6个油层组。在油层组划分的基础上，同时，对小层进行划分，这些成果和认识基本满足了苏德尔特油田油藏评价和开发的需要。

（3）兴安岭群为多物源扇三角洲沉积，主体扇位于贝16、贝14、贝28断块。

苏德尔特油田兴安岭群物源方向主要来自东部和西北部两个继承性古隆起区。各个时期规模不同的扇体分布在贝16、贝14、贝28断块。

兴Ⅲ组沉积时期，中部古隆起范围缩小，扇三角洲沉积发育，地层最大沉积厚度148m，东部贝16井区扇三角洲沉积体累计砂岩厚度大于60m，贝14、贝28断块大于40m。从主力油层兴$Ⅲ_{11-14}$小层沉积微相平面图来看，在滨浅湖沉积背景上，该层东部贝16井区和中部贝14、贝28井区分别发育向西南方向延伸的三个扇三角洲沉积体，贝14、贝28井区扇三角洲沉积体规模较大，由主水道、水道间和扇三角洲前缘薄层砂三种砂体类型组成。

（4）兴安岭群油层普遍含凝灰质，兴Ⅰ油层组以中等孔渗储层为主，兴Ⅱ—Ⅴ油层组为低孔渗储层。

兴安岭群油层普遍含凝灰质，如贝14井凝灰质粉砂岩薄片中，凝灰质含量在8%~20%，含量相对少的储层面孔率相对较高，含量大于15%时，面孔率小于5%的占总数62%以上，含量小于15%时，面孔率大于等于5%的占总数84%以上，但凝灰质含量与含油级别的关系不明显，需进一步研究。

兴安岭群Ⅰ油层组平均孔隙度为23.1%，平均空气渗透率为108.3mD，以中等孔渗储层为主，兴Ⅱ—Ⅴ油层组平均孔隙度为8.5%~17.5%，平均空气渗透率为0.9~8.9mD，为低孔渗储层（表7-22）。

表7-22 兴安岭群不同油层组油层物性变化表

油层	油层组	平均孔隙度（%）	平均渗透率（mD）
兴安岭群	Ⅰ油层组	23.1	108.3
	Ⅱ油层组	16.7	5.1
	Ⅲ油层组	17.0	8.9
	Ⅳ油层组	17.5	1.5
	Ⅴ油层组	8.5	0.9

铸体薄片和扫描电镜分析资料表明，孔隙类型主要有原生粒间孔和次生溶孔两类，兴Ⅰ油层组存在原生粒间孔、粒内及粒间溶蚀孔、铸模溶蚀孔及岩屑溶蚀孔。孔隙空间多呈三角状、长条状、球状和云片状、脉状、少量星斑状，孔隙较完整，孔隙空间较大。

兴Ⅱ—Ⅴ油层组主要以溶蚀孔隙为主，长石粒内溶孔以环状、脉状、星斑状为主，少量云片状，岩屑溶孔以针状集合体为主。

统计187块样品毛细管压力曲线资料，贝16断块Ⅰ油层组储层孔隙半径大于其他油层组，也大于其他断块Ⅰ、Ⅱ油层组，Ⅱ到Ⅲ油层组则与其他断块的Ⅰ、Ⅱ油层组相差不多，Ⅳ油层组不存在孔隙半径大于1μm的孔隙（表7-23）。

表 7-23 孔隙半径参数对比表

断块	层位	样品数	孔隙半径（μm）			歪度
			最大	平均	中值	
贝16断块	Ⅰ	41	14.5	3.07	1.11	0.14
	Ⅱ	1	0.67	0.18	0.13	0.46
	Ⅲ	8	2.078	0.372	0.117	0.08
	Ⅳ	6	0.946	0.265	0.218	0.222
其他断块	Ⅰ	20	1.22	0.335	0.115	0.175
	Ⅱ	48	2.2	0.49	0.091	0.009

无论是孔隙半径平均值还是半径中值，随着其数值的增大，渗透率均有增大的趋势，孔隙半径与储层渗透率的正相关性最大，一般孔隙半径平均值<0.5μm时，渗透率<0.1mD，孔隙半径平均值<1.0μm，渗透率<1mD，而孔隙的分选性等其他参数对渗透率影响不大。

微观孔隙喉道参数是影响储层渗透率的又一重要因素，从渗透率和歪度相关性图可以看出，两者之间具有一定的正相关性，随着歪度值偏正偏大，渗透率有增大趋势。

二、布达特潜山内幕特征

（1）布达特潜山地层细分3段，岩性以砾岩、浅变质砂泥岩为主，夹火山岩。

为了研究布达特潜山内幕特征，2004年在苏德尔特油田贝16断块钻探了德110-216井，该井完钻井深2902m，揭示潜山厚度达1150m，为研究潜山内幕提供了良好的基础资料。

根据岩心观察，布达特潜山岩性以灰色粉砂岩、灰绿色凝灰质粉砂岩、灰色泥质粉砂岩、砂质砾岩、角砾岩、灰黑色含碳泥岩、钙质泥岩、轻微变质泥岩及深灰色粉砂质泥岩为主。贝16局部地区还分布灰绿色凝灰岩、沉凝灰岩。

截至2004年底，苏德尔特油田钻遇布达特潜山砾岩的井有贝10等9口井，主要发育在潜山顶部，录井显示多为杂色厚层砾岩，平面呈扇状分布。

综合苏德尔特油田探井、评价井钻遇地层情况，布达特潜山内幕具有复杂的结构，总体上可以分为三层，上部第一套地层发育在贝16断块局部井区，以玻屑流纹质凝灰岩、火山角砾岩为主，电阻率相对较低、岩石密度较小；中部第二套地层大部分地区岩性为粉砂岩与泥岩互层，在西部的德2、贝10、贝12地区上部为杂色砾岩，电阻率值高于第一套地层、低于下部地层；第三套地层以浅变质粉砂岩、泥岩为主，电阻率高于第二套地层，密度和声波时差相对于第二套地层均有相应的变化。

（2）布达特潜山具有裂缝型油藏和双重孔隙介质油藏两种储层介质类型。

从岩心描述入手，结合镜下岩心薄片观察，布达特潜山储层裂缝孔洞发育，裂缝的成因类型主要有张性缝、剪切缝，少量压性缝顺层分布。大多数取心井存在3~4组主要裂缝，角度10°~50°，较低的剪裂缝形成时期要早于张裂缝切割。

裂缝倾角分布具双峰特征，主要集中在30°~90°，以中、高角度60°~70°缝为主。而有效裂缝倾角分布也呈现双峰的特征，倾角分布在 50°~70°、80°~90°。裂缝宽度主要分布在 0.1~1mm，即以小缝为主，中缝次之，大缝和巨缝较少，但有效缝主要以中缝为主，小缝次之。

苏德尔特油田布达特潜山岩性不同，受到的应力和成岩作用不同，其裂缝类型、发育程度明显不同，应用 4 口井试井解释资料进一步证实，布达特潜山具有裂缝型油藏和双重孔隙介质油藏两种储层介质类型。

①裂缝型油藏。

德 112-227 井位于贝 16 断块北部断裂带，该井钻井过程发生井漏（全井漏失钻井液总量约 120m³），测井解释裂缝非常发育，试油时自喷，裂缝产油，但基质是否产油还有疑问。对采后压力恢复资料进行了解释，表现为均质油藏特征，未出现反映基质向裂缝窜流的"凹"形曲线，解释渗透率为 1500mD，与测井解释裂缝系统十分发育相吻合。

②双重孔隙介质油藏。

对贝 10 井试采后压力恢复资料进行了解释，从压力导数曲线可以看出续流段结束后，出现过渡段，表现为导数曲线先下降后上升，表明基质中的油向裂缝补给。最后出现总系统径向流动段，此时既有原油从基质流入裂缝，又有原油从裂缝流入井筒。解释出储容比为 7%，窜流系数为 $4.64×10^{-6}$，裂缝渗透率为 1.59mD。从本井解释结果看，贝 10 井布达特潜山油藏属于双重孔隙介质油藏，基质含有较多的原油，因其渗透率太低，只能通过裂缝流到井底。

（3）布达特潜山裂缝发育与岩性和断层有关，孔洞沿裂缝附近分布。

根据布达特潜山 21 口取心井构造缝统计，整体来看构造缝在砂岩中发育，火山碎屑岩次之，泥岩相对较差。不同岩性中，随着泥质、凝灰质含量的降低，钙质含量的增加，裂缝发育程度增强。发生轻微变质的岩石，也易形成构造缝。裂缝常常终止于岩性界面附近，也说明由于不同岩性具有不同的力学性质，导致岩性界面往往是裂缝发育层的力学层界面。

岩心观察发现，布达特潜山裂缝密度为 1~231 条 /m，主要集中在 1~45 条 /m。裂缝密度与断层有较好的相关性，断层附近裂缝密度大，远离断层裂缝密度逐渐减小。同种岩性的裂缝参数统计显示，随着井与断层距离的增大，裂缝倾角、宽度逐渐减小，也说明了裂缝发育程度是从断层向外变差。

孔洞具有沿裂缝分布的特征，断层角砾岩岩石疏松，角砾间胶结物易形成残留孔洞或溶蚀孔洞。

（4）测井裂缝识别方法及有效厚度解释标准。

①利用常规测井资料确定基质和缝洞孔隙度。

一般情况下，中子、密度求取的孔隙度反映了地层总有效孔隙度的大小，而声波时差孔隙度只能反映粒间孔隙度和水平裂缝孔隙度，除高角度裂缝外，基本反应基质有效孔隙度的变化。因此应用中子密度孔隙度减去声波孔隙度作为缝洞孔隙度值。

②利用成像测井资料确定裂缝产状和缝洞孔隙度。

通过对贝 12 等井布达特潜山电成像测井资料的处理与解释可知，布达特潜山以高角缝、网状缝和孔洞为主，其裂缝走向主要以近东西向为主，地层倾角在 15°~83°；解释裂缝平均密度在 1.07~1.60 条 /m²，张开度平均在 10.7~20.2μm。裂缝储层的总有效孔隙度平均值在 3.08%~6.87%，缝洞孔隙度平均值在 1.27%~1.90%。可见布达特潜山裂缝较发育[4]。

③潜山储层有效厚度划分标准。

根据常规测井曲线电阻率正幅度差异明显、高电阻率背景下的低电阻率和高孔隙度三种特征定性划分有效储集层厚度。如贝 12 井 1701.8~1707.8m，该井段表现为岩性密度值小，补偿中子和声波时差相对较大，双侧向电阻率曲线与微球电阻率曲线具有明显差异，井径曲线平直，具有明显的缝洞孔隙发育特征。该层压裂后获得 8.08t/d 的工业油流。

根据电成像测井具有明显的缝洞显示、孔隙度频谱分析具有较大的缝洞孔隙度和交叉偶极子声波处理成果具有明显的各向异性三种特征定性划分有效储集层厚度。如贝 30 井在 2201.0~2210.5m 井段，电成像测井图像具有缝洞特征。其中在 2201.0~2201.3m 取心岩石呈块状，具有明显的溶蚀孔洞，孔洞中有明显的含油显示。

依据上述定性判断有效储集层的六个特征，结合苏德尔特油田布达特潜山试油、取心、岩屑录井、气测、有机地化等资料，建立了综合划分布达特潜山油层有效厚度标准（表 7-24）。

表 7-24 布达特潜山油层有效厚度判别标准表

识别方法	油 层	差油层	干层或水层
测井	$RT > 10\Omega \cdot m$，三电阻率有明显交会，中子密度孔隙度异常偏高，电成像明显有裂缝，缝洞孔隙度一般大于 0.8%，有效孔隙度大于 5.0%	$RT > 10\Omega \cdot m$，三电阻率有明显交会，中子密度孔隙度异常偏高，电成像明显有裂缝，缝洞孔隙度一般在 0.1% 至 0.8% 之间，基质孔隙度大于 3.0%	干层为 $RT < 10\Omega \cdot m$，或 $RT > 10\Omega \cdot m$，但三电阻率没有明显交会，中子密度孔隙度偏低，声波偏低，表现为高阻或低阻特征，电成像发亮，图像均匀，缝洞孔隙度小于 0.1%，基质孔隙度小于 3%；水层自然电位明显偏高
岩心	缝洞发育好，有主缝，呈开启形态，缝洞连通性好，含油较明显，油气味浓	裂缝发育较好，缝隙空间小，连通性差或不连通，可见含油	裂缝发育差，缝隙充填紧密，不连通，不含油或含油性差
岩屑	含油岩屑含量 ≥ 5%，荧光级别 ≥ 10 级	含油岩屑含量 1%~5%，荧光级别 ≥ 7 级	含油岩屑含量低或无显示
气测	全烃 ≥ 0.5%，比值 ≥ 3，甲烷 60%~80%	全烃 ≥ 0.25%，比值 ≥ 3，甲烷 60%~80%	无显示
地化	$S1/S2 \geq 3$，$S1 \geq 3$，$S2 \geq 1.7$	$S1/S2$ 在 1~3 之间，$S1 < 3$，$S2 < 1.7$	$S1/S2 < 1$，$S1 < 2$，$S2 < 0.7$

利用研究的标准对 2004 年完钻的评价井进行数据处理与解释，通过对布达特潜山油层新试油的 8 口井 23 层对比，符合层数 22 层，综合解释符合率为 95.7%，基本满足了储量评价和开发的需求。

（5）布达特潜山油层主要发育在潜山顶部 300m，为受断块、裂缝控制的块状油藏。

苏德尔特油田布达特潜山岩性复杂、储集空间多样，其储集系统分布、油藏类型的认识有待深化，从钻井、试油及录井资料看，不论潜山顶面出露的是哪段地层（B_I、B_{II}、B_{III}），只要裂缝发育，均有可能成为油层。布达特潜山试油证实最大含油高度为 257m（德 118-190 井），德 110-216 井完钻后，揭示下部浅变质砂泥地层达 955m，尽管裂缝发育，取心、录井等资料未见油气显示，射开井段 2052~2128m，试油产水 11.2m³/d。在苏德尔特油田东部贝 16 断块的德 103-226 及德 108-229 井 1930m 以下、在西部贝 28 断块南贝 28-1 等井 2194m 以下见到底水。因裂缝发育程度的差异，各断块油底不尽相同，但在同一个断块内油底基本相同。初步认为布达特潜山油藏为受断块、裂缝发育程度控制，各断块具有独立的油水（油干）界面关系的块状油藏。

三、优化复杂断块油藏开发方案设计

在海拉尔油田"超前评价、试验先行、加快上产"的形势下，2004年开展贝16断块兴安岭群厚油层和贝28断块布达特潜山油藏开发试验，为优化海拉尔油田强水敏储层、多层位厚油层和潜山复杂断块油藏开发方案设计打下了基础。

1. 初步解决了贝301断块强水敏储层注水问题

贝301断块属于中低渗透砂砾岩储层，水敏指数为0.79，属于强水敏储层。室内实验研究和两年多的现场试验表明，贝301断块采用5号黏稳剂、注入浓度为0.8%是可行的，注水井吸水状况较好，油井见到了注水效果。

（1）优选5号黏稳剂和0.8%注入浓度，油层吸水状况良好。

实验室优选出5、7号黏稳剂，分别应用在贝58-60、贝3-7井组，进行黏稳剂类型优选试验。贝58-60井组采用5号黏稳剂，初期注入浓度为1.5%。注水压力为6.3MPa，日注水40m^3，截至2004年底注水压力为8.6MPa，日注水32m^3。贝3-7井组采用7号黏稳剂，浓度为1.5%，初期注水压力为8.2MPa，日注水22m^3。截至2004年底注水压力为8.8MPa，日注水5m^3。对比试验表明，5号黏稳剂较好。

贝60-62井采用5号黏稳剂，注入浓度降至0.8%，初期注水压力为7.03MPa，日注水34m^3，期间注水压力为8.5MPa，注入量11m^3，经过酸化解堵日注入量恢复到30m^3/d。降浓度试验表明：黏稳剂浓度可降到0.8%。

2004年4—6月转注18口注水井，吸水能力较好，注入压力缓慢上升，层段吸水比例较高。初期日注水722m^3，注水压力为2.6MPa，截至2004年底，日注水872m^3，注水压力为5.0MPa。小层吸水比例为62.3%，砂岩厚度吸水比例为69.1%，有效厚度吸水比例为75.4%。

油井见到一定的效果，产液量、地层压力、流压有所回升。日产液从转注前451t，上升到2004年底的601t，流压从2.28MPa上升到2.76MPa，地层压力从4.25MPa上升到5.14MPa。小层产液比例达到70.9%，有效厚度产液比例为81.0%，油层动用程度较高。

（2）优化方案设计，实现贝301断块高效开发。

通过跟踪贝301断块强水敏储层注水开发试验，对开发方案中的井距、开发层系和转注时机进行了深入研究，为贝301断块下步高效开发提供了依据。

①采取井距200~250m灵活布井方式。

应用单井控制经济极限储量法，按油价20$/bbl计算，经济极限井距为188m。应用综合经济分析法，合理经济极限井距为195m。现场分析，250m井距井组只有贝301井见到了一定的效果，300m井距井组没有见到注水效果。全区主体部位采用200~250m井距，在注水井转注后，4个月内油井基本上见到注水效果。

②构造高部位厚油层分两套层系开发。

贝301区块目的层井段内有6套砂岩组，74口井完钻后，平均钻遇有效厚度37.6m，平均射开有效厚度30.1m，其中，上部油层钻遇有效厚度平均为12.0m，中部油层钻遇有效厚度平均为25.6m，南屯组中、上部油层组之间具有10m左右的泥岩隔层，具备分层开采的必要条件。

③充分利用天然能量，弹性开采 6 个月转入注水开发。

贝 301 区块弹性采收率为 2.39%，弹性能量中等；原始溶解气油比为 28.5m³/t，溶解气能量比较有限；单位厚度采水指数为 5.68m³/(d·MPa·m)，边水能量相对较高。贝 301 区块于 2003 年 10 月投产，2004 年 4—6 月开始转注，弹性能量开采时间为 6~8 个月，流压由初期的 3.88MPa 降至 2.53MPa。因此，天然能量开发 6 个月后转注是合理的。

2003 年贝 301 断块整体部署开发井 74 口，动用地质储量 1050×10⁴t，2004 年平均单井日产油 12.0t，综合含水 6.0%，采油速度为 3.89%，采出程度为 7.13%，由于解决了强水敏储层的注水问题，达到了高效开发的目的。

2. 贝 16 断块兴安岭群厚油层设计分层系开发方式

苏德尔特油田兴安岭群油层探明地质储量 3324×10⁴t，含油小层多达 108 个，油层厚度大。贝 16 断块平均有效厚度为 60.8m。4 个油层组平均有效厚度在 18~24.2m，平均空气渗透率为 1.4~177.7mD，平均产量为 5.0~10.0t/d，各油层组之间存在 10~50m 的泥岩隔层。对这种类型的厚油层，设计了分层系开采方式。

按照层系划分原则，认为贝 16 井区应采用 Ⅰ、Ⅱ、Ⅲ—Ⅳ 油层组三套开发层系：

一个开发层系内单井控制油层数不宜超过 5 层，平均有效厚度为 15~20m 左右；

兴安岭群 Ⅰ 油组和 Ⅱ、Ⅲ、Ⅳ 油组之间存在较大的物性差异，层间矛盾大，宜分层系开发；

从单井产量和储量规模来看，兴安岭 Ⅰ、Ⅱ、Ⅲ、Ⅳ（Ⅲ、Ⅳ 油组合采）油组具有单独划分为一套层系各打一套井网的条件；

兴安岭群油层 Ⅰ—Ⅱ 油组和 Ⅱ—Ⅲ、Ⅳ 油组之间存在着稳定的泥岩隔层，有条件分层系开采。

2004 年将兴安岭群油层的 4 个油组分三套层系进行开发，共部署开发井 54 口，预备井 10 口，预计建成产能 7.1×10⁴t，设计动用石油地质储量 654×10⁴t。Ⅰ 油组采用三角形井网 200~250m 井距，13 口开发井；Ⅱ 油层组采用正方形井网 200m 井距，12 口开发试验井；Ⅲ—Ⅳ 油层组采用正方形井网 200m 井距，29 口开发试验井，加快了油田上产步伐。

3. 探索了布达特潜山油藏布井方式

苏德尔特油田布达特潜山油藏探明地质储量 1811×10⁴t，研究认为布达特潜山油藏存在缝洞型、裂缝—孔隙型两种储集系统。对于不同渗流特征油藏应采取不同的开发方式，潜山油藏研究的重点是井网、井距、注水方式及合理的采油速度。

（1）对于不同类型的潜山油藏采用不同的开发方式。

双重介质油藏：对于油藏规模小、断层发育油藏，三角形井网优于其他类型井网，华北油田已开发的潜山油藏均采用三角形井网。布达特潜山油藏断层发育，断块呈狭长形，更适合采用三角形井网。

华北油田大部分块状底水油藏井距在 250~300m。任丘油田雾迷山组油藏开发初期井距为 1050m，平均单井产量为 1411t/d，水锥高度为 176m。加密后平均井距为 490m，平均单井产量为 180t/d，平均水锥高度降至 50m 以下。控制水锥有利于延长稳产期，从这一角度出发，宜将井距控制在 500m 左右。

裂缝型油藏：苏德尔特油田布达特潜山缝洞发育，主要与岩性和断层分布有关。同时，布达特潜山试油产量高的井都在断层密集处。根据华北油田经验，沿潜山面钻"水平井"、斜井可提高单井产能。缝洞油藏布达特潜山的开发井井距不宜过小，同时不能采用规则的井网。

对于双重介质油藏采用顶密（250~300m）边疏（300~400m）三角形井网；对于裂缝型油藏沿裂缝发育带不规则布井，钻井方式为"水平井"或斜井。2004年在双重介质油藏贝14断块部署开发井56口，井距250~500m，动用储量682×10^{4}t；在裂缝型油藏贝16断块部署开发井9口（斜井5口），井距800~1200m，正在实施。

（2）采取边底部注水加内部点状温和注水方式。

国内外不论是块状还是厚层状潜山油藏，多采用边底部注水方式。阿北安山岩潜山油藏为块状油藏，初期确定以边底部注水为主，虽然控制了油藏的含水上升速度，但油藏内部却因能量不足，采油指数下降，地层能量的保持水平不到30%，油藏的产量递减达到了21.4%。通过研究，确定阿北安山岩油藏应采用边底部注水结合内部底部注水、多井少注的温和注水方式。调整后，在可采储量采出程度已达60%的情况下，剩余可采储量采油速度仍保持在1.6%，地层能量保持水平80%，取得了较好的开发效果。

参考华北潜山油藏的开发经验，苏德尔特油田潜山油藏在开发方案设计上，采用边底部注水结合内部底部注水方式。

（3）合理采油速度在1.5%以内。

为了协调裂缝系统的水驱油过程和岩块系统的自吸排油过程，需要把采油速度控制在临界速度附近，才能控制油水界面上升速度。任丘油田雾迷山组油藏任11山头，初期采油速度为1.76%，油水界面平均月升15.7m，阶段驱油效率为7.3%。采油速度下降到1.51%，油水界面月升2.4m，阶段驱油效率为35.1%。潜山油藏的合理采油速度控制在1.5%以内，才能有好的开发效果。

根据上述研究成果，2004年在海拉尔盆地苏德尔特油田的贝16、贝12、贝28、贝14等断块完成产能建设油藏工程方案5个，设计井数187口，动用石油地质储量2124×10^{4}t，含油面积11.7km^2，设计建成产能29.9×10^{4}t。

四、海拉尔油田潜力

截至2004年底，海拉尔油田探明地质储量7144×10^{4}t，实际动用地质储量1845×10^{4}t，设计动用地质储量5014×10^{4}t，其中，2005年已安排动用储量3169×10^{4}t，开发井305口，产能42.2×10^{4}t（表7-25）。

表7-25 海拉尔油田开发潜力表

油田	探明		设计动用			实际动用			未动用储量（10^{4}t）	剩余潜力		
	面积（km^2）	储量（10^{4}t）	储量（10^{4}t）	井数（口）	建产能（10^{4}t）	储量（10^{4}t）	井数（口）	建产能（10^{4}t）		储量（10^{4}t）	井数（口）	建产能（10^{4}t）
苏仁诺尔	16.8	673	337	135	6.5	178	63	3.4	336			
呼和诺仁	5.2	1336	1050	74	21.5	1050	74	21.5	286	286	10	2.5
苏德尔特	20.5	5135	3627	302	47.7	617	69	8.6	1508	1508	132	16.1
合计	42.5	7144	5014	511	75.7	1845	206	33.5	2130	1794	142	18.6

第七章 完善水驱，加大非水驱开发试验攻关

第四节 注水开发综合调整技术

随着大庆外围油田注水开发的不断深入，"三低"油藏一些深层次的矛盾和问题逐渐暴露出来：一是开发较早的中渗透萨葡油层和低渗透裂缝性扶杨油层采出程度较高，剩余油分布零散；二是近年投入开发的裂缝性低、特低渗透萨葡油层，部分井压裂投产，初期采油速度高，产量递减快；三是特低渗透和致密扶杨油层油井注水受效差，采油速度低。针对这些矛盾和问题，近年来实施了以注采系统和井网加密调整为核心的注水开发综合调整，并取得了较好的调整效果。

一、递减率影响因素及递减率分析

1. 递减率影响因素分析

研究表明，影响大庆外围油田产量递减的主要因素是储层物性、储层渗流特点以及井网等，主要有以下几点认识。

（1）储层渗透率越低，流度越小，初期递减率越大。

储层渗透率直接影响储层渗流能力，而流度影响原油流动能力。

一是储层渗透率低，渗流能力低，初期递减率大。大庆外围已开发低渗透扶杨油层较中渗透萨葡油层储层物性差，渗流能力低，随油田综合含水增加低渗透油层无量纲采油指数下降快，无量纲采液指数下降幅度大。如中渗透龙虎泡油田无量纲产液指数大于0.9，低、特低渗透朝阳沟和榆树林油田无量纲产液指数最低在0.6~0.7。

据外围油田递减在5年以上，且新井比较少的28个区块递减率统计，中渗透萨葡油层初期自然递减率为19.4%，2003年自然递减率为12.5%。扶杨油层储层渗透率低，除部分区块注水受效好外，其他区块注水受效差，产量递减率一直较大，初期自然递减率为21.0%，2003年自然递减率为18.1%。

二是流度越小，递减率越大。流度越小，原油流动能力低，在相同条件下，油井供液能力低，初始递减率大。如外围扶杨油层流度小于0.5mD/（mPa·s）的区块较流度大于0.5mD/（mPa·s）的区块，在相同采油速度下，初始递减率大6~7个百分点。

（2）井网系统与裂缝组合不匹配，递减率大。

外围一些低、特低渗透油藏存在裂缝，这部分油藏初期产能大，采油速度高。由于初期基本上采用正方形井网，并且井排方向与裂缝走向存在一定夹角，注水后由于部分油井见效好，含水上升快，导致产量递减大。如朝阳沟油田朝45区块，井排方向与裂缝走向夹角为11.5°，1988年注水，由于水井排油井近似处在裂缝方向上，注水开发后水井排油井含水上升快，产量递减幅度大，到1993年含水上升率为3.9%，自然递减率高达19.8%，转线状注水后递减率得到控制。

（3）采油速度越高，稳产期越长，递减率越大。

对于特定油藏及井网条件下，在相同开发时间内，采出程度越高，储采比越低。由于储采比与自然递减率成反比，因此，稳产期越长，初期递减率越大。这种特点在外围油田开发中主要有两种表现。

一是葡萄花油层油井受效程度高，采油速度高，递减率大。如以开发葡萄花油层为主

的大庆油田第八采油厂部分油田，在采出程度为10%时，初期采油速度在2.06%~3.43%，对应自然递减率在11.27%~20.15%。

二是扶杨油层压裂投产，初期采油速度高，递减大。如树34区块初期采油速度为1.7%，1996年、1997年递减率高达34.9%、30.2%。

2. 递减率分析

分析认为大庆外围油田递减类型与国内其他水驱砂岩油藏基本一致，整体上符合双曲递减。按产量递减状况可将外围已开发区块分为四类。

一类为已进入中高含水的中渗透萨葡油层。由于储层物性好，稳产期末采出程度高，初期递减快，近年来进行了注采系统调整，产量递减有所减缓。如祝三试验区1993年到2001年自然递减率逐渐降低。

二类为低、特低渗透的萨葡油层。该类油藏由于初期压裂投产，初期产量高，含水上升快，产量下降快，递减率较大。如新站等油田2003年平均自然递减率为18.4%。

三类为低、特低渗透的裂缝性扶杨油层。注水开发后经过注采系统和注采结构调整，递减得到有效控制。如朝阳沟油田主体区块"七五"投产井，近年递减率从17.5%降低到2003年的12.3%。

四类为裂缝不发育的特低渗透或致密扶杨油层。油井压裂投产，初期递减较快，由于注水受效差，油层压力保持水平低，油井产液能力低，供液不足，递减率大。榆树林油田Ⅱ类区块，1988年递减率为25%，2003年降到16.5%，预计2004年为15.5%。

"九五"以来，外围油田通过降低注采比、降注水压力和控制含水，自然递减率已从2002年最高的20.7%降低到2003年的15.8%，预计2004年为12.0%。

二、调整技术界限及潜力

1. 井网加密调整

1）加密调整效果评价

大庆外围油田从宋芳屯试验区1997年加密以来，到2004年8月底，已加密23个区块，钻加密井661口，动用地质储量6090×10⁴t，占外围油田2003年动用地质储量的13.5%。从加密时间较长的13个区块分析，认为外围油田井网加密主要有2个方面的作用。

（1）井网加密能提高水驱控制程度和采收率。

各加密区块增加水驱控制程度6.5~14.8个百分点，平均增加9.8个百分点，提高采收率5.7~7.3个百分点，平均提高6.5个百分点。

（2）裂缝性扶杨油层井网加密能减缓老井产量递减。

裂缝性扶杨油层井网加密缩小井距，能降低渗流阻力，增加有效驱动，从而提高老油井注水受效程度，提高老油井供液能力和产油量，从而减缓老井产量递减。如朝阳沟油田朝55区块井网加密后，采油速度由加密前的0.8%提高到加密后的2.01%，2004年采油速度为1.27%。老油井递减率由加密前的18.2%降低到加密后的11.0%，2003年为8.5%。

（3）井网加密强化有效驱动体系的建立。

特低渗透油层原井网大部分区块注水受效差，产量低，通过井网加密缩小注采井排距，增加驱替压力梯度，使部分原井网不能有效驱动的区块建立起了有效驱动体系，改善了开发效果。如外围特低渗透扶杨油层11个加密区块中，加密后有6个区块建立起了有效驱动体系。

2）加密调整界限

在以往井网加密技术界限研究上，2004 年主要对井网加密的经济界限进行了研究，取得了以下认识。

（1）加密井经济极限产量及有效厚度下限。

大庆外围油田可加密区块加密井单井经济极限产量萨葡油层为 2470~3960t、扶杨油层为 2800~4300t；加密井增加可采储量萨葡油层为 3290~5280t、扶杨油层为 3730~5730t；可调厚度下限萨葡油层为 3.4~4.0m、扶杨油层为 7.2~12.9m；布井有效厚度下限萨葡油层为 4.0~4.7m、扶杨油层为 7.5~13.5m。

（2）加密井经济极限日产油和加密含水界限。

按中渗透萨葡油层递减率为 20%、扶杨油层递减率为 15% 测算，加密井初期经济极限日产量萨葡油层为 2.2~2.6t、扶杨油层为 2.4~3.7t；萨葡油层加密井含水上限为 50%、加密区含水上限为 70%；扶杨油层加密井含水上限为 40%、加密区含水上限为 50%。

3）加密调整潜力

在外围已开发油田的 86 个区块中，优选可以加密的有 51 个区块，共有加密井数 1275 口，可建产能 81.3×10^4t，预计增加可采储量 506.8×10^4t（表 7-26）。

表 7-26 外围油田井网加密潜力分析表

采油厂	加密井数（口）	含油面积（km^2）	地质储量（10^4t）	建产能（10^4t）	增加可采储量（10^4t）	区块
第七采油厂	36	4.1	185	1.8	10.8	台 105、肇 212
第八采油厂	286	34.1	1681	13.7	96.6	徐家围子、肇 291、升南、宋芳屯
第九采油厂	161	26.5	1368	9.6	60.0	杏西、敖古拉、新店、金腾、龙南、高西、龙虎泡南部
第十采油厂	432	37.5	1987	31.9	161.1	朝 5、朝 44、朝 5 北、朝 64、朝 661、大榆树、试验区北、朝 2、朝 202 轴、朝 45、朝 50 翼、朝 601、朝 66、朝 691、朝 80、朝深 2、长 31、长 46、长 8
榆树林采油厂	249	19.2	1688	16.9	124.6	升 382、东 16、东 12、树 34、树 32
头台采油厂	111	8.6	671	7.5	53.7	试验区、试验区东、茂 9
合计	1275	129.9	7581	81.3	506.8	

2. 注采系统调整

1）注采系统调整效果分析

通过对外围注采系统调整效果分析，主要有以下两点认识。

一是中渗透萨葡油层和裂缝性低渗透扶杨油层注采系统调整效果好。该类油藏在 300m 井网条件下，能建立起有效驱动体系，转注井周围油井提高的产油高于转注井损失的油量，转注具有显著效果。如宋芳屯油田祝三试验区注水后四次较大规模的转注调整，朝阳沟油田朝45区块转线状注水，相同采出程度条件下含水降低，水驱开发效果得到明显改善。

二是裂缝不发育特低渗透及致密油藏注采系统调整效果差。该类油藏在300m井网条件下，不能建立起有效驱动体系，转注井周围油井提高的产油低于转注井损失的油量，转注效果不理想。如榆树林油田树322区块，空气渗透率为1.25mD。油井转注前平均日产液3.0t，日产油2.4t，转注后周围油井第一年平均日产液3.2t，平均日产油2.5t，日增油0.1t，由于转注油井产量损失，区块总产油量降低5%。

2）合理油水井数比

应用产液指数法、动态资料法及注采压差法，结合油田动态实际，计算外围各油田合理油水井数比为1.29~2.94，平均为2.23。2004年各油田实际油水井数比为1.64~11.5，平均为2.29。实际与计算结果相比，在18个油田中有15个油田实际油水井数比高于合理油水井数比，需要继续转注，降低油水井数比，增加水驱控制程度和注水强度。

3）注采系统调整潜力

在已加密区块、可加密区和常规注水调整区共896口井有转注潜力，增加可采储量531×10^4t（表7-27）。

表7-27 外围油田注采系统调整潜力分析表

项目	总井数（口）	油井数（口）	水井数（口）	目前油水井数比	合理油水井数比	转注井数（口）
已加密区	1613	1163	450	2.58	1.8	125
可加密区	2237	1669	568	2.94	1.9	202
常规注水区	9785	6795	2990	2.27	1.75	569
外围合计	13635	9627	4008	2.40	1.78	896

三、大庆外围已开发油田调整对策

根据外围四类递减类型区块的地质特征和动态特点，制定了各类区块综合调整对策。

Ⅰ类区块：加快剩余油研究步伐，实施以注采结构、注采系统调整为核心的调整措施，挖掘剩余油，增加可采储量。

该类区块开发效果较好，采出程度高，剩余油分布零散。注水开发调整的对象是剩余油，目的是增加可采储量。主要实施注采结构调整，同时结合局部注采系统调整和井网加密以及调剖、堵水等措施，控制含水上升速度，减缓产量递减幅度。

Ⅱ类区块：实施以降低注水压力、注采比为重点的调整措施，降低含水上升速度，抑制产量递减幅度。

该类区块为近年投入开发的新站等裂缝发育的油田，部分油井压裂投产初期采油速度高，含水上升快，产量递减大，油水井数比高，主要通过实施注采系统调整，结合控制注水压力和注采比，达到控制含水上升、产量递减的目的。

Ⅲ类区块：加大井网加密和注采系统调整的力度，实施以降低渗流阻力为核心的调整措施，提高有效动用程度，增加可采储量。

该类区块主要是低、特低渗透扶杨油层，裂缝普遍发育，井排方向与裂缝方向存在一定的夹角，在裂缝方向上，油井见效快，而在非裂缝方向上难以建立起有效的驱动体系。主要实施井网加密与注采系统调整相结合的综合调整，同时进行注采系统调整、调剖、堵水等，降低含水上升速度，减缓产量递减幅度。

Ⅳ类区块：对近期加密潜力区应加快井网加密的步伐，尽早实施井网加密；对于近期非加密潜力区，有效厚度较大的区块，在开展加密小井距矿场试验的基础上，研究加密的可行性，落实加密潜力；对有效厚度小，加密无效的区块，要试验研究非常规采油技术。

第五节　油田开发对策

进入"十一五"期间，大庆外围油田面临的开发对象更为复杂，开发难度更大。我们必须积极探索，大胆挑战特低渗透、特低丰度和复杂断块油藏开发技术界限，攻克各类油藏有效开发的技术瓶颈，努力开创外围油田开发新局面。

针对未动用地区，采取区块评价与单井评价相结合，水驱开发与非水驱开发相结合，优选开发，加快动用。针对待探明地区，采取评价与预探相结合，油藏与采油、地面工程一体化设计，整体部署分步实施。针对已开发油田，以挖掘剩余油和建立有效驱动体系为核心，采取井网加密与注采系统相结合，探索新技术新方法，逐步形成已开发油田综合调整配套技术。

一、实施"三个加快"，实现新区上产

1. 加快评价，提前落实产能区块

在 2004 年油藏评价工作的基础上，重点作好三项工作：一是在海拉尔新区，油藏评价提前介入预探；二是在长垣外围地区加大三维地震部署；三是积极探索随钻地震等新技术。在完成新增探明储量 9000×10^4t 的同时，提前落实产能区块。

2. 加快试验，发挥技术指导作用

一是继续开展海拉尔油田强水敏、分层开采和潜山油藏开发试验；二是继续开展扶杨油层注 CO_2、小排距整体压裂开发试验；三是开展水平井注水开发试验；四是开展水平井蒸汽吞吐和蒸汽吞吐与蒸汽驱互动开发试验；五是开展注空气开发试验。

3. 加快部署，搞好多元化布井

搞清各油田和各厂的储量潜力，针对不同区块的地质条件和探明程度，采取不同的开发模式进行开发部署。一是加强未动用储量分类评价研究；二是推广零散井区单井综合评价和滚动开发技术；三是开展已开发区块整体建模和滚动外扩开发部署研究。预计 2005 年部署开发井 2000 口井以上，建成产能 100×10^4t 以上。

二、深化"两个机理"，明确攻关方向

为促进渗透率在 1mD 以下储层的有效动用，重点研究特低渗透油藏水驱和气驱渗流机理。一是特低渗透油藏非达西渗流机理和室内实验评价研究，开展特低渗透油藏开发技术经济界限研究，开展非达西渗流条件下开发指标预测方法研究；二是研究特低渗透油藏注 CO_2、注 N_2、注空气驱油机理和室内实验评价。

三、把握"两个规律",深化油藏认识

根据不同类型油藏的开发效果,研究产量递减规律和含水上升规律,制定不同开发阶段油田开发技术政策。一是不同类型油藏产量递减规律分析;二是各类油藏产量和含水变化规律分析。

四、加强"两个调整",减缓产量递减

井网加密和注采系统调整是减缓产量递减的主要手段。在2004年已开发油田注水开发综合调整对策研究的基础上,一是继续深化已开发油田油藏精细描述研究;二是继续开展加密和注采系统调整的技术经济界限研究;三是继续开展加密和注采系统调整的调整方式和方法研究。力争2005年调整区块自然递减率降低1%,调整区块采收率提高3%。

五、开展九项科技攻关

1. "十一五"大庆长垣外围油田油藏评价及新区产能规划研究

论证大庆油田松辽盆地北部精细勘探后期新区产能与探明储量增长趋势合理匹配关系,研究海拉尔盆地增储上产的合理接替序列,分析评价投资与储量、新区产能与效益之间的关系,为进一步提高控制储量升级率、新区产能到位率提供依据。

2. 已开发油田油藏精细描述研究

2004年对已开发油田的典型区块进行了精细油藏描述,编制出了相应的技术标准和规范。在此基础上将开展以下研究:建立区域性骨架剖面,完善油层划分标准;建立地质模型,精细表征油藏属性;建立一套适合外围油田油藏精细描述的方法和流程,全面推广应用;构建油藏地质模型与数值模拟一体化平台,实现多学科联合攻关,为数字化油藏奠定基础。

3. 薄互层型河道砂岩发育带和薄油层砂岩地震预测技术推广研究

在扶杨油层单一型河道砂体、叠加型河道砂体发育带新技术研究的基础上,2005年加强薄互层扶杨油层及薄层葡萄花油层砂体预测方法研究,不断提高薄互层型河道砂岩发育带和薄油层砂岩地震预测精度,加快未动用难采储量有效开发步伐。

4. 大井距小排距的矩形井网与大规模压裂配套技术研究

根据小排距整体压裂、注CO_2开发试验的基础上,建议选择扶杨油层未动用Ⅱ类区块开展优化井网拉大井距缩小排距加大压裂规模技术整合研究,研制优化设计软件,开展区块潜力、效果系统评价,形成特低渗透扶杨油层有效开发技术。

5. 扶杨油层致密油藏储层渗流机理及动用条件研究

开展致密油藏储层渗流机理研究,从砂体分布、微观孔喉结构等方面研究影响扶杨油层开发效果的主要地质因素,建立储层物性、流体性质与动用条件之间关系,搞清特低渗透、裂缝不发育扶杨油层动用技术界限。

6. 水平井多段大规模压裂技术

为进一步提高水平井单井产量,改善水平井开发效果,开展长井段水平井多段大规模压裂技术研究,扩大特低渗透、特低丰度水平井应用范围和规模。

第七章 完善水驱，加大非水驱开发试验攻关

7. 苏德尔特油田上产开发配套技术研究

针对苏德尔特油田兴安岭油层含凝灰质储层敏感性强及布达特潜山油藏类型认识不清的问题，完善兴安岭、布达特潜山有效厚度标准，开展兴安岭油层含凝灰质储层敏感性室内评价、物模实验，确定有效开发驱动介质，注入方式，开展布达特潜山内幕特征研究，贝10—贝12断块布达特潜山裂缝特征、干扰试井研究，搞清潜山储集空间系统、裂缝和孔洞分布特征，油藏类型和分布。开展布达特群潜山"水平井""斜直井"轨迹优化设计。

8. 扶杨油层致密油藏注空气、烟道气调研及开发可行性研究

积极探索提高致密扶杨油层注入能力的有效方式，通过开展注空气、烟道气调研及开发可行性研究，重点研究其适应的地质条件和开发技术经济界限，使其具有可推广性，力争早日进入矿场试验。

9. 微生物采油机理和应用条件研究

微生物驱试验取得了一定效果，需进一步进行微生物驱室内配方优化和筛选，研究封堵更强的微生物菌种，进行微生物驱第二段塞的注入矿场试验。在外围油田（朝阳沟除外）开展微生物吞吐试验，进一步验证微生物吞吐的适用性及效果。

参 考 文 献

[1] 计秉玉，兰玉波. Optimization of Permeability Tensor Characteristics of Anisotropic Reservoir and Well Pattern Parameters[J]. Tsinghua Science and Technology，2003（5）：564-567.

[2] 石梅，侯兆伟，李蔚，等. 特低渗油藏微生物矿场试验效果评价[J]. 油田化学，2003（3）：269-272.

[3] 渠永宏，廖远慧，赵利华，等. 高分辨率层序地层学在断陷盆地中的应用：以海拉尔盆地贝尔断陷为例[J]. 石油学报，2006（S1）：31-37.

[4] 闫伟林，葛百成，鲁红，等. 海拉尔盆地贝尔凹陷布达特群储层次生孔隙度确定方法[J]. 大庆石油地质与开发，2005（1）：100-102，112.

第八章 攻坚克难，实现上产 500 万吨奋斗目标

经过"十五"攻关，大庆外围油田发展精细油藏描述和开发综合调整技术，改善了老油田开发效果；创新区块整体评价和单井综合评价技术，提高了未开发储量动用率；探索复杂断块油藏裂缝识别和注水开发技术，加快了海拉尔油田开发步伐。大庆外围油田开发工作紧密围绕上产 500×10^4t 奋斗目标，通过实施"加快评价、加快攻关和加快部署"，老区综合调整合理有序，新区油藏评价成效显著，连续两年探明储量超过 1×10^8t，2005 年产油量超过 500×10^4t，实现了外围油田开发史上的突破，为"十一五"外围油田持续上产奠定了良好的基础[1]。

第一节 全面完成各项开发指标，油田开发成绩显著

一、通过实施"两个创新"，加快储量动用、加快上产步伐，实现了上产 500×10^4t 的目标

外围油田尽管储量品位较差，基本处于开发技术极限，但是仍具有较多的储量潜力。为此，油田公司提出了外围油田 2005 年上产到 500×10^4t 的目标。

为了实现这一目标，油田公司上下进一步解放思想，通过创新经营管理模式，创新开发技术，挑战技术瓶颈，使储量动用率大幅度提高，2005 年实现了年产 500×10^4t 的目标（图 8-1）。

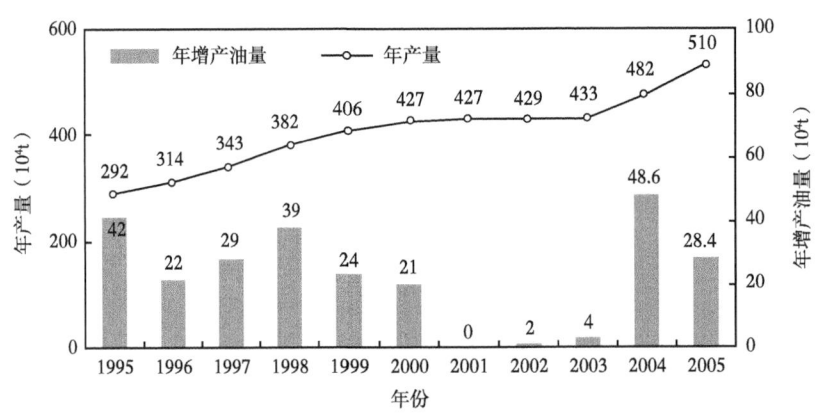

图 8-1 外围油田产量曲线

1. 创新经营管理模式，储量动用率大幅度提高

为了有效动用外围"三低"油田储量，在经营方式上，采用小油田公司体制，与地方、存续企业以及国外公司合作，降低开发投资和成本，提高难采储量动用程度。小油田公司已累计动用储量 $19039×10^4t$，年产油量由 2002 年的 $176×10^4t$ 上升到 2005 年的 $208×10^4t$；在管理模式上，实施勘探开发一体化，探明储量逐年增加，2004 年突破 $1×10^8t$，达到近十年来最高水平，探明储量动用率跨越式提高，2003 年提交探明储量三年动用率达到 76.1%（表 8-1）；在难采储量优选动用上，运用"百井工程"模式，突出以"种子井"为中心的油藏评价方法，逐步形成了一套地质、测井、地震相结合模式预测的油藏评价技术，在油藏认识和工作量部署上都实现了真正意义上的勘探开发一体化。"百井工程"共动用地质储量 $1946×10^4t$，已经完钻井数 768 口，建产能 $50.1×10^4t$。

表 8-1 大庆外围油田提交探明储量动用情况

项目	2001 年		2002 年		2003 年		2004 年		2005 年		累计储量动用率（%）
	动用储量（10^4t）	动用率（%）	动用储量（10^4t）	动用率（%）	动用储量（10^4t）	动用率（%）	动用储量（10^4t）	动用率（%）	动用储量（10^4t）	动用率（%）	
2001 年新增	322	4.9	448	6.8	1083	16.4	114	1.7	404	6.1	35.9
2002 年新增	851	16.1	266	5.0	224	3.4	221	4.2	418	7.9	36.6
2003 年新增			115	1.7	1186	17.9	913	13.6	2887	42.9	76.1
2004 年新增							2396	23.0	4045	38.9	61.9
2005 年新增									1088	13.6	13.60

2. 创新开发技术，加快上产步伐

针对大庆外围油田难采储量基数大、动用难度大的现状，从外围油田地质研究入手，形成了葡西油水同层复杂解释技术，优选动用储量 $1572×10^4t$；发展了低丰度葡萄花油层水平井技术，突破了超薄油层技术界限，2005 年已动用地质储量 $314×10^4t$；裂缝不发育的扶杨油层采用大规模压裂与井网优化相结合开发技术，已动用肇源油田储量 $218×10^4t$，难采储量动用程度大幅度提高。采用井网加密与注采系统相结合，有效控制老区递减。"十五"期间共实施井网加密 800 口井，加密后水驱控制程度提高 8 个百分点，增加可采储量 $180×10^4t$。外围油田两年老井递减率由 2002 年 15.4% 降到 2005 年的 13.1%。

2001—2005 年提交探明地质储量 $3.89×10^8t$，动用地质储量 $1.77×10^8t$。五年钻井数 7076 口，建成产能 $500.29×10^4t$，新区新井五年产油 $152.5×10^4t$，平均每年 $30.5×10^4t$，是"九五"期间年均新井产量的 2 倍。

二、油田开发技术取得重大突破

1. 初步建立外围油田储层精细描述技术体系

建立了油藏地质—地震—测井综合油藏描述技术，探索了外围油田沉积微相控制、确定性与随机性相结合，并考虑裂缝的"多步"建模工作方法。实现了精细地质、剩余油研究与开发调整方案编制一体化，为规模化开展大庆外围油田精细油藏描述工作奠定了坚实基础。

2. 形成了一套低渗透油田大井距、小排距沿裂缝注水的矩形线状井网

一是井网方式上的优化。油藏工程理论和数值模拟研究表明，矩形井网形式由于井排方向与裂缝方向一致，注水井沿裂缝线状注水，可以提高油井产能和注水井注水能力，避免正方形、菱形和七点法注水井网的不适应性；二是井网参数上的优化设计。采用大井距、小排距的井网部署方法，打破了长期采用正方形井网、反九点法300m注采井距的传统模式。

3. 形成了葡萄花超薄、特低丰度油层水平井开发调整技术

系统研究了水平井与常规井网相互协调的注采方式，深化了超薄油层地质认识，水平井开采界限从2.0~2.5m降到1.5~2.0m；创新了水平井钻井实时跟踪及地质导向技术，现场适时修正地质模型，精确调整钻井轨迹。从而实现了在超薄、连续性差、断层发育油层进行水平井开发，解决了大庆长垣东部低丰度葡萄花油层未动用储量的有效动用问题。已投产油井日产油是周围直井的3~5倍。

4. 揭示了海拉尔油田变质岩潜山内幕和油藏类型特征

布达特潜山浅变质岩潜山内幕地层为单斜式和褶皱式两种主要类型。布达特潜山油藏裂缝性储层纵向上为潜山顶部裂缝网络系统和潜山内幕裂缝网络系统。油藏分为块状剥蚀断块潜山油藏和不规则裂缝网络状潜山油藏类型。

5. 形成了海拉尔油田复杂断块油藏强水敏储层注水开发技术

应用浓度为0.8%的防膨剂，基本解决了贝301区块强水敏储层注水问题；应用高效防膨醇基酸液，基本解决了强水敏储层的酸化增注问题，试验2口井，平均单井降压2.6MPa，日增注12m^3，有效期已达300d。初步形成了强水敏储层注水开发技术。

此外，还研究了苏德尔特油田兴安岭油层凝灰质水敏储层特征，识别了造成储层水敏的因素主要是由凝灰质的分散运移及蒙皂石的遇水膨胀引起的。通过近一年的攻关，初步研制出了既防分散又防膨胀的CDI-914稳定剂，有待试验验证。

6. 以石油烃为唯一碳源的微生物技术取得突破性进展

利用特异性选择培养法筛选了适合外围油田Ⅰ、Ⅱ、Ⅲ类油层的菌种，在外围朝阳沟油田共进行了60井次的微生物吞吐现场试验，效果显著。Ⅰ类油层成功率达80%以上，投入产出比为1∶8.3，微生物吞吐技术已经成为外围油田增产措施之一。开展了微生物驱矿场试验，效果显著，试验近一年，含水下降6.5个百分点，平均单井日增油2t，投入产出比为1∶5，微生物驱有望成为外围低渗透油田提高采收率技术。

第二节　复杂断块油藏滚动评价技术

截至2005年12月，海拉尔探明油田4个，累计探明石油地质储量$1.058×10^8$t，动用石油地质储量$4302×10^4$t，完钻开发井491口，基建381口，建成产能$53.02×10^4$t，累计产油$93.0×10^4$t，海拉尔油田快速上产，为外围油田跨上$500×10^4$t台阶做出了重要贡献。海拉尔4个油田在储层岩性、油层分布、油藏类型和储量丰度等方面都有很大差别，开发难度大。2005年，围绕最大的苏德尔特油田强化地质研究，搞清了潜山浅变质储层裂缝网络系统和油藏类型，并提出了相应的注水开发方式，研究形成兴安岭群地层划分与油层对比方法，搞清了兴安岭群凝灰质储层水敏特征，研制出具有自主知识产权的新型黏稳剂进

入矿场试验,这些成果为海拉尔油田全面开发提供了依据[2]。

一、搞清了浅变质储层裂缝分布规律,有力地指导潜山油藏开发

苏德尔特油田布达特潜山为盆地基底,经过多期构造运动改造,地层具有浅变质特征,主要岩性以浅变质粉砂岩、泥岩为主,发育少量砂砾岩和火山岩[3]。

1. 布达特潜山裂缝普遍发育,具有多期形成和充填特征

23口井岩心观察表明:布达特潜山浅变质储层裂缝普遍发育,以构造缝为主,主要为张性缝、剪切缝及少量压性缝。张裂缝倾角普遍较大,裂缝宽度也较大,是研究区主要的储集空间。剪切裂缝一般呈共轭产出,或在另一组裂缝不发育的情况下以平行缝的形式出现,一般缝面平直,常见擦痕,裂缝宽度较窄或完全闭合,开启的剪切缝有油气显示,是流体渗流的重要通道。压性缝一般顺层分布,倾角较小,多被全充填。

裂缝产状以中高角度缝为主,岩心观察统计裂缝倾角呈偏正态分布,倾角以30°~90°为主,有效裂缝倾角以40°~90°为主。

裂缝宽度主要分布在0.1~5mm,即以小缝为主,中缝次之,大缝和巨缝较少。有效裂缝主要以中缝为主,小缝次之。

统计布达特潜山岩心裂缝线密度为2.25~22.5条/m,平均为10.42条/m,和大庆外围油田相比,裂缝密度较大。

布达特潜山浅变质储层裂缝具有多期形成的特点,主要是苏德尔特构造带所经历的古构造发育史有关,裂缝形成与充填的多期性从岩心、薄片观察和实验测定可以得到验证。

(1)海拉尔盆地经历五期构造运动,裂缝具有多期次形成的条件。

布达特潜山浅变质储层裂缝形成主要与所经历的构造运动有关,海拉尔盆地构造、沉积和成藏史研究认为:布达特潜山沉积后主要经历了兴安岭期断陷形成、南屯期断陷快速沉降、大磨拐河期断陷拉张、伊敏期断陷萎缩和伊敏末期短暂坳陷发育五个阶段的构造运动。

五次区域构造运动均有利于布达特潜山裂缝发育,第一期为布达特潜山沉积后挤压抬升形成的张性裂缝;第二期为兴安岭—南屯期拉张断陷条件下形成的张性裂缝;第三期为南屯组沉积后张扭条件下形成的张扭性裂缝;第四期大磨拐河—伊敏期拉张断坳阶段形成的张性构造缝;第五期为伊敏组沉积后构造反转挤压条件下形成的压扭性裂缝。岩心观察的裂缝是多期构造作用叠加的结果,很难区分这五期裂缝。

(2)岩心和薄片资料证实裂缝具两期形成和两期充填的特点。

通过岩心及薄片观察统计,布达特潜山裂缝被完全充填的占大多数,半充填和未充填缝相对较少,裂缝内充填物以碳酸盐、硅质居多,分别占填充物总量的39%、37%,还有少量泥质及其他充填物,在局部地区还可见黄铁矿充填。

不同时期构造应力性质不同,裂缝充填物类型也不同,通常在挤压应力条件下裂缝多见泥质、黄铁矿、石膏等充填,而在张应力条件下多见方解石和硅质充填。硅质充填一般晚于方解石充填。

岩心观察裂缝至少经历两期形成。早期形成裂缝往往被晚期裂缝切割,形成复杂的裂缝网络系统。如贝32井2089.49~2097.84m取心见高角度张性缝(方解石充填)切割低角度剪裂缝(45°倾角,充填物为硅质+方解石)。大量的薄片、铸体薄片观察证实布达特潜

山裂缝两期以上充填特点。贝 14-X56-54 井薄片观察方解石完全填充的裂缝被硅质半充填裂缝切割。德 124-137 薄片观察裂缝被黏土矿物及硅质胶结充填，黏土矿物发生绿泥石化，早于硅质充填。

（3）碳氧同位素测试表明，裂缝的形成和充填期次至少为四期。

同位素测试方法可以确定裂缝充填物形成期次。根据裂缝充填物中 9 个方解石样品和 4 个硅质样品碳、氧同位素测定资料，采用 Epstein 氧同位素测温方程求得充填物形成时的温度，计算结果表明方解石充填至少有两期。

方解石胶结物一期：方解石充填物 $\delta^{18}O$ 值在 $-16.4‰~-18.6‰$，$\delta^{13}C$ 值在 $-7.2‰~-7.8‰$，计算形成温度为 56.0℃ 和 70.7℃，考虑本区地面平均温度 0.6℃ 和现今地热梯度 3.73℃/100m，推算形成时埋深约 1485m 和 1879m，与南屯、大磨拐河期构造运动相对应。一期方解石多为全充填，未见油气显示。

方解石胶结物二期：方解石充填物 $\delta^{18}O$ 值在 $-23.6~-26.4‰$，$\delta^{13}C$ 值在 $-3‰~-6.2‰$，计算形成温度为 109.1~133.7℃，推算形成时埋深为 2909~3569m，与伊敏晚期构造运动相对应。

从同位素样品的手标本看，二期方解石填充的裂缝被硅质充填的张性缝切割，有效裂缝为硅质充填的残余缝。因此，硅质充填晚于方解石的充填。

2. 储集空间类型以裂缝、孔洞为主，含油孔洞多与裂缝有关

研究表明，布达特潜山有效裂缝包括早期充填、半充填裂缝重新开启或晚期形成的少量未充填开启裂缝；大多数为晚期裂缝硅质充填所形成的残余孔、缝和二期方解石充填形成溶蚀孔、缝。尤其是伊敏末期活动的断层，使得介质流体沿断层、裂缝发育带渗流使裂缝充填物、基质发生溶蚀，因此，布达特潜山孔洞大多与裂缝有关，均发育在裂缝附近，主要包括裂缝内残留孔（洞）和裂缝内溶蚀孔（洞）两大类。

裂缝内残留孔（洞）主要为填隙物未能完全填充裂缝所形成，主要见于硅质充填的裂缝中，硅质充填物晶体垂直于裂缝壁呈马牙状或栉壳状生长。这种孔隙的连通程度受胶结物的含量及裂缝的宽度影响较大，一般裂缝越宽残留孔隙越发育。

裂缝内溶蚀孔（洞）是裂缝填充后，填充物发生部分溶解而形成的孔（洞）。粒间次生孔隙主要指填隙物发生溶解而形成，一般填隙物残留部分呈港湾状。主要是长石、喷出岩岩屑的易溶组分发生溶解所致。

岩心观察发现，在靠近断层附近岩石角砾化严重，角砾间溶孔是非常发育的，如贝 28 井破碎角砾岩段地层的溶孔和裂缝非常发育，有些孔洞有钻井液浸染的现象。角砾岩溶孔分布局限，一般仅分布在断裂带或者表生期的风化角砾岩带，由于本区风化剥蚀时间很早，风化角砾多被完全充填，因此，角砾溶孔仅分布在后期活动的断层角砾岩中。

总结苏德尔特油田布达特潜山储集类型，主要包括微裂缝—孔隙型、孔隙（洞）—裂缝型和裂缝型三种类型，不同断块、潜山不同部位储集类型不同。

微裂缝—孔隙型储层储集空间主要为孔隙，微裂缝系统是主要渗流通道，贝 12、贝 14 井区为该类储层发育区。孔隙（洞）—裂缝型储层储集空间主要为裂缝和与裂缝沟通的基质次生孔隙或岩石风化剥蚀形成的溶蚀孔隙，该类储层主要分布在北部断阶带的贝 42、贝 40 断块，中部断垒带的贝 16、贝 14、贝 28 断块。裂缝型储层为本区的主要储层类型，储集空间以裂缝为主，孔隙和溶孔（洞）较少，裂缝既是储集空间，又是油气渗流通道。

主要分布在北部贝15、贝30和贝38断块。

3. 裂缝控制因素研究及分布特点

（1）断层是裂缝形成的主控因素，沿深大断层带裂缝发育。

苏德尔特油田布达特群潜山断层控制裂缝主要表现在三个方面。

一是长期继承性活动断层附近裂缝密度大。根据三维地震资料和探井、开发井资料，苏德尔特构造带主要断层呈北东东向展布，自北向南分为四个条带，布达特群潜山顶面共解释大小断层106条，构造发育史进一步研究表明：苏德尔特油田发育8条T_1-T_5长期活动断层，这些断层控制构造裂缝多期形成。统计研究区取心井相同岩性段的裂缝密度与井到长期继承性活动断层的水平距离可以看出，随着井到断层距离的减小，裂缝密度有逐渐增加的趋势。如距长期活动断层较近的贝20、贝14井取心段裂缝线密度分别为20.36条/m、18.18条/m，而距长期活动断层较远的贝26井裂缝线密度仅3.29条/m。

二是活动性强的断层附近裂缝相对发育，储层渗透性好。分析各断层在地史时期的变化，可以看出自西向东（贝9断层—贝16断层—贝21断层）断层生长指数变大，断层活动强度逐渐增强。断层不同时期生长指数大小代表了断层活动强度大小，直接影响着周围地区储层的发育情况。活动强度大的断层附近裂缝相对发育，储层物性变好，反之，储层物性较差。苏德尔特油田自西向东断层活动强度增大，所控制断块的储层渗透率逐渐变高（表8-2）。

表8-2 不同断块储层物性对比表

井号			孔隙度（%）	渗透率（mD）	
				水平	垂直
自西向东	贝15	最大值	8.9	0.91	—
		平均值	7.7	0.35	—
	贝28-X60-54	最大值	13.7	10.2	—
		平均值	5.6	0.41	—
	贝14-X56-54	最大值	14.6	9.78	—
		平均值	5.02	0.48	—
	贝16-B2	最大值	11.9	592	1778
		平均值	4.4	25.77	132.1

三是距断层越近，裂缝越发育，油井试油产量越高。苏德尔特油田探井、评价井大多位于断层附近的断块高部位，统计19口井试油资料可以看出，距断层越近，试油采油强度越大，裂缝越发育。

（2）沉积对裂缝发育也有影响，扇三角洲前缘亚相裂缝相对发育。

岩石岩性不同其力学性质不同，岩石破裂形成裂缝难易程度也不同。根据苏德尔特油田布达特潜山23口井375.84m岩心按岩性统计，结果发现构造缝在各类岩石中均有发育，整体来看随着泥质、凝灰质含量的降低，钙质含量的增加，裂缝发育程度增强。其中在泥质岩中，随着粉砂质、碳质和钙质含量的增加，构造缝密度增加到18.0条/m。在粉砂岩中，随着泥质、凝灰质含量的减少，构造缝密度增加到25.0条/m。在凝灰岩中，碳酸盐化使构造缝密度增加到40.0条/m。因此，岩性对裂缝的发育影响明显。

从岩心观察裂缝常常终止于岩性界面附近,也说明由于不同岩性具有不同的力学性质,岩性界面往往是裂缝发育层的力学层界面。

裂缝的发育程度还受岩石单层厚度制约,在一定厚度范围内,随着岩石单层厚度增加,裂缝间距相应增大,裂缝间距与层厚之间表现出较好的线性关系。对研究区 7 口井成像测井资料统计,随着砂、泥岩单层厚度减小其裂缝发育程度有逐渐增大的趋势,其中单层泥岩厚度小于 8m、单层砂岩厚度小于 4m 裂缝频率最高,分别为 60%、38%(图 8-2)。综合岩心观察、成像测井裂缝解释、试油成果和沉积相研究,认为扇三角洲前缘扇末端分流水道、席状砂中裂缝最为发育,试油效果最好,扇间湾微相裂缝发育次之,深湖、半深湖相裂缝发育差或不发育。

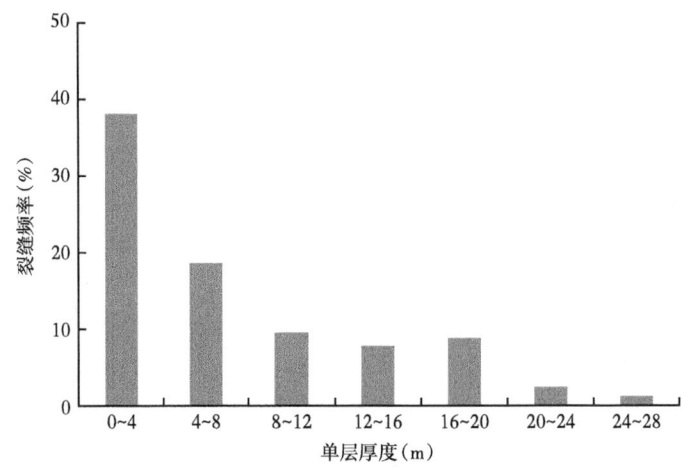

图 8-2 布达特群砂岩厚度与裂缝发育关系图

(3)风化剥蚀和淋滤作用导致潜山面附近裂缝及溶孔发育。

在地层抬升和剥蚀过程中,岩石上隆、伸展产生应力差,释放后沿基岩易破碎面产生裂缝,加剧上覆岩石快速而剧烈的剥蚀作用。

布达特潜山沉积后苏德尔特地区整体抬升遭受不同程度的风化剥蚀,其中北部、南部隆起时间较长,风化剥蚀程度较强,兴安岭群沉积初期,其北部、西部及东部大部分地区为隆起的环山带,布达特群地层出露地表,接受大气降水淋滤溶蚀,因此,长期处于抬升状态的这些部位溶蚀孔洞发育,如贝 42 井 2549.5~2950.0m 井段距潜山顶面 34.5m,布达特潜山地层裂缝、溶洞发育,贝 40 井亦如此。在三维地震资料方差体切片上,对应布达特潜山顶面方差体值较大,方差体值变化与继承性发育的古隆起变化一致,间接反映了溶蚀孔洞较为发育。

4. 布达特潜山裂缝单井识别和平面预测技术

受资料限制,岩心观察等常规地质方法描述裂缝不能满足布达特潜山浅变质储层裂缝识别的精度,针对浅变质储层裂缝识别和储量参数解释难题,研究形成了一套完整的潜山浅变质储层测井综合评价技术和裂缝分布预测技术,满足了布达特潜山油藏开发的需要[4]。

1)布达特潜山裂缝测井识别技术

(1)测井特征定性识别模式法。

由于电成像测井采样密度高、分辨率高和井眼覆盖率高,是当前潜山储层识别裂缝、划分裂缝类型、确定裂缝发育层段较为理想的测井系列。在对布达特潜山岩心裂缝描述基础上,依据岩心裂缝在电成像处理剖面上响应特征,建立不同裂缝的成像测井特征模式,可以较准确地识别储层裂缝方向、角度和类型。

尽管特殊测井能快速、准确地识别裂缝储层,但评价、开发阶段主要以常规测井为主,因此,利用岩心裂缝特征,标定成像测井响应特征,通过岩性、物性、含油性和电性特征综合研究,形成了布达特潜山低角度裂缝、高角度裂缝和孔洞储层测井特征模式(表8-3),实现了利用常规测井资料定性识别储层缝洞发育段。

表8-3 潜山储层缝洞测井特征模式汇总表

裂缝类型	岩性、物性和含油性特征	电性特征	
		常规测井	特殊测井
裂缝	浅变质粉砂岩,孔隙度为2%~6%,渗透率在0.1mD以上,油斑或油迹	①高电阻率背景下的明显低电阻率; ②微球电阻率低于双侧向电阻率、锯齿状剧烈变化; ③声波和中子数值明显增大,密度曲线数值明显降低; ④低自然伽马,井径曲线不平整,裂缝处呈锯齿状	低角度、倾角均在60°以下
孔洞	浅变质粉砂岩,孔隙度为4%~13%,渗透率在0.4mD以上,油斑或油浸	①高的双侧向电阻率背景下的较明显的低电阻率层; ②微球电阻率曲线降低更明显、数值远远低于双侧向电阻率; ③声波时差和补偿中子孔隙度明显增大、补偿密度曲线数值降低幅度较大; ④井径曲线不平整,井径扩径明显	亮色高阻背景下,大面积暗色低阻

(2)常规测井资料识别缝洞储层方法。

由于常规测井深、浅电阻率侵入差比法和三孔隙度(中子、密度和声波)比值法,对于布达特潜山缝洞发育程度都有一定的显示,为此将两者结合在一起形成了判断缝洞储层的综合概率法。

电阻率侵入校正差比法是分别对深、浅侧向电阻率经过侵入校正得到地层真电阻率R_t($\Omega \cdot m$),利用地层真电阻率R_t与深侧向电阻率R_{llo}相对大小(X_1)来判别裂缝性油层、水层或致密层,该方法适用的条件是钻井液滤液沿裂缝侵入的深度在双侧向的探测范围内的储层。

三孔隙度比值法是根据三孔隙度测井的测量原理,中子测井和密度测井反映了地层总孔隙度的大小,声波测井主要反映原生的粒间孔隙和水平裂缝。因此在裂缝性地层中,通过求得总孔隙度、中子孔隙度、密度孔隙度、声波孔隙度比值(X_2)来计算次生孔隙度,即裂缝、溶孔发育程度。当X_2越大时,说明次生孔隙越发育,即裂缝、溶孔越发育。

由于测井资料识别裂缝的影响因素复杂,单纯孔隙度测井或一种参数识别裂缝存在很大的不确定性,所以,采用多参数组合的裂缝识别综合概率法,比单一参数能够更准确地识别裂缝储层。公式如下:

$$X = W_1 \times X_1 + W_2 \times X_2 \tag{8-1}$$

式中 W_1、W_2——分别为电阻率和孔隙度测井系列的权系数。

(3)潜山裂缝储层孔隙度计算方法。

一般情况下,中子、密度测井资料求取的孔隙度反映地层总孔隙度(ϕ_e)大小,包括基质孔隙度(ϕ_b)和缝洞孔隙度(ϕ_f),即裂缝和孔洞孔隙度。而声波时差孔隙度一般反映粒间孔隙度和水平裂缝孔隙度,除高角度裂缝外,基本反应基质有效孔隙度的变化。因此应用中子、密度孔隙度减去声波孔隙度即为缝洞孔隙度。一般在井径规则的情况下,利用三孔隙度测井资料就可以计算缝洞孔隙度。

对于致密变质岩储层,当没有裂缝时,深、浅双侧向电阻率幅值相同;而有裂缝和孔洞时,深、浅双侧向电阻率具有明显幅度差值,幅度差越大反映裂缝孔隙度越大,基于这一原理,可以利用深浅侧向电阻率幅度差计算缝洞孔隙度。

测井资料计算缝、洞孔隙度的标定问题一直是世界性难题。前人曾经试图利用相同层位全直径样品的孔隙度与常规孔隙度的差值计算缝洞孔隙度,但研究中发现:布达特潜山浅变质储层两种岩心分析方法中既有全直径分析孔隙度高于常规分析孔隙度,又有全直径分析孔隙度低于常规分析孔隙度的现象。分析其原因主要是由于部分分析样品有缝洞的存在,导致岩样非均质性严重,表现为在相同层段内只要是缝洞发育段,样品的岩心渗透率就高于无缝洞样品的岩心渗透率,而一般缝洞发育段样品有效孔隙度大于无缝洞的样品孔隙度,当全直径和常规分析样品均有缝洞或均无缝洞时,二者分析的有效孔隙度基本接近,基于这一原理,采用缝洞孔隙度与常规孔隙度的差异法标定测井计算的缝洞孔隙度。

(4)潜山储层有效厚度解释。

研究表明,测井技术主要能够识别出缝洞储层段,而缝洞储层内流体性质仅用测井方法难以准确识别。因此,布达特潜山储层有效厚度解释标准采用综合解释标准:利用常规和特殊测井资料识别缝洞层段,然后在缝洞层段内分析取心、岩屑录井、地化热解、气测录井资料的含油性特征,建立利用测井和录井等资料确定有效厚度下限标准,对裂缝层段在不整合面(T_5)下的位置,开展多井分析,综合解释裂缝段有效厚度。

应用潜山有效厚度综合解释标准,解释评价井、开发井 25 口,与试油与试采资料对比,油水层解释符合率 86.4%。

2)布达特潜山裂缝平面分布预测

在详细地质描述和测井定量解释的基础上,应用古构造应力场模拟法开展了布达特群浅变质储层裂缝分布预测研究,应用裂缝发育断块分布规律预测成果,指导苏德尔特油田布达特潜山滚动评价和开发方案实施,见到明显成效。

(1)应用古构造应力场模拟进行裂缝平面预测。

由于裂缝主要受构造应力场控制,通过古构造应力场反演可以定量模拟地层中的裂缝分布,预测裂缝发育区。国内外比较成熟的方法是有限元应力场模拟,即 Ansys 模拟法,其基本原理是:将一个地质体离散成有限个连续的单元,根据边界受力条件和节点的平衡条件,建立以节点位移或单元内应力为未知量,用构造插值函数求解每个节点上的位移,计算每个单元内应力和应变值,进而根据库仑准则定量预测裂缝分布。

该方法的关键是如何合理确定古应力值。应用岩石声发射原理测定布达特潜山古应力值,实验测定最大古应力值在 51.1~62.7MPa,最小古应力值在 25.9~26.1MPa。布达特潜山岩石总体特性表现为脆性,破裂后具有明显的压力降,故将地质体按线弹性体处理,在平面上将研究区分为断层和连续地层两种材料类型,分别赋予不同的岩石力学参数:弹性模量(30.0~48.1)/10⁹Pa，泊松比0.260~0.300。

从古构造应力场模拟结果看，兴安岭—南屯期最大主应力方向基本与模型受力方向一致。贝16、贝14断块最大主应力值普遍较大（≥70MPa），岩石受力易发生破碎，裂缝发育，北部贝38井区和贝40井区附近次之，而贝28、贝15和贝30断块区域主应力相对较小（<70MPa），裂缝发育程度相对较差。

布达特潜山伊敏晚期裂缝线密度分布也反映古应力差与裂缝发育程度有良好相关性。裂缝主要发育在贝16、贝14断块，预测线密度为16~24条/m，北部区块次之，贝15、贝28、贝30断块相对较差，预测线密度为8~16条/m。

（2）应用地震方差体预测裂缝分布。

方差体技术的核心就是求取整个三维数据体所有样点的方差值，研究表明采用振幅属性方差值预测布达特潜山裂缝效果较好。计算方差体即是求取加权移动的方差值，通过该点振幅值与周围相邻地震道的时窗内所有样点振幅平均值之间的方差，然后再加权归一化即可得到该点的方差。方差体的计算效果，受采样点范围、时窗大小两个参数影响外，还与地震资料的分辨率有很大关系。

通过计算出整个三维数据体每个采样点的方差值，最终得到三维方差数据体。方差越大，表示相邻道之间的相似性越小，即代表裂缝和断层信息越大。地震属性方差体分析预测裂缝异常区，较好地反映了裂缝的分布情况，据研究区33口试油井和开发井资料，方差值异常区对应于工业油流井符合率高达88%。

3）裂缝研究成果指导井位部署，取得较好的效果

通过布达特群裂缝描述和储集类型研究，形成布达特群浅变质储层裂缝测井解释和裂缝分布多种预测方法，这些成果有力地指导了布达特潜山井位部署，初步取得了较好效果。

（1）沿断层面部署定向井，提高了裂缝段储层钻遇厚度。

根据苏德尔特油田布达特潜山裂缝平面分布预测成果，贝12、贝14断块在断层附近裂缝发育。沿贝12井北部断层、贝14井南部断层、贝16井北部断层附近共部署了15口定向井分批实施，2005年完成第一批贝12井区5口定向井设计，已完钻3口井，其中贝12-XB57-59解释厚度84.1m。比同断块直井厚度多40m以上，说明沿断层面找到了裂缝发育带。

（2）布达特油层开发井钻井成功率100%。

根据苏德尔特油田探明储量开发规划方案，2005年根据布达特潜山裂缝研究和油藏类型研究成果，优选贝14、贝28断块实施开发井94口，平均单井钻遇Ⅰ类有效厚度24.1m，Ⅱ类有效厚度20.3m，钻井成功率100%。

（3）沿潜山面部署水平井，可以提高开发效果。

水平井具有钻遇储层厚度大、沟通裂缝能力强等优点。在布达特潜山油藏地质特征、裂缝发育规律及与裂缝有关的溶孔（洞）分布特征认识的基础上，建议加大布达特潜山水平井开发试验研究，实现少投入多产出、改善开发效果的目的。

根据2005年苏德尔特油田贝12断块三口定向斜井钻遇潜山裂缝厚度明显大于直井的情况，认为贝38断块贝38—贝38-2—贝42-1井一线南部靠近断层的部位裂缝发育。初步设想2006年在贝38断块进行水平井设计试验，预计设计水平井3口。

二、搞清了布达特群潜山油藏类型，初步形成注水开发模式

1. 沿优势运移方向差异性聚集成藏模式

从布达特潜山流体势平面等值线分布看，高势区分布在西北贝尔凹陷中心，由凹陷向四周流体势逐渐降低，低势区多分布于构造高部位，如苏德尔特断裂带。流体势这种分布格局决定了烃类从贝尔凹陷中心（高势区）向苏德尔特油田（低势区）运移的优势方向。

贝尔凹陷南屯组烃源岩生成的烃类，由于继承性生长断层的作用，自北部断阶带至中部断垒带势能迅速下降，形成油气运聚的主要指向，在中部断垒带的中东部贝12、贝14、贝16断块形成汇聚型势能分布区；南部断阶带流体运聚方向较为发散，无汇聚型势能分布区。

从苏德尔特油田原油密度平面分布可以看出，原油密度在北部断阶带最大，向中部断垒带呈变小的趋势，反映了该油田油气运移的大方向是自北西部断阶带向中部断垒带运移。

北西部断阶带紧邻凹陷生烃中心，侧向直接与油源对接，油源充足。烃源岩成熟生成的烃类可直接通过不整合和断层发生侧向和垂向运移，并在裂缝发育的不整合面和断层附近聚集成藏。其运移组合模式主要为断层—不整合，典型油藏如贝38断块等。

中部断垒带位于苏德尔特油田的最高部位，烃源岩成熟生成的烃类沿北部断阶带间接向断垒带运移。其运移过程复杂，运移距离长。主要的运移组合模式有断层—不整合、砂岩—断层和砂岩—不整合模式。

受东西部储层发育不均一性及优势运移通道的影响，油气沿中部断垒带差异性聚集，形成自西向东富集特征。即贝30、贝14、贝16断块油气较贝15、贝28断块富集。苏德尔特油田平面上以北西部生油洼陷为中心，总体具有近油源、北富南贫的特点。

2. 布达特潜山纵向上发育两套裂缝网络系统

通过地质、钻井综合研究，布达特潜山油层纵向上分为BⅠ、BⅡ、BⅢ三个油层组，在BⅡ、BⅢ油层组之间存在稳定的隔层，主要有两种类型。

一是厚层泥岩发育段。前已述及，由于泥岩的塑性较强，当单层泥岩厚度大于4m时，裂缝发育频率变小，当单层厚度大于12m时，裂缝几乎不发育，贝30井2205.0~2232.0m井段为浅变质泥岩，裂缝不发育，为上下裂缝段油层有效隔层。

二是BⅢ油层组岩性致密、裂缝不发育的厚层砂岩段。BⅢ油层组地层变质作用强，岩性致密。当布达特群潜山顶面为BⅠ、BⅡ地层出露时，BⅢ油层组裂缝不发育砂岩段为有效隔层，有4个方面资料佐证。

第一，BⅢ油层组裂缝不发育，且多被方解石全充填。

第二，BⅢ油层组电性特征表明地层整体比较致密，密度值多在2.7~2.8g/cm³以上，声波时差值偏低，电阻高，即使是泥岩段电阻率也表现出高值显示，反映了BⅢ油层组地层整体上致密的特点。

第三，从试油、压裂动态资料反映BⅢ砂泥岩可以作为隔层。

BⅢ油层组发育内幕储层时，压裂所需破裂压力比BⅠ、BⅡ油层组高得多。如北部的贝42-1井顶部出露BⅡ层，在距不整合面187m的BⅢ层其破裂压力大大高于构造背景相

近的贝42井BⅡ层，反映了裂缝系统并非是一个连通的体系。

BⅢ油层组有些解释层虽然为浅变质砂岩，但是当埋藏深度大于2500m后，解释层破裂压力高，因此，BⅢ油层组裂缝不发育的砂岩为有效隔层。如贝12-1井、贝38-2井（表8-4）。

表8-4 试油井压裂投产岩石破裂压力表

井号	层位	到不整合面的距离（m）	井段（m）	破裂压力（MPa）	出露层位
贝42	BⅡ$_1$	33	2548~2555	44.4	BⅡ$_1$
贝42-1	BⅢ$_1$	187	2687~2704	60	BⅡ$_1$
贝12-1	BⅢ$_1$	148	2273~2282	65.7	BⅢ$_1$
贝38-2	BⅢ$_1$	136	2728~2736	64.5	BⅡ$_1$

第四，根据人工裂缝检测结果（表8-5），人工裂缝高度一般在13.3~30m。因此，如果砂岩厚度足够大，可以作为有效的隔层。从贝14断块BⅢ油层组电性特征看，一般浅变质砂泥岩段厚度在10~80m不等，大部分地区大于30m。

表8-5 布达特潜山人工裂缝监测结果

井名	深度（m）	监测高度（m）	监测长度（m）
德120-175	1981.2	24	404
德108-229	1935.4	30	432
德124-137	2170.5	30	448
贝38-1（第一次压裂）	2542.4	13.3	144
贝38-1（第二次压裂）	2542.4	18.7	202.7

布达特潜山油层上下两套裂缝网络系统的储层特征差异大，主要表现在三个方面。

一是潜山顶部储层与内幕储层储集类型不同。BⅠ、BⅡ油层组储集空间以裂缝和硅质充填裂缝残孔为主，BⅢ油层组以方解石充填裂缝和裂缝充填溶蚀孔居多。

二是潜山顶部储层与内幕储层物性不同。对布达特潜山20口井420块样品统计，BⅡ油层组基质孔隙度为0.4%~14.6%，平均孔隙度为4.5%，水平渗透率为0.01~592mD，平均值为6.13mD，垂直渗透率平均值为117.69mD；BⅢ油层组孔隙度为0.1%~8.6%，平均孔隙度为2.9%，平均渗透率仅0.37mD。可见BⅡ油层组储层物性明显比BⅢ油层组好。

三是潜山顶部储层与内幕储层岩性、有效厚度差别大。顶部储层以浅变质粉砂岩为主，电阻率曲线相对低值，贝14断块试验区平均有效厚度为51.1m；内幕储层以浅变质泥岩和过渡岩为主，电阻率值相对高，贝14断块试验区平均有效厚度为5.1m。贝12井取心发现，由BⅡ进入BⅢ油层组，储层岩石颜色逐渐变深，岩石致密程度逐渐增大，裂缝的发育程度逐渐变差，裂缝充填率逐渐增大。

上述研究表明，布达特潜山纵向上发育不同的裂缝网络系统，即潜山顶部（BⅡ以上）裂缝网络系统和潜山内幕（BⅢ）裂缝网络系统，两个裂缝网络系统之间沟通较差或不沟通。

3. 布达特潜山断块潜山油藏类型研究

有关潜山油藏类型划分国内外不同学者和研究机构提出过各自不同的方案，综合来看，国外潜山油藏构造形态和断裂系统较为简单，储层主要受岩溶作用控制，连通性好，马廷、G.里登豪斯提出过按古地貌和不整合面的分类方案；国内近年来则从潜山成因或形成时期、储集岩性质及孔隙类型、封闭因素及封闭方式、圈闭所处的具体位置、油贮形态、生油层与储油层的组合关系、原生油藏或次生油藏关系等7个方面提出了层状、块状和不规则状、岩溶缝洞网络型、网络状等潜山油藏类型。

苏德尔特油田布达特群潜山断块油藏成因复杂，结合矿场开发实际，研究认为：以一至两种主要因素为分类基础，选用能表明不同油藏特点的因素作补充，进行综合分类切合实际。因此，依据圈闭条件不同，潜山断块油藏分为两大类：一类是与不整合面有关，受风化剥蚀作用影响的油藏，另一类是位于潜山内幕，主要与构造活动特别是断层作用有关的油藏。然后依据油贮形态划分为块状剥蚀断块油藏和不规则裂缝网络状剥蚀断块油藏、不规则裂缝网络状内幕断块油藏。

1）块状剥蚀断块油藏

块状剥蚀断块型潜山是长期活动性大断层使布达特潜山地层翘倾形成的潜山，其隆起幅度及上覆地层取决于主控断层的活动强度，主控断层的断棱是潜山的最高部位。断层落差越大，越富集高产，越靠近断层处，越富集高产。向潜山下倾方向，随断层落差的变小，构造部位的降低，含油性急剧变差。该类潜山油藏裂缝及裂缝附近溶洞、基质次生孔隙高度发育，构成了连通性极好的裂缝网络系统，从而使油藏具有统一的油水界面。

苏德尔特油田块状剥蚀断块油藏只在贝16断块分布，该断块主要受北部大断层和不整合面控制成藏，靠近北部断层高部位德112-227井有效裂缝发育，厚度大，无明显隔层，位于低部位的德103-226井见底水。根据试油资料，该断块油水界面海拔深度为-1300m。

2）不规则裂缝网络状断块油藏

不规则裂缝网络状断块油藏是指裂缝多期形成，断层活动期次、强弱不同、沿不整合面风化剥蚀程度不同，形成不规则裂缝网络系统，由不规则裂缝网络系统聚集成藏，当裂缝高度发育时可形成块状油藏。

（1）不规则裂缝网络状剥蚀断块油藏。

受圈闭边界长期活动性断层的影响，裂缝十分发育，由于潜山顶面暴露时间较长，受大气淡水淋滤作用强，裂缝附近溶洞、基质次生孔隙较发育，储层类型以孔隙—裂缝型、微裂缝—孔隙型为主。断层和不整合是油气保存的主要因素，以油贮大面积聚集在潜山表面和在断层带附近为特征，未见底水。北部贝38、贝15、贝12、贝14、贝28断块均发育。

(2)不规则裂缝网络状内幕断块油藏。

布达特潜山内幕裂缝储层的存在决定了潜山内幕断块油藏发育。潜山内幕油藏的油贮大部分或者全部隐藏在潜山内部，而在潜山表面只有局部裸露甚至没有一点裸露。这种油藏只有纵向上裂缝非均质发育、储层和致密隔层间互存在、具层状结构的潜山中才能形成。前已述及布达特潜山内幕存在两套裂缝系统和两类隔层，导致不规则裂缝网络状内幕断块油藏发育。

苏德尔特油田布达特潜山各类油藏在不同断块分布不同，主要有以下特点。

①中部断垒带贝15、贝28、贝14断块均为不规则裂缝网络状断块油藏，其中贝15断块为不规则裂缝网络状剥蚀断块油藏，贝28断块、贝14、贝12断块以不规则裂缝网络状剥蚀断块油藏为主，局部地区发育不规则裂缝网络状内幕断块油藏。

②中部断垒带东部贝16断块为剥蚀断块油藏。

③北部断阶带贝38断块油藏类型主要是不规则裂缝网络状剥蚀断块油藏和不规则裂缝网络状内幕断块油藏。贝40井区主要为不规则裂缝网络状内幕断块油藏。

4. 布达特潜山注水开发方式

布达特潜山油藏类型细分，是布达特潜山裂缝识别、解释和地质综合研究取得的重大进展，如何进一步使布达特潜山有效开发又成为海拉尔油田加快上产急待解决的问题，为此，2005年开辟贝16、贝12现场试验区，对布达特潜山注水开发技术进行了深入的论证，并取得初步认识。

1）底水块状油藏注水开发方式

贝16断块布达特潜山油层为底水块状潜山油藏，已完钻8口开发井投入试验，平均单井钻遇有效厚度69.9m。油藏受北部大断层和不整合面控制。油藏高度大，连通性好，富集高产，见底水。试油资料证实断块油水界面海拔-1300m。

(1)井网形式和井距。

为充分利用边底水能量，底水块状油藏一般采用一套开发层系。为确定其井网形式和井距，对比了均匀布井和顶密边疏的不均匀布井两种方式的开发效果，任丘油田雾迷山组油藏进行的模拟计算结果表明，顶密边疏的不均匀布井方式稳产年限长，采出程度高，含水上升慢，最终采收率也比较高，开发效果显著优于均匀布井方式。

华北油田公司大部分块状底水油藏井距在250~300m。任丘油田雾迷山组油藏开发初期井距为1050m，平均单井日产量141t，水锥高度为176m。加密后平均井距为490m，平均单井日产量为180t，平均水锥高度降至50m以下，较好地控制了水锥锥进高度，延长了稳产期。

贝16断块试验区布达特潜山油藏为底水块状油藏，同样采用顶密边疏的不均匀布井方式，井距为500~900m，开发效果较好，开发过程中根据水锥锥进情况可适当进行井距调整，井距可缩小到300~500m。

(2)注水方式。

对于底水块状油藏一般采用边缘底部注水方式，即把注水井布置在原始油水界面附近，注水井段在原始油水界面以下的一定距离内。贝16断块设计注水井2口，分别为德116-210、贝16-B3井，注水井段在2000~2050m。

(3)合理采油速度。

为控制好水锥推进速度、油水界面上升速度，需要把采油速度控制在临界速度附近。任丘油田雾迷山组油藏任 11 山头，初期采油速度为 1.76%，油水界面平均月升 15.7m，阶段驱油效率为 7.3%。采油速度下降到 1.51%，油水界面月升 2.4m，阶段驱油效率为 35.1%。将采油速度控制在 1.5% 以内较好地控制了雾迷山组油藏油水界面上升速度。

根据雾迷山组油藏开发经验，结合贝 16 断块地质特征，利用数值模拟计算得出贝 16 断块合理采油速度为 1.3% 左右。在此采油速度下可以较好地控制底水锥进速度。

贝 16 断块 2005 年日产油 194.8t，单井平均日产油 24.4t。综合含水 27.8%。初期产量高，相对比较稳定，反映了块状油藏裂缝发育、储集体连通好的特点。

2）不规则裂缝网络状油藏注水开发方式

贝 12 断块布达特潜山油层为不规则裂缝网络状油藏，试验区完钻 15 口开发井，平均单井有效厚度为 56.2m，其中Ⅰ—Ⅱ油组平均有效厚度为 51.1m，钻遇Ⅲ油组 14 口井，平均有效厚度为 5.1m。油藏尚未见到底水。

（1）井网形式和井距。

贝 12 断块布达特潜山油层压裂后平均单井稳定产量仅 5t 左右，产能较低，经济评价不具备细分层开采条件，且隔层的控制作用需要验证，为此，确定采用一套开发层系。

国内外潜山油藏开发初期大多采用三角形井网形式，井距多在 500m 以上，中后期调整井距多在 300m 左右。

利用油藏工程经验公式计算贝 12 断块布达特潜山油藏合理井距在 250m 左右，数值模拟计算结果表明，采用 250m 井距，开发效果最好。因此，依据贝 12 断块潜山油藏的储层发育状况、产能以及各种井网的论证，试验区采取 250~350m 三角形井网进行开发。

（2）注水方式。

贝 12 断块设计注水井 5 口，Ⅲ油组设计注水井 2 口，初期Ⅱ油组设计注水井 3 口。采用边底部注水结合内部底部注水方式，即边部井和内部井的注水井段设置在油藏储层底界或主要生产层下部。布达特潜山$Ⅱ_1$—$Ⅱ_2$ 砂岩组、$Ⅱ_2$—$Ⅱ_3$ 砂岩组、$Ⅱ_3$—$Ⅱ_4$ 砂岩组在试验区范围内多处"开天窗"，隔层不稳定。Ⅱ—Ⅲ油层组之间隔层分布稳定，钻遇率为 100%。为此，采取对上下不同裂缝网络系统分别注水，初期采用边缘底部注水，开发中视注水受效情况，在腰部补充点状注水。

（3）合理采油速度。

为确定布达特群潜山油藏的合理采油速度，选择 6 种不同采油速度（0.4%、0.7%、1.0%、1.3%、1.5%、1.7%）进行数值模拟计算，结果表明，随着采油速度的提高，十五年末阶段采出程度提高。但采油速度大于 1.1% 时，累计产水量增长幅度大于累计产油量增长幅度，因此，采油速度保持在 1.1% 左右较为适宜。

贝 12 断块投产油井 9 口，初期日产油 158.4t，2005 年日产油 50t，单井平均日产油 5.6t，综合含水 7.1%。产量递减快，生产水平较贝 16 断块低。反映了不规则裂缝网络状油藏储层裂缝沟通较差的特点。潜山油藏类型和注水开发方式的确定为苏德尔特油田布达特潜山 $2568×10^4$t 储量 2006 年有效动用提供了依据。

三、研究了"多面追踪、沉积恢复、旋回对比"方法，解决了兴安岭油层对比难的问题

海拉尔油田复杂断块油藏地层划分与油层对比复杂，表现为断层样式复杂，地层破碎，地震追踪难度大；断陷残留盆地扇三角洲沉积物源多，相变快，地层厚度变化大；残余盆地沉积后地层角度不整合发育，地层剥蚀严重，给油层对比研究带来了比较大的困难。为了满足油田开发跟井对比和地质研究需要，以贝尔凹陷探井、开发井为重点，本着矿场实用、求大同存小异的原则，经过三年的攻关研究，应用层序地层学理论和实验分析技术，探索出复杂断块油藏油层对比方法。

该方法以复杂断陷原型盆地恢复为主线，高分辨层序地层学理论为指导，应用区域地质综合研究成果，岩心、地震、录井和测井及孢粉分析资料，通过贝尔凹陷区域 10 条连井剖面、开发区 86 条油层对比剖面研究，形成复杂断陷盆地油层对比方法，即"断陷控制、多面追踪，沉积恢复、正确归位，旋回对比、细分小层"。

1. 断陷控制、多面追踪

海拉尔盆地贝尔凹陷兴安岭沉积时，属于裂谷盆地发育初期，早期裂谷形成的一系列地垒、地堑，断陷边界多发育同生控陷断层，同生控陷断层控制沉积体系，形成巨厚的粗碎屑沉积楔状体，造成地层厚度严重不均一。因此，正确认识兴安岭群沉积时期的原型盆地分布形式，对油层划分对比有着重要的意义。

1）原型盆地北东东向断陷控制兴安岭群沉积体系

依据贝16—贝28区块三维地震兴安岭群解释结果，拉平兴安岭群三油组界面，反映了兴安岭群三油组沉积之后，贝尔凹陷内的古构造样式。整个古构造格局整体表现为东南断陷深、西北断陷浅的特点，被北东东—南西西向断层复杂化，呈地垒、地堑相间的特点。同时区域沉积研究表明：贝尔凹陷兴安岭油层以快速堆积的扇三角洲沉积为主，含有火山岩及火山岩碎屑，沉积物源多，以北东东向断陷控制的短轴物源为主的沉积体系发育。兴安岭群沉积后的断裂活动性大，导致兴安岭群沉积时期的原型盆地破坏，因此，油层对比时须先恢复原型盆地，根据原型盆地断陷控制沉积体系的认识，区域上不整合面、沉积地层基准转换面建立研究区沉积"标准地层剖面"，解决因相变和构造运动所造成地层厚度差异大、对比难的矛盾。

2）多面追踪确定油层和油层组的界面

研究认为，断陷残留型盆地加强不整合面、地层基准转换面追踪，能够正确确定钻遇地层古沉积的相对时期，判断地层厚度减薄的原因，从而确定油层、油层组界面。

（1）不整合面确定兴安岭油层顶、底界。

贝尔凹陷兴安岭油层沉积初期，海拉尔盆地处于挤压抬升状态，布达特潜山遭受强烈的剥蚀，沉积末期盆地再次遭受挤压抬升构造运动的影响，在兴安岭油层顶、底界各发育一区域角度不整合面，在地震剖面上可以看到明显的削截现象，为典型的不整合反射特征。在测井曲线上，由于不整合面的存在，在自然伽马曲线上，兴安岭群与上、下地层有一明显的台阶，自然伽马值在兴安岭油层顶部变小、底部再次明显变小，电阻率曲线则明显增加。兴安岭群与上、下地层岩、电关系的突变特征，在区域上都发育，为区域上贝尔凹陷兴安岭油层对比的一级标志层。

（2）地层基准转换面确定油层组顶、底界。

地层基准转换面是沉积物与可容纳空间相互作用产生的。当地层基准面由上升半旋回向下降半旋回过渡时，则会沉积一个区域上分布较稳定的泥质岩层。高分辨率层序地层研究认为，苏德尔特油田兴安岭油层沉积经历了三次湖泛作用和一次沉积转换作用，湖泛作用和沉积转换作用引起的沉积变化，在对比剖面上岩、电特征非常明显，具有一定的稳定性，可以兴安岭群追踪对比，成为油层组划分对比的标准层。如苏德尔特油田兴安岭群的三次湖泛作用形成三个稳定泥岩段，成为Ⅰ、Ⅲ、Ⅳ油层组顶界标志；沉积转换作用形成由进积沉积到退积沉积的沉积转换面，作为Ⅰ、Ⅱ油层组的分界。

（3）孢粉组合分析辅助划分油层组。

根据孢粉组合（成分及其含量）辅助划分油层组。大量孢粉组成和含量分析结果表明，兴安岭油层孢粉组合与油层组有较一致的变化，古松柏粉—单束松粉—双束松粉组合，属兴安岭油层四油层组。苏铁粉—原始松柏粉—双束松粉组合，属兴安岭油层三油层组。紫萁孢—原始松柏粉—巴彦花孢组合，属兴安岭油层二油层组。无突肋纹孢—紫萁孢—苏铁粉组合，属兴安岭油层一油层组。

2. 沉积恢复、正确归位

随着苏德尔特油田滚动勘探开发的深入，根据探、评价井和开发井搞清了兴安岭群在纵向上分布关系，建立研究区地层完整的沉积剖面，即"标准地层剖面"。

兴安岭群地层厚度在平面上变化非常大，最厚处可达618m（德103-226井），最薄仅43m（贝12-B55-59井）。把整个研究区完钻井与"标准地层"剖面进行对比，利用不同沉积时期沉积标志和特征确定对比井钻遇地层的沉积层段和所缺失的层段。比如苏德尔特油田德115-149井，兴安岭油层地层厚度99m，钻井为黑灰色粉砂岩、泥岩沉积薄互层，下部近30m油页岩直接覆盖布达特潜山之上，可见该井兴安岭油层为第三次湖泛作用后沉积的深湖相、湖相沉积，该次湖泛作用之前沉积地层在该井缺失。进一步对比相邻井成片缺失，缺失层段呈渐变特征，说明该区布达特潜山强烈抬升，兴安岭油层沉积初期古地形高，未接受沉积。

3. 旋回对比、细分小层

在油层组内部，根据岩性组合、旋回特征和测井曲线进行小层划分、对比。首先根据油层组内部砂岩发育程度、单层厚度及相互之间岩石剖面组合关系划分组合单元，研究组合单元的电性特征和平面变化特征，组合间泥岩厚度变化及分布稳定性，进行小层对比。比如，兴安岭油层Ⅱ油层组整体上是一个中期反旋回，内部可以划分4个岩性组合，即11—14号层、15—19号层、20—21号层及22—26号层组合单元。例如11—14号层在中部贝28—贝12—贝14断块是一个多层叠置的反旋回，砂岩厚度30m，内部层间电阻率回返较弱，在贝16断块分成中间有泥岩夹层的4个砂体，与15号层之间泥岩隔层有一定的厚度并稳定分布，根据组合单元内部韵律变化和泥岩夹层情况进一步细分小层。

总之，采用"断陷控制、多面追踪，恢复沉积、正确归位，旋回对比、细分小层"对比方法，初步解决了复杂断陷盆地油层对比问题。苏德尔特油田兴安岭油层从上至下划分为6个油层组（零、Ⅰ、Ⅱ、Ⅲ、Ⅳ、Ⅴ油层组）108个小层，其中，零油组划分为10号—27号18个小层；Ⅰ油层组共划分为1号—10号10个小层；Ⅱ油层组划分为11号—26号

第八章 攻坚克难，实现上产 500 万吨奋斗目标

16 个小层；Ⅲ油层组划分为 27 号—50 号 24 个小层；Ⅳ油层组划分为 1 号—30 号 30 个小层；Ⅴ油层组划分为 1 号—10 号 10 个小层（表 8-6）。

表 8-6 苏德尔特油田兴安岭油层小层划分表

层位	油层组	小层	小层数
兴安岭	零	10—27	18
	Ⅰ	1—10	10
	Ⅱ	11—26	16
	Ⅲ	27—50	24
	Ⅳ	1—30	30
	Ⅴ	1—10	10

四、研制了具有自主知识产权的稳定剂，攻克凝灰质储层注水水敏关

苏德尔特油田兴安岭油层已探明地质储量 $3324×10^4$ t，2004 年在贝 16 断块开辟了多油层分层开发试验，由于兴安岭油层存在水敏性，参照贝 301 断块注水开发经验，现场借用 5 号黏稳剂进行试注，试注效果不理想，说明贝 16 断块兴安岭油层采用注水开发对储层造成伤害及伤害机理比贝 301 断块复杂，有必要研究新的保护措施。

1. 兴安岭油层水敏伤害机理

为了攻克海拉尔油田开发中急需解决的重大问题，在积极跟踪开发试验的同时，研究院组织成立了油藏地质、地质实验和渗流实验多学科联合攻关组，加强兴安岭油层地质实验分析，开展凝灰质储层室内注水实验研究，针对贝 16 断块凝灰质储层注水开发水敏伤害机理，自主研制了具有知识产权的稳定剂，提出了防止油层伤害的保护措施。

联合攻关项目组通过 4 口井岩心描述，670 块薄片鉴定和 85 块电镜分析等，对凝灰质储层中凝灰质及其黏土矿物成因、组成和分布有了全面的认识。

1）凝灰质易解物分散迁移是兴安岭油层水敏伤害主要原因

兴安岭油层凝灰质砂砾岩主要为火山碎屑岩与沉积岩过渡类型。凝灰质是火山喷发形成的产物，兴安岭群为盆地裂陷早期沉积，火山活动频繁，凝灰质砂砾岩夹杂凝灰岩、沉凝灰岩和熔结凝灰岩等火山岩类。

凝灰质主要成分为火山岩碎屑，由玻璃质岩屑、玻屑、火山灰及晶屑组成。火山岩碎屑根据二氧化硅含量分为酸性（>70%）、中酸性（62%~70%）、中性（53.5%~62%）、基性（44%~53.5%）和超基性（<44%），具火山玻屑质—凝灰结构。火山岩岩屑多为玻璃质岩屑，玻屑呈不规则碎屑状、弧面棱角状，还有部分属于安山岩、流纹岩、霞石等酸性、中性和基性火山岩碎屑构成，玻屑具有脱玻化现象，火山尘分布碎屑物之间，多蚀变成高岭石和伊利石。晶屑主要由长石组成，另有暗色矿物（如云母类）、石英等。

凝灰质脱玻化形成的长石、方沸石属易溶成分，在溶解、交代及后生改造作用下，沉凝灰岩、凝灰质砂砾岩储集层中形成次生粒内溶孔（洞）。

凝灰质砂砾岩中火山岩碎屑主要分布在兴安岭油层Ⅰ、Ⅱ、Ⅳ油层组。

Ⅰ油组：沉凝灰岩发育，岩石主要由火山碎屑和陆源碎屑组成，其中火山碎屑为火山灰、石英、长石晶屑，不稳定的凝灰质易解物含量较高（5%~55%），平均值为26.73%。该油组碳酸盐较发育，呈零散或团块状充填在孔隙中，分布不均匀，含量为1%~25%，平均含量为2.68%。

Ⅱ油组：沉凝灰岩发育，岩石主要由火山碎屑和陆源碎屑组成，火山碎屑为火山灰、具棱角状的石英、长石晶屑，少量黑云母晶屑，不稳定的凝灰质易解物含量较高（5%~49%），平均为25.95%。碳酸盐常见呈团块状或零散分布，含量为0~20%，平均值为2.14%。

Ⅲ油组：砾质砂岩为主，颗粒稳定成分高，其中不稳定的凝灰质易解物含量少（2%~10%），平均为5.33%，碳酸盐含量较高（0~20%），平均值为4.44%。

Ⅳ油组：沉凝灰岩、凝灰质砂砾岩发育，不稳定的凝灰质易解物含量高（45%~80%），平均为58%，碳酸盐含量少，且分布不均匀。

兴安岭群储层凝灰质含量高，颗粒小，且成岩过程中可部分形成黏土矿物，火山灰、凝灰质脱玻化形成的长石、方沸石等组分遇水易发生分散运移，是造成储层水敏伤害的主要原因。

2）黏土矿物遇水膨胀是储层水敏伤害的另一个原因

X射线衍射分析表明：贝16断块黏土矿物绝对含量高，平均为24%，随深度增加含量呈减少趋势，如德106-203A井在Ⅰ、Ⅱ油组，含量大于40%，Ⅲ、Ⅳ油组含量下降到15%左右，仍属高黏土含量储层。

贝16断块黏土矿物主要为蒙皂石、伊利石、高岭石、绿泥石和伊利石/蒙皂石混合层矿物，相对含量分别为44.9%、8.1%、41.5%、9.1%，黏土矿物中蒙皂石为水敏矿物，主要分布在Ⅰ、Ⅱ油组，含量最高达24%（而贝301蒙皂石含量为18.7%），Ⅲ、Ⅵ油组低于10%。蒙皂石遇水膨胀是造成储层水敏伤害的另一个原因。

Ⅰ、Ⅱ油组水敏伤害由凝灰质分散运移和蒙皂石遇水膨胀双重因素引起，Ⅲ、Ⅳ油组的水敏伤害为凝灰质颗粒分散运移引起，实验分析表明：贝16断块兴安岭油层水敏伤害机理比贝301断块复杂，水敏伤害程度比贝301断块严重。

2. 自主研制了具有知识产权的914稳定剂

1）中等偏强的水敏特征

贝16断块兴安岭油层Ⅰ、Ⅱ油层组蒙皂石普遍存在，而且粘粒总量较高，水敏指数为0.44~0.77，平均为0.63，储层表现出中等偏强水敏特征。受取样条件限制，研究中只有凝灰质含量低的层位（Ⅰ、Ⅲ油层组）样品进行了敏感性评价（表8-7），可见贝16凝灰质储层水敏伤害除了黏土矿物水敏膨胀以外，还有凝灰质水敏分散迁移。贝16凝灰质储层矿场注水实际水敏性要强于室内实验分析结果。因此，贝16断块注水开发时应充分注入水与地层水的配伍性，研究的黏稳剂既要有良好的防膨性，又要有稳定微粒的性能，防止注入水伤害油层。

2）酸敏性分析表明酸化后有利于改善储层储层渗透性

德110-217等井薄片鉴定统计，贝16断块凝灰质储层除了Ⅳ油层组外，其他油层组碳酸盐含量高，一般样品在1%~25%，有些超过了30%，再加上长石、绿泥石等酸敏性矿物的存在，对酸化是有利的，酸化后渗透率有不同程度的增加。

表 8-7　贝 16 断块兴安岭群水敏性评价数据表

序号	井号	油层组	初始渗透率（mD）	伤害后渗透率（mD）	水敏指数	水敏类型
1	德 106-203A-7-21	I	0.881	0.294	0.65	中等偏强
2	贝 16-128	I	1.51	0.57	0.62	中等偏强
3	贝 16-171	I	35.86	8.28	0.77	强水敏
4	德 106-203A-17-3	II	0.519	0.222	0.61	中等偏强
5	德 106-203A-12-3	III	11.87	3.28	0.72	强水敏
6	德 106-203A-11-10	III	1.33	0.491	0.63	中等偏强
7	德 106-203A-15-1	III	5.86	3.26	0.44	中等偏弱
8	德 106-203A-13-6	III	3.43	1.27	0.63	中等偏强

例如，德 108-233 井一次酸化用酸 80m³，注水压力由 14.6MPa 下降到 10.3MPa，下降了 4.3MPa，说明兴安岭油层水井酸化效果好。但措施后随着注水量由 10m³/d 逐渐提高到 15m³/d，注水压力由 10.1MPa 迅速回升到 11.7MPa，酸化有效周期短，说明储层孔隙再次被堵塞。说明酸化初期效果好，但是效果短，主要是水敏问题没有解决。如果先解决水敏，再进行酸化，将是贝 16 区块凝灰质储层增产增注的有力措施。

3）黏土稳定剂评价实验

为解决贝 16 断块凝灰质储层水敏性强的问题，开展了黏稳剂性能评价实验研究，目的是研制能有效抑制兴安岭油层凝灰质迁移、黏土矿物膨胀的理想稳定剂。

（1）注入水评价实验。

对贝 16 断块用作注入水的水井水样进行了水分析，对比水源井与地层水分析数据可以看出（表 8-8），注入水总矿化度比地层水总矿化度低一倍。将用 0.45μm 滤膜过滤两遍的注入水与地层水在 50℃条件下混合，静止 72h 未发现沉淀物，说明两种水没有明显的结垢现象。

表 8-8　贝 16 区块注入水与地层水分析数据表

类别	离子组成（mg/L）							矿化度（mg/L）	水型	pH 值
	CO_3^{2-}	HCO_3^-	SO_4^{2-}	Cl^-	Ca^{2+}	Mg^{2+}	Na^++K^+			
注入水	0	376	477	519	80.2	41.9	535	2030	$NaHCO_3$	7.16
地层水	59.1	3340	20.6	273	9.02	3.65	1470	5180	$NaHCO_3$	8.32

为了评价注入水对凝灰质储层产生伤害程度，开展了注入水驱替实验。实验用 0.45μm 滤膜过滤两遍的地层水饱和德 106-203A 井岩心，在地层温度下测地层水渗透率，接着用 0.45μm 滤膜过滤两遍的注入水进行长期冲刷实验，当注入水冲刷到 40 倍以上孔隙体积时终止实验。图 8-3 是两条注入水驱替对岩心的伤害率曲线。由图中曲线看出，在注水初期随着注入倍数的增加，渗透率逐渐下降，当达到一定注入倍数后，水相渗透率达到稳定值。德 106-203A 井实验结果显示最终注入水进入油层后比原始地层水渗透率降低了

52%左右，也就是说注入水对地层的伤害必须引起高度重视。

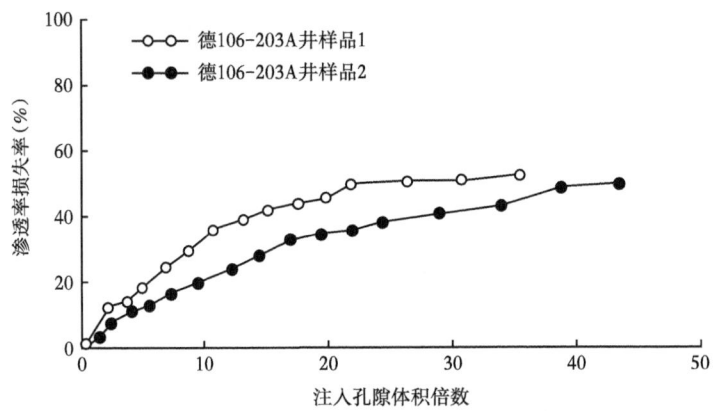

图8-3 德106-203A井（注入水）岩心渗透率损失曲线

（2）与地层水配伍性实验。

稳定剂与地层水的配伍性也是黏土稳定剂的重要指标，将配制好的稳定剂与地层水按1:1的比例混合，于50℃（地层条件下）作用72h，结果5种稳定剂与地层水配伍性都很好。

（3）浸泡实验。

采用贝16断块德103-226井Ⅳ油层组岩心，分别用注入水、浓度1.5%现场使用的1号、浓度1.5%研究院研制的725、530、728、HBP-916稳定剂浸泡。结果表明：用注入水浸泡的岩心很快就开始分散、坍塌，一天后坍塌部分变成粉末，随着浸泡时间的增加，岩心坍塌部分加大。1号稳定剂对凝灰质储层岩心易分散控制效果较差，岩心浸泡一天后就开始产生裂缝，岩心表面产生脱落现象，随着浸泡时间的增加，脱落现象有增加趋势，该稳定剂不适合贝16断块，建议停止使用。725稳定剂与储层的配伍性较差，浸泡一天后，将岩心表面的胶质溶出，产生絮状物质。530稳定剂与储层的配伍性好于725稳定剂，随着浸泡时间的增加，表面略有微膨。728、HBP-916稳定剂优于以上三种黏土稳定剂，岩心随着浸泡时间的增加，岩心外观完好。优选出530、728、HBP-916三种黏稳剂进行驱替实验。

（4）稳定剂对比驱替实验。

利用德106-203A井岩心，在地层温度下用地层水对岩心测水相渗透率，接着对优选出来的三种稳定剂（浓度1.5%）进行驱替实验。从实验结果看出（图8-4），HBP-916稳定剂与储层的配伍性最好，对储层的伤害率仅15%，与注入水相比，HBP-916稳定剂对储层的岩心渗透率损失率减少36%。

（5）浓度优选实验。

为了探索稳定剂合理使用浓度，降低生产成本，开展了稳定剂使用浓度优选实验。图8-5是HBP-916稳定剂在不同使用浓度下与注入水对比渗透率损失率曲线。

由实验结果看出，HBP-916黏土稳定剂无论是低浓度还是高浓度与储层的配伍性都最好，对黏土矿物防分散、防膨能力越来越强的趋势。建议选用1.5%进入现场试验，然后再进行降黏度试验。

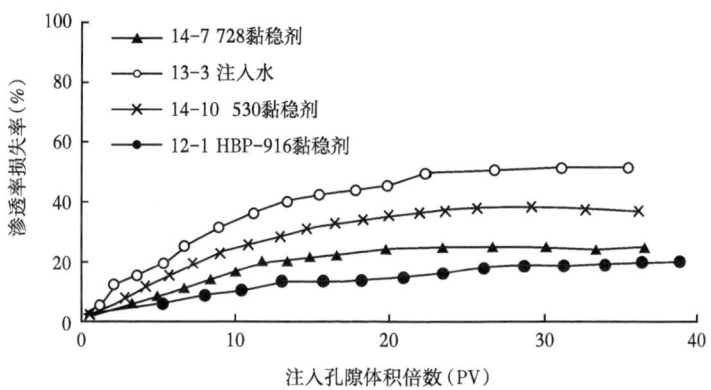

图 8-4　德 106-203A 井（1.5% 黏稳剂）岩心渗透率损失曲线

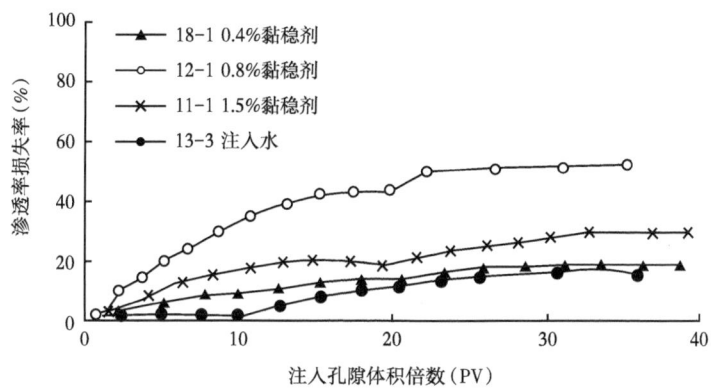

图 8-5　德 106-203A 井（HBP-916 黏稳剂）岩心渗透率损失曲线

（6）段塞评价实验。

为了探讨周期注水的可行性，开展了 HBP-916 稳定剂段塞评价实验。用地层水饱和岩心并浸泡 24h，测地层水渗透率，向岩心中注入不同孔隙体积倍数的 HBP-916 稳定剂，接着用注入水驱替。

从实验结果（图 8-6）看出，岩心中注入不同孔隙体积倍数的 HBP-916 稳定剂即稳定剂段塞用量不同，最终注水效果也不同。随着注入段塞的增大，岩心渗透率损失率减少，黏土稳定效果越来越好。另一方面也说明，在注入一定孔隙体积倍数的稳定剂段塞后，再注入一定体积的淡水，然后再进行周期性处理，既可以节约黏土稳定剂的用量，避免注入流体对储层的伤害，又保持注水井的注入能力。

室内实验表明：贝 16 断块兴安岭油层具有中等偏强水敏、酸敏性变化，但注入研究院自主研制的 HBP-916 稳定剂后，可以取得较好的注水开发效果。2005 年已选择 8 口井编制现场试验方案，应加快现场试验步伐，进一步验证 914 稳定剂防分散运移和防膨胀的效果，以满足注水开发的需要[5]。

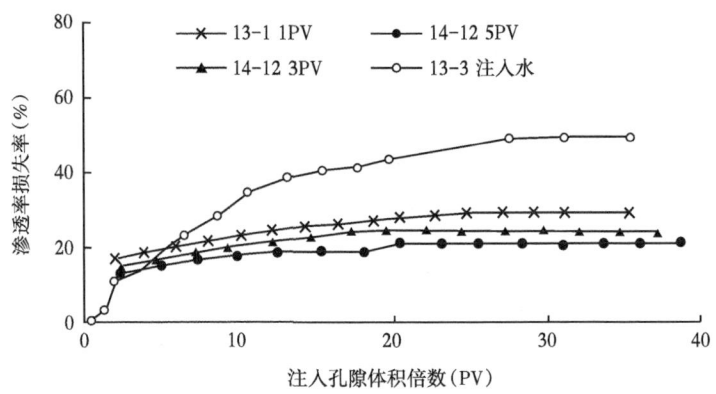

图 8-6 德 106-203A 井（HBP-916）岩心渗透率损失曲线

"十五"以来，海拉尔油田快速开发了低渗透砂岩、砂砾岩、凝灰质砂砾岩和浅变质潜山油藏等各类复杂断块油藏，年产油一年一个台阶，标志着研究院复杂断块油藏滚动勘探开发技术从无到有，不断发展。展望"十一五"，应当立足海拉尔油田全面开发，开展布达特潜山水平井开采试验，加强精细油藏描述和综合调整，使海拉尔复杂断块油藏滚动勘探开发技术国内领先，为高效开发国际类似油田时刻做好准备。

第三节 低渗透油藏精细描述技术

一、高分辨率三维地震采集、处理和解释技术

开发地震作为油藏评价核心技术之一，起步于20世纪90年代初期，经过十多年的攻关与发展，开发地震已由常规地震发展为高分辨率地震，由主要目的层构造解释发展为目的层构造精细解释和储层定量预测，由单一解释技术攻关发展为采集、处理和解释技术联合攻关。尤其"十五"以来，随着评价区块地质条件趋向复杂，一方面加大开发地震采集和应用的力度，另一方面逐渐由高分辨率二维地震向三维地震发展，叠后偏移向叠前偏移发展，形成了一套高分辨率三维地震采集、处理和以构造精细解释、井间储层定量预测为核心的开发地震技术系列。这些技术广泛应用于油藏评价，不断提高了大庆外围油田油藏评价和开发水平。

1. 加强采集方案优化，实施两级监控措施

高信噪比、高分辨率和高保真度的地震原始采集资料，是后续高分辨率处理和高精度地震解释的基础。因此，从优化地震采集方案开始，加强开发地震全过程质量监控，保证了三维地震资料品质。

1）优化采集技术方案，做到"两个结合"

开发地震采集技术方案做到"两个结合、两个一致"，即预探部署与评价部署相结合，中浅层与深层部署相结合；开发地震主测线方位角与相邻勘探工区方位角一致，面元大小与相邻勘探工区一致，从而使相邻地震工区衔接紧密，勘探开发地震资料共享，避免了重复性采集。

在上述原则指导下，针对不同区块地震地质条件、地质任务要求，在区块构造、砂体分布特征、井控程度和试油资料等详细分析的基础上，优选开发地震区块，优化地震采集参数，对地震采集方案系统论证。如2004年他拉哈西地区开发地震设计时，从野外三维地震采集的技术角度看，设计区块为规则的矩形便于施工，但将导致部分边界区重复性采集，浪费投资，因此，在地震设计时，充分考虑了与周边区块衔接关系，没有空白或重复。在主测线方位角、面元大小等参数方面既考虑与构造走向的关系，又兼顾与巴彦查干、龙南、英31主要勘探工区已有三维地震方位角的一致性。

又如太东地区肇35区块油藏评价目的层是葡萄花和扶余油层，如果仅仅考虑采集扶杨油层以上的资料，野外只需要1500道的观测系统即可。但是，从庆深气田勘探前景来看，该区也是深层天然气有利目标区，考虑勘探对深层天然气预探的需求，在观测系统设计方面采取多层兼顾的原则，为取得较好的基底地震反射资料，野外采集采用16线8炮144道观测系统，道数为2304道，提前为深层预探采集了高质量资料。

2）采取两级处理监控措施，提高采集质量和处理效率

与二维相比，三维地震采集资料质量影响因素复杂，品质控制难度大，如果采用常规质量监控措施有时难以发现问题。因为三维采集现场环节多，多线多炮，采取滚动方式施工，每向前搬动一次排列需要动用大量人员和设备，因此，采集要求每放一炮在现场要及时监控，及时发现问题，及时处理，避免事后补炮，重新布置现场而浪费大量人力和物力。

为提高三维地震采集资料质量，采取两级处理监控措施，提高了采集质量和处理效率，改变了以往只是通过现场处理对采集资料进行质量监控的单一做法。采取两级处理监控即将室内前期预处理工作转移到施工现场，与现场处理、野外采集同步进行，利用室内处理本身的技术优势和监控手段，对原始资料进行实时检查，及时解决炮点激发位置及激发能量可能出现的问题，这样，既避免因采集质量问题导致的重复施工，同时也提高了处理人员对资料的熟悉程度，相对缩短了处理周期，为后续的解释赢得宝贵的时间。

2. 发展高分辨率处理技术，提高地震分辨能力

开发地震如何提高分辨率和信号的保真度，关系着薄层分辨能力和储层预测技术进一步发展。在采集技术发展的同时，也加强了地震处理新技术应用研究。对于松辽盆地中浅层，形成了地震资料精细处理技术，即在高精度动、静校正基础上，适当提高信噪比，突出保真度，利用叠前反褶积拓宽频谱，叠后反褶积进行频谱整形。这些方法有效应用到地震资料精细处理中，使地震剖面视频率在中浅层达到60~70Hz。对于海拉尔盆地，针对断陷盆地构造复杂，地层倾角较大的地质条件，开展叠前深度偏移处理试验，取得了较好的处理效果。

1）三维地震精细处理提高地震剖面质量

针对区块地震资料特点及处理任务的要求，优选处理流程和处理参数，处理模块全部选用全三维处理模块，在处理过程中对关键环节加强研究，精细处理。以太东地区肇35区块处理为例，联合应用微测井与折射波静校正方法解决静校正量问题，为提高地震分辨率奠定基础；在保证不损失其有效信息的情况下做好叠前去噪工作，提高保真度；叠前、叠后组合反褶积，使全区波组特征基本保持一致。

总体分析，三维地震精细处理后，波阻特征明显，层间信息丰富，信噪比、分辨率较高。处理效果体现在四个方面。第一，偏移成果剖面与老剖面相比，二维老资料由于原始资

料信噪比低等原因造成断层解释可信度降低，三维新资料采集方法优于二维，经三维处理后的资料信噪比、波阻特征及层间信息等方面有明显的优势，数据体断点、断面位置也比二维老资料更加准确、清楚。第二，从Inline901线偏移剖面看，主要目的层断点干脆、断面清晰，构造形态合理。第三，从原始频谱和最终频谱分析看出，高频成分得到了有效的补偿，频带展宽适当，主频提高约15~20Hz，频宽提高20~30Hz。第四，从合成记录与成果剖面对比看，其地震反射与地质层位吻合较好，说明三维地震精细处理流程合理，参数适当。

2) 叠前偏移处理改善复杂地区地震成像效果

海拉尔油田由于构造复杂、地层倾角较大，尽管海参4工区新处理资料与老资料相比有很大改善，但局部基底存在接触关系不清晰及较难对比追踪现象，给地震解释带来多解性。为此，2004年利用海参4工区高分辨率地震处理的道集，开展了叠前偏移处理试验，进一步提高了地震成像精度，同时在贝16断块进行了叠前处理研究，取得了较好的效果。这将为海拉尔油田提高构造解释可靠性和储层预测精度提供新的技术手段。

根据叠前偏移处理流程进行处理，得到的叠前偏移剖面较常规偏移剖面有所改善，主要表现在：剖面信噪比有所提高，内部成像更加清楚，波组特征明显，便于构造解释和地质认识；基底以上断点、断层特征清楚，反射波能量明显增强；深层反射特征更加清楚，在连续性方面有所增强，尤其是工区内陡倾角地层和高倾角大断面较常规偏移剖面成像更加清楚，便于追踪解释。

3. 发展地震预测技术，提高储层预测水平

"十五"期间重点开展大庆外围和海拉尔油田各类储层地震预测技术攻关，形成一套针对不同储层地质特点和不同油藏评价阶段的井间储层定量预测技术，大庆外围葡萄花油层砂岩预测符合率达85%以上，满足了油藏评价总体部署和新区开发方案编制的需要，大庆外围叠加型扶杨油层河道砂岩、海拉尔特殊储层预测精度也在不断提高。

1) 应用谱分解技术，指导油藏评价部署

谱分解技术是一项完全基于地震资料频率分析的储层预测技术。对评价的目的层所对应的地震解释层位进行分频处理，通过频率扫描建立目的层地质体厚度与地震频率之间对应关系，即在速度一定的条件下，高频反映薄层体、低频反映厚层体的对应关系，综合区域沉积体系或少量井单井相分析成果，定性预测砂岩厚度沉积相分布特征，其预测效果取决于地震反射层间频率信息的丰富程度。

该方法在肇源—杏山南等工区应用，见到明显效果。2004年开展了肇源源7、杏山南等三维工区连片处理，通过频率扫描分析，葡萄花油层谱分解结果显示高频信息主要集中在工区南部，与葡萄花油层物源来自北部，本区主要发育三角洲外前缘亚相和滨湖相的地质认识吻合，葡萄花油层砂岩厚度从北向南逐渐减薄直至尖灭。扶余油层谱分解结果显示，高频信息主要集中在工区北部，与扶余油层物源来自南部，南部扶余油层河道砂体发育，多期河道错叠分布的地质认识较符合。

2004年12月根据肇源—杏山南工区连片处理和谱分解技术储层预测结果，完成了源7区块评价井设计，在葡萄花油层预测砂岩厚度大于2.0m的源16井区、扶余油层预测砂岩厚度大于12.0m的源211、州39井区部署评价控制井7口，2005年完钻4口，扶余油层砂岩厚度为8.2~19.6m，平均砂岩厚度为12.2m，有效厚度为5.2~8.6m，平均有效厚度为6.7m，效果较好。

第八章 攻坚克难,实现上产500万吨奋斗目标

2)改进基于地震主分量的灰色关联度分析技术,提高开发井成功率

在预探阶段,由于探井少,井控程度低,井旁地震道代表的储层模式也比较少,井位部署时主要应用常规地震属性分析方法进行砂岩发育区初步预测。

在油藏评价阶段,随着钻井数量的增加,反映储层模式的井旁地震道也相应增加,为此,发展了基于地震主分量的灰色关联度分析技术,通过建立和逐步完善储层砂岩厚度地震主分量模式库,采用灰色关联度分析技术对研究区储层分布进行滚动预测,不断提高储层砂岩厚度、有效厚度预测精度,提高钻井成功率。

灰色关联度分析技术早在"九五"就开始应用于地震储层预测中。通过大量的应用发现,原有的方法不完善,主要是原方法只考虑了地震道母模式与子模式之间的数学关系,而未考虑地质因素的控制作用,在工区范围大、储层相变快的情况下,导致预测精度低。"十五"期间,利用油藏评价阶段对不同储层地质特点滚动认识的优势,加深研究,进一步完善了灰色关联度分析技术。

第一,采用地震主分量参数代替原来的波形参数,消除地震道数据之间的冗余度,增强地震属性对储层变化的灵敏性。

第二,既考虑任意地震道与井旁道在地质沉积特征方面的空间相关性,也就是在地震属性参数方面的相似性;又考虑它们之间的空间距离,使预测结果符合地质规律,具有较强的实用性。

改进后的方法应用效果较好。新站油田大426区块在首批评价井实施后,发现井钻遇砂岩厚度与地震预测厚度误差较大,为了指导下一步开发方案编制,把新完钻评价井资料应用到储层预测中,完善储层砂岩厚度与地震反射波形特征的模式库,将31口井的葡萄花油层分三个预测单元,即葡I_{1-3}、葡I_{4-8}和葡I_{1-8}层。建立93个井旁地震道模式库,用基于地震主分量灰色关联度分析技术重新预测储层砂岩厚度和有效厚度。优选大413、大408和大415井区部署开发井198口,方案实施已完钻157口,平均有效厚度3.3m,地震预测砂岩符合率达到85%以上,开发井钻井成功率达到98%以上。

3)应用井约束地震反演技术,优化薄层水平井设计

在薄油层条件下设计水平井,首先要解决三个问题:一是避开断层,二是精确描述薄油层小层顶面构造,三是准确预测小层砂岩发育情况。随着地震资料质量提高和解释方法进步,井约束地震反演技术在薄油层水平井设计中发挥了重要的作用。

如肇州油田州603区块州66—平61井,该区块埋藏深度为-1390~-1415m,地层厚度在15m左右。葡I_2层为水下分流河道,葡I_3层为前缘席状砂,精确预测葡I_2、葡I_3层单砂体展布和井间连通性关系到水平井成功的关键。通过高分辨率地震反演剖面,应用井约束地震反演技术不仅预测了葡I_2、葡I_3层单砂体分布,而且在预定钻井轨迹上判断有无断层的存在。州603区块葡I_2、葡I_3层砂岩厚度分别为1.0m和0.9m,反演结果与实际砂岩厚度和深度基本吻合。地震反演过程中,在Inline764线上发现一个小断层,后来将水平井轨迹调整到Inline766线上。

州66—平61井水平段为614m,其中葡I_2层水平段280m,葡I_3层水平段334m,该水平井砂岩钻遇率为74.4%,初期平均日产油30t以上。

4)发展独立变量储层预测方法,提高扶杨油层河道砂体纵向分辨能力

对于扶杨油层单一河道砂体发育区,由于上下围岩有明显的速度差,地震剖面上反射

特征明显，应用地震属性分析、地震波特征点等方法预测效果较好，在双城油田双30区块和肇源油田源35区块河道砂体预测符合率达80.0%以上。

外围油田大多数地区扶杨油层为摆动频繁的多期河道叠加的砂泥岩交互沉积，很难建立地震与地质沉积体之间的对应关系，已有的预测方法预测精度低，为此，开展独立分量分析研究，充分挖掘地震资料潜力，以提高扶杨油层叠加型河道砂体预测精度。

（1）方法原理。

独立分量分析方法就是把地震信号分解为一个个相互独立正交的分量，用这些分量的线性组合来表达某一属性。一般来说，一个地震信号能够分解成多个分量模式，前几个分量能代表原来信号的大部分信息，追踪原始信号的能力较强，把它作为地震高频重建的基础，通过地震资料的高频重建，提高地震资料的纵向分辨能力。

地震资料的高频重建包括原始地震资料高频信息恢复、求取空变子波和与测井高频信息"匹配"等方法。为此，应用经验模式调制方法恢复原始资料的高频信息，从而得到高频地震信号，拓宽地震频带。应用独立变量分析法和地震资料属性空间的相关性原理，得到与测井资料和恢复高频信息的地震资料都相关的空变子波。最后，利用空变子波与地震资料褶积，完成与井资料"匹配"的高频重建。

（2）叠加型河道砂体初步预测符合率达到73%。

经过高频重建的地震资料，纵向分辨能力明显提高，小层砂体反射特征相对突出。2005年首次采用独立分量分析技术，探索提高扶杨油层叠加型河道砂体识别精度的地震预测方法。

肇州油田州201区块扶杨油层沉积受南、北两个沉积体系共同影响，古河流能量弱，河道频繁迁移，主要发育扶I_5、扶I_7、扶II_1河道砂，单层砂岩厚度薄，以3.0~6.0m为主。2004年5月采用地震反演方法完成方案设计，在方案实施过程中，采用独立分量分析法在短时窗内对目的层地震资料信号进行分解，完成与井资料"匹配"的高频重建。分析独立分量模式与已知井资料相关性，识别出与河道砂体相关的独立分量，在此基础上进行信息提取跟踪预测主力层砂体厚度。该方法预测扶I_7河道砂体呈南北向或北西—南东向"Y"字形断续条带状分布，统计43口开发井，预测符合率达73%，与地质认识比较吻合。

截至2005年，开发地震共完成12个区块、面积1716.3km²的三维地震采集，实践表明，加强采集方案优化，实施两级监控措施，能有效地保证开发地震资料品质，现场采集资料的优级品率达到85%以上，合格率达到99.9%；不断完善地震储层预测技术，开展评价区油藏综合描述，成果及时应用到油藏评价总体部署和开发方案编制中，12个开发地震工区内部署井位1000余口，开发地震技术在油藏评价中发挥了核心作用。

二、精细油藏描述技术

大庆外围油田具有储层物性差、裂缝发育、油藏类型复杂的特点，动态表现为产量低、递减幅度大、含水上升速度快，直接影响储量的有效动用和已开发区块经济效益。经济有效的开发低渗透油田，关键是尽可能客观地进行油藏地质特征描述。2003年开展了典型区块精细油藏描述技术研究，通过近3年的攻关，虽然起步晚，但起点高，形成了外围油田独具特色精细油藏描述技术，特色体现在以下两个方面。

在思路上：通过典型区块的精细油藏描述技术研究，建立了从"沉积体系和成藏系统研究—目标区精细地质研究—建立三维地质模型量化剩余油分布"的工作程序，形成了由宏观到微观，由区域到局部的典型区块精细油藏描述技术和方法。实现了精细地质、地质建模、油藏数模、剩余油研究与开发调整方案编制一体化。

在内容上：突出了储层应力敏感性研究；加强了裂缝、地应力研究；建立了裂缝分布模型，初步实现了"三步"地质建模。

通过典型区块精细油藏描述解剖，建立了大庆外围油田精细油藏描述的工作流程，编制一套精细油藏描述的技术规范，为规范和推进大庆外围油田精细油藏描述工作的开展奠定了坚实基础[6]。

1. 精细大庆外围油田地质研究，深化构造和储层认识

大庆外围油田主要储层有两类，一是以萨葡油层为代表三角洲内外前缘相的中、低渗透储层，二是以扶杨油层为代表河流相沉积为主的低、特低渗透储层。针对这两种类型储层，在三方面深化了地质研究和认识。

1）采用"相控旋回等时"的方法进行沉积单元细分对比

对于三角洲外前缘亚缘、滨湖相，采用岩性相近、层位相当、曲线形态相似、厚度大致相等的旋回对比方法；河流、分流平原相及三角洲内前缘亚相采用不等厚的旋回对比方法。将东16区块扶杨油层（扶Ⅰ—杨Ⅰ组）划分为24个小层，49个单元，宋芳屯油田葡萄花油层原9个小层划分为12个沉积单元。通过细分、对比，更精确地刻画了单砂体的分布特征。

2）井震结合、动静结合，深化构造特征认识

精细构造研究是对评价阶段建立的油层顶面构造，进行全面的落实和校正。主要以油层顶面宏观构造为基础，以油层内部主力层顶面构造为核心，采用小网格、小等值距，井震结合、动静结合的方法，描述油藏精细构造特征。

东16区块扶杨油层精细构造研究发现，大多数断层尾部位置发生了变化，局部发育正向和负向的微型构造。杏西油田在三维地震解释时新增加1条断距10m、延伸长度约3km东西向断层，但在储层对比未发现该断层。从地震剖面看，该断层的确存在，且为逆断层。由于逆断层倾角较大，没有明显的地层重复，且受现代应力场影响，东西向断层不封闭或封闭性较差。

3）单井细分砂体类型，平面组合沉积微相，进一步认识储层分布特征

大庆外围油田萨葡油层属于三角洲内、外前缘亚相的中低渗透储层，存在厚层砂、薄层砂，同时存在未划砂岩。未划砂岩含油级别低，属于油斑、油迹类储层，但吸水能力较好，且部分压裂后能获得工业油流。把未划砂层与厚层砂、薄层砂组合在一起，开展沉积微相研究，东部葡萄花油层划分为2种大相4种亚相16种微相。各类砂体通过平面微相组合，砂体更加连续和完整，反映了原始的砂体形态，利用未划储层可以完善注采关系。

研究认为，宋芳屯油田葡萄花油层纵向上不同砂岩组、平面上不同区域，沉积亚相、微相具有差异性。上砂岩组以三角洲外前缘亚相为主，下砂岩组以三角洲内前缘亚相为主，其次为滨湖相。统计12个沉积单元沉积微相图砂体类型，北部以分流河道砂体为主，南部以席状砂、沿岸砂坝为主。

扶杨油层为埋藏较深的季节性河流沉积，由于河道砂与非河道砂体内部孔隙骨架不同，厚层河道砂基本是含油的，是开发的主力层，而非河道砂体基本上为干层。所以，在微相研究时，主要对河道砂、点坝与非河道砂进行组合，就可以满足开发调整的需要。

以东16区块为例，将东部扶杨油层划分为3种大相6种亚相18种微相，分别按49个沉积单元进行平面沉积微相组合。总体看，研究区河道砂体继承性差，多数以窄条带分布，不同区块主力层发育层位不同。

2. 突出大庆外围低渗透储层特色，丰富精细油藏描述内容

和大庆喇萨杏油田一样，大庆外围油田精细储层研究也是精细油藏描述的主要内容之一，但是，大庆外围油田复杂的地质特点决定了精细油藏描述的难点更突出。

1）突出储层应力敏感性研究，保持相对较高压力水平开发

大庆外围油田储层埋深700~2400m，基本处于早成岩阶段晚期（萨葡油层）和晚成岩阶段早期（扶杨油层），不同成岩期，孔喉结构不同，物性不同，储层敏感性不同。

葡萄花油层属早成岩阶段晚期，孔隙类型以原生孔隙为主，复杂程度只是大孔隙与小孔隙的匹配，一般属于中、低渗透储层。扶杨油层属晚成岩阶段早期，以次生孔隙—缝合状孔隙为主，既有大小孔隙的匹配，又有微孔隙与微裂缝的匹配，储层物性差。压实作用和胶结作用强烈，是扶杨油层形成低孔低渗的主要原因，沉积物在压实作用过程中细粒碎屑容易充填于粗粒碎屑之间，使孔隙度降低。即使长石和中基性火山岩岩屑溶蚀作用形成部分次生孔隙，也难以抵消胶结作用对储层孔隙的影响。

从葡萄花、扶杨油层毛细管压力曲线分析资料看，扶杨油层孔喉分布两极化明显，微观非均质性严重，反映出注水困难，且注水压力上升速度快。

从东16区块树14—检40井8块样品应力敏感测试基础数据表中可以看到（表8-9），上覆压力从10MPa增至25MPa时，相对渗透率损失了43%~65%。因此，扶杨油层具有中等偏强的应力敏感性。并且，初始渗透率大于10mD的储层为中等偏弱敏感，初始渗透率小于10mD的储层为中等偏强敏感。因此，对于低、特低渗透扶杨油层应采用早期注水、低速开采方式。

表8-9　东16区块树14—检40井应力敏感测试基础数据

岩样编号	气测渗透率（mD）	上覆压力（MPa）		液体渗透率（mD）		渗透率损失		敏感程度
		初始	最大	初始	最小	绝对（mD）	相对（%）	
139	45.3	10	25	6.18	3.53	2.65	43	中偏弱
143	27.8	10	25	2.30	1.26	1.04	45	中偏弱
161	13.5	10	25	0.785	0.369	0.42	56	中偏强
164	6.87	10	25	0.515	0.237	0.28	54	中偏强
7	3.6	10	25	0.487	0.188	0.30	61	中偏强
26	3.29	10	25	0.31	0.122	0.19	61	中偏强
8	2.52	10	25	0.333	0.118	0.22	65	中偏强
3	2.23	10	25	0.128	0.055	0.07	57	中偏强

选取扶杨油层16块岩心样品，根据油田开发工程的长期性，将其中8块样品模拟压力恢复阶段每个测点的加压时间延长到2h，进一步测定岩样渗透率随围压条件变化的恢复情况。从扶杨油层渗透率随上覆岩压变化曲线看，储层渗透率越低，应力敏感性越强。

同时，储层具有流变特征，恢复时间延长，岩样渗透率恢复程度高。表明低、特低渗透储层应采取低注采比、低采油速度进行开发，这样，随着注水时间延长，储层损失渗透率会随着应力变化得到恢复。为确定合理注水时机，应用非达西数模软件，选择已开发区块模拟计算超前6个月、3个月、同步注水三种注水时机的开发指标，结果表明，超前注水开发效果好于同步注水，超前3个月注水提高采出程度0.6%。2001年安塞油田王窑区和杏河区超前与同步（滞后）注水对比，在射开厚度、储层孔隙度、渗透率相近的条件下，超前注水开发区块平均产量是同步或滞后注水的1倍，而含水低17.2%~18.9%。数值模拟和类比认为：外围扶杨油层最佳注水时机选择超前3个月注水。

2）加强储层裂缝、地应力综合描述，指导外围油田有效注水

大庆外围油田精细油藏描述，发展了以野外露头描述和岩心观察为基础，测井识别、地震预测以及岩石力学实验和有限元数值模拟等多种方法相结合的裂缝和地应力综合描述技术，并对大庆外围油田天然裂缝特征和影响因素及地应力分布进行了详细研究，这里介绍对油田开发有指导意义的三方面规律性认识。

（1）大庆外围油田天然裂缝分布规律。

①构造裂缝由北向南、由东向西发育程度增强。

受区域应力场作用影响，长垣东部扶杨油层、西部萨葡高油层裂缝发育程度具有明显的规律性。总体上，萨葡高油层构造裂缝比扶杨油层发育，整个大庆外围油田构造裂缝发育规律是：由北向南、由东向西构造裂缝的发育程度增强（表8-10）。

表8-10　大庆外围油田岩心构造裂缝发育频率统计表

东部	油田	头台	朝阳沟	肇源	肇州	榆树林	平均值
	裂缝密度（条/m）	0.057	0.046	0.031	0.026	0.012	0.034
西部	油田	新站	新肇	葡西	龙虎泡		平均值
	裂缝密度（条/m）	0.323	0.087	0.070	0.041		0.083

②东部裂缝以近东西向为主，西部裂缝以近北东向为主。

采用岩心裂缝磁定向、电导率异常检测、井斜统计分析等方法研究表明，东部裂缝以近东西向为主，西部裂缝以近北东向为主，但不同油田或区块具有差异性。

③不同构造位置、不同岩性，裂缝发育程度不同。

断层上升盘裂缝发育：新肇油田葡萄花油层平均密度为0.087条/m，断层上升盘裂缝平均密度为0.173条/m，而下降盘裂缝平均密度仅为0.042条/m。构造轴部较翼部裂缝发育：轴部裂缝平均密度为0.097条/m，翼部裂缝平均密度为0.076条/m。

席状砂裂缝相对发育：新站油田葡萄花油层平均密度为0.323条/m，三角洲内前缘亚相分流河道砂体平均密度为0.187条/m，三角洲外前缘亚相席状砂平均密度为0.422条/m。另外，长垣西部各油田泥岩及过渡岩裂缝发育，占岩心观察总裂缝的78%，因此，开发井压裂要严格控制缝高，并注意控制合理的注水压力，避免无效注水。

④应采用低注采比注水，尽量避免裂缝多向开启。

大庆外围油田裂缝具有多组系和多向性的特点，如何控制非东西向裂缝开启，对裂缝发育的油田有效开发十分重要。

从现场微地震监测结果看，裂缝开启顺序与注水压力关系明显。在升压测试中，不同走向的裂缝依次进水，注水前缘变得复杂。在降压测试中，不同走向的裂缝依次关闭，注水前缘变得简单。在升压过程中，一般注水压力升高 0.5~1.0MPa 时，非东西走向的裂缝就相继开启。反映注水压力处于临界状态，稍有变化，就会影响裂缝的开启。因此，应采用低注采比注水，尽量避免裂缝多向开启。

（2）大庆外围油田地应力类型及其分布规律。

采用岩心差应变、波速各向异性、井壁崩落、交叉式多极子阵列声波测井以及现场微地震监测等方法，综合研究认为，最大水平主应力为近东西向。其中，西部地区为 70°~120°，东部地区为 80°~110°。三向地应力值随深度增加而增大，总体以Ⅲ类地应力为主，即以垂向主应力居中为主。局部垂向主应力最小，为Ⅱ类地应力区。

通过研究，搞清了外围油田裂缝、地应力分布特征及规律，为井网部署、优化压裂设计、确定合理注水压力界限等提供了地质依据。

3）发展"三步"地质建模技术，实现建模、数模一体化

以先进软件为依托，以相控为原则，确定性与随机性相结合，加强地质、测井、地震和油藏工程多学科联合研究，形成适合外围油田特色的"三步"地质建模技术，实现建模、数模一体化。

（1）构造模型。

构造模型由层面模型和断层模型组成。以地震解释成果为基础，以实钻开发井点分层数据为控制点，进行三维网格化，建立三维构造模型，并将构造模型细化到各沉积单元。

（2）储层相控模型。

由于沉积相对储层宏观非均质性的决定性作用，精细油藏描述中一般采用相控储层建模。相控建模（又称二步建模）比之传统的一步建模——根据井储层参数进行井间插值建立油藏三维地质模型，具有较高的精确性。

（3）储层属性模型。

油藏属性模型既可以由测井曲线生成，也可以用各井的单层储层物性参数和含油性参数生成。首次应用测井解释模型，用测井曲线建立的油藏属性模型，可以较好地分层调整和反映层内垂向非均质性，实现了由原来的恒定赋值到连续可变的赋值，在纵向上分段进行粗化处理，建立油藏三维属性模型，创新了属性表征方法。

（4）裂缝分布模型。

以静态描述成果为约束条件，以力学成因分析为预测依据，以开发动态为检验手段，应用 MVE 软件建立裂缝分布模型，初步实现了低、特低渗透裂缝发育油藏"三步建模"的工作目标。模型可以提供以下成果：裂缝发育密度、裂缝方位、裂缝分布网络图、有效裂缝网络分布图等。

在上述工作基础上，将 Petrel 软件建立的地质模型输入到 Eclipse，对于裂缝发育的油藏，考虑裂缝对储层渗透率各向异性的影响，进行油藏数值模拟，实现了地质建模与油藏数模的一体化，为加密调整提供了依据。

3. 研究剩余油分布，为开发调整提供依据

1）剩余油类型

采取动静结合，以沉积微相分析法、油藏动态监测法、密闭取心检查井法、数值模

拟法为主，研究不同类型储层宏观剩余油类型及分布，量化剩余油潜力。通过典型区块解剖，外围油田宏观剩余油主要有12种类型。不同类型储层剩余油类型有一定差异。

芳6区块葡萄花油层剩余油类型主要有6种：注采不完善型、平面干扰Ⅰ型、层间差异型等。其中，平面干扰Ⅰ型是受沉积微相影响，砂体渗透率具有各向异性，注入水沿着高渗透方向推进，在砂体边部的薄油层和渗透性较差部位易形成剩余油。

东16区块扶杨油层剩余油类型主要是7种：注采不完善型、井网控制不住型、平面干扰Ⅱ型等。其中，平面干扰Ⅱ型是受近东西向的天然裂缝和人工裂缝影响，在油田长期注水后，沿垂直裂缝方向，即南北向形成剩余油。

2）剩余油分布规律

以芳6区块葡萄花油层为例，研究了剩余油在各类砂体以及在平面、纵向上的分布。

从升平油田和宋芳屯油田密闭取心井资料看，分流河道砂体水淹比较严重，主体席状砂和非主体席状砂，水淹级别比较低。河道砂体水洗厚度为47.1%，占全井38.3%，以中水洗为主，剩余油分布在河道砂上部。主体厚层砂体水洗厚度为42.9%，占全井20.0%，以中、弱水洗为主，剩余油分布在席状砂的下部和上部。统计芳6区块各类砂体剩余油分布结果表明，剩余油主要分布在分流河道砂和主体席状砂之中。平面上看，各沉积单元的剩余油以局部分布及零散分布为主。纵向上看，葡I_2、葡I_3、葡I_6、葡I_8沉积单元的未动用厚度较大，剩余油潜力大。

总体看，扶杨油层影响剩余油分布的主要因素是井网与裂缝的匹配关系以及井网对砂体的控制程度，葡萄花油层影响剩余油分布的主要因素是沉积微相及井网适应性。

3）动用状况分析

外围油田不同类型储层开发动用状况不同，葡萄花油层动用程度较高，储层动用程度一般大于60%，扶杨油层动用程度低，储层动用程度一般为50%。不同类型储层平均水驱控制程度为75.1%，平均水驱储量动用程度为47.5%，尚有49.1%的储量未被水驱动用。因此，外围油田还有较大的剩余潜力。

通过典型区块的精细油藏描述，刻画了4个油田（区块）的构造、储层特征，搞清了剩余油分布，有效指导了注采系统调整和加密调整工作，并在典型区块内部署调整井234口，提高采收率5%~8%，为"十一五"全面推广精细油藏描述提供了技术支持。

下步重点做好以下四方面的工作：一是有计划的加强人员培训，配齐相关软件，全面推广到外围各采油厂；二是深化复杂断块油藏精细地质描述；三是建立现代沉积、野外露头等地质知识库；四是实现裂缝模型三维可视化，建立裂缝储层属性（孔、渗、饱）模型。

第四节　油田开发综合调整技术

一、井网加密调整技术

针对大庆外围油田注水开发中萨葡油层剩余油分布零散和扶杨油层有效驱动难的突出问题，形成了一套萨葡油层以完善注采关系和挖掘剩余油为核心的综合调整技术，研究了扶杨油层以建立有效驱动体系为核心的井网加密调整技术。推广这套技术发展，到各油田应用中完善，有效地指导了大庆外围油田注水开发综合调整，使外围油田老区产量递减趋势得到减缓，调整方向更明确，措施更具体。

1. 扶杨油层形成以建立有效驱动体系为核心的井网加密调整技术

以开发扶杨油层为主要目的层的朝阳沟、榆树林、头台油田开发初期普遍采用了 300m×300m 反九点注水井网，井网及注水方式适应差：一是储层基质渗透率低，大多数区块难以建立有效驱动体系，油井普遍受效差；二是裂缝发育区块井排方向与裂缝走向存在夹角，井网及注水方式与裂缝不匹配，加剧了油水运动不均匀性；三是储层砂体规模小，井网对砂体控制程度低，水驱控制程度低。因此，扶杨油层开发调整核心是井网加密调整。

1）建立基于非达西渗流理论和应力敏感性的渗流模型

在低渗透油藏储层各向异性和有效驱动理论研究基础上，2005 年应用非达西渗流理论和物质平衡原理推导出考虑启动压力梯度和应力敏感性的渗流模型。

油相微分方程：

$$\nabla \cdot \left(\frac{w_i K K_{ro}}{\mu_{ao} B_o} \nabla \Phi_o \right) + q_o = \frac{\partial (\phi s_o / B_o)}{\partial t} \tag{8-2}$$

水相微分方程：

$$\nabla \cdot \left(\frac{w_i K K_{rw}}{\mu_{aw} B_w} \nabla \Phi_w \right) + q_w = \frac{\partial (\phi s_w / B_w)}{\partial t} \tag{8-3}$$

其中

$$\mu_a = \frac{\mu}{\frac{|\nabla \Phi| - \lambda}{|\nabla \Phi|}} \tag{8-4}$$

式中　μ_a——油、水视黏度通式；

　　　λ——启动压力梯度；

　　　$\nabla \Phi$——势梯度。

该模型求解的核心是确定启动压力梯度和应力敏感值。

（1）应用矿场动态资料求取启动压力梯度方法。

启动压力梯度以往主要是通过室内实验求取，但由于室内条件与油藏条件存在较大差异，其值往往偏高，不能直接用于矿场设计中。为此，依据面积井网渗流特点推导出基于非达西渗流的油井产量计算公式：

$$q = \int_0^{\alpha_m} \frac{\frac{Kh}{\mu}\left(p_h - p_f - \lambda ml \frac{\sin\beta + \sin\alpha}{\sin(\alpha+\beta)}\right)}{\ln \frac{ml\sin\beta}{r_w \sin(\alpha+\beta)} + \frac{\alpha_m}{\beta_m} \ln \frac{ml\sin\alpha}{r_w \sin(\alpha+\beta)}} d\alpha \tag{8-5}$$

式中　q——单元流量，m³/d；

　　　K——渗透率，mD；

μ——流体黏度，mPa·s；

λ——启动压力梯度，MPa/m；

r_w——井径，m；

l——油水井井距，m；

d——排距，m；

h——有效厚度，m；

p_h——注水井井底压力，MPa；

p_f——生产井井底压力，MPa；

α_m——不同井网流管微元注入井夹角，(°)；

β_m——不同井网流管微元油井夹角，(°)；

m——不同井网流管微元系数。

根据式（8-5），利用朝阳沟油田动态数据，分别求得各区块启动压力梯度，再回归建立启动压力梯度与渗透率关系。

$$l = 0.1164 K^{-0.8567} \qquad (8-6)$$

式（8-6）实现了由矿场资料定量计算启动压力梯度，为动态分析和开发设计提供了依据。

（2）确定渗透率随应力变化关系实验方法。

低渗透储层具有压力敏感性，即在开发过程中，由于地层流体压力的不断下降，将引起储层岩石的弹塑性变化，从而导致孔隙度和渗透率的下降。研究认为，渗透率随地层压力变化符合负幂指函数：

$$K(p) = K_0 e^{-\alpha(p_0 - p)} \qquad (8-7)$$

其中

$$p < p_0$$

式中　K_0——初始渗透率，mD；

α——衰竭系数；

p_0——原始地层压力，MPa；

p——目前地层压力，MPa。

根据榆树林油田东16加密区树14—检40密闭取心井8块岩心样品应力敏感性分析数据，回归出 α 系数为：

$$\alpha = 0.1264 K^{-0.0843} \qquad (8-8)$$

2）深化驱动体系研究，优化井网加密设计

（1）依据天然裂缝分布规律，优化井网形式。

精细油藏描述结果表明，扶杨油层裂缝普遍发育，反九点等面积井网不适应开发扶杨油层。若采用拉大井距缩小排距的线状注水井网，有利于最大限度地避免油井水淹，提高有效动用程度和注水开发效果。

对于裂缝发育的扶杨油层井网部署主要考虑裂缝方向性及发育程度。如宾县野外露头天然裂缝分布复杂，以近东西向裂缝为主，同时发育北东向、南西向裂缝，在多组裂缝发育区可以拉大排距，单一裂缝区可以适当缩小排距，进行原井网和加密井注水开发设计。

对于裂缝不发育扶杨油层井网部署主要考虑压裂人工缝方向。合理注水方式仍然是线状注水方式，采用井网优化与整体压裂相结合的技术实现线状注水，井网形式为矩形井网。

（2）研究压力场分布，建立有效驱动体系。

获得启动压力梯度和渗透率随压力变化关系后，建立了基于非达西理论的数值模拟渗流模型，非达西渗流数值模拟方法首次考虑启动压力梯度和储层渗透率随压力变化关系，研究注采井间压力场分布，为特低渗透油藏注水开发动态分析和加密井网设计提供了依据。

①特低渗透油藏注采井间驱替压力梯度变化大。油水井中间压力梯度最小，但难以有效驱动，随着渗透率增大、注水压力提高，注采井间驱替压力梯度也增大，但增加幅度很小，即靠提高注水压力改善开发效果不明显。

②注采井距缩小到一定程度才能建立有效驱动体系。对于渗透率为2.5mD的储层，注采井距250m，驱替压力梯度小于启动压力梯度，不能有效驱动；只有当注采井距缩小到150m，才能实现有效驱动。

③对于特低渗透储层，井距相同时，渗透率越低对采出程度影响越大；渗透率相同时，井距越小采出程度越高，即特低渗透油藏依靠密井网可提高采出程度。

综合上述研究，在确定调整区注水井合理注水压力、油井合理流动压力和储层地质参数等基础上，进一步计算调整区块不同排距条件下注采井间压力及压力梯度变化，绘制注采井间压力剖面；同时依据矿场资料求取的启动压力梯度与储层渗透率的关系，确定调整区储层启动压力梯度；最后选取驱替压力梯度大于启动压力梯度的井距为有效驱动的最大排距，以建立有效驱动体系。如榆树林油田树322区块储层渗透率为2.5mD，有效驱动极限排距为150m。

（3）精细砂体解剖，确定合理加密井距。

在确定有效驱动极限排距后，还需要进一步研究调整区经济条件、储层砂体规模，论证加密区经济极限井网密度，确定合理加密井距。根据经济极限井网密度公式：

$$S_a = \frac{b}{\ln\left[\dfrac{m\dfrac{I_P}{I_R} + N_{R0}}{N_o(S)E_D}\right] - a} - S_m \tag{8-9}$$

式中 S_a——可加密经济极限井网密度，口/km²；

I_P——加密井单井追加投资，元/口；

I_R——单位产油量利润，元/t；

m——经济可采储量与技术可采储量换算系数，一般取1.43；

N_{R0}——加密前单井控制可采储量，t；

$N_o(S)$——加密后单井控制储量，t；

S——加密后井网密度，口/km²；

S_m——加密前井网密度，口 /km²；

b、a——与储层物性有关的参数。

由式（8-9）计算扶杨油层可加密经济极限井网密度，如榆树林油田树 322 区块为 25.1~30.7 口 /km²。

线状注水井网除考虑有效驱动排距和经济极限井网密度外，还要特别考虑注水井井距与砂体规模的匹配，实现注水井方向拉水线向两侧驱油，局部可以根据砂体规模大小及裂缝方位，适当拉大或缩小井距。如头台油田茂 11 区块加密水井排井距时，对砂体规模大的加密井区注水井采用 848m 井距，而对于砂体规模小的井区注水井采用 636m 的井距。

3）依据原井网与裂缝方向关系，采用不同的加密方式

在加密井网注水方式、井排距研究基础上，依据外围油田扶杨油层原井网与裂缝方向夹角 11.5°、22.5°、45° 三种情况，相应地研究了三种井网加密方式（表 8-11）。

表 8-11 大庆外围油田扶杨油层加密方式表

井排与裂缝方向夹角（°）	加密方式	加密作用	加密井密度（口 /km²）	典型区块
11.50	油井排加密油井	增加水驱控制程度	11.1	朝 45
22.50	不均匀加密油水井	缩小排距，实现线状注水	16.8	朝 55
45.00	排间加排	缩小排距，提高有效动用程度	7.4	茂 11

（1）井排方向与裂缝方向夹角 11.5° 井网采用油井排加密油井方式，加密后将水井排油井转注实现线状注水。

（2）井排方向与裂缝方向夹角 22.5° 井网采用不均匀加密油水井方式，加密后通过部分老油井转注实现线状注水。

（3）井排方向与裂缝方向夹角 45.0° 井网采用排间加排方式，加密一排注水井通过老注水井转抽和高含水关闭井重开实现线状注水。

2. 萨葡油层形成了以完善注采关系和挖掘剩余油为核心的注水开发综合调整技术

外围已开发油田萨葡油层地质条件差别较大，其中裂缝性低渗透油藏反九点注水含水上升快，注采矛盾突出；中渗透油藏反九点、五点注水井网剩余油分布零散，调整挖潜难度大。经过理论研究和矿场试验，研究形成了以完善注采关系和挖掘剩余油为核心的注水开发综合调整技术。

1）裂缝性低渗透萨葡油层实施以转线状注水的注采系统调整

近年来，投入开发的低渗透萨葡油层普遍采用正方形反九点注水，由于裂缝的影响，注水后含水上升快。为此，开展了转线状注水的注采系统调整研究。

如新肇油田葡萄花油层裂缝线密度为 0.087 条 /m，采用反九点面积井网，井排方向与东西向发育的裂缝方向一致，注水开发动态反映井网不适应，注水开发后，随着注水压力的上升，水井排油井见水快，含水上升。油田见水井 69 口，占总油井的 35.2%，其中有 17 口井 3 个月就见注入水。水井排油井较油井排油井含水高出 44 个百分点。含水上升快导致产量递减快，年递减率最高达 22%。

针对水井排油井含水上升快的突出矛盾，2003—2004年开展了转线性注水，分三批转注共转注37口井，形成了沿裂缝注水向两侧驱油的线状注水。第一批转的7口井调整效果好，改善了平面矛盾，扩大了波及体积，油井排主力层产出比例增加11.1个百分点，地层压力上升2.9MPa。含水从调整前的19.8%下降到最低5.8%。新肇油田转线状注水取得了成功。

2）中渗透萨葡油层实施以挖掘剩余油为核心的井网加密调整

中渗透萨葡油层开发时间长，采出程度高，已进入中高含水期，注水开发主要问题：一是部分油田或区块井距大，井网对砂体控制程度低；二是剩余油分布零散，注采系统调整余地小。为提高水驱控制程度和挖掘剩余油，研究了萨葡油层井网加密调整技术，其核心是确定最佳加密时机，评价开发效果，分析潜力，优选加密井位。

（1）萨葡油层早期井网加密比晚期好。

根据萨葡油层已加密区块开采效果分析以及不同加密时机数值模拟结果，研究认为萨葡油层早期井网加密比晚期好。

一是越晚加密剩余油越零散，加密潜力越小。

萨葡油层储层物性好，原井网能建立有效驱动体系，注水开发驱油效率高，剩余油分布主要受注水方式控制，采出程度越高剩余油分布越零散。如龙虎泡油田北部加密区有油水井76口，该区反九点注水剩余油主要分布在油井区，区块综合含水为76.6%，而该油田南部有油水井196口，区块综合含水为83.4%，五点注水剩余油主要分布在井网中心，但分布零散，该油田仅分别在部分油井间和井网中心分别优选出26口和49口加密井，加密井分别占老井的34.2%和25%。而升132区块有油水井76口，反九点注水，加密时综合含水56%，由于含水低，井网中心剩余油分布较连片，剩余油饱和度高于龙虎泡油田南部，采用井网中心加密方式，在126口老井中加密54口，加密为老井42.9%，较龙虎泡油田南部高17.9个百分点。

二是早期井网加密比晚期加密最终采收率高。

萨葡油层加密区开采实践表明：加密区老井含水越高，加密井含水也越高，加密井产量越低，数值模拟结果表明最终采收率越低。如杏西油田原井网最终采收率为32.7%，含水60%时加密最终采收率38.7%，较含水76%加密最终采收率高近1个百分点。升平油田升132区块加密较早，加密后提高最终采收率6.8个百分点。

（2）萨葡油层具有较大的加密潜力。

统计萨葡油层动用状况（表8-12），水驱控制程度平均为79.0%，水驱储量动用程度平均为72.4%，尚有27.6%的储层未被水驱动用，具有较大的井网加密调整潜力。

表8-12 萨葡油层动用状况表

油田	开采层位	砂体类型及形态	水驱控制程度（%）	水驱储量动用程度（%）	未水驱储量比例（%）
永乐	P	片状席状砂	88.0	83.5	16.5
宋芳屯	P	片状席状砂、条带河道	87.1	72.1	27.9
敖古拉	SP	断续河道砂、片状席状砂	64.1	61.6	38.4

例如宋芳屯油田北部不同区块注水开发效果评价表明（表8-13）：一是地层压力保持水平高；二是累计耗水比较高，但波及系数低；三是水驱储量动用程度低。

表8-13 宋芳屯油田北部区块注水开发效果评价表

区块	出现直线段含水率（%）	水驱采收率（%）	地层压力保持水平（%）	油层盈余率（%）	注水倍数	累计耗水比（m³/t）	波及系数	水驱储量动用程度（%）
宋芳屯试验区	51	26.1	87.9	4.9	0.22	3.2	0.12	46.7
祝三试验区	43	32.7	80.5	32.8	0.54	3.6	0.24	58.9
芳707	38	27.1	81.2	8.5	0.26	4.2	0.16	36.2
芳17	39	27.5	84.9	5.9	0.25	3.4	0.14	54.3
芳6	45	26.5	77.1	10.4	0.18	3.1	0.09	54.1
芳507	41	26.9	77.5	7.2	0.21	3.7	0.13	55.6
平均	43	27.8	79.3	9.2	0.25	3.5	0.13	51.0

进一步分析芳6区块各油层动用状况，现井网各小层单向连通率为32.7%~100%、水驱控制程度为18.2%~83.2%、吸水剖面吸水率为41.6%~97.3%、水驱储量动用程度为14.2%~65.9%。说明葡萄花油层储层非均质性严重，各层连通性、水驱控制程度、吸水率差异大，现井网各油层动用状况存在较大差异，具有井网加密调整潜力。

（3）研究剩余油分布，确定加密方式。

一是反九点注水井网油井间剩余油富集。

宏观剩余油分布研究结果表明，反九点注水井网油井间剩余油较井网中心剩余油多，油井间可调厚度一般高于井网中心的可调厚度。

如龙虎泡油田北部井网中心剩余油饱和度为40.6%，可调厚度为1.3m，油井间含油饱和度为46%，可调厚度为1.8m，大于经济极限可调厚度1.6m。因此，反九点注水井网在油井排油井加密，并结合注采系统调整逐渐转线状注水。

二是五点注水井网井网中心剩余油富集。

五点注水井网中心剩余油较油井间剩余油富集，可调厚度较大。如龙虎泡南块井网中心剩余油饱和度为48.5%，可调厚度为2.0m，大于经济极限可调厚度1.5m。因此，五点注水井网在井网中心加密，结合注采系统调整再逐渐转线状注水。

三是断层遮挡区剩余油富集。

断层附近由于断层的遮挡存在剩余油，考虑断层与注采井的关系采用灵活加密方式。宋芳屯油田北部断层十分发育，6个开发区块发现断层84条，断层密度为1.6条/km²，2004年在其中4个区块加密73口井，有34口在断层附近，占46.6%。

四是应用精细油藏描述成果，进一步优选加密井位。

由于萨葡油层少、厚度薄，且平面变化大，剩余油分布零散，为了在剩余油富集区设计加密井，需进一步优选加密井。

首先，依据精细油藏描述沉积微相成果，分沉积单元预测拟加密井区油层有效厚度和可调厚度；然后，根据不同区块加密井可调厚度下限值，筛选出经济有效的拟加密井，在此基础上参考周围生产井采出程度和含水进一步优选,以减少低产井。

宋芳屯油田北部 6 个开发区块,平均储层空气渗透率为 98.9~387.2mD,有效厚度为 3.2~4.6m,加密调整前各区块综合含水为 52.2%~72.2%,采出程度为 12.5%~27.6%。2004 年设计拟加密井 91 口,经过优选实际部署加密井 73 口井。2005 年完钻加密井 30 口,平均单井钻遇有效厚度 3.7m,与方案设计厚度基本相同,投产井 22 口,单井初期日产量 2.4t,含水 30.9%,加密取得较好效果。

3. 井网加密结合注采系统调整取得了较好调整效果

到 2005 年底大庆外围油田已加密 29 个区块,钻加密井 1127 口,含油面积 141.6km^2,地质储量 8595×10^{4}t。加密井年产油量达到 26.4×10^{4}t,占外围总产量的 5.1%,占调整区产量 48.8%,加密井累计产油量 105.2×10^{4}t,加密井增加可采储量 472×10^{4}t。

依据加密区块开采效果和经济效益综合评价结果,评价了 15 个加密区块,加密效果可分为三类。

一类:开采效果和经济效益好,为裂缝发育的特低渗透扶余油层。有朝 55、朝 1—朝气 3、朝 631、朝 61、茂 11 及朝 522 等 6 个区块。初期采油速度平均提高 1 个百分点,加密井第一年平均日产油 2.8t,高于加密井经济极限日产量 1.8t。提高水驱控制程度 10.2 个百分点,提高采收率 7.1 个百分点。

二类:开采效果和经济效益较好,为中渗透萨葡油层。有宋芳屯试验区、升 132、龙 20-15 及升 154 共 4 个加密区。已进入中高含水期,采出程度较高,加密井含水整体上低于老井 10 个百分点以上,加密区第一年平均日产油 2.3t,单井日产量较一类低,但仍高于加密井初期经济极限日产量 2.0t。平均提高水驱控制程度 6.9 个百分点,提高采收率 4.4 个百分点。

三类:开采效果和经济效益差,主要是裂缝不发育的特低和致密扶杨油藏。有芳 483 井区、树 322、东 14 和茂 8-13 等共 5 个区块。加密后第一年平均日产油 1.3t,低于加密井初期经济极限日产量 2.2t。提高水驱控制程度 5.7 个百分点,提高采收率 5.5 个百分点(表 8-14)。由此可见裂缝不发育特低渗透扶杨油层需要继续研究加密的可行性和有效性。

表 8-14 大庆外围油田井网加密区块效果分析表

油层	类别	有效厚度 (m)	加密井第一年产量 (t/d)	经济极限日产量 (t/d)	提高水驱控制程度 (%)	初期提高采油速度 (百分点)	提高采收率 (%)
裂缝发育扶余	一类	12.1	2.8	1.8	10.2	1.0	7.1
裂缝不发育扶杨	三类	17.2	1.3	2.2	5.7	0.2	5.5
中渗透萨葡	二类	5.2	2.3	2.0	6.9	0.61	4.4

大庆外围油田通过实施注采系统调整和井网加密调整,改善和提高了外围油田整体开发效果,使外围油田自然递减率已从 2002 年最高的 15.4% 降低到 2004 年的 13.7%[7]。

二、微生物提高采收率技术

大庆油田微生物采油技术通过多年研究,开发了以原油为主要营养剂能适合各类油藏具有自主知识产权的微生物吞吐、微生物调剖和微生物驱等系列菌种上百株,形成了实验室研究、方案设计和矿场试验效果评价的配套技术。"十五"期间微生物吞吐和微生物驱取得了突破性进展,微生物吞吐已成为大庆外围油田主要增产措施。

1. 微生物吞吐已成为大庆外围低渗透油田成熟的增产技术

1)外围微生物吞吐效果显著,成功率达到70%以上

2002—2003年应用自主研发的CDI-HP01系列菌种在朝阳沟油田共完成微生物单井吞吐60口井,油层温度55℃,渗透率在4.5~18mD,所选用的以石油为主要营养剂菌种,具有清蜡、解堵功能。Ⅰ类油层28口,Ⅱ类油层22口,Ⅲ类油层10口。明显见效井43口,占总井数的72.7%。注入菌液205t,累计增油9175.5t,投入产出比1:8。

2)葡北油田微生物吞吐试验见成效

2005年11月应用自主研发CDI-HP02菌在大庆油田第七采油厂葡北油田开展了10口井微生物吞吐试验,试验井的开采层位为葡一组油层,有效厚度在3~10m,渗透率在300mD以下,油层温度为50℃。试验井产液量小于20t/d,含水在30%~90%,11月2日开始,3d施工完10口井,共注菌液40t,关井3d后开井正常生产。从试验初期4周的效果观察来看,10口井的液量由试验前的97t,增加到139t,增幅43.30%;产油量由试验前的24.9t,增加到36.4t,增幅46.18%;含水由试验前的74.4%,降到试验后的66.9%(图8-7)。其中效果较好的葡67-78井注微生物前,日产液19t,日产油2.7t,含水86%,注后日产液达到44t,最高48t,增幅153%,日产油5t,含水80%,下降了6个百分点,现已稳定在32t/d以上,平均日增油2t以上;葡10-1-57井微生物处理前,日产液9t,日产油3.6t,含水64%,处理后日产液达到25t,增幅178%,日产油8.6t,含水64%,现已稳定在18t/d,平均日增油3.0t。2005年12月份全区累计增油300t,试验效果进一步观察。

两口无效井因地面施工因素使注入的菌液量未达到方案设计要求,而没有见到微生物吞吐效果。

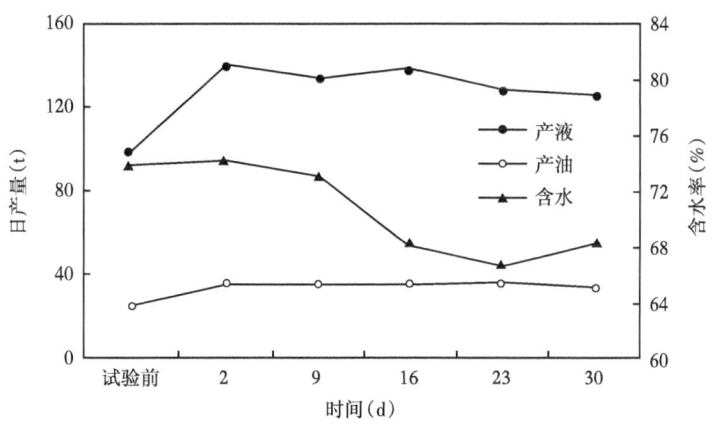

图8-7 葡北微生物吞吐10口井开采曲线

3)微生物单井吞吐作为一种增产措施可在同一口井多次使用

2002年在朝阳沟油田对微生物吞吐有效的4口井实施了第二轮微生物吞吐,第二轮

微生物吞吐井也取得与第一轮大体相当的增油效果，表明微生物单井吞吐可以作为一种措施多次施工（图8-8）。

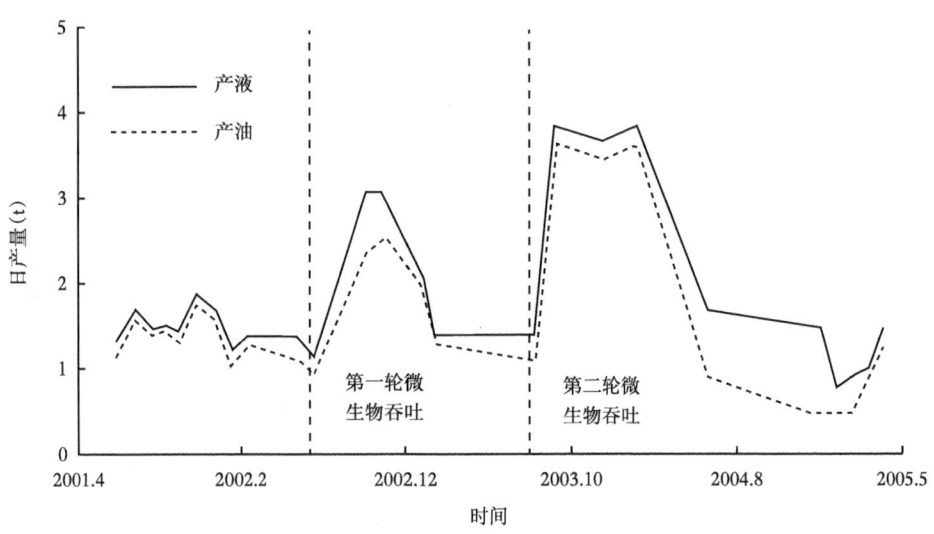

图8-8　大庆油田朝100-66井开采曲线

4）施工方便、无污染、效益好

微生物采油菌种以原油为主要营养剂，培养基中只需加入少量无机盐，费用低；对环境和地层无污染和伤害；菌液注入所需的注入设备简单；微生物吞吐单井菌液用量一般在1~4t，平均2.5t，一口井费用一般在1~4万元，有效期一般在6~12月，投入产出比为1：8；微生物单井吞吐试验效果普遍好于压裂、酸化解堵、水力高压解堵等措施，同时还能起到减慢结蜡速度、延长清蜡周期的作用，经济效益明显。

5）形成了室内和矿场吞吐配套技术，具备推广应用条件

微生物吞吐技术在多年室内研究的基础上逐步进入矿场试验，取得了较好的效果，形成了以下微生物吞吐配套技术：

（1）微生物的筛选评价技术；

（2）微生物吞吐选井选层技术；

（3）矿场试验方案设计和优化技术；

（4）矿场试验效果评价技术。

2. 微生物驱油取得良好效果，有望成为外围低渗透油田提高采收率主导技术

在微生物吞吐成功基础上，进一步优化出CDI-F系列的驱油菌种，具有降黏、产酸、产生表面活性剂等功能。2004年6月在朝50区块开展了微生物驱矿场试验，取得较好效果。

试验区共有2口注入井（朝61-Y123、朝60-126），10口采油井（图8-9），其中包括关井三年的两口油井（朝60-124、朝62-126）。开采层位为扶余油层，平均单井有效厚度为10.7m，井距为125~210m，水驱控制程度为83.2%，普遍发育裂缝，裂缝主方向为近东西向北东85°。储层基质平均空气渗透率为25mD，有效孔隙度17%。

第八章 攻坚克难，实现上产 500 万吨奋斗目标

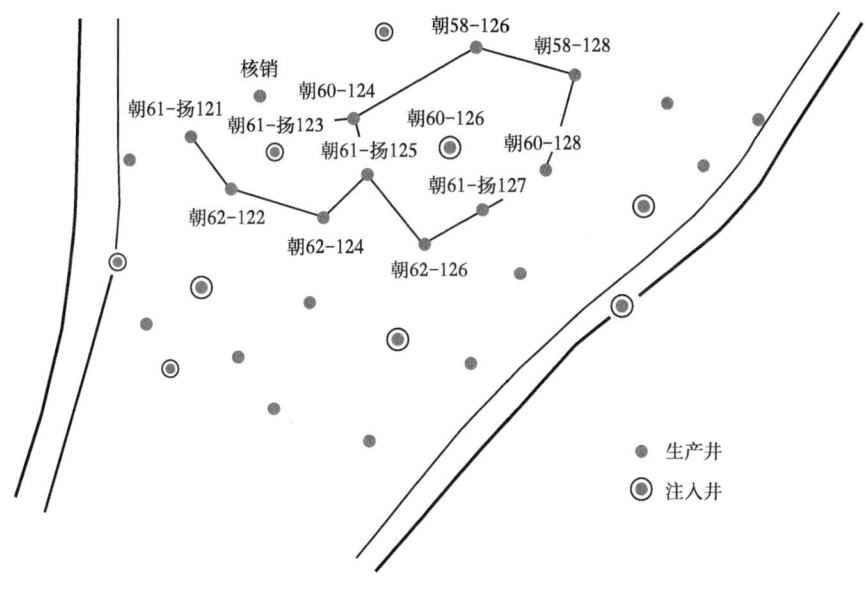

图 8-9 微生物驱井位图

1）微生物驱注入情况

2004 年 6—9 月和 2004 年 12 月—2005 年 2 月分别完成了两个段塞注入，每个段塞微生物菌液用量为 125.2t，共注入菌液 250.4t。每口注入井日注入 1.5t 菌液，菌液浓度第一段塞为 5%，第二段塞为 2%。菌液注完后两口注入井正常注水。

2）试验区油井见到了较好的增油降水效果

到 2005 年 11 月底，10 口油井中有 6 口见效，产油量上升，含水下降。日产液由见效前的 50.7t 上升到 68.3t，含水由 46.8% 下降到 40.3%，日产油由 24.7t 上升到 40.8t（图 8-10）。注微生物后阶段采油 1.6314×10^{4}t，累计增油 5078.9t，若考虑产量递减因素，增油 5800t 以上；投入产出比为 1∶5。

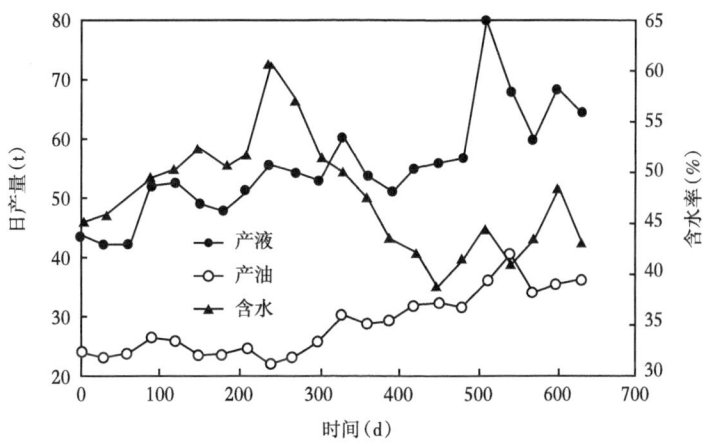

图 8-10 微生物驱开采曲线

朝61-Y125井处于两口微生物注入井中间，微生物驱后日产液由试验前的4.0t上升到700天后的18.7t，含水由95.0%下降到42.4%，日产油由0.2t上升到10.8t。与注入井较近的朝62-122井，该井在2004年11月即见到增油效果，液量和油量由见效前的1.2t和1.0t最高上升到10t和9.7t，700天后仍保持在5.9t和5.7t（图8-11、图8-12）。

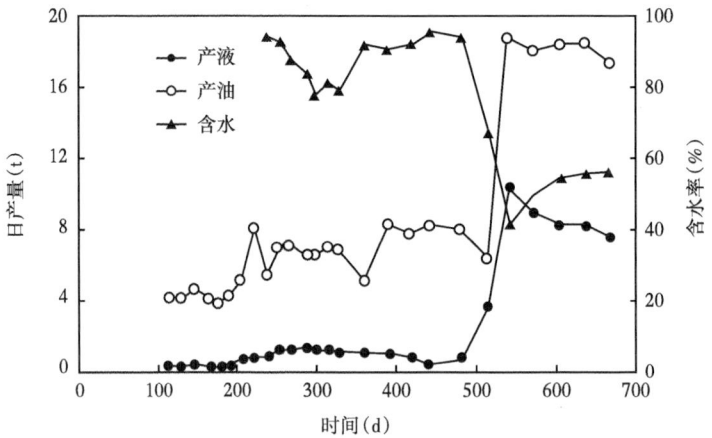

图8-11　朝61-Y125井开采曲线

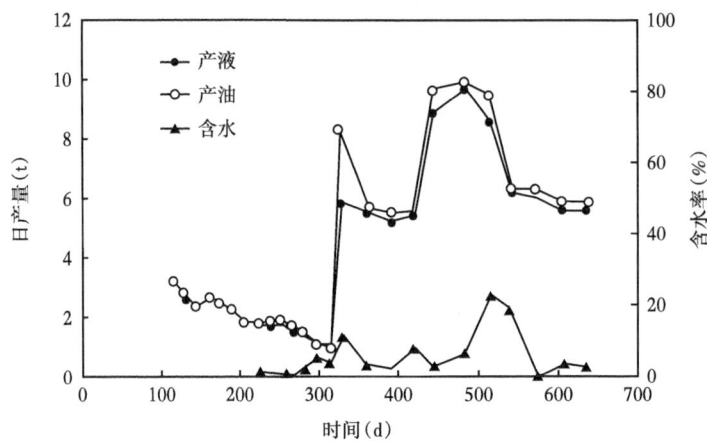

图8-12　朝61-122井开采曲线

3）微生物驱油试验中的几点认识

（1）以石油为主要营养剂的菌种对油层条件适应性较强，注入微生物能够生长繁殖。

微生物采油所用的菌种是否能够适应油藏条件并生长繁殖，是影响微生物驱试验效果的重要因素。试验前油井目的菌浓度为0，见效后油井水样中的目的菌浓度保持在10^5~10^6个/mL，表明注入微生物在地层中生长繁殖良好。

（2）微生物驱改善了油井吸水剖面和吸水能力。

①注入井压力下降。

朝61-Y123井第一周期微生物注入前注入压力为11.6MPa，注菌液第一周期结束后注入压力为 8.8MPa，之后注水，注入压力上升至 11.7MPa，第二周期微生物注入后压力下降到 10.7MPa。朝 60-126 井第一周期微生物注入前注入压力为 12.8MPa，注菌液结束后压力为 11.8MPa，之后注水，压力上升至 13.8MPa，第二周期微生物注入后注入压力下降至 12.7MPa（图 8-13、图 8-14）。

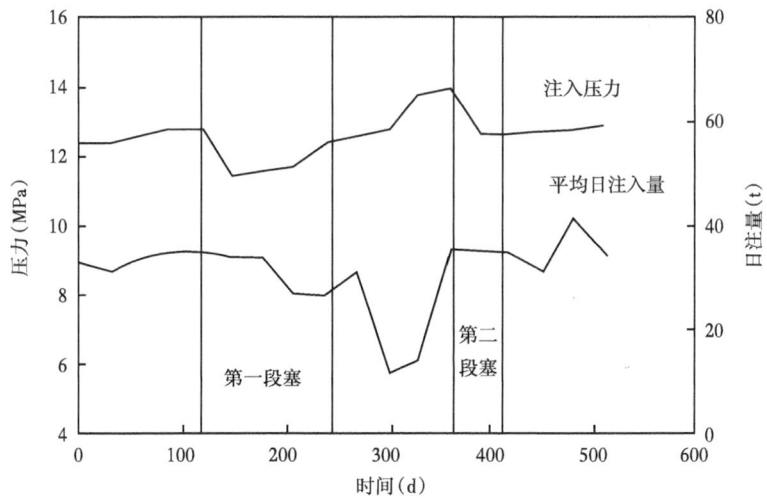

图 8-13　注入井朝 60-126 压力及注入量变化曲线

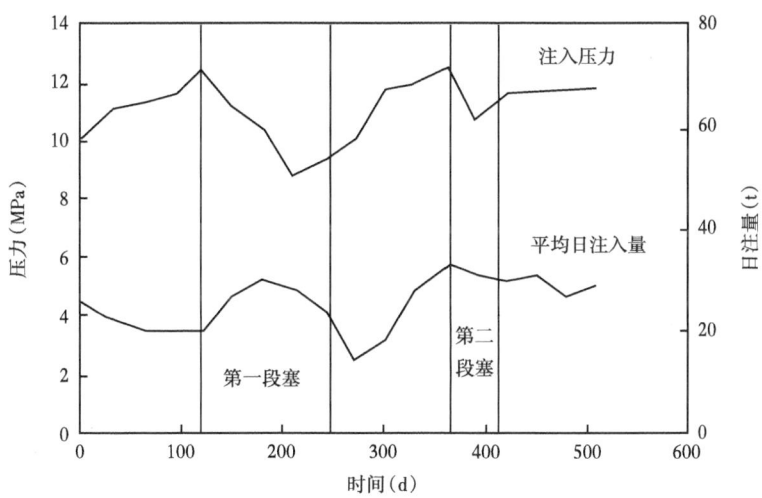

图 8-14　注入井朝 60-Y123 压力及注入量变化曲线

②注入井吸水剖面得到改善。

通过微生物驱前后的吸水剖面资料对比，表明注入井吸水状况得到改善，油层的动用程度提高。朝 61-Y123 井在微生物注入前只有 $FI3_2$ 及 $FI5_1$ 吸水，其中 $FI3_2$ 相对吸水量为 58.71%；2004 年 10 月测试表明吸水层位没发生变化，$FI3_2$ 相对吸水量上升到 84.62%；2005 年 3 月时全井 4 个油层均吸水，$FI3_2$ 层相对吸水量下降到 57.8%（图 8-15）。朝

60-126 井 FI3$_{2+4}$ 层和 FⅢ1$_2$ 层为强吸水层，注入微生物后吸水量增加，FI7$_1$ 层吸水量由 17.53% 变成不吸水。

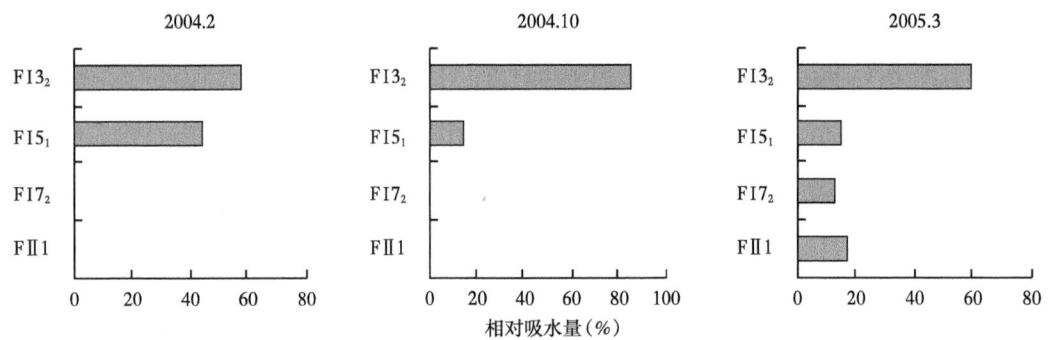

图 8-15 朝 61-Y123 井吸水剖面对比图

（3）微生物驱改善了原油物性。

试验前后对比，3 口处于东西向裂缝的油井原油平均黏度由 94.3mPa·s 下降到 76.0mPa·s，黏度下降了 18.3mPa·s；注入的微生物在地层中对原油中重质组分进行了选择性降解，使轻组分含量相对上升（图 8-16）；含蜡量由 12.4% 下降到 7.6%，含蜡量下降了 5%；凝固点由 40℃ 下降到 33℃，凝固点降低 7℃；油水界面张力由 46.3mN/m 降到 39.8mN/m，下降了 6.5mN/m，表明微生物在油藏条件下，代谢物的综合作用改善了原油的性质，增加了原油的流动能力，降低了驱油阻力，从而提高了采收率。

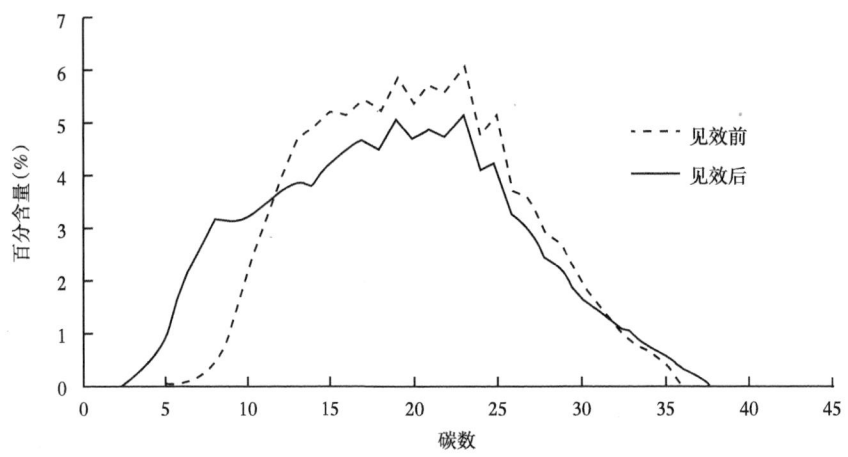

图 8-16 朝 61-Y-121 井原油见效前后气相色谱图

（4）微生物驱使长关井恢复了生产。

注入微生物前，试验驱中的 10 口生产井中有两口因没有液量而关井三年的朝 60-124 井和朝 62-126 井。注入微生物三个月后，朝 62-126 井开井，产液、产油量分别保持在 1.0t、0.2t 左右，一年半后该井含水下降到 50% 以下，日产油量上升到 0.6t。该结果表明，微生物采油技术减小了水驱过程中的渗流阻力，提高了油层的动用程度（图 8-17）。

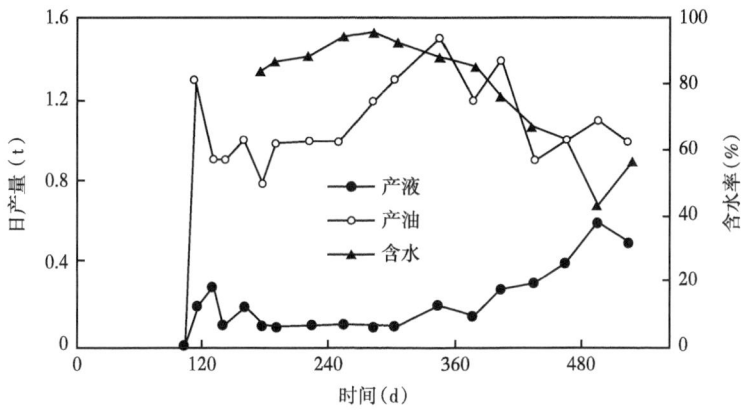

图 8-17 朝 62-126 井开采曲线

第五节 储量评价与产能建设方案

一、储量评价

"十五"后两年，在地质条件越来越复杂、增储难度越来越大的情况下，油藏评价及时调整思路，推广勘探开发一体化研究，深化地质认识，加快评价节奏；完善测井参数解释、开发地震预测技术，加大评价井实施力度，2005 年外围油田新增探明储量 $1.03×10^8$t，"十五"期间累计探明储量 $3.89×10^8$t，为外围油田年产油突破 $500×10^4$t 大关和"十一五"持续上产提供了坚实的物质基础。

1. 勘探开发联合研究，海拉尔油田新增三个千万吨储量区块

1）深化成藏规律和裂缝分布认识，加快落实低断块潜山第一个千万吨储量区

贝 38 断块位于苏德尔特油田北部断阶上，东北部与已发现工业油流的霍多莫尔构造带相邻，主要目的层布达特潜山储层比苏德尔特油田主体贝 12、贝 14 断块低 400m 左右，2004 年 6 月贝 38 等 3 口探井在布达特潜山获得了工业油流后，当年 11 月预测含油面积 11.3km^2，提交预测地质储量 $736×10^4$t。

贝 38 断块布达特潜山油藏预探程度低，提交探明储量和编制开发方案，需要大量的评价工作量，而研究和现场组织的时间不到 1 年，油藏评价必须超常研究、超常部署、超常组织。为此，2005 年贝 38 断块提出"向北凹陷甩开预探、向南断阶整体评价，两步并作一步走"评价思路，预探评价联合开展三方面研究，加快了低断块潜山增储步伐。

（1）深化成藏规律认识，优化井位提前实施。

贝 38 低断块潜山油藏的发现，对布达特潜山油藏的成藏模式有了新的认识。通常认为断层下降盘低位潜山带埋藏较深，裂缝不发育，但经过深入研究后认为，贝 38 低位潜山带位于贝尔凹陷贝西次洼生油区油气运移通道上，且位于长期活动断层下降盘，多期裂缝和与裂缝有关的次生溶孔发育，可以形成高产富集区块。在这一新认识的指导下，2004 年 9 月提前介入贝 38 地区进行油藏评价工作，围绕探井优化设计，提前完钻评价井 4 口

（贝38-1、贝38-2、贝40-1、贝42-1）。其中3口井钻遇潜山裂缝发育段，贝38-1井布达特潜山分三段进行试油，压裂后分别获得20.45t/d、10.95t/d和75.06t/d的高产油流，贝38-2、贝42-1井压裂后也获得工业油流。通过提前实施部分评价井，对该断块布达特潜山裂缝分布、产能特征有了进一步的认识。也为贝38断块甩开预探创造了条件。

（2）加强裂缝分布预测，整体部署优选含油富集断块。

根据提前实施评价井成果，开展三维地震属性分析及相干体技术预测裂缝平面分布规律研究，综合裂缝发育主控因素和裂缝分布有利区预测成果，及已有探井和评价井试油结果，分析认为贝38低断阶潜山油底在海拔-2050m左右，以海拔-2050m以上各断块整体含油，但各断块裂缝发育程度不同，含油富集程度不同，为此，以海拔-2050m以上为目标，整体部署评价井11口，实施后效果较好，其中贝19-1、贝42-2、贝12-1井布达特潜山油层分别钻遇有效厚度33.0m、54.5m、31.3m，压裂后试油均获得工业油流，扩大了贝38、贝42断块含油面积，新落实贝12-1、贝19-1断块含油面积，优选出海拔-2050m以上含油富集断块。

其次，根据整体部署优选结果，深入开展潜山油藏地质研究，对潜力较大的贝38-1、贝40-2等断块重点评价，2005年8月份及时完成了这些断块的开发概念设计，规划开发井位88口，规划产能7.6×10^4t，提前实施开发规划方案中的7口开发首钻井兼顾评价任务，用不到一年时间提前落实海拉尔油田又一个储量区块开发潜力，解决了评价时间紧、工作量大的矛盾。

（3）加强潜山内幕试油，精细落实低断块潜山产油深度。

贝38断块布达特潜山裂缝系统复杂，有效裂缝段跨度大，为了系统评价不同深度裂缝的发育程度和产能，选择具有代表性的井进行分层试油。除贝38-1井分三段射开2614.0~2624.0m、2556.0~2566.0m、2449.0~2515.0m进行分层试油均获得工业油流外，评价井贝19-1在2772.0~2812.0m裂缝也很发育，解释油层33.0m/3层，在2773.0~2781.0m压裂后获得3.018t/d工业油流，潜山内幕裂缝和产油深度由2550.0m突破到2781.0m。

通过深化低断块布达特潜山裂缝分布和成藏控制因素研究，提前实施评价井、开发首钻井，解决了评价时间紧、工作量大的矛盾。在只有736×10^4t预测储量的基础上，布达特潜山油层含油面积扩大到12.46km^2，2005年探明地质储量1024.54×10^4t。

2）抓住好苗头，认识新层位，老油田扩大第二个千万吨储量区

随着海拉尔各油田逐渐投入开发，在开发井实施跟踪过程中加大对非目的层地层含油显示认识的力度，一旦认准开发井新层位含油显示，立即试油证实，与预探联合开展地震、地质综合反演，预测油层规模，采用外甩开发控制井或"百井工程"方案进行评价，不断认识，扩大油田面积。

（1）海参4坚持滚动认识，多层位新增储量938×10^4t。

苏仁诺尔油田海参4断块位于海拉尔盆地贝尔湖坳陷乌尔逊凹陷苏仁诺尔构造带和乌北次凹内，2002年，在南二段油层提交探明石油地质储量133×10^4t，含油面积4.1km^2，2003年设计开发井29口，设计产能1.82×10^4t，其中外扩评价井5口。2004年，外扩评价井苏15-1井，根据现场录井情况加深钻井，首先发现铜钵庙油层，钻遇油层1层，有效厚度9.4m，压裂抽汲试油日产油6.6t。

苏15-1井铜钵庙油层的发现，坚定了该区多层位甩开评价的信心，一方面加强钻井

现场跟踪，对北部外扩评价井继续加深钻探。随后完钻的苏 13-1、29-45、15-55 井在铜钵庙油层分别获得日产油 2.19t、8.2t、1.8t 的工业油流，苏 13-1、29-45 井在南一段油层压裂后抽汲试油分别获得日产油 1.01t、1.57t 的工业油流，发现了铜钵庙、南一段含油新层位，展示了海参 4 断块多层位含油的开发前景。

另一方面，加强地质、测井、地震综合研究。根据完钻井资料开展多油层扇三角洲沉积相研究，综合三维地震构造精细解释成果，认为该区南一段、铜钵庙油层为西北部物源形成扇三角洲前缘相，席状砂体相互叠置，在断层沟通下形成大面积断层—岩性油藏；南二段油层向西南部凹陷浅湖区发育湖底扇砂体，海参 4 断块具有多套含油层位的潜力。根据海参 4 井滚动开发地质认识，2005 年总体部署设计评价井 9 口，实施后效果较好，其中苏 45-41 井南一段油层钻遇有效厚度 17.9m，压裂抽汲试油，获得日产油 17.7t 的高产工业油流，苏 20-1 井南二段油层钻遇有效厚度 7.3m，压裂抽汲试油，获得日产油 47.75t 的高产工业油流。海参 4 断块滚动评价，新发现铜钵庙、南一段油层含油面积分别为 7.96km^2、13.67km^2，已探明的南二段油层扩大含油面积 14.38km^2，叠合含油面积 27.84km^2，三层累计新增石油探明地质储量 938.97×10^{4}t。

（2）应用地震反演技术成功预测玄武岩油层，贝 301 断块新增储量 120×10^{4}t。

呼和诺仁油田构造位置属于海拉尔盆地贝尔湖坳陷贝尔凹陷西侧呼和诺仁构造。2001 年该油田南二段油层整体探明地质储量 1336×10^{4}t，含油面积 5.2km^2。2003 年该油田全面投入开发，完钻开发井 74 口，动用面积 3.8km^2，动用储量 1486×10^{4}t。油井 52 口，2005 年年产油 15.77×10^{4}t，采油速度 1.81%，累计产油 53.63×10^{4}t。贝 301 断块开发过程中，该断块构造低部位完钻的开发评价井贝 3-5 井，在主力层南二段以下的兴安岭群取心见玄武岩，气孔原油外溢，录井见富含油 2 层 52.6m，电测解释油层 1 层 29.2m、差油层 1 层 17.2m，在 1292.5~1321.5m 井段试油，抽汲日产油 0.1t，水 17.3m^3。从贝 3-5 井及相邻井对比进一步认识到兴安岭群玄武岩储层物性较好，平面展布范围较广，构造高部位可能形成油藏。因此，对高部位的贝 46-51 井兴安岭群井段 1229.0~1243.0m，压裂后抽汲试油，获日产油 18.9t 的工业油流。2005 年，利用地震反演技术预测玄武岩油层分布范围，根据油水界面及玄武岩储层预测情况，优选构造断棱高部位贝 41-50、贝 58-52 井两口井进行加深钻探评价玄武岩油层，测井解释玄武岩油层厚度分别为 8.1m、3.2m，其中贝 41-50 井于 1275~1281m 井段，压裂后抽汲试油，获日产油 42.1t 的高产工业油流。

根据油藏描述成果，在贝 301 区北部具有相似地质条件的贝 13、贝 17 断块，按照零散区块滚动开发模式完成"百井工程"开发方案编制，设计开发井 11 口，其中首钻井 2 口，即贝 13-108-102、贝 13-88-90 井，贝 13-108-102 井于南屯组 1570.6~1581.6m 井段，钻遇油层 2 层 1.7m，同层 1 层 2.0m，压后抽汲试油，获得日产油 3.9t、水 3.2m^3 的工业油流，扩大了呼和诺仁油田含油面积。

通过开发井加深及"百井工程"方案，不仅使呼和诺仁油田已探明南屯组油层含油面积向东延伸 5km 到贝 13 区块，而且下部兴安岭油层获得突破。2005 年，贝 301 断块滚动评价新增兴安岭油层含油面积 1.33km^2，扩大南屯组含油面积 1.0km^2，叠合含油面积 2.33km^2，新增石油探明地质储量 120.25×10^{4}t。

通过开发挖潜、滚动评价，发现了新层位，扩大了老层位，在海参 4、贝 301 区块新增探明储量 1059.22×10^{4}t。

3）实施勘探开发一体化，促进预探重大发现区完成第三个千万吨

海拉尔油田全面推行勘探开发一体化，油藏评价立足发现区，整体向前推动了海拉尔油田预探工作。2005年，不仅贝38断块向北部霍多莫尔构造带及其凹陷的甩开预探取得了重大发现，向北凹陷甩开部署钻探的霍12井在南一段钻井取心见含油显示14.11m，其中油浸1.53m，2738.0~2744.0m发生油气浸3次，全烃最大达100%，综合解释油层33.8m/11层，而且在巴彦塔拉等构造带甩开预探也获得了重大突破。

巴彦塔拉油田位于贝尔凹陷、乌尔逊凹陷两个二级构造转换部位的巴彦塔拉构造带，勘探面积400km^2，受多方向应力作用的影响，该构造带构造破碎、断裂复杂。2003年，在巴彦塔拉和贝中次凹两个工区开展三维地震工作，加快了该地区的发现节奏。

2005年根据三维地震和综合地质研究成果，采用定向井工艺，以达到打高点、探多层、提高成功率的目的，部署了巴斜2井。

巴斜2井在钻探过程中，从南屯组、铜钵庙组及布达特潜山1799.0~2220m的井段，超过400m厚度均见到了较好的显示，钻井取心见含油显示总长21.43m（1805.33~1829.80m）。岩心分析孔隙类型主要为原生粒间孔、缩小粒间孔、长石粒内溶孔、铸模孔，孔隙度为7.9%~24.6%，平均16.5%/131块；渗透率为0.08~50.1mD，平均为4.65mD/123块。

铜钵庙组取心（2106.10~2114.30m）岩心分析：孔隙度为0.7%~16.2%，平均为7.8%/20块；渗透率为0.01~0.17mD，平均为0.04mD/19块。

铜钵庙组85号层（2094.0~2114.0m）为油斑安山岩，压裂后获得34.16t/d工业油流。随后在南一段36I号层，1835.0~1839.8m射开厚度4.8m，与铜钵庙组合试求产获80m^3/d高产工业油流。

全井四套油层组，南一段井段1799.0~2030.5m分三套，有效厚度89.9m/49层；铜钵庙组井段2080.0~2200.6m分一套，有效厚度59m/12层，全井合计148.9m/61层，是海拉尔盆地钻遇最厚油层的探井。

在预探井获得成功之后，为了整体评价巴彦塔拉构造带，油藏评价工作同步展开，优选部署了11口评价井，完钻4口评价井，新增探明地质储量1352.25×10^{4}t，含油面积9.45km^2。

2. 跟踪开发矿场试验，完善测井参数解释，降低扶杨油层探明储量动用风险

截至2005年12月，外围油田待探明地区扶杨油层剩余石油控制、预测储量4.68×10^{8}t，占外围油田剩余控制、预测储量65.9%，已探明地区扶杨油层未开发储量4.01×10^{8}t，占外围油田剩余未开发储量55.0%，这说明外围油田扶杨油层开发潜力大。另一方面，现已开发的扶杨油层典型区块动态资料反映，外围油田扶杨油层有效动用难度更大，一是单井产量低，经济效益差，二是油水两相渗流条件复杂，油水层解释需要不断深化。

"十五"期间针对第十采油厂新区产能建设后备区块不足的突出矛盾，在肇源、双城地区开展了精细评价工作。其中肇源油田源35区块2003年评价后提交探明储量901×10^{4}t，同年油田公司选择源35-1和源212-1井区开辟了扶杨油层有效开发矿场试验。源35区块2004年7月开始投产，初期单井产液3.0t/d，产油2.8t/d，采油强度为0.28t/（d·m），生产4个月后单井产液2.8t/d，产油2.6t/d，采油强度为0.26t/（d·m），但随着开发时间的延长，也暴露出明显的矛盾，一是单井产量低、砂体规模小，需要加强油藏描述；二是源35-1井

区投产前解释油层的井段,投产后油水同出,油水层解释矛盾,反映特低渗透储层压裂前后油水两相渗流规律变化复杂,需要不断完善参数解释方法。

1)加强油藏描述研究,优选含油富集区

总体来看,肇源油田扶杨油层储量类似未开发储量评价中Ⅱ、Ⅲ类储量,各井区油层平均渗透率为 1.1~2.3mD,原油流度为 0.15~0.38mD(mPa·s)。为了优选Ⅱ类以上可以注水开发的储量区块,2004 年 2 月完成了源 7、源 212 工区开发地震连片解释 400km^2,应用方差体和三维可视化等三维地震解释技术,提高构造解释精度,落实小断层和微幅度构造;开展三维地震井约束反演和属性分析,分砂岩组预测扶余油层的砂岩厚度和有效厚度,对 2003 年初步优选的裂缝相对发育、河道砂岩发育带源 212—源 241 区块开展精细评价,进一步搞清源 212—源 241 区块河道砂岩发育带储层分布规律和含油富集特征。

2004 年 8 月根据精细油藏描述结果,优选主体河道发育、单井有效厚度大于 11.2m 的源 21、源 212 区块和探井单层有效厚度大于 5.0m 的源 241、源 5 井区编制开发方案,设计开发井 232 口,外甩开发控制井 18 口,设计产能 6.6×10^{4}t,2005 年加强方案实施的跟踪调整,完钻开发井 156 口,完钻外扩开发控制井 16 口,开发井单井平均钻遇有效厚度 8.6m,兼有评价目的的外扩开发首钻井平均钻遇有效厚度 12.3m。通过三维地震油藏描述,提前实施开发方案,加大开发控制井外扩力度,用开发井和外扩开发首钻井落实源 212—源 241 区块含油面积 26.22km^2,应用开发井网控制后提交扶杨油层储量,降低新增探明储量动用风险,今后扶杨油层评价应该坚持这种做法。

2)完善储量参数测井解释方法,提高储量计算精度

在 2003 年源 35 区块评价中认为,扶杨油层为断层—岩性油藏,纵向上油水分布主要为上油下水(干),测井识别流体简单,只要是自然电位无明显负异常,电阻率高即为油层,但随着源 35 区块开发试验方案的实施,源 35-1 井区部分井投产初期含水率高,部分井投产初期出油,而开发一段时间后出水,通过加强测井资料的综合分析,认为源 35-1 井区部分井油水同层误射和源 35 区块储层物性致密、压裂前后油水两相渗流变化是影响开发效果的主要原因,为此,源 212 区块评价中,从两方面进一步完善储量参数测井解释方法,为合理、准确确定储量参数值提供了依据。

一是补充资料完善了油水层解释图版(图 8-18),由于增加了同层解释,符合率提高到 90% 以上。源 35 区块油水层解释图版利用永乐油田、肇源油田探井、评价井 56 口井 171 层油层、水层参数点,制定了利用自然电位与深侧向视电阻率识别油层和水层图版,图版精度 98.8%,2005 年根据源 35 试验区投产动态资料,利用开发井和肇源油田源 212 评价控制井 40 口井 83 层油层、油水同层、水层参数点,完善了肇源油田油水层解释图版,在原来水层区带,划分出了油水同层区带,图版精度 97.9%,提高了肇源油田油层、同层和水层解释精度。

二是改进原始含油饱和度确定方法,合理确定扶杨油层原始含油饱和度值。对于砂岩油藏油层的原始含油饱和度一般采用密闭取心井资料直接测定,并根据阿尔奇公式回归出测井解释模型解释未取心井、层,也可以结合油藏油柱高度,利用毛细管压力曲线"J"函数法计算。一般认为密闭取心井资料分析结果直接、可靠。几年来松辽盆地各油田扶杨油层已有密闭取心井 11 口,大量密闭取心样品现场和室内相关实验(蒸馏法、色谱法、乙醇热萃取、热解、轻烃等)分析表明:利用密闭取心岩样开展的蒸馏法试验,确定的含水

饱和度偏低,主要原因是岩样中有一部分束缚水蒸不出来,导致蒸发率较低,分析的含水饱和度偏低,如肇源油田源151井、源264-142井蒸馏法分析油层样品平均原始含水饱和度仅25%,直接测定原始含油饱和度高达75%,与源35开发投产动态明显不符合。

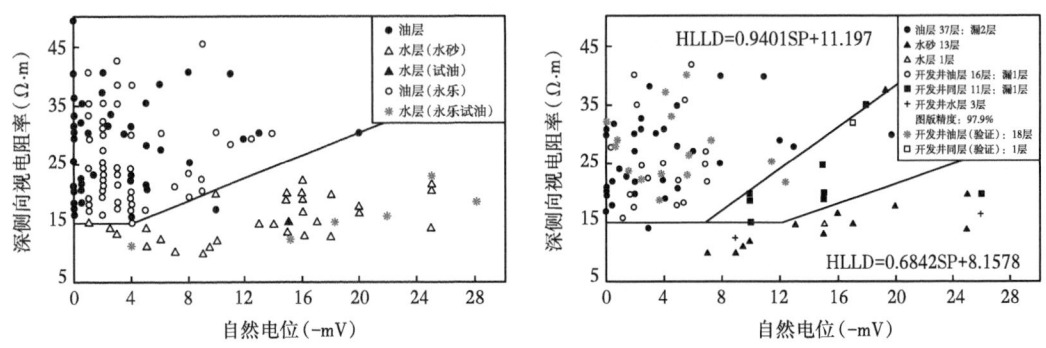

图8-18 肇源油田储量评价阶段和开发阶段油水层解释标准

为合理确定扶杨油层原始含油饱和度值,2005年源212区块从两方面加强了研究:一方面通过实验室不同分析方法对比,采用剩余率校正方法,编制了扶杨油层密闭取心井原始含油饱和度图版,校正后图版查得源212区块原始含油饱和度为55.5%;另一方面采用"最小孔喉半径"法,利用压汞资料确定肇源地区扶杨油层流体流动的最小孔喉半径0.24μm后,结合源212区块扶杨油层油藏含油高度,综合确定原始含油饱和度为55%,较直接利用密闭取心样品蒸馏法取得的原始含油饱和度低20个百分点,符合源35开发试验区动态特征。

通过跟踪开发试验,完善储量参数解释方法,在实施初步开发方案的基础上,2005年肇源油田源212区块新增探明储量1128.75×10^4t,含油面积$26.22 km^2$,完钻的开发井提高了扶杨油层储量落实程度,使积压了12年的控制、预测储量通过精细评价优选得以升级动用,拓展了扶杨油层评价范围。

3. 加强地质研究,加大评价力度,挖掘复杂岩性油藏滚动外扩潜力

应用三维地震连片处理技术,加强油田开发周边地区地质综合研究,加大整体评价力度,分类部署,滚动外扩也是外围油田增储上产的一个重要途径。"十五"期间,围绕徐家围子、榆树林、葡萄花、宋芳屯、肇州等已开发油田周边精细评价,滚动增储取得了丰硕成果,其中徐家围子地区四个油田范围继续扩大,新增探明石油地质储量3001.79×10^4t,整体部署共设计开发井1233口,其中已钻开发井441口,代用井20口,可新钻井772口,可建成年产69.7×10^4t的生产规模。

1)东部地区葡萄花油层地质再认识

徐家围子地区主要指徐家围子向斜及其宋芳屯、肇州、升平构造周边地区,"十五"期间开展了徐家围子地区三维地震资料连片解释工作,对芳深2等七个三维地震工区进行连片处理和解释,一次覆盖面积达$1098.0 km^2$,为了克服不同仪器、不同施工参数的影响,通过叠前面元内插和均化,将不同区块、不同面元、不同覆盖次数的地震资料重新抽成统一的面元。经地表一致性振幅补偿,提高了资料的保真度和分辨率,同时,采用了地震波的球面扩散补偿,使深层的能量得到了加强。反褶积处理保证了子波的横向稳定性,满足了高分辨率连片处理的要求。在此基础上，应用 GeoFrame 地震解释系统，形成了葡萄花油层顶面构造图，结合新完钻探、评价井资料进一步落实了局部微幅度构造以及断层展布特征。

从徐家围子地区各油田优势相带看，升平油田以三角洲分流平原相—内前缘相为主。徐家围子油田以三角洲内前缘相—外前缘相为主，肇州油田以三角洲外前缘相—滨湖浅水相为主。研究区北部升平、徐家围子地区东部处于两个沉积体系交汇部位，砂岩发育程度低，分布规模小。利用 LPM 储层预测技术对葡萄花油层有效厚度进行了预测，优选了含油富集区。

在三维地震进行连片解释构造精细描述基础上，通过古构造发育史、徐家围子地区葡萄花油层沉积微相研究，搞清各油田成藏控制条件，以徐家围子生油凹陷为分割槽，形成升平、徐家围子、宋芳屯、肇州 4 个成藏子系统。各成藏子系统由于构造、断层、砂体类型及其配置关系的不同，形成不同类型的油气藏。其油藏分布模式为：凹陷中心部位的岩性油藏、斜坡背景上砂体、古构造和断层因素控制的岩性—断层或断层—岩性油藏；继承性发育鼻状构造控制下的构造—岩性、岩性—构造油藏。

以徐家围子向斜为中心，升平、徐家围子、宋芳屯、肇州、榆树林五个油藏子系统平面上主要有两种接触关系：一是以水区分开（升平与宋芳屯，升平与榆树林）；二是以断层—岩性油藏群连接（升平与徐家围子，徐家围子与肇州）。垂向上基本上按重力分异作用分布，表现为上油、中同、下水，少数井出现油夹层、水夹层现象。但因受构造、断层、岩性等因素控制，全区没有统一的油水界面。不同的断块油水界面随断块埋深变化而加深，同一断块油水界面随埋深变化而倾斜。

据徐家围子地区 355 口探井、开发井统计，纯油井占 33.5%，油层—同层—水层组合井占 13.8%，油层—同层组合井占 33.2%，油层—水层组合井占 15.5%，同层—水层组合井占 3.4%，水层—油层—水层组合井占 0.6%。

根据葡萄花油层连片处理解释成果，结合徐家围子地区岩性油藏地质特征研究，共优选确定葡萄花油层含油有利区块 36 个，为徐家围子地区大面积岩性油藏分类部署、滚动评价提供了依据。

2）加强分类部署研究，徐家围子地区葡萄花油层滚动外扩储量 $3000 \times 10^4 t$

综上所述，徐家围子地区包括 4 个油田的周边地区，成藏控制条件和油水关系比较复杂，含油富集程度差别大。根据岩性油藏复杂地质特征加强分类部署研究，加大评价工作力度，优选可动用储量。

一是依据油田开发认识，滚动部署。升平、宋芳屯油田主要为断层—岩性、岩性—构造油藏，油田开发中逐渐认识到：葡萄花油层分流河道与鼻状构造斜坡中"人"字形、弯月形断层配合形成大量零散分布的断层遮挡油藏群，具有以单砂体为基本聚油单元，沿继承性大断层成条带分布的特点，虽然油藏规模小，但储层物性好，丰度高。依据油田开发认识滚动部署的主要目的是落实油水边界为主，同时为了快速准确地判断油水层，选择其中 8 口井进行 MDT 地层取样测试。升平古构造圈闭内，开发钻井认为 12 个断块具有外扩潜力。2005 年开展滚动部署，8 个区块滚动部署开发井 81 口，滚动外扩含油面积 $30km^2$。

二是依据岩性油藏整体认识，甩开部署。以徐家围子油田为中心，到东、南部肇州油田葡萄花油层沉积了一套以三角洲内、外前缘相—滨湖相为主的席状砂，砂体错叠连片分布，与向南抬升的肇州鼻状构造配合形成了以岩性上倾尖灭为主要圈闭条件的岩性油藏。

该区部署的主要目标是在薄互层中寻找局部相对富集的席状砂。根据徐家围子地区岩性油藏整体认识，开展葡萄花油层有利区有效厚度预测，分有效厚度大于2.0m、1.5~2.0m区块甩开部署，在升平南部、徐家围子、宋芳屯东南等26个区块部署评价井92口，外扩新增面积104km²。

2005年在徐家围子地区实际完钻评价控制井60口，平均单井砂岩厚度6.8m，平均单井钻遇有效厚度2.5m。在芳23、芳71-130、升74、徐25等42个井区外扩含油面积137.09km²，新增石油地质储量3001.79×10⁴t，创大庆外围油田滚动外扩新增储量之最。

二、产能建设方案

"十五"期间，按照"加快评价、加快试验、加快上产"的要求，油藏评价前跟预探，后延开发，适应地质条件，不断发展完善整装区块和零散区块评价开发技术，加快上产步伐，突破了500×10⁴t的奋斗目标。

1. 深化认识、整体优化，加速整装区块上产步伐

一个油田能否整装提交储量、整体投入开发，实现规模效益，关键要认识清楚油藏地质特征，形成一套区块评价思路和整体优化方法。"十五"期间敖南、海拉尔等油田按上述思路和方法，加快了上产步伐。

1）深化地质认识，对油藏进行分类评价

敖南油田2004年在葡萄花油层整体提交探明地质储量5071×10⁴t，含油面积282.7km²，虽然油藏整装，但地质特征差异大，为使油田整体有效动用，成为外围新的上产基地，加强了地质研究，开展了分类评价。

研究表明：敖南油田从北到南构造、储层砂体、物性、油藏类型存在较大差异。

（1）北部构造以断块—鼻状构造为主，南部为低幅度鼻状构造。

敖南油田葡萄花油层顶面构造整体表现为长垣葡萄花构造向西南的延伸，海拔深度-900~-1660m形成圈闭，北部鼻状构造轴部隆起幅度大，大断层把北部构造主体切割成大小不同、高低不等的多个断块，两翼较陡，断块内构造对油气分布起控制作用；油田南部是敖南鼻状构造南延部分，构造轴部隆起幅度小，形态宽缓，砂体的分布对油气分布起主控作用。

（2）北部以三角洲前缘亚相分流河道、河口坝砂体为主，南部以前三角洲亚相小片席状砂体为主。

敖南油田葡萄花油层为大庆长垣大型三角洲沉积体的南延部分，在敖330-20—葡381—葡361井一线以北为三角洲前缘亚相沉积，储层以水下分流河道砂、河口坝和席状砂为主，以南为前三角洲亚相、滨浅湖相小片席状砂体为主。受沉积相带的控制，砂岩厚度、砂地比等南北变化较大，总体上呈北厚南薄的趋势，由北向南油层层数减少。

油田北部单井砂岩厚度为4.2~24.6m，平均砂岩厚度为12.6m，砂层数4~8层，单井有效厚度为1.7~5.2m，平均为3.2m，油层发育层数多，一般3~5层。

油田南部单井砂岩厚度为2.6~15.8m，平均砂岩厚度为6.6m，砂层数3~5层，单井有效厚度为1.3~4.2m，平均为2.2m，油层发育层数少，一般2~3层。

（3）北部为岩性—构造油藏，南部为岩性油藏。

油田北部主要为水下分流河道砂、席状砂，砂岩纵向发育层数较多，构造较高部

位油气重力分异较好，多为纯油区；在构造低部位，油水分异较差，多为油水同产区或产水区，各断块没有统一的油水界面，形成以构造油藏为背景的岩性—构造油藏。南部为前三角洲亚相、滨浅湖相过渡性砂岩，油层厚度相对变薄，发育油层、干层，油层压力高，以岩性、物性为主控因素，鼻状构造对油气有诱导作用，形成大面积的岩性油藏。

（4）分类评价。

根据敖南油田不同地质特征，以油层发育程度、储层物性、油水分布、埋深、产能等因素为主控因素，进行经济分类评价。

Ⅰ类区：储量丰度大于 $18×10^4t/km^2$、试油产能大于 5t/d，有效厚度大于 2.5m，油层数大于 3 层的区块，可以有效动用。

Ⅱ类区：储量丰度为（11~18）$×10^4t/km^2$、试油产能 3~5t/d，有效厚度 2.0~2.5m，油层数少于 3 层的区块，需要采用提捞、水平井等方式提高效益。

Ⅲ类区：北部地区油水关系复杂，需要加大首钻井力度进一步落实。南部地区储层薄，采用新技术（全面应用水平井）新机制开发。

2）针对区块地质特点，对开发部署进行整体优化

在油藏分类评价研究的基础上，对整装区块进行整体优化，深化开发方案设计，落实开发井位。敖南油田整体含油面积大，含油富集程度有差异，为使特低丰度储量有效动用，尽快建成产能，加强了 3 个方面整体优化。

（1）井网井距优化。

合理井排方向优化。合理井排方向优化的实质就是确定井排方向与裂缝方向的夹角（θ），使各方向均匀驱替，不同方向油井见水时间一致，可用如下两层优化数学模型：

$$\max_{\theta} f(\theta)$$

其中

$$f(\theta)=\frac{\min T_\alpha(\alpha,\theta)}{\max T_\alpha(\alpha,\theta)} \quad 0\leqslant\alpha\leqslant\frac{\pi}{2} \qquad (8-10)$$

式中　θ——裂缝主方向与井排方向夹角；

　　　α——任意方向渗流速度与裂缝主方向夹角。

对于压裂后产生裂缝的低渗透油藏，要求井排方向平行于裂缝方向，这样，井网系统面积波及系数越大，驱替效率越高。

敖南油田地应力及压裂后产生的人工裂缝方向为东西向，为此，确定其井排方向应为东西向。

敖南油田在 18~20 美元 /bbl 条件下经济极限井距为 210~197m；技术极限井距在 550m 左右。

根据低渗透油藏渗流力学和油藏工程原理，为使平面波及系数最大，要求井排距比 $R=2\sqrt{m-2}$（表 8-15），式中 m 为裂缝渗透率与基质渗透率比值。

表 8-15 低渗透油藏矩形井网合理井排距

油藏类型	渗透率（mD）	合理排距（m）	合理井距（m）	井距/排距（理论计算）
致密低渗透油藏	<1	<100	400	>7
特低渗透油藏	1~5	100~150	450	4~7
	5~10	150~200	500	3.5~4.5
低渗透油藏	>10	200~250	600	2~4

由于敖南油田葡萄花油层50%以上油层渗透率大于10mD，因此，要求井排距比在2以内。

运用数值模拟技术对不同注水方式（五点法、反九点法）以及采用176.5m×353m、212m×424m、247.5m×495m不同井距的开发效果进行模拟计算，结合经济评价对比分析（表8-16），结果表明，五点法比反九点法注水方式在相同含水条件下采出程度相对较高。而在不同井距开发效果对比中，采用176.5m×353m井距的方案阶段采出程度最高。但由于随着井网密度加大导致投资过高，在经济效益方面投资净现值率不具备优势，而采用247.5m×495m井距的方案阶段采出程度在对比方案中较低，开发效果较差。综合考虑开发预测指标和经济效益，优选采用212m×424m井距菱形井网，即东西向井距424m，南北向排距212m，井排距比2。

表 8-16 不同井网井距、不同注水方式开发效果对比

井网 \ 指标	菱形反九点			五点		
	176.5m×353m	212m×424m	247.5m×495m	176.5m×353m	212m×424m	247.5m×495m
采出程度（%）	16.5	15.1	13.8	17.2	15.9	14.6
综合含水率（%）	80.3	77.4	74.3	84.4	79.5	77.6

（2）直井、水平井部署方式优化。

根据敖南油田三类区块油层发育程度差异进行了特殊井井位方式优化。

① Ⅰ类地区：主要位于油田中、北部，油层发育层数多（3层以上）、油层厚度大（2.5m左右）、物性好（渗透率40mD左右）、产能高（试油日产5.0t左右），直井开发具有经济效益，井位部署考虑以直井机采方式为主；对于地面状况复杂地区，部署丛式井。形成Ⅰ类地区直井—丛式井机采相结合的部署方式。

② Ⅱ类地区：主要位于油田的中部，有效厚度2m左右，主力油层3层左右，产能略低（试油日产3.0~5.0t左右），部分区域地面有障碍，以常规方式动用经济效益低，井位部署考虑以直井、丛式井，机采及提捞方式相结合。为提高经济效益，降低动用界限，部署水平井，对部分油层发育稳定的区块部署水平井组。形成Ⅱ类地区直井—丛式井—水平井联合部署方式。

③ Ⅲ类地区：主要位于油田的北端及南部。北部油水分布比较复杂、南部储层薄（1.5~2.0m）、层少（2层），需要进一步评价落实区。井位部署采取加大首钻井力度，北部

落实油水关系,南部落实油层发育状况,同时全面推广水平井开发技术。形成Ⅲ类地区直井—丛式井—水平井联合部署方式。

为试验水平井开发效果,在茂17区块完成水平井注水开发设计,1口水平井注水,4口直井采油。在茂2区块设计一个整体压裂水平井井组,5口直井注水,2口水平井采油,水平段方位10°、30°,水平段长度350、550m。在敖16-2区块设计一个水平井井组,5口直井注水,2口水平井采油,水平井轨迹为常规和阶梯式。

(3)开发方案整体优化。

敖南油田整体设计了三套方案(表8-17):方案一,全部采用直井开发。方案二,采用直井+丛式井开发。方案三,采用直井+丛式井+水平井开发。

从各套方案对比情况,方案三开发效果及经济效益均较好。因此,实施推荐方案三。

表8-17 敖南油田三套对比方案

方案	部署方式	井数(口)			10年采出程度(%)	综合含水率(%)	内部收益率(%)	投资回收期(a)
		直井	丛式井	水平井				
方案一	常规直井	2318			14.43	71.2	10	7.68
方案二	丛式井+直井	1535	783		14.43	71.2	11	7.53
方案三	直井+丛式井+水平井	1350	783	58	15.62	73.0	13	7.3

3)跟井地质研究,实现快速上产

为使外围油田尽快形成年产油500×10^4t生产规模,快速上产。

一是,推广水平井技术,加快薄差油层动用。

外围油田2005年前完钻水平井22口,投产15口,初期平均单井日产油18t,稳定生产平均单井日产油7t,取得了较好的效果,水平井技术日趋成熟,能解决薄差油层有效动用,加快上产。敖南油田南部推广水平井技术动用储量1317×10^4t,建产能41.44×10^4t。

二是,在整体优化、总体部署过程中,对认识清楚的区块提前建产能,同时发挥试验区的作用。

例如,通过敖包塔油田外扩潜力的分析,部署二维高分辨开发地震,优选两个区块部署开发井,到2004年整体优化时投产115口井取得了较好的效果,单井日产油3.5t,提前建成了18.77×10^4t产能。

三是,实施整体优化部署,为加快产能建设提供条件。

通过整体优化,编制整装区块油藏、采油、地面一体化开发方案,可以根据现场实施情况及时调整,超计划运行。例如敖南油田2005年计划钻井585口,现已完钻681口,超计划运行近百口,平均单井有效厚度2.5m,钻井成功率达到99.4%。

"十五"期间通过深化油藏认识,整体优化,使地质条件差异大的敖南、苏德尔特、双城等油田整体快速投入开发。区块评价整体优化布井模式在外围油田增储上产中发挥了中流砥柱作用。"十五"期间区块整体优化完钻开发井5465口,建产能371.1×10^4t,动用地质储量15765×10^4t,钻井成功率达到98.3%。

2. 加强单井评价技术应用,形成零散区块滚动开发模式

大庆外围油田经过二十多年的评价开发,品质高、相对整装区块已陆续投入开发,剩余零散区块由于具有距离远、分布零散、投资高、风险大等特点,按照常规部署不会列入近期产能建设中,转变工作思路,发展了单井评价技术,针对优选出的目标井区,部署一定的评价工作量,开展单井动、静态评价以进行开发方案设计,随着方案实施过程中资料的增多和认识的深入,由点到面对潜力大的井区滚动外扩,实现单井组开发向区块开发的转变,最终达到认识储层、落实储量、评价产能、加快待探明地区产能建设步伐、促进已探明地区难采储量有效动用的目的。

1)应用多因素分析的模糊综合评判法优选目标井区

优选目标井区时考虑的因素可分为静态因素和动态因素两大类。静态因素主要有有效厚度、主力油层发育程度和流度;动态因素主要有试油产量、试采产量和单位压降采油量。前者是内因,后者是外因。因为每个因素在优选过程中所起的作用是模糊的,往往不能用确定的数学关系式来进行评价,而模糊综合评判法能较好地解决这类问题,因此采用模糊综合评判法优选目标井区。将评价因素划分为好、中、差三个等级,用专家打分方法确定各因素的权重,建立综合评判矩阵,根据最大隶属度原则确定目标井区所属类别。应用模糊综合评判法对目标井区进行优选,在徐家围子等油田优选出Ⅰ类井区8个(表8-18)。

表8-18 目标井区评价优选结果

油田 (地区)	井区	层位	综合评价值			评价结果
			好	中	差	
徐家围子	徐21	P	0.58	0.27	0.15	Ⅰ类
	徐22	P	0.21	0.31	0.48	Ⅲ类
	徐23	P	0.29	0.42	0.29	Ⅱ类
	徐25	P	0.31	0.41	0.28	Ⅱ类
敖南	茂17	P	0.41	0.33	0.26	Ⅰ类
	茂72	P	0.39	0.32	0.29	Ⅰ类
萨西	古301	P、G	0.42	0.33	0.25	Ⅰ类
齐家北	古72	G、F	0.44	0.29	0.27	Ⅰ类
	古708	F	0.32	0.44	0.24	Ⅱ类
苏德尔特	德112-227	B	0.61	0.29	0.10	Ⅰ类
呼和诺仁	贝13	N	0.25	0.49	0.26	Ⅱ类
	贝17	N	0.18	0.23	0.59	Ⅲ类
他拉哈	英51	G、F	0.55	0.26	0.19	Ⅰ类
	英28	G	0.26	0.57	0.17	Ⅱ类
	塔284	P、F	0.43	0.35	0.22	Ⅰ类

2)应用井—震相模式预测技术,进行储层横向预测

井—震相模式预测技术基本思路:在目标井区评价优选的基础上,通过对主要目的

层基准面旋回的研究，确定主力油层或含油富集段，充分利用目标井区内探井、评价井资料，开展沉积微相研究，确定砂体的成因类型，分析砂体稳定性、方向性、继承性，开展井约束反演及地震属性分析技术研究，确定主力油层宏观展布范围。

徐 21 井葡萄花油层基准面旋回划分结果表明 3 号层底部为较强烈的冲刷面，属基准面中期旋回转换面，该界面上下的储层大多由连续或较连续叠置的砂体组成，表现为连通性较好的连片席状砂体，物性也较好，一般具有单层厚度较大和粒度较粗的特点，是开发的主力油层。

在应用井约束反演和地震属性分析技术研究主力油层宏观展布范围时，为了提高反演结果的分辨率，在充分考虑原始资料的基础上，根据葡萄花油层基准面旋回划分研究成果以及地层沉积响应模型，在徐 21 井区附近虚拟了 1 口井，通过虚拟井位和徐 21 井联合反演，分辨率有了较大提高，波阻抗特征与地质认识基本吻合。依据反演结果及地质研究成果确定了首钻井徐 126-73 井。首钻井完钻后利用首钻井和徐 21 井进一步反演，精度不断提高，落实了探井周围储层砂体发育情况，葡萄花油层砂岩主要集中在上下两个砂岩组中，1—3 号层为上部砂岩发育区，4—5 号层为下部砂岩发育区。应用地震反演结果，开展储层砂体预测，徐 21 井周围砂体呈北偏西方向展布，砂体分布稳定，厚度较大。

3）应用试井解释技术，预测井控砂体分布范围

井—震相模式预测技术主要对储层进行宏观预测，试井技术主要从动态角度对井控砂体分布范围进行预测。其主要流程是：根据油藏评价要求，进行试油、试采设计 → 录取试油、试采过程中的压力/产量数据 → 对录取到的数据进行分析解释 → 确定储层物性、介质类型、砂体分布范围等。

徐 21 井试采层位为葡 I_{2-4} 号层，射开有效厚度 3.6m。试采 96d，平均日产油 6.3m³，累计产油 602m³，地层压力仅下降了 0.02MPa，反映砂体规模较大。试井解释压力导数曲线出现径向流直线段，表明测试时间内未出现边界反映，砂体连通性好，探测半径为 310m。徐 21 井区采用 300m 井距菱形井网布井，徐 21 井周围 6 口开发井测井解释葡萄花油层平均有效厚度为 2.2m，表明试井解释结果是可靠的。

与徐 21 井形成对比的是徐 23 井，该井试采层位为葡 I_1 号层，射开有效厚度 2.2m。试采一个月累计产油 74m³，平均日产油 2.4m³，试采前后地层压力下降 2.72MPa，表明砂体规模较小。试井解释压力导数曲线后期上翘，表明遇到了边界，解释出边界距离分别为 92m 和 81m。从井位图上看，该井东侧有一条断层，距离在 100m 左右，与解释出边界 92m 基本吻合。另一条边界应为岩性边界。从已完钻两口井分析试井解释较为可靠，其中徐 110-63 井位于徐 23 井东南约 300m 的构造高部位，由于物性变差，有效厚度仅 1.0m；构造较低部位的徐 110-61 井储层十分发育，测井解释 2.0m 同层，地质分析认为虽然该层与徐 23 井的层位相当，但中间可能存在岩性和物性变差带。

4）依据砂体规模，确定合理井网

确定合理井网时，考虑微幅度构造、断层分布特征、砂体规模等，采用灵活的井网形式。井网形式有 4 种：矩形井网、菱形反九点井网、不规则井网和正方形井网。例如在葡南油田敖 236-82 井区，主要目的层扶余油层为水下分流河道沉积砂体，河道发育方向为北东—南西向，近于南北向，宽度在 200~500m。从有效厚度图上看，砂体呈北偏西向延伸的条带状分布。根据上述认识，结合构造特征沿北西向，采用井、排距为 300m×260m

的矩形井网，向高部位部署开发井8口。矩形井网的优点一是排距较小，渗流阻力减小，有利于扶余油层建立有效驱动体系，使油井尽早见到注水效果；二是有利于实现线状注水，扩大注水波及体积，提高特低渗透扶余油层采油速度。在徐21井区，根据微幅度构造和断层分布特点，同时为了避免注水开发中裂缝的不利影响，采用井、排距均为300m×100m的菱形井网。苏德尔特油田德112-227井区为落实断层控制的裂缝发育带和含油富集区，摸索与断层的距离远近、断层不同部位裂缝发育情况及含油性采用了不规则井网。其他井区均采用比较适合大庆外围油田的正方形井网，其优点是灵活性大，不仅注采系统可以作多种调整，而且可以在必要的时候把井距缩小一半，加大井网密度，以提高采油速度。

5）由点到面，对潜力区块及时滚动外扩，加快了待探明地区开发步伐

根据目标井区模糊综合评判结果，徐家围子地区徐21井区为Ⅰ类井区，2002年在该井区进行开发方案设计。当时该井区未提交预测储量，首批设计开发井23口，已完钻的19口井平均单井钻遇有效厚度2.0m，初期提捞采油平均单井日产油稳定在3.0t左右，进一步展示了该区块的开发潜力。根据该区主力油层的分布趋势以及油水分布特点，沿着构造高部位向外滚动，两次滚动外扩井位89口。徐21井区设计开发井112口，建成产能$3.8×10^4$t，实现了从单井开发向区块开发的过渡，有效地降低了区块开发风险。2005年徐21井区提交已开发探明储量$174.88×10^4$t，提前3年实现储量的有效动用。

徐21井区2005年12月已完钻34口井，2003年3月采用注水方式开发，初期平均日产液3.4t，日产油2.4t，含水30.9%，目前平均日产液2.7t，日产油2.1t，含水24.5%。已累计产油33255t，累计产水6191m³。5口注水井平均日注水20m³，井口压力16MPa。

大庆长垣西部他拉哈油田英51井区主要目的层为高Ⅳ组油层，其次是扶余油层，开发方案设计原则是以高Ⅳ组油层为主，兼顾扶余油层。按200m井距正方形井网灵活布井，根据断块地质条件，共部署开发井18口。15口开发井完钻后主力油层高Ⅳ组平均单井钻遇有效厚度6.2m，发育较稳定，射开高台子油层的7口井投产初期平均自然产能为2.7t/d，2口井压裂后平均日产油5.0t。为此在该井区及时进行滚动外扩，外扩井位55口，两次共设计开发井73口井，动用含油面积2.9km²，地质储量$154×10^4$t，预计建成产能$5.2×10^4$t，为英51井区已开发探明储量的提交奠定了坚实的基础。

英51井区已完钻开发井56口，2003年4月采用天然能量开发方式开发，初期平均日产液4.4t，日产油4.3t，含水2.3%，2005年12月平均日产液3.1t，日产油2.1t，含水31.7%，已累计产油31024t，累计产水9349m³。2005年4、5月，先后有32口油井压裂，压裂效果较好，压后产量升到投产初期水平，但递减较快。

四年来以单井评价技术为指导，坚持基础理论与生产实际相结合，科研创新与经济效益相结合，在探井评价优选和单井开发评价部署方面取得了较好的效果。共设计开发方案21个，涉及54个井区，布井已经涵盖松辽盆地和海拉尔盆地已探明地区和待探明地区、稀油地区和稠油地区。共部署开发井768口，动用含油面积54.2km²，地质储量$1946×10^4$t，建成产能$50.1×10^4$t。截至2005年12月已完钻357口井，钻井成功率达到95%以上，年产油$15×10^4$t，成为外围油田增储上产新的增长点。

回顾"十五"，面对特殊的油藏地质条件，外围油田增储上产难的问题日益突出，开发所要解决的都是世界级的难题，实际上，外围油田上产历程，就是不断克服各种困难、

第八章 攻坚克难，实现上产 500 万吨奋斗目标

不断打破技术"瓶颈"，在技术创新中不断前进的过程。

从油藏评价、产能建设规模来看，与"九五"相比，"十五"期间完钻评价井 835 口，是"九五"的 4 倍。"十五"期间钻建开发井 7076 口，建产能 $500.29×10^4t$，钻建井数是"九五"末的 3.4 倍，新建产能是"九五"末的 2.6 倍。尤其是 2005 年创历史新高，钻建井数达到 2590 口，新建产能 $171.2×10^4t$。

"十五"以来，大庆外围油田全面推行勘探开发一体化，形成了以三维地震为主的油藏评价技术、薄油层水平井开采技术、特低渗透油层井网优化与整体压裂配套技术，使外围油田未开发储量动用率由"九五"26.0% 提高到"十五"38.9%，2003 年新增探明储量动用率达到 70%；形成了精细油藏描述技术和综合调整技术，使外围油田综合调整区块产量递减幅度得到控制，老井自然递减率下降 2.3 个百分点。

从 2005 年产量构成来看，"九五"期间老井年产油 $237.0×10^4t$，产量贡献率 46.4%；"十五"期间新区整体区块产油 $232.6×10^4t$，产量贡献率 45.5%（其中海拉尔油田产油 $41.0×10^4t$，产量贡献率 8.0%），零散区块产油 $15×10^4t$，产量贡献率 3.0%；老区综合调整产油 $26.4×10^4t$，产量贡献率 5.1%。

第六节 油田开发技术攻关方向

"十一五"大庆外围油田开发总体思路：未开发地区采用整体评价与单井评价相结合，水驱开发与非水驱开发探索相结合，以技术创新不断提高扶杨油层动用率；进一步完善已开发油田精细油藏描述技术，井网加密和注采系统调整相结合，控制外围油田自然递减率，使调整区块自然递减率 2010 年降低两个百分点，降到 11.1%；不断提高油藏评价技术水平，加大新区油藏评价力度，力争五年内新增探明储量 $4×10^8t$，再创"十一五"外围油田开发新水平。

关于大庆外围油田"十一五"持续上产：一是探明储量稳定增长是上产根基。勘探和油藏评价力度要继续加大，深度上要不断突破，领域上要不断拓展。二是开发技术发展和创新是上产之本。老区要竭尽全力控制递减；新区要大力推广成熟技术；不断创新技术，提高难采储量动用，扩大上产空间。三是要协调好当前和长远的关系。四是持续上产不仅仅是技术问题，还是个战略问题。针对特低丰度葡萄花油层、特低渗透率扶杨油层、海拉尔水敏性油层和浅变质岩潜山油藏开发遇到的瓶颈技术问题，要开展和进一步完善的研究方向包括：

（1）葡萄花超薄油层和扶杨油层河道砂体"井震结合"预测技术研究；

（2）复杂断块和浅变质岩潜山油藏精细描述技术；

（3）外围不同类型油藏含水变化和产量递减规律研究；

（4）完善非达西渗流条件下油藏工程计算方法研究；

（5）依托 A1、A2 信息化建设，开展苏德尔特油田数字化油藏研究。

需要开展或扩大的开发试验包括：

（1）特低丰度油藏利用水平井整体规模化开发试验；

（2）扶杨油层注水开发综合配套试验；

（3）扩大扶杨油层微生物驱、蒸汽驱和注 CO_2 驱开发试验；

（4）探索扶杨油层层内液体爆炸试验、注空气驱油试验；

（5）海拉尔油田兴安岭多套油层分层开采试验；

（6）海拉尔油田潜山不规则裂缝网络状断块油藏注水开发试验；

（7）海拉尔油田凝灰质强水敏性储层注水开发试验。

"十一五"期间，必须攻克制约大庆外围油田增储上产的三大开发技术难题：一是萨葡油层剩余未动用低丰度储量有效开发难题；二是特低渗透扶杨油层非达西渗流机理及有效开发难题；三是裂缝型潜山油藏描述难题。"十一五"期间，大庆外围油田开发紧紧围绕上述开发难题开展以下技术攻关。

（1）研究制定一套裂缝型潜山油藏描述方法，搞清潜山内部结构、裂缝与基质含油状况。

（2）加大特低渗透扶杨油层非达西渗流机理研究，在深入研究特低渗透油层启动压力、孔喉半径大小及分布、可流动流体等因素对渗流规律影响的基础上，建立一套特低渗透油层渗流理论，为有效开发特低渗透油层奠定理论基础。

（3）加大特低丰度、特低渗透、裂缝型潜山油藏有效开发技术研究，对未动用储量分类提出开发方式、井网井距、驱动类型、开采工艺等，给出有效动用的技术经济界限。

（4）加大水平井、CO_2驱、微生物驱、微生物吞吐及裂缝型潜山油藏现场试验攻关力度，给出上述开采技术的适用条件、配套工艺技术要求等，为推广应用创造条件。

通过上述技术攻关，"十一五"期间，外围油田要形成特低丰度、特低渗透及裂缝型潜山油藏有效开发配套技术，保证新增探明储量动用率达到80%以上。

参 考 文 献

[1] 王玉普，计秉玉，郭万奎．大庆外围特低渗透特低丰度油田开发技术研究［J］．石油学报，2006（6）：70-74．

[2] 冯志强，张晓东，任延广，等．海拉尔盆地油气成藏特征及分布规律［J］．大庆石油地质与开发，2004（5）：16-19，121．

[3] 任丽华，林承焰．构造裂缝发育期次划分方法研究与应用——以海拉尔盆地布达特群为例［J］．沉积学报，2007（2）：253-260．

[4] 闫伟林，崔宝文，殷树军．苏德尔特油田布达特群潜山油藏裂缝储层测井评价［J］．油气地质与采收率，2007（5）：26-30，112-113．

[5] 于佰林，杨清彦，孙国荣．一种凝灰质储层粘土稳定剂的研制及性能研究［J］．石油地质与工程，2006（6）：87-88．

[6] 王秀娟，杨学保，迟博，等．大庆外围油田精细油藏描述技术研究［J］．石油学报，2006（S1）：106-110，114．

[7] 李莉．大庆外围油田注水开发综合调整技术研究［D］．廊坊：中国科学院研究生院（渗流流体力学研究所），2006．

第九章　夯实基础，发展复杂类型油藏开发技术

截至 2006 年底，大庆外围探明石油地质储量 $14.3×10^8t$，探明已开发石油地质储量 $6.4×10^8t$，探明未开发石油地质储量 $7.9×10^8t$，年产油 $550×10^4t$。海拉尔盆地已发现四个油田——苏仁诺尔、呼和诺仁、苏德尔特、巴彦塔拉油田，共提交探明地质储量 $10488.41×10^4t$，已动用 $6970×10^4t$，动用率达到 67%，建成产能 $76.2×10^4t$。

特低渗透油藏基础研究和复杂断块油藏开发取得新进展：引入喉道半径、可动流体饱和度、启动压力梯度三个新参数，建立了特低渗透储层分类新标准；形成了一套稀密井网结合、井震结合的整体油藏建模技术，有效地指导油田滚动开发部署；研究了海拉尔油田水敏性多油层砂砾岩、强水敏凝灰质含砾砂岩、浅变质潜山三类油藏有效开发方式和技术界限，实现了贝 301、贝 16 等断块的有效开发。

第一节　特低渗透油藏有效动用技术

截至 2006 年底，大庆外围扶杨油层探明石油地质储量 $6.9×10^8t$，探明已开发石油地质储量 $3.0×10^8t$，探明未开发石油地质储量 $3.9×10^8t$，自营区探明未开发石油地质储量 $1.9×10^8t$。扶杨油层共有油水井 6193 口，年产油 $146.9×10^4t$，采油速度 0.54%，采出程度 9.34%，综合含水 31.89%。扶杨油层有效动用技术一直是大庆外围油田油藏评价研究的重点。

一、东部扶余油层发育的八个三角洲朵体对储层分布起主要控制作用

利用 1058 口探井、评价井和新钻开发井资料，在大庆长垣以东地区开展扶杨油层高分辨率层序地层研究，根据十条等时地层对比剖面建立统一的层序格架，对扶杨油层储层宏观特征进行了整体认识。

首先，单井识别"砂岩垂向相对集中段"，并根据砂岩集中段地层厚度、砂岩单层厚度、层理类型等沉积层序特征，将三角洲朵体分成上三角洲平原、下三角洲平原、三角洲前缘和三角洲末端四种类型。其次，在单井划分的基础上开展连井剖面"追踪砂体分布连续性和可对比性"。上三角洲平原主要由曲流河道砂体叠置成宽带状，砂体集中、叠置厚度大；下三角洲平原主要由分支河道叠置而成，分布范围广，厚度较大；三角洲末端砂体规模变小、厚度逐渐变薄、相对分散。研究认为大庆长垣以东地区识别出头台、肇源、朝阳沟、长春岭、临江、榆树林、升平和葡南等 8 个三角洲朵体。三角洲朵体总体表现为进积到退积的沉积过程，南北两大物源向三肇凹陷中心汇集，南部砂体比北部发育，南部地

区 5 个三角洲朵体扶二组上砂岩组到扶一组下砂岩组砂体普遍发育，北部地区两个三角洲朵体扶二组上砂岩组砂体不发育，主要发育扶一组下砂岩组，从朵体中心到边缘，从主体到末端厚度变小，物性变差。

其中，头台三角洲朵体受南部怀德沉积体系控制，主体部位砂体规模较大，扶二组沉积基准面下降，扶一组基准面上升，随着基准面的升降，低水位域砂体发育。在沉积转换面附近的 FⅠ6 号层至 FⅡ1 号层砂岩集中发育。FⅡ1 小层三个沉积单元自下而上砂体发育逐次变差，组成一个明显的退积体。FⅡ1 下曲流河以点坝砂体为主，砂体形态呈宽带状，宽度 3~4km，厚度达 5~9m，向前延伸进入分流河道，砂体规模迅速变小，砂体形态呈条带状，宽度 0.3~1km，厚度达 3~5m；FⅡ1 中部为中等规模的分流河道，沉积环境与 FⅡ1 下相似，砂体形态呈分叉条带状，宽度 0.5~2km，厚度 3~8m；FⅡ1 上演变为三角洲前缘亚相水下分流河道为主，砂体形态呈窄条带状，宽度 200~300m，厚度 1~4m。

通过 8 个三角洲朵体平面分布与扶杨油层开发现状综合分析，得出三点认识：一是大型油田位于三角洲朵体的主体部位，砂体富集，断层或构造圈闭对扶杨油层成藏起控制作用，今后整体评价还有较大增储上产潜力；二是三肇凹陷中心砂体叠合差，发育岩性油藏，今后滚动寻找岩性油藏还有潜力；三是已开发油田单砂体精细解剖扶杨油层以窄小分流河道砂为主，需采取个性化开发设计（图 9-1）。

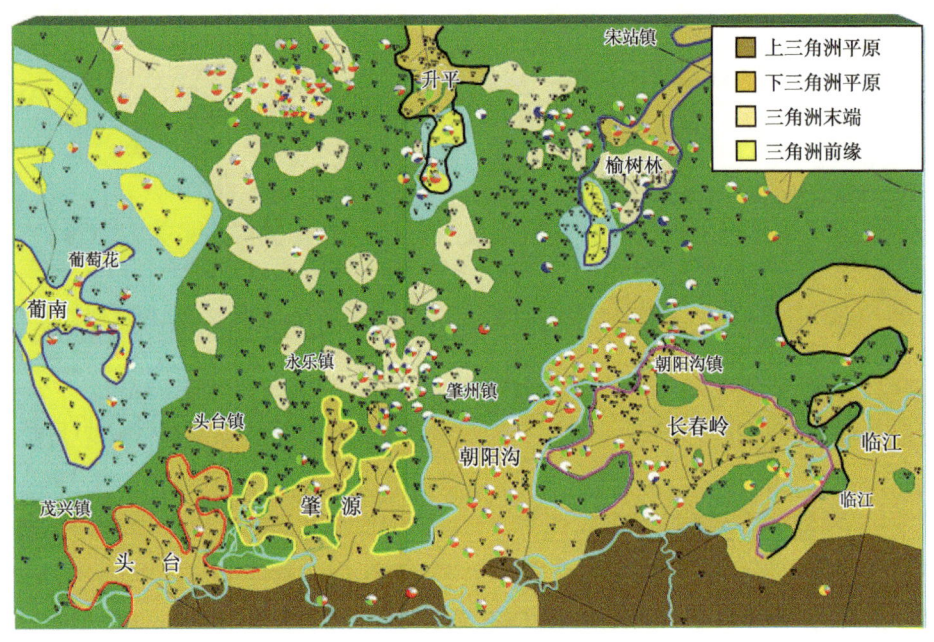

图 9-1　东部扶余油层沉积体系分布图

二、成岩作用的强弱对储层物性好坏有较大影响

大庆长垣以东地区扶杨油层成岩作用类型主要有压实作用、胶结作用、溶蚀作用、交代作用、重结晶作用，成岩作用研究对储层分类评价、优选动用有重要的指导作用。成岩作用综合研究表明：①扶杨油层储层空气渗透率分布与埋藏深度关系密切，随着埋藏深度

第九章 夯实基础，发展复杂类型油藏开发技术

的加大，储层物性变差。长春岭背斜带储层物性最好，渗透率一般在 10mD 以上，三肇地区储层物性差，渗透率一般为 2mD。②方解石溶蚀和石英次生加大是影响东部扶杨油层储层性质的两大主要成岩作用。葡萄花油田南部以方解石溶蚀作用为主，储层物性相对较好，葡南油田葡 333 试验区孔隙度为 9%~15.0%，渗透率为 0.5~2.5mD，初期单井日产油 1.5t；肇源、榆树林油田南部以石英次生加大为主，储层物性较差，肇源油田源 35-1 试验区孔隙度为 9%~13%，渗透率为 0.5~1.4mD，初期单井日产油 0.9t。

长垣以东地区扶杨油层沉积和成岩作用研究结果认为，主要油田位于三角洲朵体的主体部位，部分小油田位于三角洲末端和三角洲前缘部位。扶杨油层三角洲朵体的建立表明：南部朝阳沟、头台、肇源等油田都有较大的外扩潜力，精细解剖和成岩作用研究对扶杨油层储层分类评价、优选动用有重要的指导作用。

三、特低渗透储层分类新标准

过去一般用渗透率等宏观参数来评价储层性质的好坏，但对于特低渗透扶杨油层来说，仅用宏观参数评价是不够的。研究引入三个新参数（喉道半径、可动流体饱和度、启动压力梯度）来进行扶杨油层储层分类评价，更能客观全面认识储层的可动用性。

1. 喉道分布决定储层渗流能力的好坏

对于特低渗透储层，孔道相差不大，但喉道差异较大。大庆外围油田扶杨油层和长庆低渗透油田储层相比，储层喉道相差较大，大庆外围油田扶杨油层主要集中在 0.2~2.5μm 小喉道范围内，而长庆油田低渗透储层喉道范围较广，大于 2.5μm 的喉道占一定的比例。

低渗透储层的渗透率对喉道的变化特别敏感，喉道越小，渗透率越低。渗透率小于 0.39mD 时，喉道半径为 0.2~0.9μm；渗透率在 1.5~5.58mD 时，喉道半径主要分布在 0.3~3.5μm；当渗透率为 19.5mD 时，喉道半径主要分布在 0.5~6.5μm。当喉道小于 2μm 的时候，喉道减小，渗透率急剧下降。

2. 可动流体饱和度高低决定驱油效率的大小

核磁共振研究表明，可动流体饱和度越小，驱油效率越低。统计储层渗透率在 0.5~1.5mD 的样品，大庆外围油田储层可动流体饱和度为 8%~30%，平均为 20%；长庆低渗透油田储层可动流体饱和度为 30%~55%，平均为 40%。

3. 启动压力梯度决定储层动用的难易程度

渗透率越低，启动压力梯度越大，但对于不同油田，即使渗透率相同，启动压力梯度也有较大差异。

相同气测渗透率的岩心，有效渗透率相差很大。长庆低渗透油田储层岩心测定表明，当驱替压力梯度为 0.5MPa/m 时启动，大庆外围油田为 3MPa/m。

4. 特低渗透储层新分类标准的建立及分类评价

根据以上研究，建立了特低渗透储层分类标准，并对大庆外围油田未开发扶杨油层进行了分类评价，提出了相应的开发对策。从分类评价结果看，Ⅲ类、Ⅳ1 类主要分布于榆树林、肇州、永乐油田，未开发地质储量 1.02×10^8t，可采用注水开发模式；Ⅳ2 类主要分布于肇州、永乐、头台油田，未开发地质储量 2.32×10^8t，可采用注气开发新技术动用；Ⅳ3 类主要分布于永乐、宋芳屯、榆树林油田，未开发储量 3.94×10^8t，由于储层物性差开发难度巨大，应积极探索新的开发方式（表 9-1）[1]。

表 9-1 特低渗透储层新的分类标准表

项目 \ 等级	I类	II类	III类	IV类		
				IV 1类	IV 2类	IV 3类
主流吼道半径（μm）	4.5~6	3~4.5	2~3	1.3~2	0.5~1.3	0.1~0.5
拟启动压力梯度（MPa/m）	<0.05	0.05~0.5	0.5~1	1~1.5	1.5~5	5~15
可动流体饱和度（%）	55~65	35~55	20~35	15~20	10~15	<10
渗透率（mD）			>2	2.0~1.5	1.5~0.5	0.5~0.1

四、特低渗透油藏注气开采技术

特低渗透储层注气能大幅度降低启动压力。室内注空气、氮气、水驱实验表明：对于同一块岩样，不同的驱替流体，启动压力是不同的。三种工作流体，空气驱时的启动压力梯度最低，其次为氮气驱的启动压力梯度，水驱时的启动压力梯度最大[2]。

1. 空气驱室内研究

将空气注入到油藏时，氧气和原油发生放热反应，生成 CO 和 CO_2，反应产生的热量使油藏温度升高、原油降黏，促使轻质组分蒸发，发生热膨胀效应。起着驱油作用的是 CO 和 CO_2 以及由 N_2 和蒸发的轻烃组分等组成的烟道气。

国外对原油的氧化规律进行了实验，原油氧化有高温氧化与低温氧化两个高峰区域，稀油在低温氧化区氧化速率和生热量比高温氧化区高，稠油则相反。外围油田应向低温氧化方向发展。

1）空气驱低温氧化模拟实验

注入空气量越多，氧气浓度越高，原油低温氧化速率就越大。油藏岩心填砂实验的反应速率明显比石英砂填砂实验大。从实验结果来看，在油藏状况下氧气的消耗可降至10%以下，CO_2 含量可达4%，有少量的 CO、CH_4 产生。这些气体的消耗产生受温度影响很大。

低温氧化反应后，原油组分中饱和烃总量基本没变，芳香烃含量降低，而胶质含量增加，沥青含量基本不变；原油中氧元素含量有所增加，说明原油中某些组分发生反应生成了含氧化合物。

2）空气驱燃烧管实验

空气循环实验——测定耗氧量。空气循环实验数据显示，随容器中氧气分压降低耗氧速率逐渐降低，在6d后氧气浓度由21.57%降低到17.85%，说明此原油在其地层温度下具有足够的氧化能力。随着温度增加，氧气消耗量增加，生成的二氧化碳含量增加，符合阿尔纽斯化学反应公式的指数规律。

火烧模型实验——测定剧烈氧化带驱油效率。采用小管火烧模型进行了250℃温度的氧化前缘驱油实验，实验表明：低温氧化产生剧烈氧化带，其前缘驱油效率在60%~70%。氧化前缘的推进速度慢，在其前缘形成烟道气驱，烟道气驱在注空气低温氧化过程中起主要作用。

细管实验——测定烟道气驱油效率。前缘气体细管驱替实验显示，气体驱油效率为37%左右，这是由于大庆原油的含蜡、胶质和沥青组分都高，黏度较高，因此气体驱油效率比较低。

3）空气驱安全性实验

注空气采油过程中的安全性，是注气采油项目所必须考虑的问题。通过建立爆炸反应工艺流程，通过安全性实验研究，给出井筒条件下的可产生爆炸气体组分的爆炸极限与关键气体的预警指标，并建立现场有效实施的气体监测方法及选择出可用的防爆监测仪器。

4）国外低渗透油田注空气成功实例

2006年前，开展注空气采油的国家有加拿大、美国、南斯拉夫、俄罗斯等国家，见报道的油田大都是中高渗透储层，特低渗透储层注空气开采成功的实例有美国北达科他州威利斯顿（Williston）盆地的MPHU油田。

1978年，MPHU油田实现了$1.3km^2$的油田开发，其中钻有18口生产井，9口干井。该油田在实施矿场注空气试验以前，进行了室内燃烧管实验、混相驱实验、油藏流体研究及详细的可行性研究。1987年10月开始实施高压注空气。到1993年12月为止，7口注入井的累计空气量为$3.4\times10^8m^3$，7口注入井的空气注入量为$2.5\times10^5m^3/d$，注入压力为30.4MPa，多数井的空气注入量比较稳定。

2. 氮气驱室内研究

1）注N_2细管驱替实验——研究混相特征

N_2在压力较高的情况下难以达到混相，气体容易突破，气体突破前，采收率上升较快，而气体突破后，采收率增幅变缓，综合采收率不高，表现出非混相驱特征。同等条件下二氧化碳驱油效率达90%，表现为混相特征。

2）注氮气数值模拟——预测开发效果

模拟结果表明连续注气油气比上升快采出程度低，在油气比3000时，采出程度10%左右。水气交替注入效果比连续注入氮气略好，能够控制油气比，但矿场实际注入困难，且达不到混相，没有明显改善开采效果。

从以上两个方面的结果可以看出，注N_2室内实验研究表明效果不明显，应继续加强研究。

3. 芳48区块注CO_2驱油先导性试验见到了一定效果

2002年底，在宋芳屯油田南部开展了扶余油层CO_2驱油现场试验。试验区含油面积$0.43km^2$，地质储量16×10^4t，空气渗透率0.18~1.78mD，平均空气渗透率1.4mD，有效孔隙度12.8%。2002年初，以200~300m井距"一注四采"拟五点法井网投产5口井。为加快试验进展，2004年8月又投产了井距80m的芳188-137试验井。2006年试验区有注气井1口、采油井5口。注气井芳188-138井，注气目的层（FI7）的平均单井砂岩厚度8.3m，有效厚度6.7m，射开FI7层的砂岩厚度10.3m，射开有效厚度6.0m，岩心空气渗透率0.79~1.35mD，未压裂直接投注。

通过四年多矿场试验表明：注气压力较低，油层吸气能力较强，注CO_2能在一定程度上解决特低渗透油藏注入难的问题。

未压裂的芳188-138井注气井初期日注气3~5t，注气压力14~15MPa；2006年根据试验井组油井受效和见气情况，改为周期注气，在日注气40t以上的情况下，注气压力下降到11.5~12.0MPa。从各阶段注入情况可以看出芳48试验区视吸气指数在$0.5m^3/(d\cdot MPa\cdot m)$以上，远大于邻近州2注水区块的视吸水指数$0.079m^3/(d\cdot MPa\cdot m)$。

从试验井组看，大部分井注气受效，单井产量稳中有升，可以达到 1t/d 以上，邻近州 2 井区注水开发单井产量只有 0.4t/d，注气能建立有效驱动体系。受效特征分析表明，油井见气具有方向性，试验井组不完善，说明注气开发也要采用井网优化技术[3]。

五、特低渗透油藏攻关部署

扶杨油层未开发区存在砂体规模小、储量丰度低、孔喉结构复杂、可动流体饱和度低、储层物性差、单井产量低、注水开发启动压力梯度大、注不进水、无法依靠注水进行开采等问题。针对这些问题，采取了相应措施，进行了攻关部署。

（1）在未开发储量中优选部分储量丰度较高、物性较好的区块，继续推广拉大井距、缩小排距的矩形井网优化技术，加快扶杨油层储量动用的步伐。

（2）扩大芳 48 区块注 CO_2 试验规模，对开发效果进行系统评价，为注 CO_2 工业化推广做准备。在芳 48 区块注 CO_2 试验以北外扩部署 19 口井开展注 CO_2 试验。

（3）开展注空气试验，探索注气采油的新途径。根据室内研究的成果，建议在注水没有效果的源 151 试验区开展注空气试验，探索其可行性，同时开展现场配套工艺和安全性研究。

（4）开辟水平井整体部署开发试验区。一是在州 201 区块开展水平井与矩形井网相结合提高低丰度储量动用试验；二是在英 51 区块开展大规模压裂与层内爆炸相结合试验，论证水平井技术在致密型、低渗透油藏中的开发效果，为扶杨油层有效动用储备技术；三是在榆树林油田东 14 区块开展已开发特低渗透油田加密水平井注水试验。

上述试验攻关的开展将进一步落实扶杨油层开发技术经济界限，为未开发区块及待探明区块的有效开发提供技术支撑。

第二节　复杂类型油藏开发技术

一、海拉尔油田存在三方面的复杂性

（1）砂砾岩和含凝灰质砂岩储层具有强水敏性，增加了注水开发难度。这类储层主要分布在呼和诺仁和苏德尔特 2 个油田，储量为 $4834.54 \times 10^4 t$，占已探明储量的 46%。

（2）潜山浅变质储层缝洞发育规律性差，非均质性强，给油田开发带来了挑战。不同断块缝洞发育程度不同，纵向上含油缝段在 0~200m，裂缝分布预测困难，开发方式难以确定。

（3）层系多且各断块差别大，层间矛盾突出。

针对强水敏砂砾岩、含凝灰质砂岩、裂缝性潜山三大类储层（$7495.54 \times 10^4 t$），科学研究，采取不同的开发对策，初步形成了相应的配套技术，取得了较好的开发效果。

二、贝 301 区块强水敏储层有效开发技术

（1）针对强水敏储层，开展了防膨剂室内评价和现场研究，形成了注水开发防膨油层保护技术。

贝 301 区块储层敏感性研究表明：水敏指数变化范围在 0.53~0.96，平均值为 0.79，

属强水敏储层。室内优选评价结果表明：5号、7号防膨性能较好，注入浓度为1.5%。在2口井防膨剂浓度1.5%试验成功后，选取1口井降至0.8%，也取得了好效果，并在全区推广使用。为此，依据室内和矿场试验成果，采用注水全过程的油层保护措施，从根本上解决了贝301断块强水敏储层注水难的问题（表9-2）[4]。

表9-2 黏稳剂室内评价

黏稳剂型号	岩样编号	孔隙度（%）	地层水渗透率（mD）	注黏稳剂后渗透率（mD）	伤害率（%）	结论
1号	9-1	20.02	0.54	0.72	-33.33	一般
	4-3	18.97	1.52	0.97	36.18	
2号	1-2	20.09	12.63	10.29	18.53	不好
	4-2	17.60	4.68	1.91	59.19	
3号	4-1	20.08	0.64	0.08	88.28	极差
	8-4	21.82	4.22	1.03	75.59	
4号	5-1	18.85	1.41	1.20	14.89	不好
	8-7	17.99	0.77	0.33	57.14	
5号	8-1	18.60	0.94	1.06	-12.77	较好
	8-3	21.93	1.80	1.51	16.11	
6号	8-6	20.55	2.99	0.48	83.59	不好
	9-3	19.76	1.14	1.64	-43.86	
7号	8-2	14.57	0.12	0.11	5.83	较好
	8-9	21.90	1.03	1.56	-51.46	

（2）针对地层倾角大、有效厚度变化大的特点，研究出顶密边疏井网形式和边底部注水方式。

采用顶部井距200m、边部250~300m，以边部注水为主，内部点状注水为辅方式进行开发。在开发过程中适时调整，在低部位、低含水方向加强注水，油井明显收效。如在贝40-56井注水量由调前的20m³升至30m³，贝3-5井产液量由16.5t/d上升到20.5t/d。

（3）针对层间矛盾较大，坚持早期分层注水。

2005年1月份区块22口井全部分层注水。方案实施后，砂岩吸水百分数由分注前44.8%提高到分注后71.1%。全区油层吸水状况良好，注水压力和注水量均保持稳定，水驱效果较好。统计14口注水井的吸水剖面，265个小层，小层吸水比例为62.3%，砂岩厚度吸水比例为69.1%，有效厚度吸水比例为75.4%，油层吸水比例较高。油井产液量、地层压力、流压有所回升，从转注前6月份的日产液451t，上升到10月份的601t，流压从2.28MPa上升到2.76MPa，地层压力从4.25MPa上升到5.14MPa，产量恢复到初期的80%。统计注水井周围的21口采油井的产液剖面，182个小层，有效厚度669.1m，小层产液比例达到70.9%，有效厚度产液比例为81.0%，纵向上，油层动用程度较高。

三、苏德尔特油田凝灰质储层注水开发技术

（1）针对兴安岭油层凝灰质遇水分散、迁移和蒙皂石遇水膨胀的水敏伤害机理，优选出新型黏土稳定剂。

兴安岭油层Ⅰ、Ⅱ组选择QY-138固体黏稳剂，室内岩心浸泡实验：注入水浸泡2d后，岩心分散，而加入黏稳剂2个月后无明显变化。为了探索防膨剂的合理使用浓度，开展了防膨剂使用浓度优选实验，实验结果表明，浓度为1.5%时对储层伤害最低。

在贝16区块兴安岭油层Ⅰ、Ⅱ油组开展现场试验，选择注入1.5%的固体QY-138黏稳剂后，注水效果得到改善，注水压力、注水量保持稳定。经过12个月注水，部分井组已经见到注水效果，德104-208井组日产油由注入前的19.3t上升到24.3t。

（2）针对油层多层间矛盾突出，各断块间差别大的特点，研究出了多油层分层开发技术。

兴安岭油层有效厚度变化大，最厚处可达108m，最薄仅10m，且渗透率差别大。在贝16区块设计采用三套层系进行开发，分层开采后，油井产量稳定在2.0~3.5t/d，地层压力上升0.7MPa。

四、苏德尔特油田潜山油藏有效开发技术

（1）针对苏德尔特油田布达特潜山构造复杂的特点，通过构造转换带研究，认为构造转换带上有利圈闭和缝洞发育的储层部位配合形成潜山油气藏的高产富集区。

布达特潜山具有"凹中隆"的特征，转换带上断裂发育，形成铲式、阶梯状断层和地垒等多种断裂构造样式和断块构造，同时断块山基岩易破碎、风化剥蚀，形成好的储层。

（2）针对裂缝分布规律性差的特点，以岩心观察为基础，测井单井裂缝识别为手段，结合地震属性及地应力场研究，预测裂缝分布，形成了裂缝性储层的综合描述技术。

储集空间类型以裂缝、孔洞为主，含油孔洞多与裂缝有关。通过岩心观察及试井与毛细管压力曲线分析，主要有三种类型，为孔隙—裂缝型、裂缝—孔隙型、孔隙—缝洞型，其中，孔隙—缝洞型储集性能最好。

裂缝具有多期形成和充填特征。岩心观察和镜下鉴定表明，裂缝至少有两期形成和两期充填的特点，早期裂缝被晚期裂缝切割，形成复杂的裂缝网络系统。

裂缝的主要控制因素及分布规律。断层是裂缝的主控因素，沿断裂带裂缝发育，风化剥蚀和淋滤作用导致潜山面附近裂缝及溶孔发育。利用地震吸收系数等方法进行裂缝平面预测，从预测结果上看，不同断块裂缝发育不均一性较强[5]。

（3）在裂缝描述的基础上，建立了单井裂缝模型与井间裂缝地震预测相结合三维裂缝性储层模型。

（4）针对潜山油藏类型多、分布复杂的特点，研究出了不同类型潜山油藏的开发方式。

依据前人研究，潜山油藏类型分为块状剥蚀断块潜山油藏、不规则网络状断块潜山油藏。块状剥蚀断块潜山：由于缝洞发育，井距不宜过小，贝16断块采用顶密边疏的不规则井网，井距500~900m，边底部注水。开发过程中根据底水锥进情况可适当调整井距到300~500m。不规则网络状油藏：由于断层发育，断块呈狭长形，采用顶密边疏三角形井

网，边底部注水结合内部底部注水，井距 300~400m。贝 12 断块采用三角形井网设计 15 口开发井，注水井 5 口，Ⅲ油组注水井 2 口，初期Ⅱ油组注水井 3 口。

参 考 文 献

[1] 王为民，郭和坤，叶朝辉.利用核磁共振可动流体评价低渗透油田开发潜力 [J].石油学报, 2001(6)：40-44, 4-3.

[2] 曹维政，罗琳，张丽平，等.特低渗透油藏注空气、N_2 室内实验研究 [J].大庆石油地质与开发, 2008（2）：113-117.

[3] 李莉，庞彦明，雷友忠，等.特低渗透油藏合理注气能力和开发效果分析 [J].天然气工业, 2006（9）：118-121, 176.

[4] 曹维政，张荻楠，李建民，等.海拉尔盆地贝 301 区块注水开采室内研究 [J].大庆石油地质与开发，2004（1）：35-37, 76.

[5] 冯志强，任延广，张晓东，等.海拉尔盆地油气分布规律及下步勘探方向 [J].中国石油勘探，2004（4）：19-22, 1.

第十章 自主创新，支撑"百年油田"目标

大庆长垣外围油田经过 20 多年的开发，针对不同类型油藏的地质特点，已经形成了一系列有效开发技术，2007 年年产量保持在 500×10^4 t 以上。

海塔盆地是外围盆地开发的主战场。2007 年大庆油田进军海塔盆地，迎来了从大型坳陷盆地到小型断陷盆地群、从大型河流三角洲到多物源的扇体沉积的一次重大技术挑战。

通过发展低渗透油藏渗流理论，创新井网优化设计方法，开展难采储量多元开发方式现场试验，探索复杂断块勘探开发一体化新模式，控制了大庆外围老区递减，加大了新区增储上产，有效支撑了"百年油田"奋斗目标[1]。

第一节 低渗透油藏裂缝三维地质建模技术

大庆外围低渗透油田天然裂缝比较发育，储层裂缝描述及预测对于开发区块优选、确定合理井网、优化压裂设计等具有重要意义。大庆外围油田储层裂缝研究起步于"九五"期间，通过多年技术攻关，研究方法由最初的地质统计、地质力学分析、构造曲率计算，发展到以岩心观察为基础，测井识别、地震预测以及岩石力学实验和有限元模拟相结合的多学科裂缝预测技术。但储层裂缝三维地质建模作为精细地质技术攻关难点之一，一直没有得到有效解决，无法满足外围油田精细油藏描述发展的需要，成为制约外围油田数字化进程的技术瓶颈。

2005—2007 年，按照深化精细油藏描述研究的要求，针对储层裂缝三维地质建模技术进行了重点研究并取得初步成果。

一、采用多参数协同储层裂缝预测方法，初步解决了双重介质地质建模的难题

裂缝网络作为低渗透油田重要的渗流通道，对地下储层物性的空间分布及储层的非均质性均具有重要影响。但是，常规储层建模只能根据地质统计学建立基质物性参数模型，而无法综合应用储层裂缝预测成果，对储层裂缝的空间分布规律及其渗流特征进行精细定量表征。虽然在裂缝性油藏数值模拟过程中，可以通过经验赋值法对地质模型进行进一步修正（根据地质统计规律整体设置裂缝三向网格参数），但是模拟精度较低，后期参数调整周期长，拟合难度大。

根据油田开发实际需要,通过技术探索逐步建立了"储层裂缝预测—三维地质建模—油藏数值模拟"的一体化技术流程,实现了储层裂缝几何模型与等效介质模型转换,初步解决了双重介质地质建模的技术难题(图10-1)。

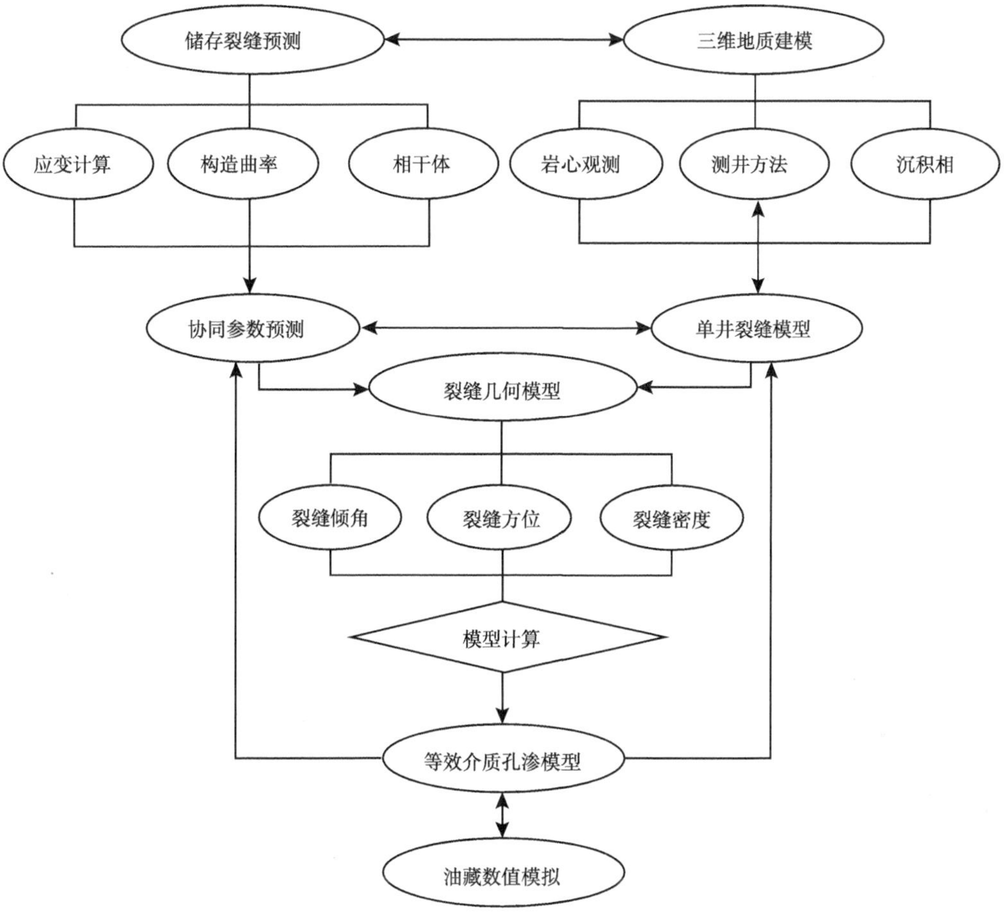

图10-1 "储层裂缝预测—三维地质建模—油藏数值模拟"一体化研究技术流程

1. 多参数协同建立裂缝几何模型

储层裂缝几何形态及其在空间分布预测是储层裂缝三维地质建模的基础,是确保模型精度的关键。常规模拟方法以单井岩心统计资料为基础,井间主要通过地质统计学方法进行插值预测。由于油田实际取心及特殊测井资料较少,控制程度较低,无法确保模拟精度。在技术研发过程中,结合外围油田现有储层裂缝预测技术成果,提出了多参数协同建立裂缝几何模型预测方法:以岩心裂缝观测资料为主体,结合测井分析数据建立单井裂缝模型(裂缝发育密度、倾向等);综合应用应变分析法、构造曲率法、地震相干体技术对储层裂缝空间分布进行预测(裂缝发育方位、规模等),成果作为地质约束条件参与模拟运算,以弥补岩心、测井空间信息不足;采用随机模拟技术建立裂缝几何分布模型,随机模拟结果通过与取心井资料拟合进行校正,逐级逼近地质实际。

2. 储层裂缝等效介质模型建立

裂缝型油藏具有裂缝—孔隙双重介质导流特点，其孔隙包括基质孔隙和裂缝孔隙两部分。裂缝孔隙主要和裂缝发育规模相关，采用正交三维网格划分地层单元体，根据裂缝孔隙度定义式计算出裂缝孔隙度三维空间分布：

ϕ=（岩体裂缝孔隙体积/岩石体积）×100%

则每一个地层单元体裂缝孔隙度为：

ϕ=（地层单元体裂缝孔隙总体积/地层单元体体积）×100%

储层裂缝渗透率各向异性特征主要受裂缝的开度、延伸长度和倾角大小的影响。根据裂缝几何分布模型模拟结果，采用裂缝渗流公式（10-1）建立裂缝系统等效介质模型：

$$K_f = \sum_i \frac{e_i^3}{12D_i} \cos\alpha_i \tag{10-1}$$

式中　K_f——裂缝渗透率，mD；

　　　D_i——第 i 组裂缝的平均间距，mm；

　　　α_i——第 i 组裂缝与流体压力梯度的夹角；

　　　e_i——第 i 组裂缝的地下开度，μm。

按照上述研究思路，通过模型换算建立了榆树林油田扶余油层储层裂缝等效介质模型。建模结果表明，多参数协同储层裂缝预测成果在三维地质模型中得到准确表征，裂缝等效介质模型比较客观和准确地反映了低渗透油藏裂缝系统的非均质特点，模型更符合地质实际（图10-2）。

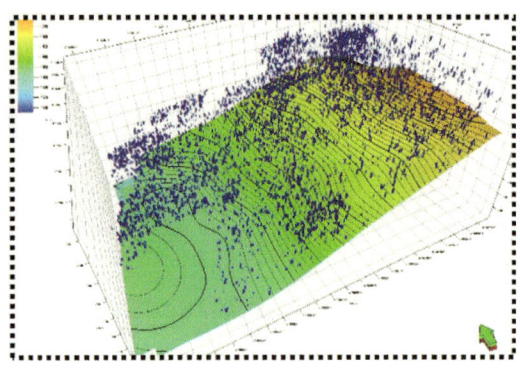 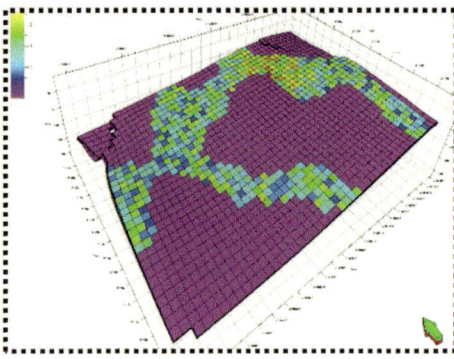

图 10-2　东 16 区块扶余油层裂缝几何模型及等效渗率模型

二、储层裂缝模型在油藏数值模拟中的初步实践和应用

裂缝地质建模是一个动态跟踪的过程，天然裂缝系统的定量建模只是油田开发的起始，必须和油藏数值模拟紧密结合。为验证储层裂缝模型效果，应用榆树林油田东 16 区块资料分别采用单一介质模型（采用常规经验赋值法，沿裂缝方向渗透率放大 5 倍）和双重介质模型进行初次模拟计算（对地质参数不作任何调整）。模拟结果表明，

采用经验赋值法建立的地质模型见水时间比实际晚 3 年，存在较大误差；双重介质模型见水时间与实际基本一致，含水上升趋势与油田实际符合程度较高，模拟效果较好（图 10-3）。

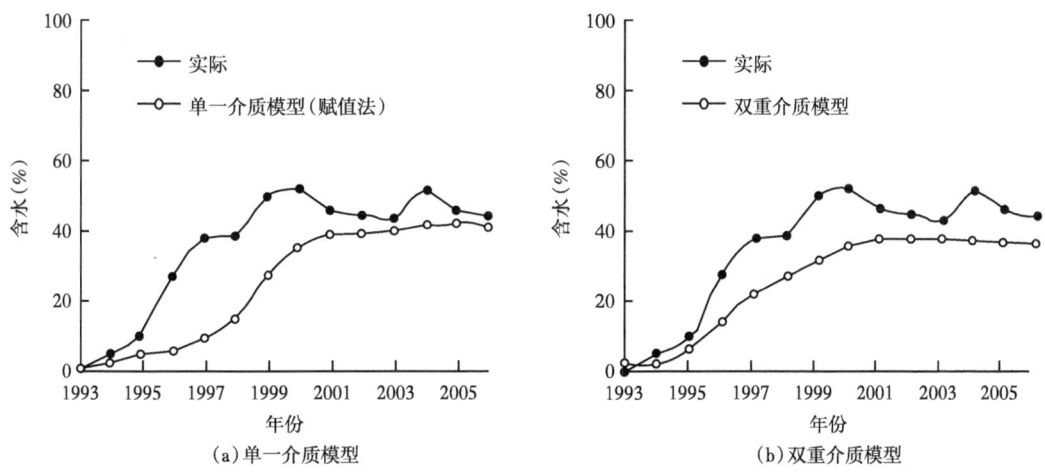

图 10-3 单一介质模型与双重介质模型初次计算综合含水曲线

在油藏模拟初次计算基础上，建立初始工作制度并进行了初步拟合计算。从模拟结果看，双重介质模型的建立极大地提高了拟合精度和工作效率，拟合周期与常规方法比较缩短了 1/3。从拟合效果看，模型计算的日产油量和含水拟合结果与油田实际非常接近，地质模型完全可以满足裂缝油藏数值模拟的需要（图 10-4、图 10-5）。

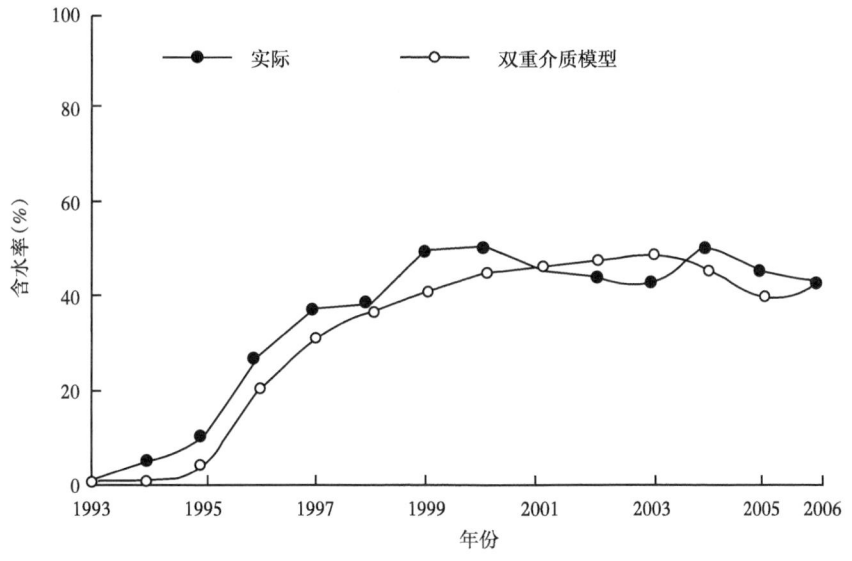

图 10-4 模拟含水与实际含水率对比曲线

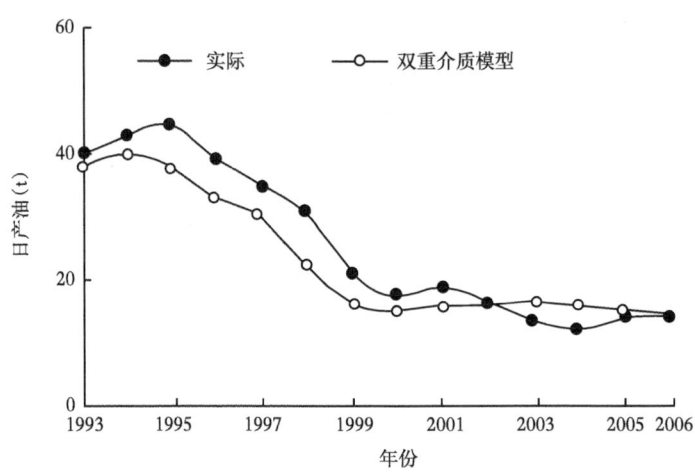

图 10-5 模拟日产油与实际日产油对比曲线

三、储层裂缝建模技术发展

储层裂缝建模是一项涉及多专业、多学科的系统工程。通过技术探索基本实现了裂缝性油藏双重介质模型的建立，但是鉴于储层裂缝自身的复杂性，研究成果尚需再进一步深化和完善。

（1）在跟踪最新技术发展的同时，开展典型区块解剖，以储层裂缝随机建模方法为攻关重点，逐步丰富和完善具有外围油田特色的裂缝建模技术。

（2）根据裂缝性储层开发动态响应特点，对储层裂缝动态跟踪建模技术进行探索攻关。

（3）加大裂缝地质建模技术的推广应用力度，为大庆外围油田裂缝性储层高效开发提供技术保证。

第二节 特低渗透储层非达西渗流理论应用

2007年，在以往研究工作的基础上，加大了以特低渗透井网产量模型、矿场真实启动压力梯度及启动系数为主要内容的非达西理论研究成果的应用力度，并在特低渗透扶杨油层井网优化设计、水驱动用界限研究及开发潜力分析等方面取得了显著的应用效果[2, 3]。

一、应用矿场数据证实了非达西渗流的客观存在，建立了实用的启动压力梯度图版

非达西渗流研究的主要问题是启动压力梯度，它是一个与地层物性及流体性质有关的物理量。由于真实的启动压力梯度往往很小，采用岩心实验求取难度很大，所以通过合理可信的方法确定地层真实的启动压力梯度，是研究非达西渗流理论的关键所在。

为此，利用建立的非达西产量计算公式，根据已知区块的静动态参数，求得不同渗透率条件下的启动压力梯度（图10-6），经回归得到启动压力梯度与渗透率关系表达式

$$l = 0.1172 K^{-0.4576} \qquad (10-2)$$

通过此项研究证实了启动压力梯度的存在，同时也建立了外围特低渗透扶杨油层启动压力梯度计算模板，为矿场实际应用提供了可靠的理论基础。

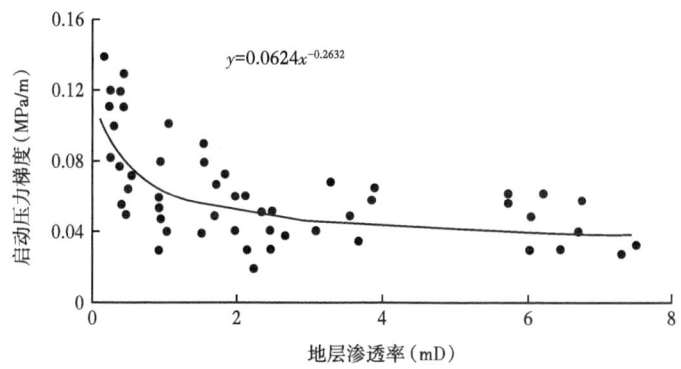

图 10-6　外围扶杨油层空气渗透率与启动压力梯度关系

二、应用产量计算公式进行井网优化设计

1. 应用单元分析法及流线积分法，建立了考虑非达西渗流的各种井网产量计算模型

（1）建立了非达西渗流面积井网产量模型——ND-I 法。

以往的研究都是应用势叠加原理得到达西渗流产量计算公式，考虑非达西渗流后则难以实现，因此，从非达西渗流基本公式出发，结合油藏注水开发系统，应用面积井网单元分析及流线积分方法，将井网控制单元内的面积划为一系列的曲流管进行积分，如五点法井网将井网控制面积分为如图 10-7 所示的计算单元。

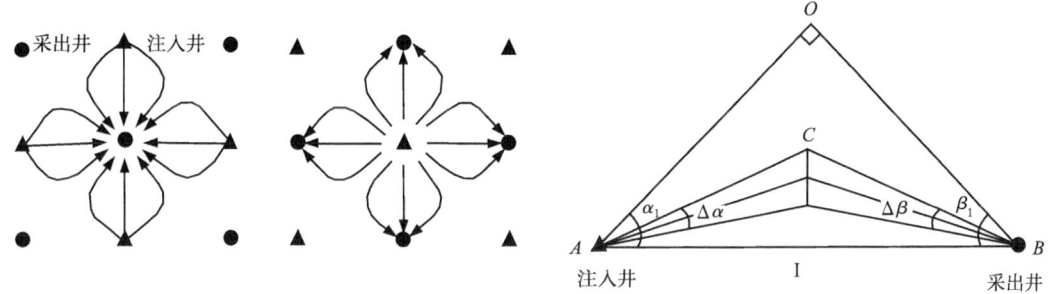

图 10-7　五点法井网油水井单元划分示意图

按此思路，考虑油田上常用的五点法、四点法和反九点法平面注采分布特点，建立了 3 种面积井网条件下基于非达西渗流的产量计算通式（简称为 ND-I 法），使复杂问题得到了简单化。

$$q = \int_0^\infty \frac{\dfrac{Kh}{\mu}\left(p_h - p_f - \lambda ml \dfrac{\sin\beta + \sin\alpha}{\sin(\alpha+\beta)}\right)}{\ln\dfrac{ml\sin\beta}{r_w\sin(\alpha+\beta)} + \dfrac{\alpha_m}{\beta_m}\ln\dfrac{ml\sin\alpha}{r_w\sin(\alpha+\beta)}} d\alpha \qquad (10\text{-}3)$$

式中有关参数取值如下：

五点井网：$\alpha_m = \pi/4$，$\beta_m = \pi/4$，$\beta = \alpha$，$m=1$，$Q_o = 8q$，$Q_w = 8q$

四点井网：$\alpha_m = \pi/6$，$\beta_m = \pi/3$，$\beta = 2\alpha$，$m=1$，$Q_o = 6q$，$Q_w = 12q$

反九点井网边井：$\alpha_m = 0.4636476$，$\beta_m = \pi/2$，$\beta = \dfrac{\beta_m}{\alpha_m}\alpha$，$m=1$，$Q_o = 8q_1$

角井：$\alpha_m = 0.3217506$，$\beta_m = \pi/4$，$\beta = \dfrac{\beta_m}{\alpha_m}\alpha$，$m=\sqrt{2}$，$Q_o = 8q_2$

水井：$Q_w = 8(q_1 + q_2)$

公式中引入了启动压力梯度 λ，计算表明当 $\lambda=0$ 时，该公式计算产量与经典的麦斯盖特达西渗流油井产量公式计算结果相对误差小于 0.2%（表 10-1），表明该方法是可靠的。

表 10-1　五点法及四点法井网达西和非达西油井产量计算结果

注采压差 （MPa）	五点法井网			四点法井网		
	非达西渗流油井产量 （t/d）	达西渗流油井产量 （t/d）	相对误差 （%）	非达西渗流油井产量 （t/d）	达西渗流油井产量 （t/d）	相对误差 （%）
23	34.58	34.60	0.06	17.88	17.89	0.06
21	26.52	26.54	0.08	17.66	17.68	0.11
20	26.37	26.38	0.04	17.56	17.59	0.17
19	26.20	26.23	0.11	17.46	17.48	0.11
17	34.58	34.60	0.06	17.88	17.89	0.06

（2）建立了非达西渗流矩形井网产量模型——ND-Ⅱ法。

在面积井网流线积分法的基础上，将矩形井网的控制面积划分为不同的计算单元（图10-8），利用矩形井网流线积分方法对不同的单元积分计算，即可得到整个子单元的产量计算表达式。

$$q = \int_0^{\alpha_1} \dfrac{\dfrac{Kh}{\mu}\left(p_h - p_f - \lambda d_1 \dfrac{\sin\beta + \sin\alpha}{\sin(\alpha+\beta)}\right)}{\ln\dfrac{d_1\sin\beta}{r_w\sin(\alpha+\beta)} + \dfrac{\alpha_1}{\beta_1}\ln\dfrac{d_1\sin\alpha}{r_w\sin(\alpha+\beta)}}\mathrm{d}\alpha + \int_0^{L_1}\dfrac{\dfrac{Kh}{\mu}(p_h - p_f - \lambda d_1)}{\dfrac{\ln K}{K-1}}\mathrm{d}l \quad (10\text{-}4)$$

$$q = \int_0^{\alpha_2}\dfrac{\dfrac{Kh}{\mu}\left(p_h - p_f - \lambda d_2\dfrac{\sin\beta + \sin\alpha}{\sin(\alpha+\beta)}\right)}{\ln\dfrac{d_2\sin\beta}{r_w\sin(\alpha+\beta)} + \dfrac{\alpha_2}{\beta_2}\ln\dfrac{d_2\sin\alpha}{r_w\sin(\alpha+\beta)}}\mathrm{d}\alpha \quad (10\text{-}5)$$

应用该公式对特低渗透油藏合理开发井网进行了优化。假设地层渗透率为 1mD，地层原油黏度为 4mPa·s，有效厚度为 8m，应用 ND-Ⅱ 法计算得到不同井网形式下的产量及启动系数数据（表 10-2）。同时，计算了裂缝长对产量的影响（图 10-9），得出了如下认识：一是矩形井网开发效果明显好于面积井网；二是井网设计应与压裂相结合，形成真正意义上的开发压裂，压裂不单是一种增产措施，更是一种改变渗流场的开发手段；三是油水井应同时压裂，裂缝要有一定的长度，对于扶杨油层压裂主要产生垂直缝，还要控制缝高，尽量避免压穿上下隔层。

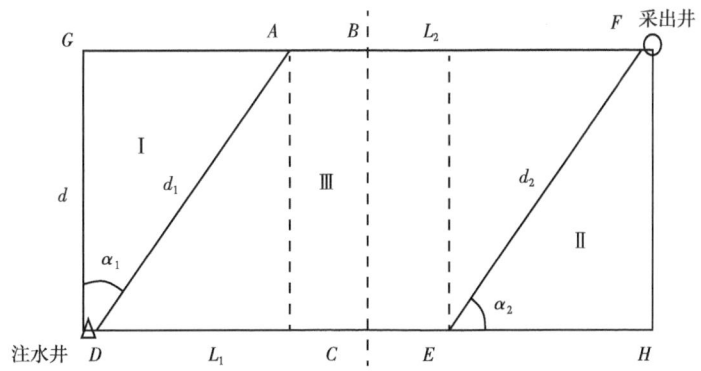

图 10-8　矩形井网油水井及计算子单元划分示意

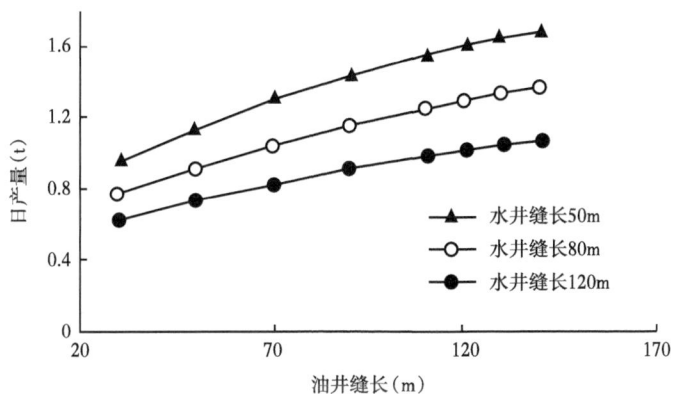

图 10-9　日产量与油井，水井裂缝长度关系

表 10-2　面积井网与矩形井网开发效果对比

井网	初期日产量（t）	井网	启动系数
反九点	0.2	200m×200m	0.2
五点法	0.4	200m×200m	0.74
矩形井网油井压裂	0.4	300m×133m	0.87
矩形井网油水井同时压裂	3.0	300m×133m	1

2. 应用产量计算模型进行井网优化设计

1）州 201 试验区井网优化设计

肇州油田州 201 试验区平均有效厚度 8.2m，有效孔隙度 12%，空气渗透率 1.2mD，地层原油黏度 5.8mPa·s，属于特低渗透油层。根据外围油田扶杨油层类似区块常规面积

井网注水开发难以有效驱动的实际,在方案设计时,应用了基于非达西渗流理论的井网优化设计方法,经优化设计采用了矩形井网与整体压裂一体化开采模式,并结合该试验区不同井区有效厚度分布情况,采用 300m×60m、360m×80m、400m×80m 三套井网进行开发。

在试验方案实施过程中,油井和注水井全部实施了压裂。微地震水驱前缘监测结果表明,注入水沿东西向裂缝推进明显,整体压裂为裂缝不发育特低渗透油藏实现线状注水和提高有效驱动程度奠定了基础,并取得了较好的开采效果。州 201 试验区直井注水井初期吸水能力是州 2 常规试验区的 2.7 倍,而平均注水压力比州 2 试验区低 0.5MPa。试验区初期日产油最高 68.3t,日产油 50t,年递减率为 16%,比州 2 试验区同期递减率低 21 个百分点,2006 年底单井日产油 0.9~2.3t(表 10-3)。尤其是 300m×60m 井网在注水 4 个月后,有 8 口油井产液量明显回升,说明 300m×60m 井网的主力油层建立起了有效驱动体系,其他 2 种井网产能也有恢复的显示。但由于试验时间短,试验整体效果还有待继续观察。

表 10-3 不同井网开发效果分析

区块	井网	井数	有效厚度(m)	设计初期单井日产油(t)	单井日产油(t)		采油强度[t/(d·m)]		明显受效井数
					初期	2006年底	初期	2006年底	
州 201	300m×60m	11	11.4	4.9	5.8	2.3	0.51	0.20	8
	360m×80m	6	7.6	3.3	3.0	0.9	0.39	0.12	
	400m×80m	12	6.9	2.8	2.7	1.1	0.39	0.16	1
州 2	150m×150m 212m×212m	13	10.5		4.6	0.1	0.47	0.01	

2)源 121-3 区块井网适应性评价

源 121-3 区块位于源 35 试验区中部,试验井网采用 350m×100m。尽管该区块有效厚度和渗透率相对较大,注水开发效果较其他 3 个区块好。但由于储层渗透率特低,其整体效果并不理想。该区块初期单井日产油 2.4t,2006 年底单井日产油仅 0.5t、采油速度为 0.46%(表 10-4)。应用启动系数和非达西油井产量公式计算,该井区启动系数为 0.91,有效驱动排距为 77m,显然由于现井网排距过大没有建立起有效驱动体系。

表 10-4 肇源油田源 35 试验区综合数据

区块	有效厚度(m)	空气渗透率(mD)	井网方式	初期单井日产油(t)	2006年底单井日产油(t)	采油速度(%)	启动压力梯度(MPa/m)	启动系数	有效驱动排距(m)
源 121-3	11.7	1.4	350m×100m	2.4	0.5	0.46	0.089	0.91	77
源 35-1 北	10.3	1	250m×80m	2.1	0.3	0.09	0.120	0.89	65
源 35-1 南		1	250m×100m	1.9	0.2		0.120	0.58	65
源 151	9	0.95	350m×150m	0.8	0.2	0.23	0.134	0.25	64
合计	10.8	1.2		2.2	0.4	0.39			

根据这一评价结果,在源 121-3 区块有效厚度大的 276 到 286 排之间,通过对设计的 3 种加密方式对比分析,认为采用方案Ⅲ,即油水井间加密油井 14 口,老油井转注 7 口,形成线状注水的加密方式,将排距缩小到 50m,能建立起有效驱动体系。预计初期单井日产油 2.1t,高于经济极限日产油 1.3t,具有经济效益(表 10-5)。

表 10-5 源 121-3 区块设计加密方案参数

方案	加密方式	加密井数	油水井数比	井网密度(口/km²)	单井控制地质储量(10⁴t)	单井日产油(t)	排距(m)	启动系数
0	原井网		1.38	26.0	2.21	0.9	100	0.91
Ⅰ	井间加井	15	1.27	46.6	1.24	1.4	100	0.91
Ⅱ	排间加密油井	26	2.00	61.6	0.93	1.7	50	1
Ⅲ	排间中间错开加密油井	14	1.20	45.2	1.27	2.1	50	1

三、应用启动系数研究特低渗透油藏有效动用界限

1. 应用启动系数定量描述水驱动用程度

由于启动压力梯度存在着一个随井距、注采压差而变化的动用面积,即在一定注采压差及井距条件下并不是整个注采单元都能启动,为此,提出了启动系数的概念,并研究了计算方法,定量描述特定井网及注采压差条件油层的动用程度。

以五点法渗流单元为例,在单元 ACB 中,ADB 线即为所能启动的最长流线,区域 ADB 即为可启动的区域,其面积与区域 ACB 面积的比值为在此注采压差及井距条件下的启动系数(图 10-10)。

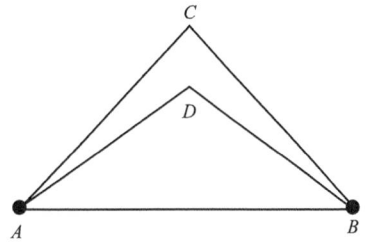

图 10-10 启动系数示意图

$$C_s = \frac{S_{ADB}}{S_{ACB}}$$

通过分析可以得出,对于面积井网缩小井距或增大注采压差,可以大幅度提高启动系数,增加储量动用程度和单井产量。

由此可见,特低渗透储层井网加密的意义比中高渗透储层更重要,除了解决连通问题外,还能起到建立有效驱动体系的作用。因此,只要经济评价有效,应尽可能地采用密井网开发,并尽可能地增大驱替压力梯度。

2. 应用启动系数优化井排距

特低渗透油藏合理井网形式为矩形井网。合理井距可以根据砂体规模、排距和极限经济井网密度确定,而有效驱动排距就需要通过有效驱动理论计算加以确定。为研究不同渗透率储层和排距对启动系数的影响,在储层原油黏度为 7mPa·s,注采压差为 36MPa 条件下,应用启动系数和非达西渗流产量公式计算表明,启动系数随排距缩小而增加,渗透率

越大启动系数达到 1 的有效驱动排距越大。如储层渗透率为 1mD，有效驱动排距为 82m；储层渗透率为 2mD，有效驱动排距为 170m。因此，对于特定油藏缩小排距可以提高启动系数，增加有效驱动程度（图 10-11）。

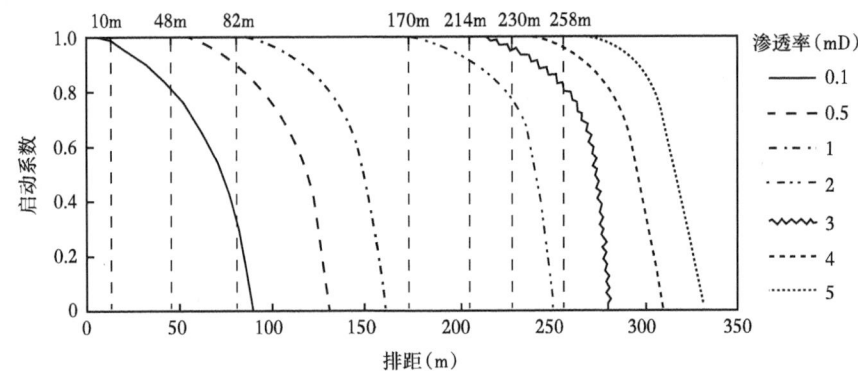

图 10-11 特低渗透油层启动系数与排距关系图版

为了研究不同渗透率油藏或同一油藏不同注采压差条件下任意油藏启动系数等于 1 时的有效驱动排距，假设地层原油黏度为 7mPa·s，计算表明有效驱动排距随储层渗透率和注采压差减少而降低。如油藏注采压差 36MPa，渗透率为 2mD，有效驱动排距为 170m，而同样压差下，渗透率为 1mD，有效驱动排距为 82m（图 10-12）。

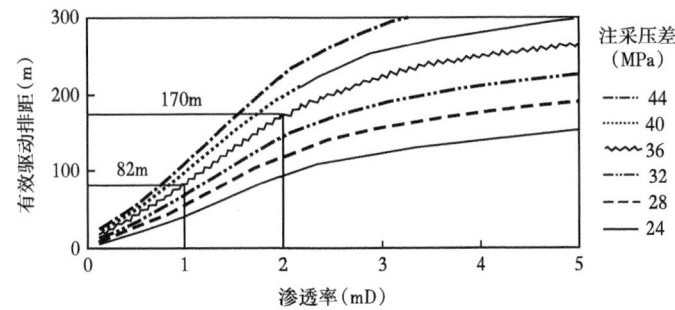

图 10-12 特低渗透油藏有效驱动排距与注采压差和渗透率关系图版

应用启动系数及上述图版可以优化设计特低渗透油藏井网参数。

3. 应用启动系数确定注水有效动用界限

有效动用界限是指油井达到经济极限产量的驱动下限。按照定义，有效动用的必要条件是启动系数等于 1；充分条件是井网密度小于经济极限井网密度或油井日产油大于经济极限日产油量。具体界限指标包括储层渗透率或流度和水驱有效动用排距。

（1）在 300m×300m 井网条件下，渗透率大于 3mD，流度大于 0.3mD/(mPa·s) 的油层能够得到有效驱动。在大庆外围扶杨油层已开发 59 个区块中，有 51 个区块初期采用 300m×300m 井网，占区块总数的 86.3%。在 51 个区块中有 36 个启动系数等于 1，15 个区块启动系数小于 1。从图 10-13 看出，在 300m×300m 井网条件下，渗透率大于 3mD，流度大于 0.3mD/(mPa·s) 的油层能够得到有效驱动。如树 32 区块空气渗透率为 2.76mD，流度为

0.673mD/(mPa·s),计算启动系数等于1,是达到有效驱动最小的渗透率的区块。而长46区块空气渗透率为4.6mD,流度为0.3mD/(mPa·s),是达到有效驱动流度最小的区块。

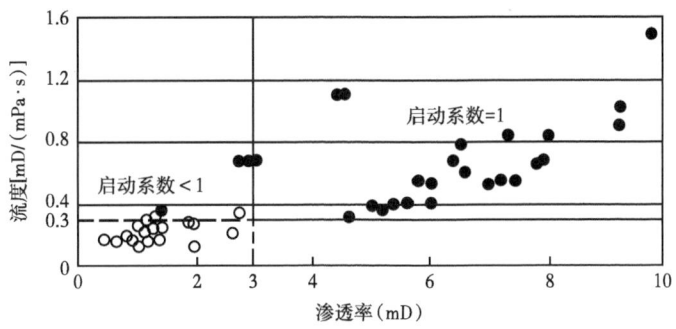

图10-13 外围特低渗透扶杨油层已开发区块流度与渗透率关系

(2)大庆外围扶杨油层水驱有效动用下限为裂缝发育油层渗透率0.8mD、流度0.18mD/(mPa·s),裂缝不发育油层渗透率1.0mD、流度0.2mD/(mPa·s)。针对外围油田扶杨油层初期300m×300m井网,有70%的区块不能建立有效驱动体系的实际,在"九五"后期针对特低渗透扶杨油层300m×300m反九点井网难以有效驱动的问题,在新区井网设计时采用了大井距小排距的矩形线状注水井网,在外围扶杨油层老区实施了井网加密,从而提高了有效动用程度,并降低了扶杨油层水驱有效动用界限。

从图10-14可以看出,储层基质渗透率越低达到水驱有效动用的排距越小,并且裂缝不发育比裂缝发育区块相同基质渗透率油层达到有效驱动的排距小。如裂缝发育区块最小有效驱动的排距为70m、储层渗透率为0.8mD,裂缝不发育区块最小有效驱动的排距为60m、储层渗透率为1.0mD。从图10-15可以看出,流度越低达到水驱有效动用的排距也越小,并且裂缝不发育比裂缝发育区块相同流度油层达到有效驱动的排距也小。如裂缝发育区块最小有效驱动排距为70m、流度为0.18mD/(mPa·s),裂缝不发育区块最小有效驱动的排距为60m、流度为0.2mD/(mPa·s)。

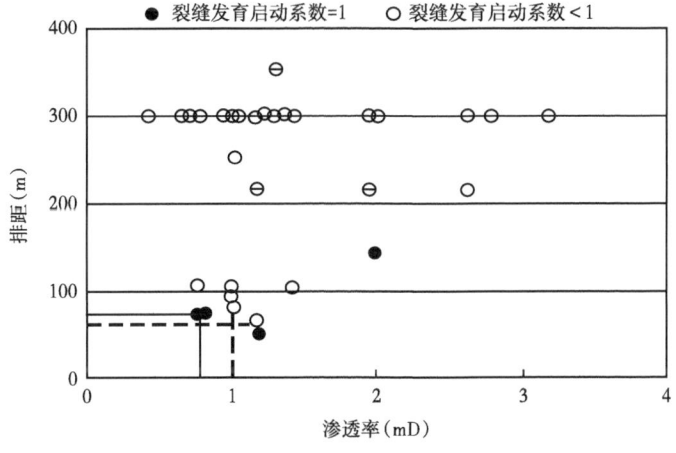

图10-14 大庆外围特低渗透扶杨油层已开发区块渗透率与排距关系

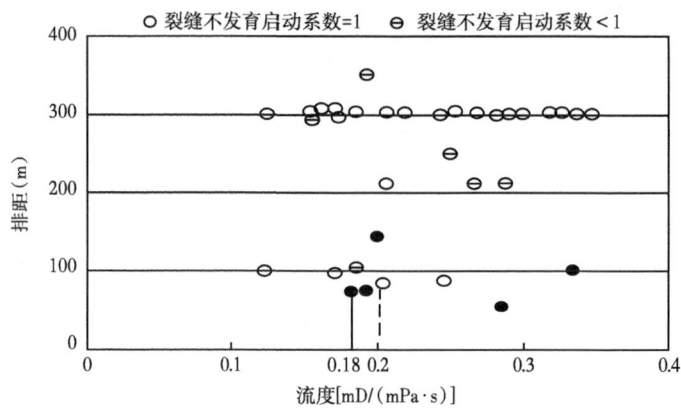

图 10-15　大庆外围特低渗透扶杨油层已开发区块流度与排距关系

另外从图 10-16 和图 10-17 可以看出，达到有效驱动的区块产量也比较高，单井日产油大多大于 1t，裂缝发育和裂缝不发育区块达到有效动用的最小渗透率和流度与图 10-14 和图 10-15 中对应数值一致。

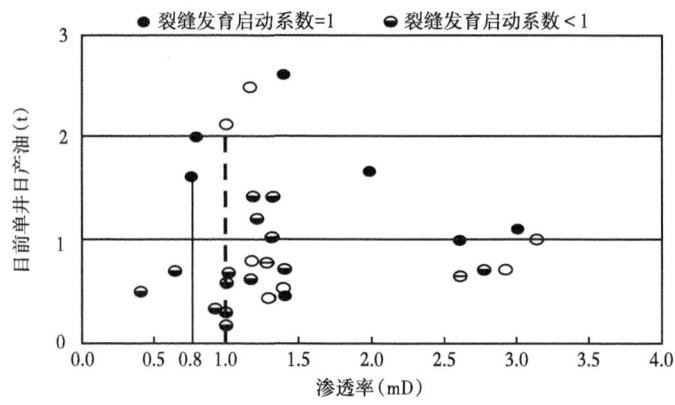

图 10-16　大庆外围特低渗透扶杨油层已开发区块与渗透率关系

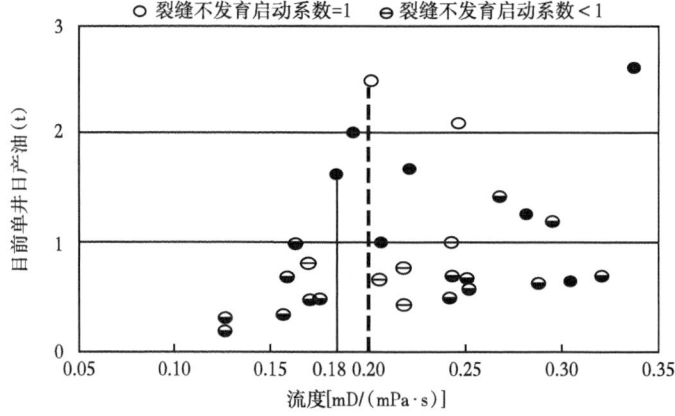

图 10-17　大庆外围特低渗透扶杨油层已开发区块流度与日产油关系

因此，综合已开发区块动用状况及启动系数计算结果，研究认为，外围扶杨油层水驱有效动用下限为裂缝发育油层渗透率为 0.8mD、流度为 0.18mD/（mPa·s），裂缝不发育油层渗透率为 1.0mD、流度 0.2mD/（mPa·s）。

综上可见，启动系数和有效驱动排距图版可以直接用于特低渗透油藏已开发和未动用储量区块水驱开发有效动用界限确定和潜力评价。

4. 应用有效动用界限分析扶杨油层开发潜力

（1）已开发不能有效动用区块井网加密潜力。大庆外围扶杨油层已开发 59 个区块，动用地质储量 29391×10^{4}t，其中启动系数小于 1，即没有有效驱动的有 23 个区块，地质储量 6593×10^{4}t。对于不能建立有效驱动的区块加密潜力主要是在经济许可条件下，最大限度地建立有效驱动体系。潜力确定的步骤是，首先应用非达西渗流理论计算区块设计加密井单井日产油量，其次结合区块经济和投资及成本参数确定经济极限井网密度及单井经济极限日产油量，最后根据技术和经济界限确定加密潜力区块和加密井。按此步骤测算，在不能有效驱动的 23 个区块中，去掉水驱不能有效动用的 4 个区块，在 19 个区块中技术上需要加密 1645 口井。依据经济界限同时扣除已加密井，当油价 40 美元/bbl 时，可加密 6 个区块，加密井 709 口井；当油价增加到 100 美元/bbl 时，可加密 19 个区块，加密井 1645 口（表 10-6）。

表 10-6 大庆外围油田已开发扶杨油层不能有效动用区块井网加密潜力

项目	油价（美元/bbl）			
	40	60	80	100
经济极限井网密度（口/km^2）	24.7~43.7	28.3~73.9	39.8~115.6	51.4~149.2
区块数	6	15	19	19
加密井数	709	1276	1645	1645
加密区井网密度（口/km^2）	24.7~41.3	24.7~57.5	24.7~105.3	24.7~105.3

（2）探明未动用区块水驱开发储量动用潜力。截至 2006 年底，大庆外围扶杨油层探明未动用石油地质储量 36577.13×10^{4}t，占大庆油田探明未开发石油地质储量 39.55%。为了经济有效评价动用这些储量，首先应用非达西理论及启动系数公式计算未动用区块启动系数、有效驱动排距及初期日产油量，并按一定递减类型及递减率预测 10 年开发指标，最后依据各区块技术和经济界限，评价优选出具有技术经济可水驱开发的区块及地质储量。

经计算，在大庆外围未动用储量的 123 个区块中，有 53 个区块启动系数等于 1（有效驱动排距 60~240m），平均单井有效厚度为 3.6~14.6m，经济极限井网密度为 18~38 口/km^2，初期单井日产油 1.1~2.4t，储层渗透率均大于 1mD，流度大于 0.2mD/（mPa·s）。在油价 40 美元/bbl 条件下，有 29 个区块都能技术经济有效动用，地质储量 5937×10^{4}t，仅占外围扶杨油层未开发地质储量的 16.2%；若油价提高到 100 美元/bbl，有 53 个区块都能技术经济有效动用，地质储量 15474×10^{4}t，占大庆外围扶杨油层未开发地质储量的 42.3%（表 10-7）。评价也表明有 70 个区块启动系数小于 1，水驱无法有效驱动，地质储量 21102.7×10^{4}t，若油价按 40 美元/bbl 计算，有 30640×10^{4}t 地质储量水驱开发不能有效动用。

表 10-7 大庆外围扶杨油层探明未动用储量注水开发有效动用潜力

空气渗透率（mD）	探明		技术有效动用					技术经济有效动用					
								油价 40 美元/bb1		油价 60 美元/bb1		油价 100 美元/bb1	
	区块数	地质储量（10⁴t）	区块数	地质储量（10⁴t）	有效厚度（m）	井网密度（口/km²）	排距（m）	区块数	地质储量（10⁴t）	区块数	地质储量（10⁴t）	区块数	地质储量（10⁴t）
＞2	30	6898	23	5928	3.6~12.1	18~25	170~240	15	3042	19	3937	23	5928
1~2	47	14466	30	9547	7.1~14.6	30~38	60~200	14	2895	20	4731	30	9547
＜1	46	15213											
合计	123	36577	53	15475				29	5937	39	8668	53	15475

因此，为了提高大庆外围特低渗透扶杨油层未动用储量有效动用程度，在继续攻关研究提高注水开发有效动用技术的同时，还要探索降低渗流阻力，提高有效动用的如注气等新技术。

四、下一步攻关方向

（1）创建基于非达西渗流理论的油水两相面积井网和矩形井网产量计算模型，研究油水两相非达西渗流理论和技术。

（2）完善单相面积井网和矩形井网油井计算软件，编制油水两相面积井网和矩形井网产量计算软件，实现非达西油藏工程计算软件工程化。

（3）在应用中完善和发展特低渗透油层非达西理论和技术，实现大庆外围特低渗透油藏已开发区块和未动用储量区块开发效果评价和开发设计非达西计算定量化和程序化。

第三节 特低渗透油藏气驱室内实验及方案优化

一、CO_2 驱油藏开发机理及试验

为探索特低渗透扶杨油层的有效开发技术，大庆油田于 2002 年底在芳 48 区块开展了 1 注 5 采 CO_2 驱油先导性试验，试验表明注气压力较低，油层吸气能力较强，能在一定程度上解决特低渗透油藏注入难的问题；注气开发能够建立起有效驱动体系，产油恢复程度最高达 60%，开创了大庆油田利用 CO_2 驱油的新途径。由于试验规模小、时间短、CO_2 驱油开发设计技术没有有效掌握、开采技术研究不配套、技术经济界限不明确以及 CO_2 驱油气窜和防腐等方面问题没有解决，为此，通过开展室内评价实验、全过程数值模拟，进一步研究油藏开发机理，开展 2 个工业性矿场试验，为进一步评价特低渗透扶杨油层 CO_2 驱油技术经济效果、形成配套技术做好技术储备。

1.CO_2 驱油藏开发机理再认识

对于 CO_2 驱开发机理研究，国内外研究人员做了大量的工作，但多数都局限于实验室内条件下得出的结论。本次工业性矿场试验编制过程中，以数值模拟为手段、实际油藏数据为依据，开展了油藏条件下开发机理的深入研究，取得了一系列创新成果。

1）实现了 CO_2 驱驱替特征的定量表征

理论上，混相概念是指在一定的压力条件下，气体和原油能够完全混合，界面张力为零。在一定的实验条件下，当驱油效率达到90%时的压力定为最小混相压力（MMP）。当地层压力大于MMP时，为混相驱。研究认为，实际油藏条件下，绝对的混相是不可能的，主要由于在实际油田开发过程中，地层压力保持水平因调整措施不同有所变化，从注入井到采油井油层压力变化也较大，用单一混相概念不能准确描述整个驱替过程。

为此，首次提出了用混相程度表示 CO_2 驱油的驱替过程，并用混相系数描述。在给出混相系数、半混相系数、非混相系数定义的基础上，对各混相系数进行了定量描述（图10-18、表10-8）。

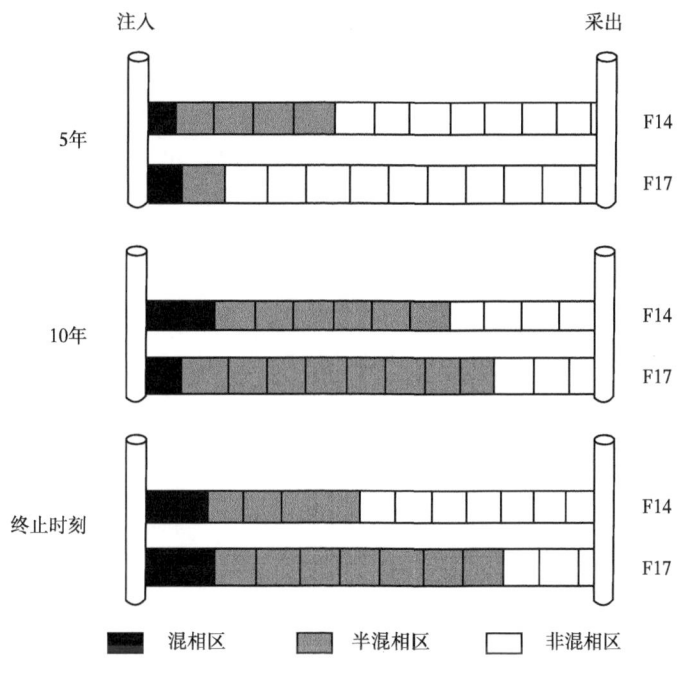

图10-18 注采井间混相状况示意图

表10-8 芳48试验区井间混相程度定量计算结果

时间（a）	混相系数（%）	半混相系数（%）	非混相系数（%）
5	3.67	28.35	67.98
10	7.09	34.12	58.79
结束	8.54	41.03	50.43

混相系数是气体波及区内界面张力为零的体积与整个气体波及体积的比值，半混相系数是指气体波及区内低界面张力（原油饱和度低于残余油饱和度）的体积与整个气体波及体积的比值，非混相系数是指气体波及区内高界面张力（原油饱和度高于残余油饱和度）的体积与整个气体波及体积的比值。

同时应用数值模拟方法对混相系数、半混相系数、非混相系数进行了定量描述。具体的定量表征公式：

$$\sigma = \left\{ \sum_{i=1}^{N_c} \left[[P]_i \left(b_L^m x_i - b_V^m y_i \right) \right] \right\}^4 \quad (10\text{-}6)$$

式中　σ——界面张力，mN/m；
　　　b_L^m，b_V^m——各组分液相和气相的摩尔密度，g/mol；
　　　x_i、y_i——i 组分的液相和气相摩尔分数，%；
　　　$[P]_i$——i 组分的等张比容。

混相系数概念的提出深化了对 CO_2 驱油藏开发机理的认识，突破了几十年来人们对气体混相驱的认识，为区块筛选、定量分析 CO_2 驱油开发效果和方案优选提供了依据。

2）实现了对采出组分变化规律的认识

注 CO_2 驱油开采过程中，随着 CO_2 注入量的增加，CO_2 含量及其组分要发生一系列的复杂变化。气体突破前，随注入孔隙体积倍数的增加，产出物中轻烃和重烃与原始含量保持一致；气体突破后，随注入孔隙体积倍数的增加，重组分下降的幅度随注入量的增加变大，而中间烃在突破初期由于萃取的作用有一定幅度的增加，后期下降相对较慢（图 10-19）。

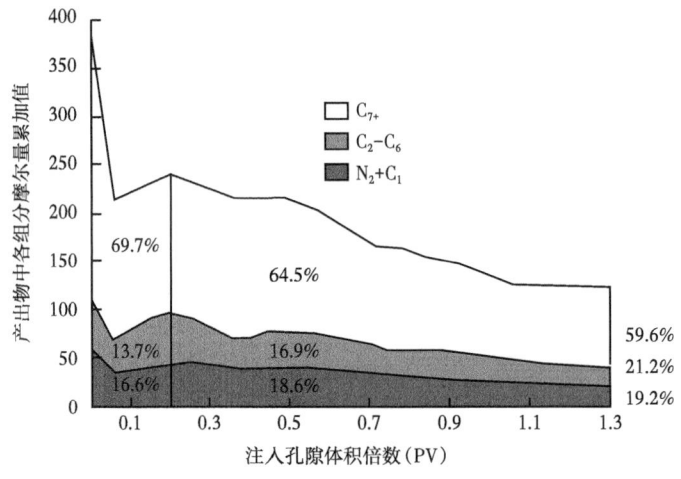

图 10-19　产出物不同组分随注入孔隙体积倍数变化图

由于油藏组分发生变化，导致油井气油比及其产出物组分也发生变化，气体突破前，气油比低、存碳率高；突破后，气油比上升和存碳率下降较快（图 10-20、图 10-21）；部分油井关井，可以控制气油比的上升，但之后气油比上升速度加快。油井产出物组分定量化为地面设计提供了依据，尤其是为 CO_2 循环利用设计提供了依据。

3）CO_2 驱油油气渗流规律的认识

芳 48 试验区油气相渗曲线和油水相渗曲线对比表明，CO_2 饱和度大于 0.05% 后，CO_2 开始流动，随着含气饱和度增加，气相渗透率增加幅度大于水相相对渗透率的增加幅度；在残余油饱和度条件下，CO_2 相对渗透率为 0.55，水相相对渗透率为 0.2（图 10-22），说明特低渗透储层注气能力强。随 CO_2 饱和度增加，油的黏度降低，流动能力增加，油相相对渗透率降低较慢。CO_2 驱油两相跨度比较大，为 35%，而水驱油两相跨度比较小，为 20%，CO_2 驱油比水驱油两相跨度大 15 个百分点，表明气驱采收率大于水驱采收率[4]。

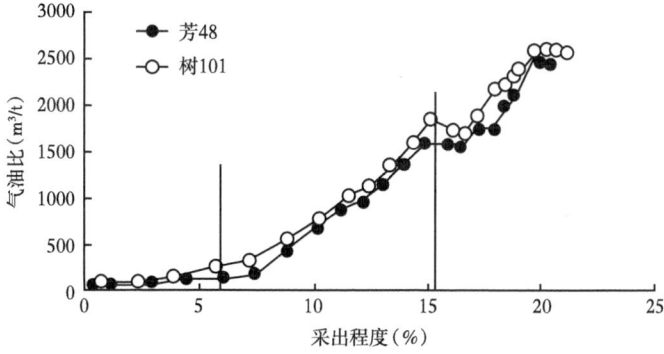

图 10-20　气油比随采出程度变化曲线

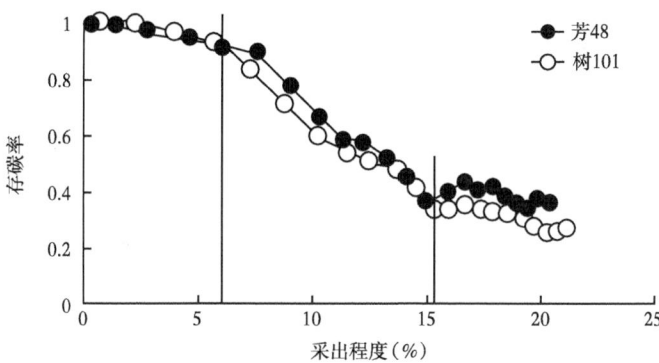

图 10-21　存碳率随采出程度变化曲线

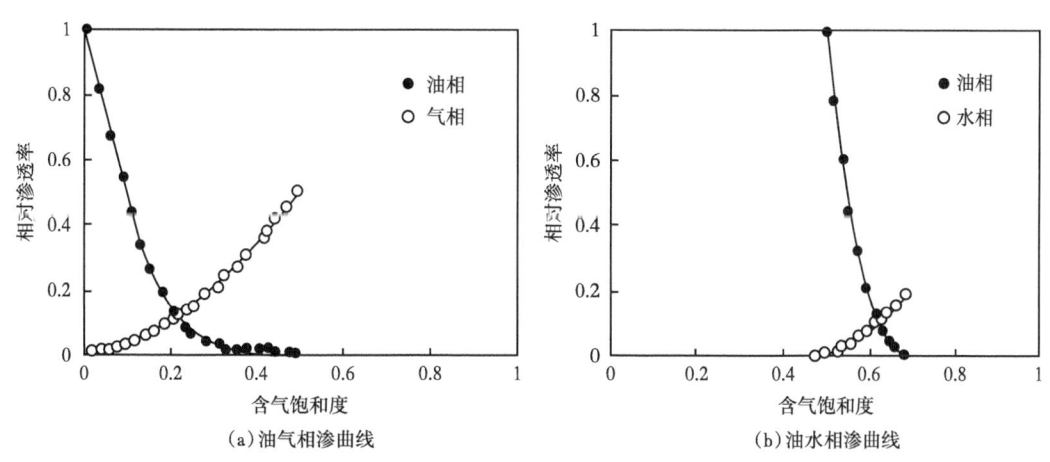

图 10-22　芳 48 区块油水、油气相对渗透率曲线

2. 首次开发应用流体相态描述技术

流体相态变化是油藏注气开发最基础的研究内容，它对于开发方式选择、开采程序确定、开采工艺技术的选择及最终采收率的评估都有极其重要的意义。

首次开发应用相态模拟软件实现了对芳48、树101区块物理实验过程的模拟和分析，评价了注气前后原油的相态变化，并为注气组分模型提供了流体数据。

1）重质组分特征化技术描述原油组成

根据2个试验区原油重组分含量高的特点（芳48、树101原油摩尔分数分别为71.23%、74.99%），按组分性质相近的原则，将C_1—C_6合并为3种组分，将以上重组分应用特征化技术劈分为5种组分，总计10种拟组分，即：CO_2、N_2、C_1、C_{2-4}、C_{5-6}、C_{7-9}、C_{10-12}、C_{13-17}、C_{18-22}、C_{23+}（表10-9）。

表10-9 芳48试验区地层流体拟组成

原始组成			地层流体拟组分划分		组分数
各组分名称	质量分数(%)	摩尔分数(%)	各组分名称	摩尔分数(%)	
CO_2	0	0	CO_2	0	1
N_2	0.05	0.36	N_2	0.36	2
C_1	1.18	13.99	C_1	13.99	3
C_2	0.25	1.6	C_{2-4}	8.19	4
C_3	0.11	0.48			
iC_3	0.49	1.6			
nC_4	1.37	4.51			
iC_5	1.25	3.3	C_{5-6}	6.23	5
nC_5	0.48	1.27			
C_6	0.75	1.66			
C_{7+}	94.07	71.23	C_{7-9}	17.554	6
			C_{10-12}	15.789	7
			C_{13-17}	14.589	8
			C_{18-22}	12.212	8
			C_{23+}	11.086	10

2）回归状态方程（EOS）参数实现PVT实验拟合

2个试验区分别进行了地层原油单次脱气、等组成膨胀（CCE）、差异分离（D1）及注气膨胀等实验研究。以这些相态实验数据为目标函数，通过相态拟合计算达到精度要求后，给定油气体系实测PVT相态参数和状态方程相匹配的特征化参数，完成油气体系所需的相态模拟计算（图10-23、图10-24）。

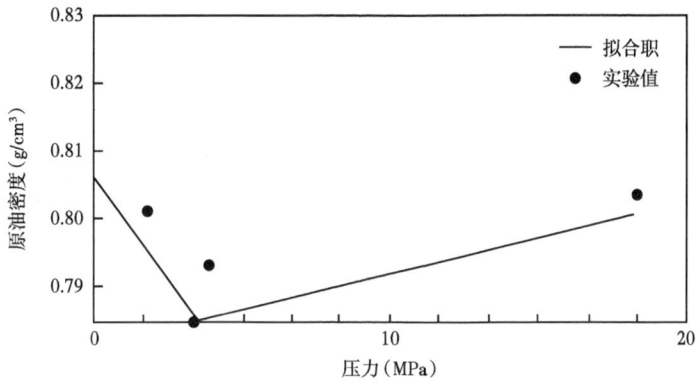

图 10-23　芳 48 区块注气前地层原油密度拟合曲线

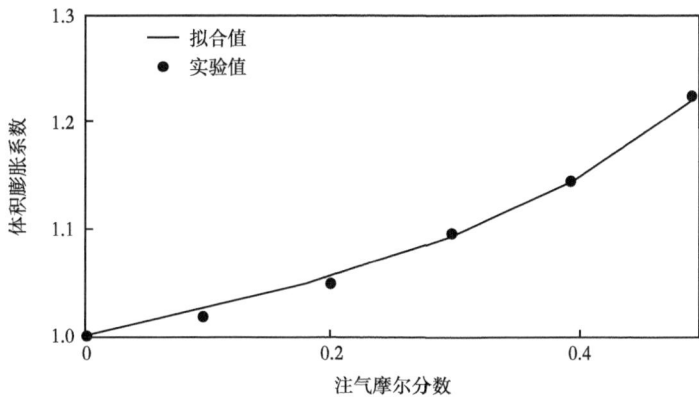

图 10-24　芳 48 区块注 CO_2 气膨胀实验体积膨胀系数拟合图

3）应用相态研究结果模拟精度较高

通过对芳 48、树 101 井区原始油藏流体注气前后实验数据的拟合，获得了与油气体系相匹配的状态方程（PR3）及各拟组分的特征参数场（表 10-10）。在相态模拟基础上，对芳 48 注 CO_2 驱先导试验区历史进行了拟合，达到了较高的拟合精度（图 10-25）。

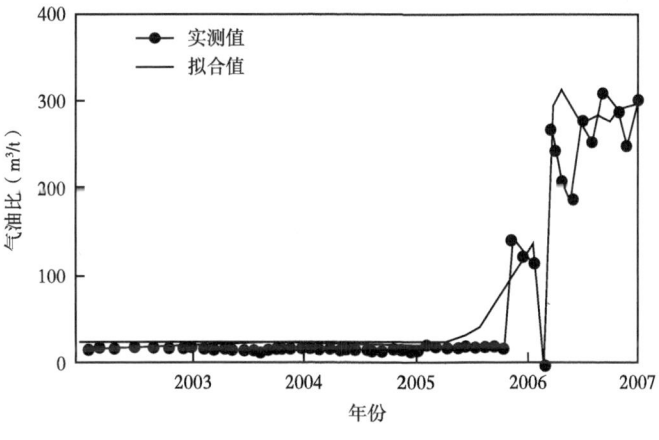

图 10-25　芳 190-138 井气油比拟合曲线

表 10-10 芳 48 试验区油藏流体拟组分特征参数

组分名称	临界压力（bar）	临界温度（℃）	临界体积	偏心因子	摩尔质量（g/mol）	方程系数 Ω_a	方程系数 Ω_b
C_1	46.04	-82.55	0.098	0.013	16.043	0.4572	0.0778
C_{2+}	39.1	131.96	0.2419	0.1834	54.2442	0.4572	0.0778
C_{5+}	32.73	203.05	0.3214	0.2531	75.6726	0.4572	0.0778
C_{7+}	28.02	304.79	0.4407	0.3223	109.1838	0.5573	0.0575
C_{10+}	22.4	374.58	0.587	0.42	147.5947	0.5573	0.0769
C_{13+}	18.12	440.85	0.7549	0.5456	197.9842	0.5573	0.0792
C_{18+}	14.91	504.12	0.949	0.623	262.3752	0.5573	0.0760
C_{23+}	6.84	614.45	1.6448	1.1312	477.8307	0.5573	0.0819

3. 油藏工程方案关键参数优化设计

在方案编制过程中，实现了从 Petrel 相控三维地质建模—PVTi 相态拟合—Eclipse 油藏数值模型系统建模，结合注气终止判别条件和混相系数的定量计算，分别对 2 个试验区的井网形式、注气时机和注入周期、油井合理流动压力进行优化设计。

1）五点注气井网比反九点注气井网好

设计反九点和五点注采井网进行数值模拟计算，根据计算结果并综合气驱控制程度认为五点注气方式开发效果好于反九点（表 10-11）。芳 48（图 10-26）和树 101（图 10-27）试验区均采取五点注气井网。

表 10-11 芳 48 区块五点井网与反九点井网开发效果对比

对比指标		五点井网	反九点井网
气驱控制程度（%）	单向	23.3	52.3
	双向	38	29.2
	三向	9.4	2.5
	三向以上	16.3	
	合计	87.0	84.0
第 5 年平均地层压力（MPa）		30.4	25.6
波及系数（%）		72.84	64.52
混相系数（%）		9.84	2.66
半混相系数（%）		24.77	19.33
采收率（%）		20.31	17.47

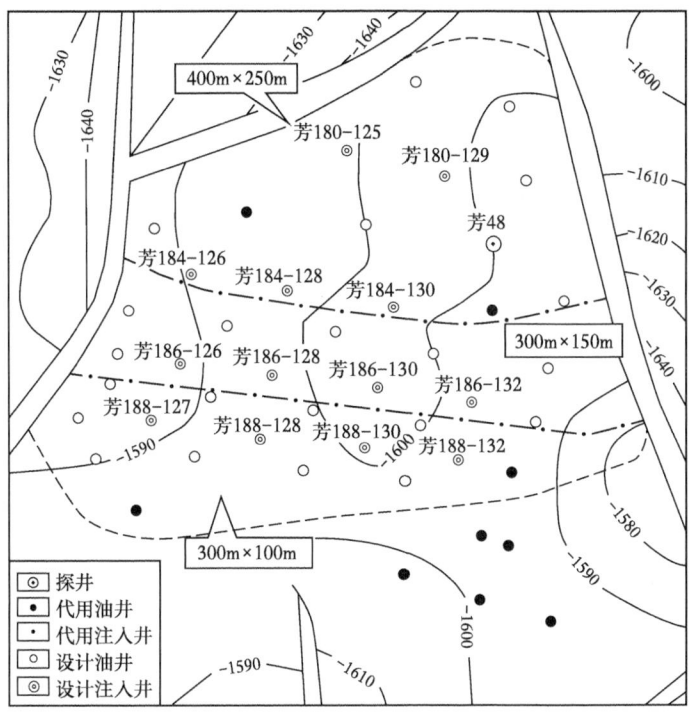

图 10-26　芳 48 区块 CO_2 驱工业性试验区设计井位图

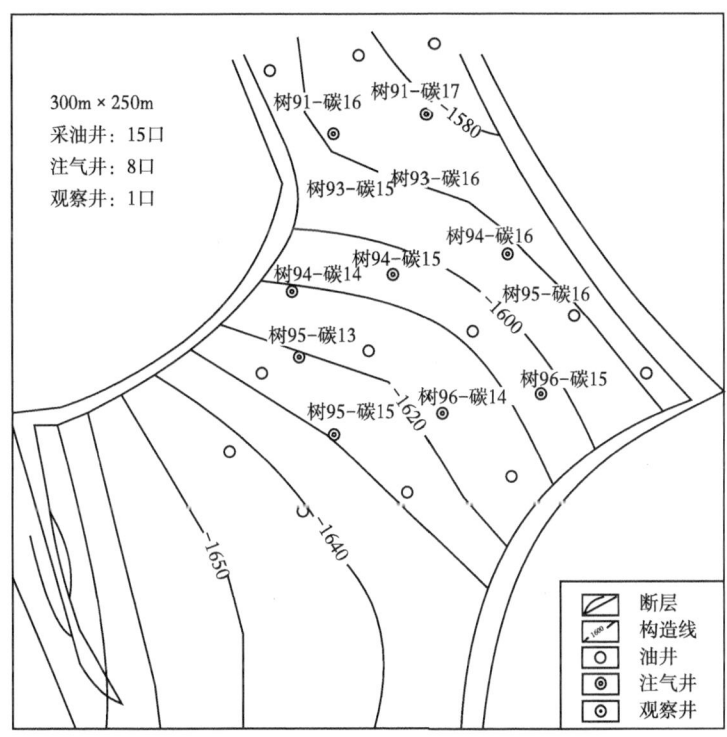

图 10-27　树 101 区块 CO_2 工业性试验区设计井位图

2）采用超前、周期注入方式

针对 CO_2 驱设计了 4 种注气时机方案，分别为同步、超前 3 个月、超前 6 个月和超前 1 年注入，计算结果表明，超前注气可以提高地层压力，增加混相程度，减少应力敏感性影响，提高油井产能（表 10-12）。根据试验区实际情况，芳 48 试验区采用 2 种方式，优选 7 口井超前 6 个月注入，其余 7 口井采取同步注入方式；树 101 试验区采用超前 6 个月注入方式。

表 10-12　芳 48 区块 CO_2 驱工业性试验区不同注气时机气驱效率分析

方案	波及系数（%）		注入 HCPV 数		采出程度（%）		混相系数（%）	
	第 5 年	终止时刻	第 5 年	终止时刻	第 5 年	终止时刻	第 5 年	终止时刻
同步	21.73	67.90	0.148	0.947	7.03	20.28	3.49	8.44
超前 3 个月	22.64	67.92	0.154	0.948	7.23	20.29	3.57	8.50
超前 6 个月	23.03	67.94	0.160	0.949	7.41	20.31	3.67	8.54
超前 12 个月	24.42	67.95	0.169	0.953	7.68	20.36	3.69	8.54

为了研究如何合理控制气窜，设计了 3 种不同的周期注入方式，计算结果表明注 2 关 1 和注 3 关 1 效果较好（图 10-28、图 10-29），考虑频繁开关井给生产管理带来困难，推荐注 3 关 1 的周期注气方式（表 10-13）。

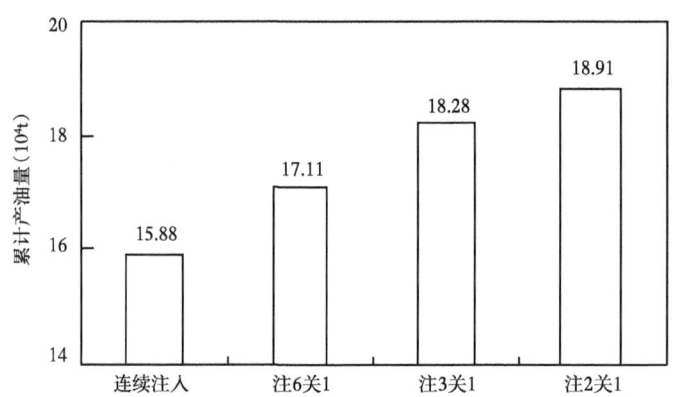

图 10-28　周期注入各方案累计产量对比

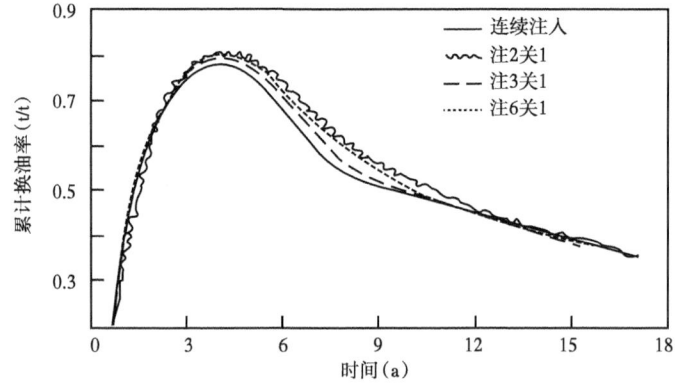

图 10-29　周期注入方式的换油率变化

表 10-13　芳 48 区块 CO_2 工业性试验区不同注气方式气驱效率分析

方案	波及系数（%）		注入 HCPV 数		采出程度（%）		混相系数（%）		存碳率（%）
	第 10 年	终止时刻	第 10 年	终止时刻	第 10 年	终止时刻	第 10 年	终止时刻	
且续注入	47.72	67.94	0.50	0.95	13.09	18.48	7.09	8.54	32.59
注 2 关 1	52.35	76.53	0.50	1.11	13.01	20.72	4.40	9.29	30.84
注 3 关 1	50.43	77.04	0.50	1.04	13.06	20.31	5.10	9.15	31.20
注 6 关 1	49.62	71.25	0.49	0.90	13.01	19.39	5.39	8.85	32.62

3）确定了几个界限

（1）终止判别条件。为克服应用时间、气油比、换油率单因素来确定注 CO_2 驱油开发油田终止时间存在的局限性，综合考虑换油率、气油比、操作成本和油价等参数，应用盈亏平衡原理建立了终止判别函数。应用该函数可以确定注 CO_2 开发油井单井关井界限、油田终止时间、采收率及可采储量，为注 CO_2 开采油藏工程方案优化设计提供理论依据。终止判别函数式为：

$$\lambda_e = \frac{P_1 + P_2}{p}\frac{1}{C} + R\frac{P_3 - P_1}{p} + \frac{P_4}{p} \quad (10-7)$$

式中　p——油价，元 /t；

P_1——CO_2 价格，元 /t；

P_2——注 CO_2 费用，元 /t；

P_3——产出 CO_2 处理费，元 /t；

P_4——操作成本，元 /t；

R——气油比，m^3/t；

C——换油率。

当 λ_e 等于 1 时，投入产出平衡，此时 λ_e 作为终止时刻值，对应的气油比和换油率作为终止界限，对应的采出程度为 CO_2 驱油最终采收率。应用终止判别函数，对芳 48 和树 101 工业性矿场试验区终止界限进行评价及不同油价下最终采收率计算（表 10-14）。

表 10-14　不同油价下试验区采收率

油价（美元 /bbl）	区块	气油比（m^3/t）	换油率	开采时间（a）	采收率（%）
40	芳 48	1629	0.28	13	15.73
	树 101	1905	0.23	15	17.32
50	芳 48	2478	0.19	22	20.31
	树 101	2564	0.17	23	21.2
60	芳 48	2722	0.16	27	22.3
	树 101	2576	0.15	29	23.3

（2）油井合理流动压力 3~5MPa。应用数值模拟计算油井流动压力分别为 3MPa、5MPa、7MPa、10MPa 四个方案，分析计算结果认为试验区合理流动压力为 3~5MPa，并

且随着开发时间的延续，合理流动压力可以适当提高（表10-15）。

表10-15 芳48工业性试验区注入压力40MPa终止时刻驱油效果分析

流动压力 （MPa）	注入 PV数	混相		半混相		非混相		总驱油 效率 （%）	CO_2波及系 数（%）
		混相系数 （%）	驱替效率 （%）	半混相系数 （%）	驱替效率 （%）	非混相系数 （%）	驱替效率 （%）		
3	0.3404	3.02	100	23.02	51.2	73.96	20.6	25.14	74.77
5	0.3394	3.84	100	24.77	52.1	71.39	19.5	27.05	72.84
10	0.3364	7.17	100	27.82	55.3	65.01	17.1	28.9	66.51

4）油藏工程方案设计

根据上述井网优化部署注气方式和注采参数优化结果，选择单项最优指标组合作为芳48和树101 CO_2驱油试验区推荐方案（表10-16）。

表10-16 芳48试验区和树101试验区的推荐方案

区块	井网 （m×m）	注采方式	井数	油井数	注入方式	注气时机	注气井 井底压力 （MPa）	油井合理流 压（MPa）	采收率 （%）
芳48	400×250 300×150 300×100	五点	40	26	注3个月 关1个月	超前6个月 和同步注入	40	3~5	20.3
树101	300×250	五点	24	15	注3个月 关1个月	超前6个月	40	3~5	21.2

注：树101井区有1口观察井。

4. 试验结果

（1）芳48试验区：2007年11月份芳184-130开始试注，平均注入压力为12.0MPa，平均日注24.2t。

（2）树101试验区：2007年树94—碳15和树94—碳16开始试注，平均注入压力分别为18.5MPa和15.9MPa，日注量分别为24.7t和21.4t（表10-17）。

3口注气井试注情况表明比同类注水区块注入压力低，注气能力是注水能力3~5倍。

表10-17 试验区试注井注 CO_2 情况

试验区	注气井号	初始注入日期	射开有效厚度 （m）	平均注入压力 （MPa）	平均日注量 （t）
树101	树94—碳15	2007-12-04	15.2	18.5	24.7
	树94—碳16	2007-11-30	11.2	15.9	21.4
芳48	芳184—130	2007-11-05	9.0	12.0	24.2

二、低渗透油藏注空气室内研究

注入空气开采低渗透油藏在国外已是一种成熟技术，部分油田的基本情况见表10-18，其中 Horse Creek 油田提高采收率 16.62%。空气来源广阔，不受地域的限制，无环境污染，成本廉价。国内注空气采油还处于研究阶段。将空气注入油藏时，氧气和原油发生放热反应，生成 CO 和 CO_2，产生的热量使油藏温度升高，促使轻质组分蒸发，发生热膨胀效应。由 N_2 和 CO、CO_2、蒸发的轻烃组分等组成的烟道气起着主要的驱油作用。大庆外围低渗透油田接近一半储量水驱开发难以动用，为探索大庆外围油田注空气的可行性，运用物理模拟、化学模拟、数值模拟方法开展了在油藏条件下注空气的低温氧化、驱油机理研究和安全性分析。

表 10-18 国外部分注空气油田的基本情况（引自 SPE）

油田	MediCinePoleHills	Buffalo	CapaMadison	HorseCreek
油层埋深（m）	2895	2575	2560	2773
油层净厚度（m）	5	3	6	6
渗透率（mD）	5	10	1	10
油层温度（℃）	110	102	113	104
油黏度（mPa·s）	0.48	2.1	0.28	1.42
累计空气注入量（$10^8 m^3$）	3.40	25.47	0.57	
预测最终采收率（%）	29.25	21.26	20.20	26.53
采收率提高幅度（%）	14.25	15.67	8.61	16.62

1. 在大庆外围油藏条件下能够发生低温氧化反应

在模拟油藏温度和压力的密闭系统（91℃、21MPa）内，一定数量原油和空气低温氧化化学模拟实验表明，7d 后氧气含量从空气中含量的 20.93% 下降至 17.53%，产生了少量的 CO_2、CO 气体，分别为 1.21% 和 0.12%，没有 CH_4 生成（表 10-19）。

表 10-19 肇 43-241 井油样低温氧化前后气体组成

气体组分	反应前相对含量（%）	反应后相对含量（%）
O_2	20.93	17.53
CO_2	0.03	1.21
CO	微量	0.12
N_2	78.03	81.13
平均反应速率[mol/（$cm^3·s$）]		0.97×10^{-6}

由于原油与空气发生了反应，氧气逐渐被消耗，系统压力逐渐下降。在初始阶段的 8h 内氧化反应比较快，压力下降也快。随着时间的推移，压力下降变为缓慢。一周后，系统压力下降了 1.2MPa，反应速率为 0.97×10^{-6}[mol/（$cm^3·s$）]（图 10-30）。

原油经低温氧化后原油族组分也发生了变化，饱和烃含量与芳香烃含量降低，胶质含量和沥青质含量增加，说明低温氧化反应过程中部分饱和烃、芳香烃转化成了胶质或沥青质（表 10-20）。

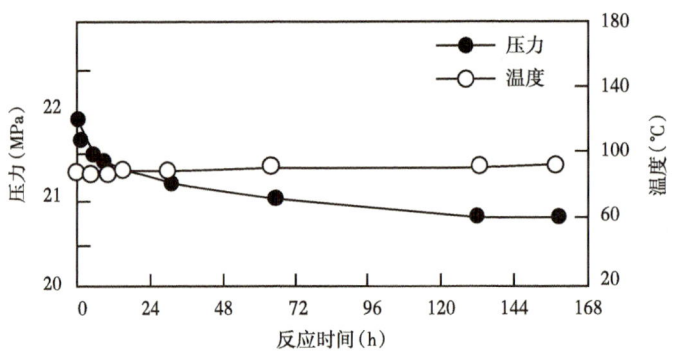

图 10-30　原油和空气低温氧化过程中压力、温度随时间变化

表 10-20　原油低温氧化反应前后族组分变化

油样组分变化	饱和烃含量（%）	芳香烃含量（%）	胶质含量（%）	沥青质含量（%）
反应前	68.04	13.27	9.97	8.72
反应后	61.28	13.07	14.88	10.77

原油低温氧化后含氧官能团数量增加，红外光谱图显示反应后出现了羰基峰（约 1700cm^{-1} 处）和 C—O—C 峰（约 1030cm^{-1} 处）（图 10-31），说明气体组成中减少的氧气与原油发生了低温氧化反应，生成一些含氧化合物（酮、醛、酯等），从而使原油组成发生变化，而反应前红外谱图中没有这 2 个峰（图 10-32）。

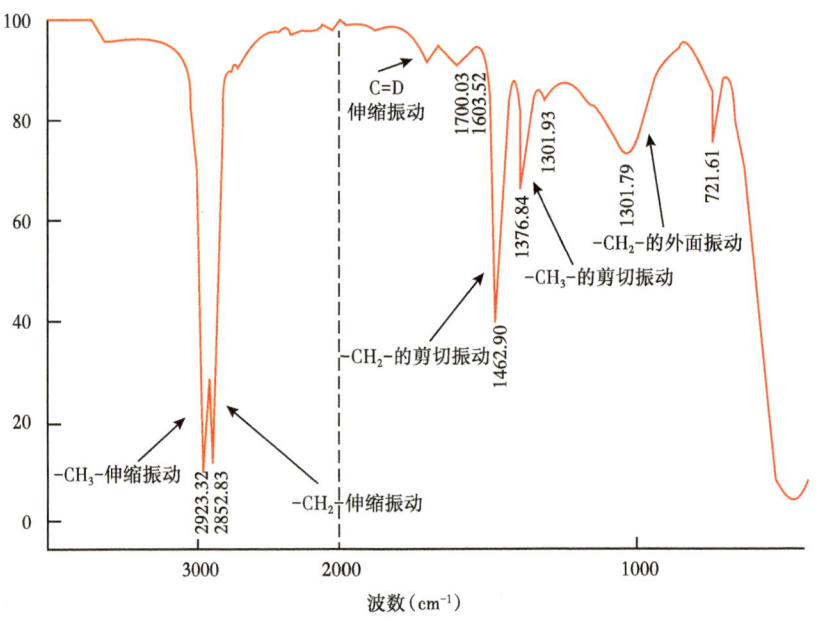

图 10-31　肇 43-241 井油样反应后红外图

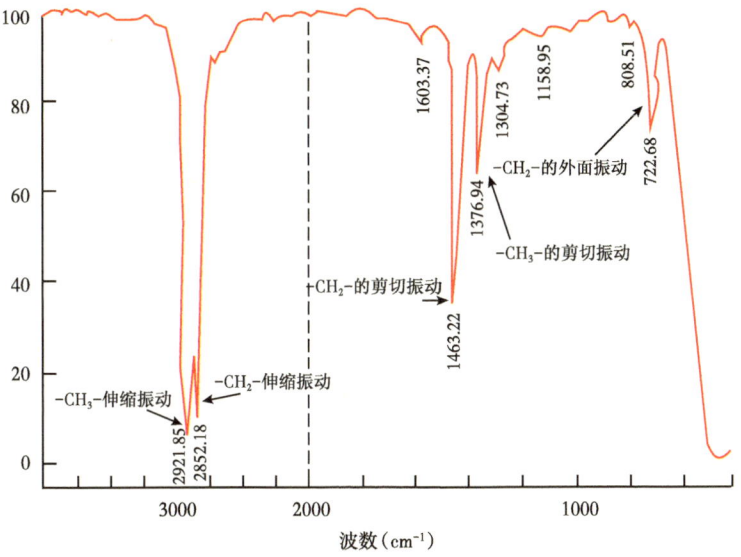

图 10-32　肇 43-241 井油样反应前红外图

2. 原油与空气低温氧化反应能够形成剧烈氧化带（250~300℃）

1）原油与空气反应后使油藏温度升高

氧气与原油反应后产生的热量会加热油砂提高油藏温度，温度越高氧化反应越剧烈，在油层中会发生加速链式反应，直到形成稳定的剧烈氧化反应前缘带。

化学模拟实验显示，将空气注入不同初始温度下的油样中后，短时间内温度迅速上升，说明原油低温氧化反应过程中存在热效应。150℃以下时，反应缓慢，放热量小。175℃时，反应开始加速，持续时间长，放热量加大。温度再升高，反应更加剧烈，升温速率快，250℃时，放热量最大（图 10-33）。

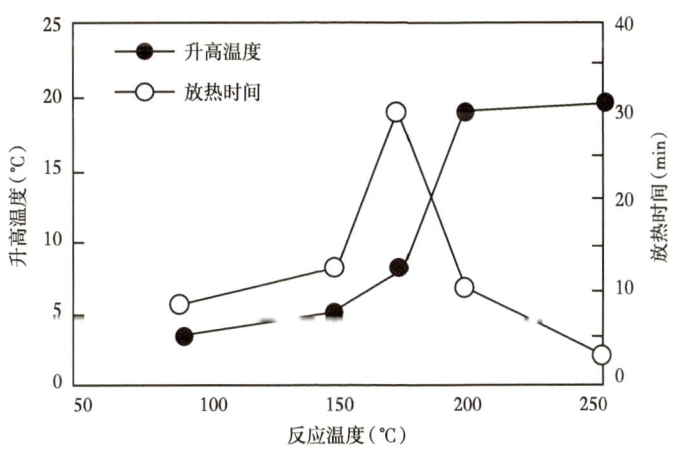

图 10-33　不同温度下油样与空气反应

2）原油具有连续放热能力

在密闭系统内加入一定数量的原油，注入空气在初始温度（91.5℃）和压力（21MPa）

下与原油低温氧化反应,反应后系统内温度因放热而升高。再注入新鲜空气继续反应,循环几次后系统升温至下一起始温度,重复上述实验过程,直至升温至270℃。从实验结果可以看出,大庆原油具有连续放热能力。150℃以下温度时,温度升高较小,单次循环升温最大仅为1.5~3.9℃。210℃时,放热量最大,单次循环升温最高可达54.3℃,表明剧烈氧化带形成。到270℃时,升高幅度又降至15℃左右,放热量迅速减小。综合上述2项实验结果,低温氧化反应放热高峰在180~240℃最为剧烈(表10-21)。

表 10-21 原油与连续注入空气反应放热实验结果

反应起始温度(℃)	平均升高温度(℃)	最大升高温度(℃)	注气次数
91.5	1.5	1.5	3
120	2.8	3.7	3
150	3.1	3.9	2
180	23.7	31.5	8
210	35.8	54.3	5
240	32.8	43.0	2
270	15.5	18.4	3

3)低温氧化前缘推进过程

应用数值模拟技术精细描述了氧化前缘的形成及推进过程。随着空气的注入,注入井附近油藏温度升高,在10d左右的时间里,近井地带的温度由初始油藏温度升至180℃左右,氧化带逐渐形成。

继续注入空气后,油藏温度进一步升高,直至形成了稳定的氧化前缘带,并且持续地向油藏深部扩展,模拟结果显示高温前缘始终存在。氧化后在氧化带前端产生的烟道气以及水蒸气和轻质组分,不断地将氧化区域的热量带到前缘的下游,使前缘始终处于高温区。经模拟计算,氧化带宽度为3m左右,平均推进速度是1.8cm/d,注入15年后,氧化带推进到100m左右,最高温度达到300℃左右(图10-34)。

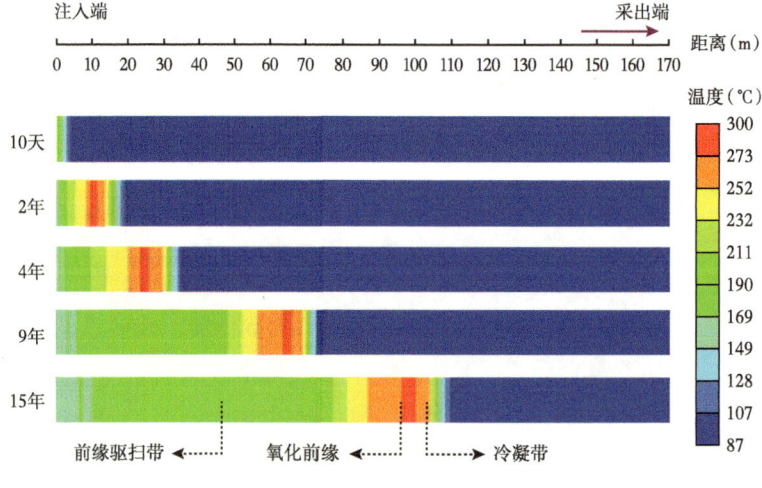

图 10-34 低温氧化前缘演变过程中温度剖面

第十章 自主创新,支撑"百年油田"目标

4)原油与空气反应后黏度变化

数值模拟结果显示,经过稳定剧烈氧化前缘带氧化后的原油向轻质组分转化,黏度降低。在氧化带的前部,原油在氧化之前受到烟道气的驱动和前缘附近的高温蒸汽,黏度升高。未受热作用的烟道气驱替带原油黏度变化不大(图10-35)。

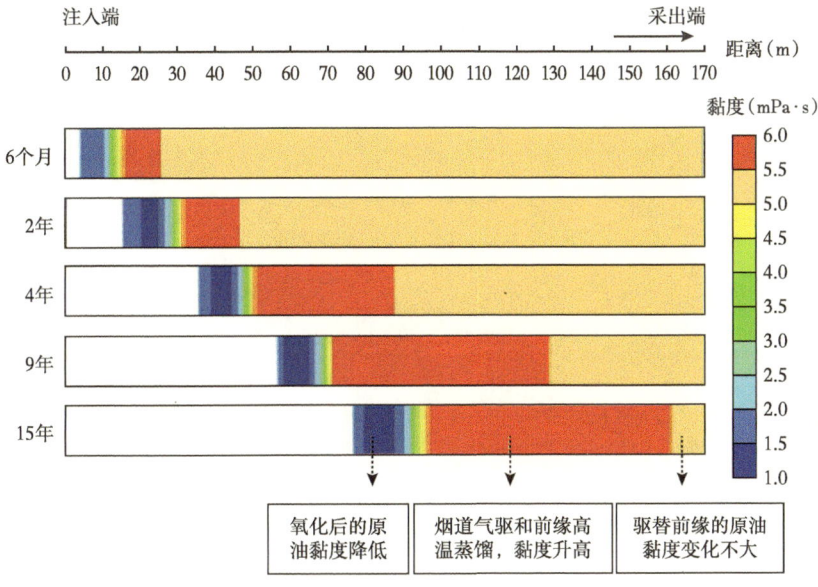

图10-35 低温氧化带前后原油黏度剖面

5)空气驱驱油效率

注入空气7d后可以形成剧烈氧化带(250~300℃),空气穿过氧化带后氧气全部消耗,在氧化带前端形成烟道气驱扫带(图10-36)。空气驱油分2部分,一部分是氧化前缘形成的剧烈氧化带驱油,一部分是氧化带前端没有热作用的烟道气驱油。由于剧烈氧化带向前推进速度很慢,空气的驱油效率以烟道气驱油效率为主。

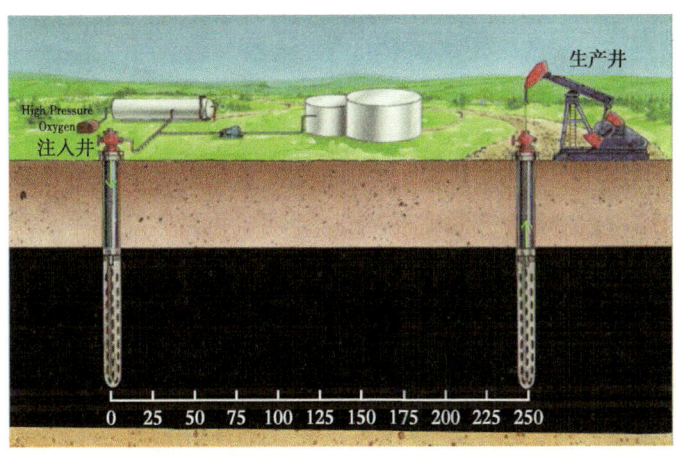

图10-36 空气驱示意图

利用 30 cm 长的填砂模型模拟了空气驱油氧化前缘形成过程。在温度 60℃ 时注入空气驱油，出口见气后开始加温。随着温度逐渐升高，原油与空气发生反应，产出气中氧气含量逐渐降低，温度达到 250℃ 时形成了稳定的氧化前缘带，产出气中氧气含量降为零，二氧化碳含量达到 6%，形成了烟道气（图 10-37）。通过计算，形成剧烈氧化前缘带后的驱油效率达 70%。

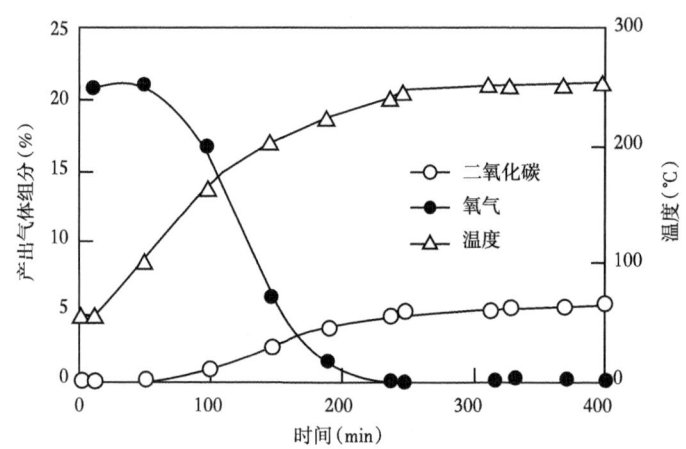

图 10-37　不同温度下产出气组分随时间变化曲线

利用 60 m 长的填砂管模型，模拟了低温氧化反应后烟道气驱油实验。结果表明驱油效率为 25.4%（表 10-22）。

表 10-22　长管烟道气驱替实验数据

长管长度（m）	长管直径（cm）	孔隙度（%）	实验温度（℃）	驱替压力（MPa）	驱油效率（%）
60	0.6	34	87	21.00	25.4

3. 原油低温氧化后产出气安全分析

气体爆炸必须满足 3 个条件：(1) 有合适浓度的燃料气体；(2) 有足够浓度的氧气；(3) 有点火源。常用的可燃气体爆炸极限的测定方法为在容器中充装一定数量的可燃气体与空气的混合气体，在局部通过高压放电点火观察爆炸现象。

通过爆炸极限模拟实验研究，得到了不同混合气体组成含量，在不同温度、压力条件下不发生爆炸所对应的最高允许氧气含量（表 10-23）。混合气体中 CH_4 含量是引起爆炸的主要因素，CH_4 含量在 4% 以下时，氧气含量低于 9.6% 是安全的。

表 10-23　不同混合气体在不同条件下对应的最高允许氧气含量

序号	混合气体组成及含量（%）				初始温度（℃）	初始压力（MPa）	最高允许氧含量（%）
	CO	CH_4	N_2	CO_2			
1	2.0	4.0	83.0	0	20	<0.5	11.0
2	2.0	4.0	83.2	0	100	<0.5	10.8
3	3.0	4.0	83.3	0	20	<0.5	9.7

续表

序号	混合气体组成及含量（%）				初始温度（℃）	初始压力（MPa）	最高允许氧含量（%）
	CO	CH$_4$	N$_2$	CO$_2$			
4	3.0	4.0	83.4	0	100	<0.5	9.6
5	4.0	4.0	82.4	0	20	<0.5	9.6
6	4.0	4.0	82.4	0	100	0.1	9.6
7	3.0	3.0	76.0	0	20	>0.1	18.0
8	3.0	3.0	76.0	0	100	>0.1	
9	2.0	4.0	80.0	1.0	20	>0.1	13.0
10	2.0	4.0	80.2	1.0	100	<0.5	12.8

数值模拟结果显示，在整个注空气开发期限内，空气中的氧气在通过高温氧化带后能够完全消耗掉（图10-38）。如果不发生气体的窜流，生产井的安全性是有保证的。

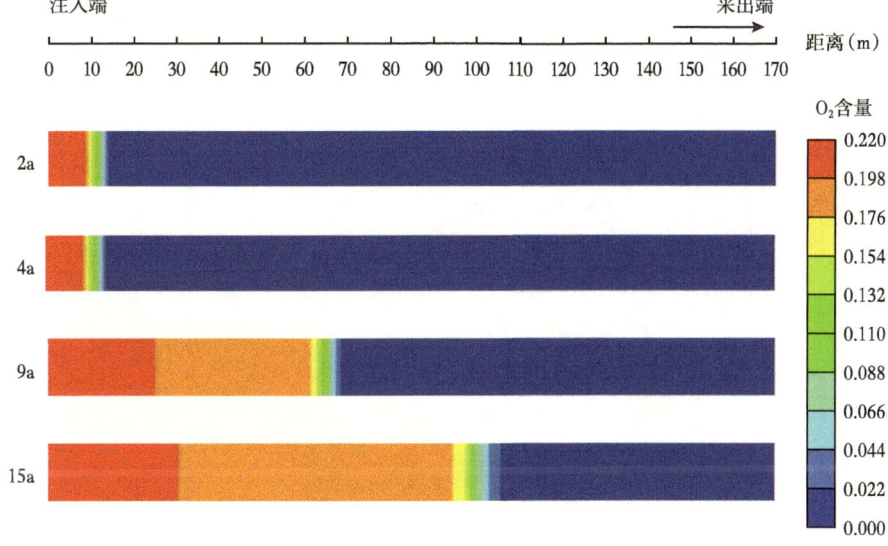

图10-38 空气驱过程中氧气含量变化

4. 注空气驱现场实验

根据注空气驱油的适用条件，在大庆外围低渗透油田中树16区块储层条件及流体性质比较适合，该区块扶杨油层主要开采层位杨Ⅰ5、杨Ⅱ3，裂缝不发育，注水困难，平均油层中部深度2050m，地层温度103℃，原始地层压力20MPa，建议选择该区块树67-61井组开展注空气现场试验。

树67-61井组面积为0.8km^2，地质储量为36×10^{4}t，现有9口井，注水难以实施。可设计成1注8采注气试验井组（图10-39）。结合物理模拟、化学模拟实验结果，在注入参数优化的基础上，对该井组的开发指标进行了预测。数值模拟结果表明，开发20年时全区的累计注空气量为1.37×10^{8}m^3，采收率达到19.6%（图10-40）。

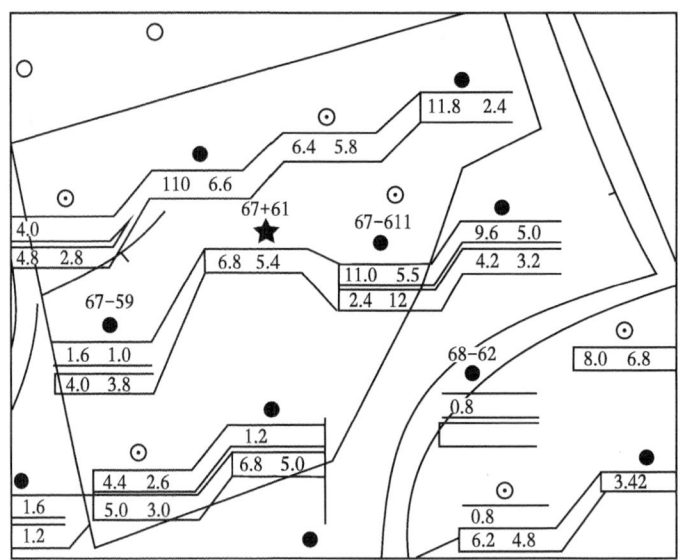

图 10-39　树 67-61 注空气试验井组

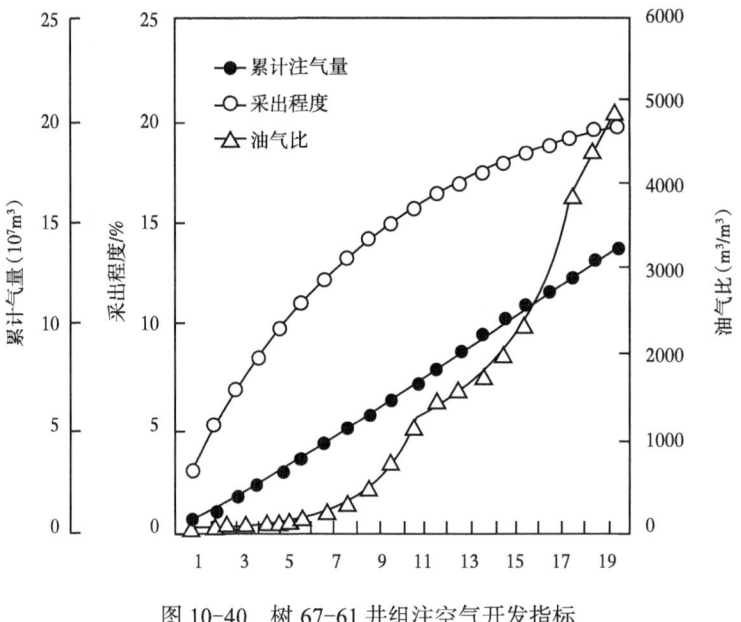

图 10-40　树 67-61 井组注空气开发指标

第四节　超薄油层稠油热采开发技术

为了有效动用西部斜坡区稠油资源，加大了技术攻关力度，攻克了 5m 以下超薄油层稠油油藏开发的关键技术，解决了超薄油层相对热损失大的问题，突破了常规稠油油藏热采开发技术界限。

一、西部斜坡地区储层发育特征及资源状况

1. 西部斜坡区储层发育特征

西部斜坡区稠油油藏具有储层埋藏浅（400~800m）、厚度超薄（1.6~5.2m）、砂体规模小、平面变化快的特点。各区块储层孔、渗条件好，含油饱和度较高（表10-24）。在20℃条件下原油密度大于0.9g/cm³，50℃条件下原油黏度普遍大于普通稠油Ⅰ类标准（表10-25），具有典型的稠油油藏特征。

表10-24 西部斜坡区各稠油区块储层性质

区块	层位	油层中深（m）	有效厚度（m）	孔隙度（%）	渗透率（D）	含油饱和度（%）
江37	高台子组	600	3.3	35.0	0.8	70.0
江55	萨二+萨三组	420	4.2	31.4	1.0	65.0
平洋	萨零、萨一组	670	2.5	24.7	0.1~1.8	60.0
	萨二+萨三组	630	1.9	29.6	0.5	60.0
阿拉新	萨一组	730	1.6	29.5	0.9~1.2	65.0
	萨一组	780	2.5	26.0	0.4~0.7	60.0
杜66	萨一组	780	5.2	33.4	1.5	65.0

表10-25 西部斜坡区各区块原油物性

区块	层位	相对密度	原油黏度（mPa·s）	凝固点（℃）	含蜡量（%）	含胶量（%）	初馏点（℃）
江37	高台子组	0.9197	562.9	15.0	24.3	28.7	206.0
江55	萨二+萨三组	0.9245	307.2		11.2	34.3	190.0
平洋	萨零、萨一组	0.9257	133.0	5.2	27.7	31.8	210.0
	萨二+萨三组	0.9006	155.6	14.3	30.3	26.4	160.0
阿拉新	萨零组	0.8933	73.9	22.0			160.0
	萨一组	0.9190	231.5	24.5			210.0
杜66	萨 组	0.9263	441.8	15.0	37.6	22.1	228.0

2. 西部斜坡区资源状况

依据区域地质研究成果和西部斜坡303口探、评井，165口开发井资料，结合地震资料开展油藏综合评价。运用精细地质研究方法开展层组划分、储层沉积相分析，同时采用岩心分析、试油结果结合测井曲线特征确定储层有效厚度等参数，在重点区块开展资源潜力评价（表10-26）。

表 10-26　西部斜坡区各类稠油资源量潜力

油田	区块	层位	含油面积（km²）	有效厚度（m）	有效孔隙度（%）	含油饱和度（%）	原油密度（g/cm³）	地质储量（10⁴t）	资源类别
平洋	来 27	萨二+萨三组	7.6	2.5	24.0	60.0	0.931	255	预测
	来 64	萨零+萨一组	68.6	1.9	29.0	60.0	0.901	2043	
二站	杜 V-3	萨一组	3.3	2.5	29.5	60.0	0.900	128	探明
	杜 II-5	萨零组	2.47	1.6	26	60.0	0.900	54	估算
	杜 I-3	萨一组	8.9	1.7	29.5	60.0	0.900	230.3	估算
	杜 I-7	高台子组	1.4	1.4	26	60.0	0.900	26.8	估算
阿拉新	杜 620	萨零组	1.5	2.2	27.5	65.0	0.925	52.8	估算
	杜 616	萨一组	9.5	1.6	29.5	65.0	0.925	256	估算
	新杜 617	高台子组	4.4	1.9	26	65.0	0.925	129.2	估算
	杜 66	萨一组	0.2	5.2	33.4	65.0	0.926	22	估算
江桥	江 50-54	萨二+萨三组	13.9	3.7	31.4	65.0	0.925	947	估算
	江 55	萨二+萨三组	0.12	4.2	31.4	65.0	0.925	9.3	估算
	江 37	高台子组	0.19	3.3	35.0	70.0	0.919	13	估算
复拉尔基	富 718	萨二+萨三组	22.6	4.7	32.0	65.0	0.926	1995	探明
合计			144.69					6161.4	

二、超薄油层稠油油藏热采技术取得突破

（1）利用水平热传导速度大于垂向的原理，合理提高蒸汽注入压力，降低了超薄油层热损失率。

稠油油藏热采开发筛选标准要求油层有效厚度大于 5m。对于小于 5m 的超薄油层，由于注汽过程中顶底盖层热损失相对较大（3m 油层的相对热损失率是 10m 油层的 5.8 倍），无法取得好的开发效果，严重影响了西部斜坡稠油油藏的有效动用。针对这一问题，开展了以降低热损失、提高热能利用率为主要目的的注采参数优化组合研究。参考压裂防砂工艺原理，疏松砂岩稠油油藏压裂过程产生水平方向裂缝，在不加入支撑砂的条件下，随回采油层压力降低裂缝自动闭合，能够恢复到原始状态，应用完钻的江 37 区块地质参数建立数值模型，参考江 55 井压裂试油作业数据，研究如何提高蒸汽注入压力，合理提高注入速度，达到提高注入蒸汽在油层中的平面扩散速度，降低纵向热扩散速率，以减少顶底盖层的热损失，提高热能利用率的超薄油层热采方法。研究结果表明，在注入压力提高 5% 的前提下，注入速度提高了近 50%，模型观察没有蒸汽指进现象的发生，相对热损失降低 23% 左右（图 10-41）。

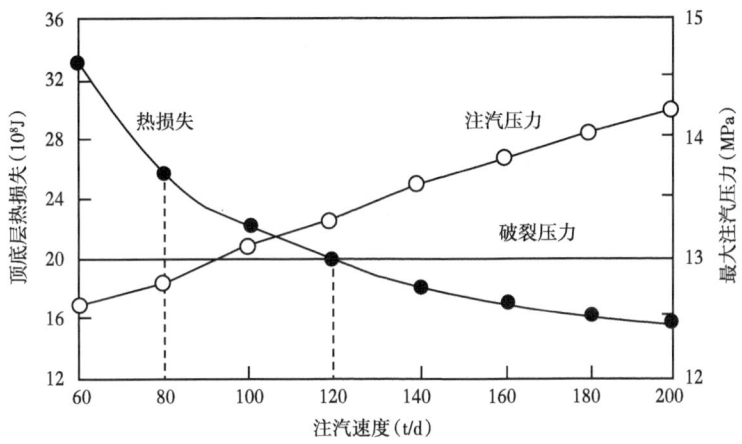

图 10-41　注汽速度与破裂压力及热损失关系

在江 37、江 372 井的实际应用中，取得了生产井日产油 1.4t，单位有效厚度产油量高于油层状况较好的黑帝庙油层，周期产油 300t 以上，油汽比达到 0.35t/t 以上的理想效果，从而突破了注蒸汽开发油藏油层有效厚度 5.0m 的行业筛选界线，解决了超薄油层稠油油藏有效动用问题。

（2）研究应用周期极限油汽比、热力场分布规律，确定蒸汽开发合理技术界限。

在稠油油藏热采开发中普遍采用废弃产量法确定周期结束时机。其主要缺陷是，在保证油藏热采开发经济效益的同时，生产井长时间低效生产，生产周期过长，注入热量向顶底盖层散失大，不能形成有效的温度场接替，影响了后续注入蒸汽有效扩散半径，对整体生产效果产生不良影响，尤其对超薄油层影响更大。为此提出了周期极限油汽比的概念，明确了蒸汽吞吐周期结束时的经济界限。综合考虑井口产液温度平衡方法，作为周期结束的技术限制条件，动态确定周期结束时机。

①周期废弃产油量的确定：只考虑油井的基本日常投入。确定方法为：

$$q_o = Z_d / (RC_o - D - ER) \tag{10-8}$$

式中　q_o——油井日产油，t；

Z_d——单井日基本操作费用，元/(d·井)；

R——原油商品率，%；

C_o——原油价格，元/t；

D——周期内期间费用，元/t；

E——税金，元/t。

②周期极限油汽比：油井注汽生产后，收入与本周期投入相等时的油汽比：

$$OSR = P / (RC_o - G - D - ER) \tag{10-9}$$

式中　OSR——周期极限油汽比，t/t；

P——蒸汽注汽费，元/t；

G——原油的操作费，元/t。

③井口产液温度控制经验公式：

$$T = T_o + 12T_s / H \quad (10\text{-}10)$$

式中　T——井口产液温度，℃；
　　　T_o——原始油层温度，℃；
　　　T_s——注入蒸汽温度，℃；
　　　H——油层中部深度，m。

数值模拟研究结果表明，采用新的蒸汽吞吐周期结束条件后，蒸汽吞吐3个周期，生产时间缩短160d，累计产油量提高82t（表10-27）。条件的改变有效提高了超薄层稠油油藏的开发效果。

表10-27　不同周期确定条件下蒸汽吞吐生产效果

周期确定方式	第1周期			第2周期			第3周期			合计	
	生产时间（d）	产油量（t）	日产油（t）	生产时间（d）	产油量（t）	日产油（t）	生产时间（d）	产油量（t）	日产油（t）	生产时间（d）	产油量（t）
常规方式	340	386	1.1	300	290	1.0	180	200	1.1	820	876
新方式	180	338	1.9	240	320	1.3	240	300	1.3	660	958

（3）综合考虑蒸汽吞吐蒸汽驱整体开发效果，优选合理的转驱时机。

对于稠油油藏来讲，单纯的蒸汽吞吐开发采收率一般只有15%左右。而蒸汽驱开发最终采收率可以达到50%以上。但对具体的油藏，要达到理想的开发效果，合理吞吐转汽驱时机的选择非常关键。

在确定吞吐转汽驱时机时，综合考虑了蒸汽吞吐后热力场的分布和蒸汽驱开发效果。应用数值模拟研究方法，分别对蒸汽吞吐开发3周期、4周期、5周期后温度场进行了比较分析（图10-42）。

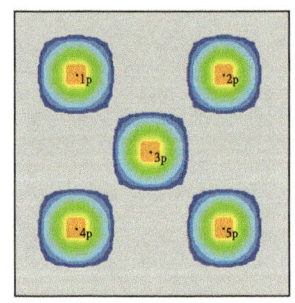
(a)第三周期温度场分布图
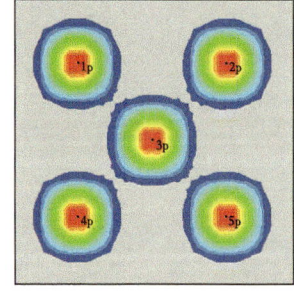
(b)第四周期温度场分布图
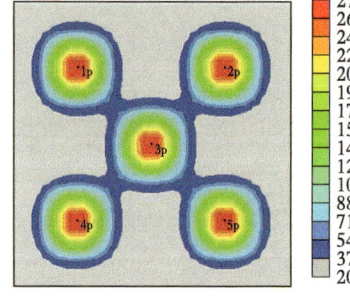
(c)第五周期温度场分布图

图10-42　不同吞吐周期末温度场分布

模拟结果表明：蒸汽吞吐4周期后，温度场接近连通；5周期后部分井已经形成连通。同时第4周期转驱采出程度最高（表10-28），因此，选取蒸汽吞吐4周期结束后转为蒸汽驱开发。

表 10-28　不同转驱时机蒸汽驱效果

周期	生产天数（d）	注汽量（t）	产液量（m³）	产油量（t）	油汽比（t/t）	采出程度（%）
3	1207	31863	35051	4399	0.138	26.7
4	1451	38302	42133	4576	0.119	28.5
5	1237	32652	35908	4103	0.126	25.5
6	1105	29175	32065	3608	0.124	22.7

（4）研究间歇蒸汽注入方式，解决蒸汽驱中汽窜问题，提高蒸汽驱开发效果。

针对连续蒸汽驱过程中蒸汽容易形成突破发生汽窜的现象，开展了间歇蒸汽注入方式研究。间歇注汽是在蒸汽突破后，注汽井采取注汽一段时间再关井一段时间的非连续注汽方式，而采油井仍采取连续开井方式生产。通过数值模拟方法，对2种不同注入方式蒸汽驱开发效果进行了比较（表10-29）。

表 10-29　连续蒸汽驱与间歇蒸汽驱生产结果对比

生产方式	生产时间（d）	注汽量（t）	产水量（t）	产油量（t）	累计油汽比（t/t）	采出程度（%）
连续汽驱	1451	38302	37160	4576	0.119	28.5
注1个月停1个月	1948	38905	37848	4400	0.113	27.4
注2个月停1个月	1547	40891	40059	5196	0.127	32.3
注2个月停2个月	2193	43109	42359	4708	0.109	29.3
注3个月停1个月	1340	26469	25592	3501	0.132	21.5
注3个月停2个月	1827	43388	42842	5230	0.121	32.5
注3个月停3个月	2374	46918	46335	5070	0.108	31.5

数值模拟计算结果表明，采用注2个月停1个月的生产方式，与连续蒸汽驱相比，注汽量增加2589t，而产油量增加620t，累计油汽比提高0.008t/t，采出程度提高3.8个百分点，大大提高了经济效益。

三、超薄油层稠油热采试验取得较好效果

（1）采用超薄油层稠油油藏热采参数优选新方法，优化试验方案设计。

在方案设计中把蒸汽吞吐和蒸汽驱开发作为一个整体考虑，结合超薄油层稠油油藏热采参数优选新方法，通过数值模拟计算，对江37区块蒸汽吞吐开发及注汽方式进行了优选（表10-30、表10-31）。

表 10-30　江37区块蒸汽吞吐注汽参数

油层厚度（m）	注入强度（t/m）	注入速度（t/d）	井底干度（%）	焖井时间（d）
5.0	100	100	≥50	
3.0	120	80	≥50	5

表10-31　江37区块蒸汽驱注采参数

注入强度[t/(m·km·d)]	井底干度(%)	采注比	交替周期(mon)
390	≥50	1.2	3

(2)矿场试验进展。

2004年江37井、江372井分别进行了2个周期的蒸汽吞吐先导性试验(表10-32)。

表10-32　江37、江372井蒸汽吞吐生产情况

井号	周期	生产时间(d)	注汽量(t)	周期产油(t)	平均日产油(t)	周期油汽比(t/t)
江37	1	172	800	306.3	1.8	0.3829
	2	184	960	295.7	1.6	0.3080
江372	1	173	700	300.8	1.7	0.4297
	2	198	750	230.1	1.2	0.3068

江37井蒸汽吞吐第一周期注入蒸汽800t,累计生产时间172d,累计产油306.3t,平均日产油1.8t,周期油汽比0.3829t/t;第二周期累计注汽960t,累计产油295.7t,周期油汽比0.308t/t;江37井2周期累计注汽1760t,累计产油602t,累计油汽比0.342t/t。江372井两个周期累计注汽1450.0t,累计产油530.9t,累计油汽比0.3661t/t。

第一组2口试验井,2007年12月7日开始注汽,12月22日放喷,平均单井阶段产液42.3t,产油17.3t;江37-34—斜08井于2008年1月7日下泵生产,目前日产油2.4t,综合含水49.3%,已累计产油31.3t;江37-34-10井于2008年1月14日下泵生产,目前日产液6.0t,全水。

第二组2口试验井,2007年12月25日开始注汽,2008年1月11日放喷,平均单井阶段产液28.6t,产油12.2t(表10-33)。

表10-33　江37区块矿场试验动态

组别	井号	放喷阶段生产情况					下泵采油生产情况				
		生产时间(h)	阶段产液(t)	阶段产油(t)	综合含水(%)	平均日产液(t)	平均日产油(t)	阶段产液(t)	阶段产油(t)	综合含水(%)	平均日产液(t)	平均日产油(t)
第一组	江37-34—斜08	165	38.2	9.7	74.5	5.6	1.4	42.6	21.6	49.3	4.7	2.4
	江37-34-10	356	46.4	24.8	46.6	3.1	1.7	12.0	0.0	100	6.0	0.0
	合计	521	84.6	34.5		8.7	3.1	54.6	21.6		10.7	2.4
	平均	261	42.3	17.3	59.2	4.3	1.5	27.0	11.0	60.4	5.4	1.2
第二组	江37-30-14	111	28.9	13.8	52.2	5.8	2.8					
	江37-32—斜14	113	28.2	10.6	62.4	5.6	2.1					
	合计	224	57.1	24.4		11.4	4.9					
	平均	112	28.6	12.2	57.3	5.7	2.5					

四、西部斜坡地区稠油油藏开发前景展望

为了加快西部斜坡区稠油油藏开发步伐,实现"十一五"末稠油产能达到 $20×10^4t$ 的目标,依据江 37 区块热采试验单井年产油 350t 结果,需部署开发井 670 口(表 10-34),配套工艺设施需要蒸汽锅炉 5 套,建注入站 7 座(表 10-35)。

表 10-34 西部斜坡"十一五"期间钻井工作量

区块		2008 年			2009 年			2010 年		
		布井设计	钻井	投产	布井设计	钻井	投产	布井设计	钻井	投产
江桥	江桥	100	100	50	200	200	200	100	100	100
	江 37			21						
阿拉新—二站	阿拉新—二站	30	55	20	50	50	50	70	70	60
	杜 66	20	20	10	20	20	25			
平洋	南块	20	20	40						
	北块	40	40	20	50	50	50	40	40	30
合计		210	235	161	320	320	325	210	210	190
产能(10^4t)				5.6			11.4			6.7

表 10-35 西部斜坡稠油区块"十一五"期间热采设施规划

设备	2008 年			2009 年
	江桥	阿拉新—二站	平洋	平洋
蒸汽锅炉	3 套	1 套	1 套	
注入站建设	建注汽站 4 座	建注汽站 1 座	注汽站设计 1 座	北块建注汽站 1 座
燃料气配备	建输气管线分支	建输气管线	建气站	

西部斜坡油藏评价工作还处于早期阶段,随着评价工作的不断深入,稠油储量有望获得更大的突破。江 37 区块是西部斜坡区目前优选的有利区块中条件相对较差的区块,油层超薄,物性较差,热采技术在该区块获得成功,标志超薄油层稠油开发技术获得突破,为西部斜坡稠油的热力采油开发提供了技术保障,展示了西部斜坡区稠油油藏良好的开发前景。

第五节 复杂断块油藏勘探开发一体化新模式

紧密围绕海—塔盆地特殊类型油藏地质特点和开发实际,夯实已开发油藏基础研究,积极探索勘探开发一体化新模式,发展适合不同类型油藏开发技术,当年提交预测储量 $2.3×10^8t$、年产油达到 $57.9×10^4t$,为海—塔盆地快速上产奠定了良好基础。

一、海—塔盆地开发现状

海拉尔、塔木察格同属一个盆地,总面积 79610km², 其中中国境内面积 44210km², 蒙古国境内面积 35400km², 区域上划分为 3 坳 2 隆 5 个一级构造单元。已发现和开发的油田主要分布在中部断陷带的乌尔逊、贝尔和塔南凹陷。

1. 开发现状

截止到 2007 年底,海—塔盆地提交预测石油地质储量 23563×10⁴t, 含油面积 207.8km², 主要在海拉尔盆地贝中次凹、乌东斜坡带、塔木察格盆地塔 19 区块; 探明石油地质储量 10568.41×10⁴t, 含油面积 88.89km², 主要在海拉尔盆地苏仁诺尔、呼和诺仁、苏德尔特和巴彦塔拉油田。目前,除地处环保区的巴彦塔拉油田, 其他 3 个油田均投入开发, 动用地质储量 7212.70×10⁴t, 含油面积 37.72km², 建成产能 76.2×10⁴t。油井开井 368 口, 平均单井日产油 4.0t, 2007 年年产油 50.21×10⁴t, 采油速度 0.68%, 累计产油 191.91×10⁴t, 采出程度 2.60%, 综合含水率 30.72%。注水井开井 104 口, 年注水 83.92×10⁴m³, 年注采比 0.96, 累计注水 229.45×10⁴m³, 累计注采比 0.75(表 10-36)。

表 10-36 2007 年海拉尔盆地开发状况

油田	油井		水井		注入量(10⁴m³)		采油量(10⁴t)		平均单井日产油(t)	综合含水率(%)	注采比		采油速度(%)	采出程度(%)
	总井数	开井数	总井数	开井数	年	累计	年	累计			年	累计		
苏仁诺尔	60	53	21	17	9.60	36.47	1.94	13.66	1.0	44.68	2.08	1.52	1.84	5.89
呼和诺仁	59	59	22	21	42.59	141.23	16.31	91.77	7.0	44.34	1.27	0.95	1.08	6.06
苏德尔特	356	237	80	66	31.73	51.75	31.28	85.69	3.0	17.92	0.65	0.39	0.55	1.52
合计(平均)	497	368	123	104	83.92	229.45	50.21	191.91	4.0	30.72	0.96	0.75	0.68	2.60

注: 合计中包括贝中次凹、乌东斜坡带提捞井数据。

2005 年 4 月大庆油田收购了英国 SOCO 公司在蒙古国塔木察格盆地塔 19、塔 21 及塔 22 三个区块的勘探开发权益, 开发有效期 20 年。勘探程度最高的塔 19 区位于塔木察格盆地塔南凹陷, 目前处于试采阶段, 2007 年 12 月开井 36 口, 平均单井日产油 9.1t, 综合含水 9.3%, 区块日产原油 326.6t, 年产油 7.7×10⁴t, 累计产油 18.6×10⁴t。

2. 油藏地质特征的复杂性

经过多年开发实践, 充分认识到海—塔盆地的复杂性, 其具有构造复杂、断块破碎、岩性复杂、储集类型多样、多层系多种油藏类型并存的地质特征, 油田开发面临诸多新的问题和挑战。

(1) 构造复杂, 开发井完钻后构造变化大。

断陷盆地多期构造运动造成断层多, 小断层波组特征不明显, 不易识别, 开发井完钻后断层明显增加, 给开发部署和后期调整带来很大困难。苏德尔特油田德 115-149 断块部署 27 口开发井, 首批 8 口井实施后, 有 3 口井主力油层断失, 进行二次解释后, 断裂特征发生很大变化, 原东部近东西向小断层向西延伸至区块边界, 区块内新增 3 条北北东向断层, 使断块更为破碎。

（2）对潜山油藏油水分布的认识发生较大变化。

潜山油藏裂缝分布不均衡，断块间差异大。裂缝发育、裂缝空间连续性较好的地区，油水分异性较好，产量可达数百吨。裂缝发育差的地区多数井产量低于 3.0t/d，探井、评价井显示水层不发育，但投产后油井相继见水。如苏德尔特油田潜山油藏有低产高含水井61 口，主要分布在构造位置相对较低的贝 28、贝 15、贝 30 和贝 38 断块。目前，对油水分布尚不清楚，需进一步加深认识。

（3）受物性和水敏性双重影响，特低渗透凝灰质储层注水开发效果差。

兴安岭油层普遍存在凝灰质，水敏性强，平均水敏指数 0.63，断块间储层物性变化大，导致注水效果差异大。贝 16 断块渗透率为 5.4~165.9mD，注水井吸水状况较好，而贝 14、贝 28 断块渗透率仅为 1mD 左右，虽采取防膨措施，仍注不进水（表 10-37）。

表 10-37　兴安岭油层注水开发基础数据

断块	油组	渗透率（mD）	水井数	单井射开（m）		初期日注水分级井数			初期	
				砂岩	有效	<5m³	5~10m³	>10m³	实注（m³/d）	视吸水指数[m³/(d·MPa·m)]
贝 16	Ⅰ	165.9	3	13.7	12.5		1	2	16	0.19
	Ⅱ	12.7	3	15.1	9.3		1	2	15	0.11
	Ⅲ—Ⅳ	5.4	7	38.3	24.4		3	4	11	0.05
贝 14	Ⅰ—Ⅱ	0.5	23	34.9	27.5	7	13	3	11	0.03
贝 28	Ⅰ—Ⅱ	1.1	4	46.3	25.6	4			1	0.003
贝 16 外扩	Ⅰ—Ⅳ	0.3	10	45.0	15.7	3	2	5	10	0.03

二、快速勘探开发一体化新模式

海—塔盆地 2007 年新建产能区块全部在预探地区，在没有任何级别储量的情况下，结合地质特点和快速增储上产的需求，探索了"概念设计—分批评价—分块滚动"新的一体化模式，仅用 1 年的时间就完成了按常规程序需要 3 年才能完成的工作量，实现了预测储量与产能建设同步进行，大大加快了增储上产步伐。

1. 紧跟预探发现，整体概念设计

海拉尔盆地经过 6 年的油藏评价和开发工作，已提交探明储量范围内的油田除地处环保区的巴彦塔拉油田以外，80% 以上的储量已经动用。2007 年产能建设区块主要集中在海拉尔盆地乌东斜坡带、贝中次凹及塔木察格盆地塔南凹陷 3 个预探重点发现区。

2005—2006 年，在乌东地区相继部署了 10 口探井，其中乌 16、乌 20 和乌 27 三口井试油获工业油流，证实了纵向上存在大二、南一段 2 套含油层系，勘探潜力较大。乌 27井在南一段钻遇有效厚度 59.2m/14 层，试油获自然产能 50.47t/d，对南一段的认识取得重大突破。

2007 年紧跟预探新发现，对乌东地区进行了深入研究。10 口探井有 6 口井发育油层，油层纵向上比较分散。多套油层对比，仅南一段地层潜力较大，有 3 口井钻遇砂岩，平均厚度为 196.7m。乌 27 井含油层段 110m，储层为灰黑色砂砾岩，沉积水体较深。从岩性、电性特征分析，该井主力油层处于扇三角洲的主水道上，砂岩厚度大、储层物性好，孔隙度为 10.4%~19.7%，平均为 15.6%，空气渗透率为 0.42~237.0mD，平均为 41.12mD，初步定为构造—断块油藏。根据上述分析，以地质—地震预测的含油富集区为基础，在乌 27 井区及周边断块开展了整体概念设计，按 300m×300m 正方形井网部署概念井 165 口。为提高勘探程度，研究开发潜力，在开发概念设计方案中优选出先导试验区，落实储层、油水分布及产能，同时外甩评价井以扩大含油面积和储量规模。

按照整体概念设计思想，在贝中次凹希 3、希 9、希 4 断块整体部署开发概念井 359 口；在塔木察格盆地塔 19 区塔 19-3 等 13 个断块，整体部署开发概念井 255 口。

2. 优选先导试验，兼顾外甩评价

在乌东地区的整体概念设计中优选出乌 27 断块作为先导试验区，10 口开发井完钻后，进行了密井网解剖。研究认为，砂体发育呈北东—南西向展布，东西向砂岩厚度变化较大。单井有效厚度为 4.2~40.1m，平均为 16.9m；油水界面随构造埋藏深度增加而降低，变化为 130m，证明该油藏分布受岩性因素影响较大，开发井钻遇 14 个小层，上部为纯油层，下部 4 个层为同层或水层，10 口开发井均钻遇水层，油水关系较为复杂；断块具有一定的产油能力，6 口开发井进行了提捞试采，初期日产量为 2.0~8.6t，平均为 3.6t。

在乌东地区进行先导性试验的同时，外甩了 13 口评价井，分 3 批进行实施。首批 3 口井实施后，乌 134-92 井在南一段、铜钵庙组试油分别获得 6.13t/d、3.63t/d 工业油流，落实了南一段主力油层分布，同时发现了新层位铜钵庙组；第二批 2 口井实施后，乌 112-108 井在南一段试油获 5.98t/d 工业油流，南一段主力油层含油面积增加 2.8km^2，同时乌 208-54 井在南二段试油获 CO_2 气 $5.7×10^4m^3/d$；第三批 8 口井实施后，进一步证实了乌东斜坡带南一段油层发育相对稳定，大二段和南二段油层仅在个别井区零散分布，不同断块具有不同的油水界面，油藏类型主要为断块岩性油藏。3 批评价井全部实施后，目前对 6 口井进行了试油，3 口井获工业油流，日产量 3.15~6.13t。

同时，贝中次凹地区也进行了 3 轮评价，实施 16 口井，试油 12 口井，7 口井获工业油流，产量 3.12~25.06t/d，证实贝中地区为一个富油油凹，且南一段油层在全区发育，为贝中次凹主力油层，南二段、布达特油层仅局部发育。油藏类型主要为构造—岩性油藏、地层—岩性油藏、断块油藏、潜山油藏，为提交地质储量和开发方案部署奠定了基础。

3. 提交规模储量，分块滚动开发

经勘探、评价、开发有机结合，有效地实现了勘探开发一体化，在提交储量的同时产能建设同步运行。

2007 年通过整体认识乌东斜坡带，搞清乌南地区下洼断层—岩性油藏地质特征，岩性勘探场面进一步扩大，在南二段、南一段油层提交预测储量 $5433×10^4$t，含油面积 59.7km^2；贝中次凹整体评价，在南二段、南一段、布达特油层提交预测储量 $6738×10^4$t，含油面积 71.8km^2；塔木察格盆地在深化地质研究的基础上，加大了塔南凹陷勘探力度，提交预测储量 $11392×10^4$t，面积 76.3km^2。3 个区块共提交预测储量 $23563×10^4$t，含油面积 207.8km^2。

在"分块滚动开发"的思想指导下，综合勘探评价地质认识，全面分析油藏地质特征主控因素和开发动态，研究合理的层系、井网、注采方式、开发技术界限，分批优选含油

第十章 自主创新，支撑"百年油田"目标

富集区块，编制开发方案。

2007年，首批在乌东斜坡带优选出乌27、乌33两个断块，部署开发井94口，动用面积7.56km²，动用地质储量622×10⁴t，产能6.12×10⁴t；贝中次凹优选了4个断块，部署开发井98口，产能9.20×10⁴t；塔木察格盆地首选7个断块，部署开发井128口，产能26.76×10⁴t。3个区块共部署开发井320口，动用面积22.32km²，动用地质储量3330.27×10⁴t，产能42.08×10⁴t（表10-38）。

表10-38 海拉尔—塔木察格盆地预测储量及储量动用情况

地区	含油面积（km²）	预测储量（10⁴t）	第一批优选断块	部署井数	动用面积（km²）	动用储量（10⁴t）	产能（10⁴t）
乌东	59.7	5433	乌27、乌33	94	7.56	622.0	6.12
贝中	71.8	6738	希X1等4个	98	6.45	680.0	9.20
塔19	76.3	11392	塔19-3等7个	128	8.31	2028.27	26.76
合计	207.8	23563		320	22.32	3330.27	42.08

第六节 特殊类型复杂断块油藏开发技术

海拉尔盆地经过6年的科技攻关，初步形成强水敏储层、潜山油藏及凝灰质储层3类油藏开发技术，年产油50×10⁴t以上稳产2年。但由于地质条件复杂，还存在诸多未解决的问题。2007年，进一步加大攻关力度，开展了贝301断块砂砾岩扇三角洲沉积模式、潜山油藏水平井开发技术、塔木察格盆地窄小断块地质及开发技术等方面研究，为提高油田开发效果提供技术保障[5]。

一、精细刻画扇三角洲砂体，为开发调整提供依据

海拉尔盆地精细油藏描述工作刚刚起步，还没有一定的系统性。与长垣和外围相比，海拉尔盆地油藏地质条件的复杂性和特殊性，决定了断块油藏精细描述的难点更加突出。因此，在开发井网条件下，需常规方法和新理论相结合，解决精细油藏描述中的关键技术，为油田开发调整奠定基础。

1. 建立扇三角洲沉积模式，深化油藏地质认识

1) 钻井—地震—动态结合，进行断层组合和断块划分

贝301断块1999年进行三维地震资料采集处理解释，2004年进行了地震资料重新处理，处理后信噪比有了很大提高，如贝3-5井重新解释出断距为60m的断层，但地震资料整体分辨率仍较低，一些断层仍无法识别。开发井完钻后，通过精细地层对比，在82口开发井中有56口井钻遇断点。在地震剖面上，25口井有较清晰的断点显示，断距40~134m，平均83m；有19口井地震剖面同相轴上有断层特征，但波组特征不明显，最大断距16~43m，平均27m；其余12口井地震剖面同相轴没有断层显示，断距9~24m，平均17m。目前地震资料品质只能解释出断距大于20m的断层，不能完全满足开发区块精细构造解释需要。在地震构造解释基础上，综合测井、岩心资料，应用高分辨率层序地层

327

学方法，进行地层精细划分对比，识别小断层，合理组合断点。同时结合开发井动态资料，反复加以验证，使油藏构造得到进一步落实。如贝 3-5 井原来认为有 2 口注水井与之连通，同处一个断块，但开发几年来，该井一直处于无水采油阶段，周围 2 口注水井注入状况良好，由此证实，这 3 口井分处于不同断块，表明新构造的断层组合比较合理。

在地震剖面上有显示的断点组合断层时，断层倾向依据地震断点组合确定，断面准确位置依据分层对比确定；在地震剖面上没有显示的断点组合断层时，断层倾向及断面位置依据分层对比确定。利用 55 个断点数据，结合地震资料及多条构造剖面，组合成 12 条断层。在精细解释成果基础上，结合实际动态资料，进行断块划分。通过断层组合与精细解释，把原来较为完整的断鼻构造划分为 7 个小断块，断块最小面积 0.15km²，最大 0.85km²，平均 0.31 km²。

2）扇三角洲水下分支河道控制油层分布

沉积盆地接受的扇状沉积体主要有 4 种类型，冲积扇、扇三角洲、近岸水下扇和三角洲。不同扇体的形成条件和水动力机制存在较大差别。

冲积扇是由暂时性水流或山区河流出山口时，地形坡度急剧变缓，水体流速骤减，碎屑物质大量沉积形成的锥状或扇状堆积体；近岸水下扇是一种常发育在断陷盆地中断层陡岸一侧，陆地冲积扇下切进入深水湖内，堆积在靠近断层下盘的水下扇体；扇三角洲是由邻近高地推进到海（湖）等稳定水体的冲积扇；三角洲则是指河流流入海（湖）盆地的河口区，因坡度减缓，水流扩散，流速降低，将携带的泥砂沉积于此，形成近于顶尖向陆的三角形沉积体（图 10-43）。

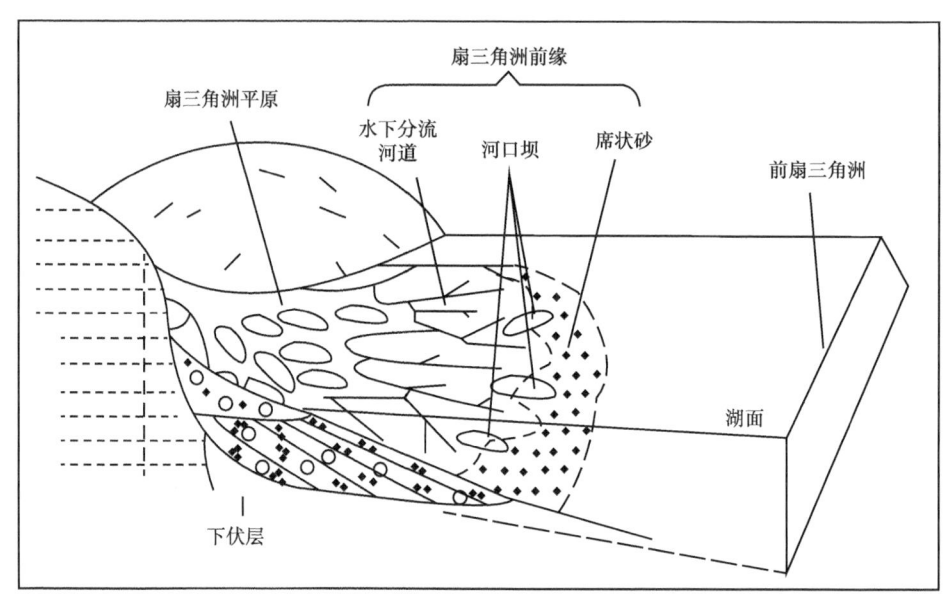

图 10-43 扇三角洲沉积模式图

较难区分的两种近物源粗碎屑相扇三角洲与近岸水下扇的主要区别首先在于二者的流动体制有着本质的不同，前者以牵引流为主，后者则以重力流为主，所形成的砂体特征有显著不同。其次，前者兼具冲积扇和三角洲的相标志，后者则是浊积扇的相标志，即扇三角洲有三角洲平原相的水上沉积部分和水下三角洲前缘带的多种特征砂体,而近岸水下扇基本上无水上沉积部分,扇体末端部分有(似)鲍马序列。

扇三角洲可进一步细分为扇三角洲平原亚相、扇三角洲前缘亚相和前扇三角洲亚相。扇三角洲平原亚相是扇三角洲的水上部分,是突发性洪峰卸载条件下的碎屑流和辫状河沉积;扇三角洲前缘亚相是扇三角洲的水下部分,可细分为水下河道砂、前缘砂和河口坝三种微相;前扇三角洲亚相位于扇三角洲边缘席状砂以外,主要是悬移质进入较深水中的静水沉积物,以泥岩沉积为主。

(1)南二段属于近物源、短流程的扇三角洲沉积。贝301断块砂砾岩储层属于扇三角沉积,所沉积的岩石相有砂砾岩相、不等粒砂岩相、含砾细砂岩、细砂岩相、粉砂岩相、泥质粉砂岩相、粉砂质泥岩相等。岩石组成中石英含量平均9.8%,长石含量11.4%,岩屑含量78.8%,以非稳定矿物为主,表明本区岩石成分成熟度非常低,以岩屑砂岩为主,反映了沉积物近源短程、快速搬运、快速堆积的沉积特征。

从砂岩粒度 $C-M$ 图中看出(图10-44),南二段储层发育PQ(滚动搬运)、QR(递变悬浮)与RS段(均匀悬浮),而且表现为递变悬浮搬运为主体,均匀悬浮搬运、滚动搬运次之的特点,说明储层沉积具有重力流搬运特征和牵引流搬运沉积的特点。

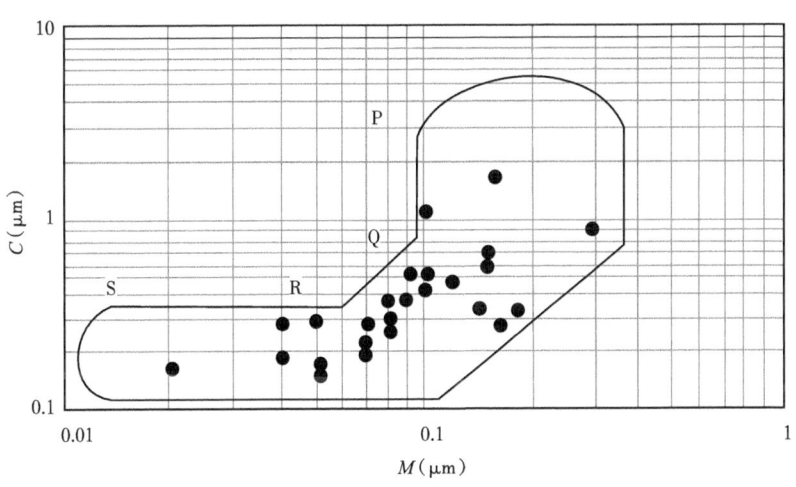

图10-44 贝301断块南二段储层 $C-M$ 图

岩性组合和电性变化所反映的沉积旋回特征表明,岩石颜色以灰绿色为主,发育斜层理、交错层理、波状层理、平行层理和冲刷构造,反映水下沉积特征。岩性组合分析、沉积构造分析、粒度分析表明,牵引流搬运是其主要的搬运方式,其次还存在重力流搬运。因此,贝301断块南二段以扇三角洲前缘亚相和滨浅湖亚相沉积为主。

通过岩心观察和粒度资料判别,依据岩石相与测井电性响应之间关系建立测井相,进而建立3种扇三角洲沉积微相模式:水下分支河道微相,河口坝微相,分支间湾微相。

水下分支河道沉积微相:水下分支河道岩性以砾岩或砾状、含砾、含泥不等粒砂岩为主,成熟度低,分选中等—差,平面上呈长条带状分布,垂向上以不完整的正粒序层为主,底部见冲刷,顶部突变—渐变。河道底部发育块状砾岩、块状或正粒序砾状、含砾、含泥不等粒砂岩。电性响应主要表现为似箱型、似钟型。

河口坝沉积微相：位于水下分支河道的前方，沉积范围和规模较小。粒度以分选较好的细砂—粗砂为主，沉积粒序主要显示反韵律。沉积构造主要为斜层理、平行层理。粒度曲线为2段式。自然电位曲线反映了粒度反韵律特征，显示齿化漏斗形或厚指状型。

分支间湾沉积微相：位于水下分支河道之间，河道侧方砂脊之外，由互层的灰色、浅灰色细砂、粉砂及灰绿色粉砂质泥岩、泥岩组成。电性响应主要表现为指状。

（2）多个扇体错叠分布，形成连片的砂砾岩储层。南二段砂岩发育，厚度60~120m，平均89m。平面上表现出中北部厚、西南部薄的特点。贝3-5井以北地区砂体厚度大于90m，以南厚度一般为60~80m。单个扇体长大于2.0km，宽0.3~3.5km，扇体面积最小0.45km^2，最大4.0km^2。

南二段中部油层组沉积时期是扇三角洲集中发育期，沉积物供给量增大，近源山间洪水携带大量的陆源碎屑物质沿不同沟谷直接进入湖盆，冲刷侵蚀湖底，形成水下河道，同时迅速卸载，在进入湖盆水体较深部位，洪水水流开始分散，沉积物形成分叉的网状河道互相交织，连片分布。

从中部油层组的20号小层到11号小层，由西北物源区一般有3~7个规模不等的扇体从不同部位沿控边断层进入该区，由于物源充足，扇体规模大，在进入水体稍深部位，水下河道相连，扇体之间的分流间湾沉积规模较小，形成连片分布的砂砾岩储层。

该沉积时期单层扇体砂岩厚度大，最大厚度达到15.2m，平均5.3m，小层砂体基本呈北西南东展布，形态主要为条带状、舌状，砂岩厚度呈南西—北东高低相间的变化，高值带向物源方向变窄，向湖盆方向变宽。储层物性受扇体展布的控制，沿扇三角洲水下分流河道发育北西—南东向高孔高渗条带，扇体边缘储层物性变差。储层物性与沉积相、砂岩厚度相匹配。上部油层组总体上扇体规模减小，油层厚度减薄。

扇三角洲水下分支河道呈现中、高渗透特征，分支河道砂体平均孔隙度为17.3%，渗透率为122.4mD。

（3）总体上靠近物源方向油层厚度大，远离物源区油层厚度减小。贝301断块南二段有效厚度4.7~73.3m，平均37.6m。扇三角洲主体以前缘水下分支河道沉积为主，控制砂体沉积规模和延伸方向。由于物源充足，分支河道分布范围广泛，砂岩发育，储层物性好，油气易于聚集，在圈闭有利部位的分支河道砂体成为油气富存的主要地区。油层发育受扇三角洲主体控制，靠近物源区油层厚度大，一般大于40m，远离物源区有效厚度逐渐减薄。

上油组沉积时期扇三角洲主要集中沉积在东部（图10-45），而在中油组沉积时期扇三角洲则主要集中发育在西部（图10-46），纵向上，受扇三角洲沉积影响，南二段上部油层组有效厚度主要发育在断块的中、东部，大部分地区大于10m，断块西部油层厚度减薄，一般小于10m；中部油层组有效厚度主要发育在断块中、西部，大部分地区大于20m，断块东部油层有效厚度减薄，两个油层组表现出东西互补的发育特点。

单层有效厚度分布受砂体分布的影响，单层砂体在水下分支河道控制区厚度最大，一般大于6.0m，成为南二段储层的主体部分。沿北西—南东向主体分支河道方向油层厚度大，呈条带状展布，单层厚度一般大于4.0m，向其他地区油层厚度逐渐减薄。

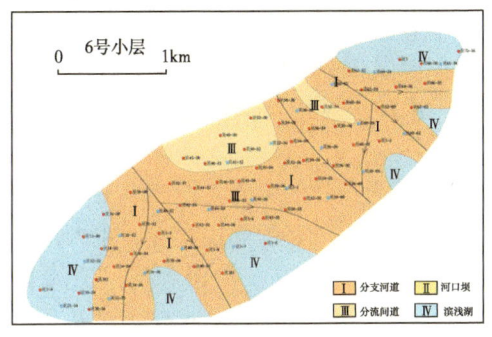
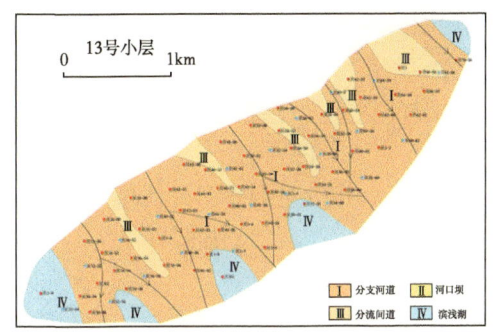

图 10-45　Ⅰ油组 6 号小层扇三角洲分布示意图　　图 10-46　Ⅱ油组 13 号小层扇三角洲分布示意

在地质综合研究基础上，为了对油藏有更全面的认识，同时为油田有效开发调整提供更多依据，纵向上按小层计算了贝 301 断块的地质储量。

采用容积法计算贝 301 断块石油地质储量为 $1114.5×10^4$t，含油面积 $4.3km^2$。其中，Ⅰ油组石油地质储量 $394.5×10^4$t，Ⅱ油组石油地质储量 $720×10^4$t。Ⅱ油组占总储量的 64.6%。

与原上报探明储量相比，含油面积减小 $0.9km^2$，储量减小 $221.5×10^4$t。从储量丰度上比较，原储量 $256.9×10^4$t/km^2，现储量 $261.6×10^4$t/km^2，基本相当（表 10-39）。储量发生变化的主要原因是储量计算的基础条件发生了很大的变化，首先是井数的变化，原上报储量井数不足 10 口，而现在计算时井数已增加到 78 口，井数的增加带来的是对地质特征认识的进一步深化，这时构造特征分析、沉积储层分布特征分析以及油层空间分布的认识更加细致、准确。另外本次计算单元是以小层为单元，原储量计算是以油层组为单元，单元的划分比原来也更加精细。

表 10-39　贝 301 断块储量变化对比

项目	层位	含油面积（km²）	有效厚度（m）	孔隙度（%）	含油饱和度（%）	地面原油密度（t/m³）	体积系数	地质储量（10⁴t）
现储量	NⅡ上-1	3.5	6.5	21	60	0.824	1.088	191.6
	NⅡ上-2	3.1	7.7	21	60	0.824	1.088	202.9
	NⅡ上	3.6	12.8	21	60	0.824	1.088	394.5
	NⅡ上-3	3.0	12.7	18	62	0.824	1.088	297.1
	NⅡ上-4	2.5	13.7	18	62	0.824	1.088	280.1
	NⅡ上-5	2.0	8.7	18	62	0.824	1.088	142.8
	NⅡ中	3.2	28.1	18	62	0.824	1.088	720.0
	小计	4.3	29.5	19	61	0.824	1.088	1114.5
原储量	NⅡ上	0.5	6.0	19	55	0.824	1.088	24.0
	NⅡ上	3.8	15.8	21	60			573.0
	NⅡ中	3.8	23.0	18	62			739.0
	小计	5.2						1336.0
对比		-0.9						-221.5

2. 分析油田开发特征，制定开发调整对策

油田开发调整贯穿油田开发始终。为保证贝 301 断块具有较好的开发效果，在扇三角洲沉积体系研究的基础上,对油田的注水开发特征进行了深入的研究。

1)注水开发效果分析

(1)受扇三角洲沉积体系控制,分支河道、河口坝微相产量较高。贝301断块共有74口井,统计初期生产情况,平均单井日产油18.8t,采油强度为0.64t/(d·m),大于20.0t的井占40%,油井的初期产量较高。

不同沉积相带对油井产能的影响较大。南二段储层为连片的砂砾岩沉积,分支河道储层发育规模较大,河口坝规模小,但分选较好,二者均具有较好的储层物性。主力产层处于分支河道及河口坝微相上的井,产量明显高于其他沉积微相带。处于分支河道的有58口井,平均初期日产油21.0t,采油强度为0.57t/(d·m);处于河口坝的有7口井,平均初期日产油17.0t,采油强度为0.73t/(d·m);处于滨浅湖和分支河道间湾的井产量相对较低(表10-40)。

表10-40 贝301断块南二段油层不同微相生产情况统计

相带	平均射开有效厚度(m)	平均初期产油(t/d)	平均采油强度[t/(d·m)]	累计采油(t)
分支河道	32.38	21.0	0.57	10177
河口坝	20.67	17.0	0.73	9307
滨浅湖	49.20	7.0	0.14	649
分支河道间湾	17.51	7.6	0.43	2494

从注水见效情况看,同一相带油井见效快,产量恢复高,不同相带油井见效慢。贝301断块水井注水半年后油井全面见效,油、水井处在同一相带时油井受效较好。油井贝36-54井和注水井贝36-56井同处于分支河道微相,油井注水见效后,产量由12.0t/d上升到17.0t/d。油井贝54-52井和贝52-54井分处于分支河道和分支间湾微相,注水1年后油井见效,初期产油1.0t/d,不含水,目前产油1.5t/d,含水25%。

(2)区块已进入中含水阶段,含水上升较快。贝301断块2003年全面投入开发,2004年4—6月注水,2005年6月以后中高含水井比例逐年增加,到2007年底已经有11口油井的含水大于80%,占总油井数的21.2%,这些井主要位于油田构造低部位。油田综合含水为42.88%,含水上升了11个百分点(表10-41)。

表10-41 贝301断块含水分级统计

年份	井数	含水分级								含水率(%)
		不含水		<40%		40%~80%		>80%		
		井数	比例(%)	井数	比例(%)	井数	比例(%)	井数	比例(%)	
2002	15	13	86.7	2	13.3					
2003	70	64	91.4	5	7.1					3.92
2004	52	35	67.3	16	30.8					5.12
2005	52	15	28.8	28	53.8	9	17.3			17.55
2006	52	7	13.5	25	48.1	17	32.7	3	5.8	31.51
2007	52	6	11.5	23	44.2	12	23.1	11	21.2	42.88

分析认为,油井见水主要有以下几方面原因。

一是压裂改造,产量提高,同时含水上升。贝301断块共实施油井压裂15口,其中,导致含水上升较快的井有 7 口。油井压裂前平均单井日产油 3.6t，含水 8.8%。压裂后平均单井日产油 8.4t，含水上升到 37.3%，目前平均单井日产油 5.9t，含水 74.9%。分析含水上升的主要原因是压裂改造使油水井间渗流条件得到改善，提高产量的同时，也使油井见水速度加快。如贝 30-56 井射开 5 个层，射开有效厚度 8.5m，2003 年 10 月投产，2005 年 4 月进行压裂改造，压开有效厚度 7.9m，压裂前日产油 1.7t，不含水，压后日产油 6.4t，含水达到 61.2%。2007 年 11 月日产油下降到 0.6t，含水 88.9%。产出水主要为贝 34-56 井注入水。

二是注入水单层突进，导致部分油井含水上升。贝 301 断块水驱控制程度为 77.1%，其中，不连通厚度比例为 22.9%，单向连通厚度比例为 43.8%，双向连通厚度比例为 33.3%。由于储层单向连通，使部分油井单向受效且含水上升较快。贝 40-58 井的主产层 Ni1 号层仅与注水井贝 40-56 井连通，该井于 2005 年 4 月初次见水，含水为 3.1%，见水后含水上升速度很快，到 2006 年 3 月含水为 65.9%，1 年时间含水上升到 60% 以上，2007 年底含水为 90%。

三是边水推进，使边部油井含水上升。构造低部位存在边水，位于构造低部位的井，无水采油期短，见水时间早，统计 21 口井，平均单井无水采油期 15 个月，位于构造高部位的井，目前还有 7 口井未见水。

随着开发时间的延续，地层水推进，导致构造边部的油井含水上升。如位于构造低部位的贝 301 井，射开有效厚度 3.8m。2002 年 1 月投产，初期提捞，日产油 1.2t，2004 年 3 月见水，日产油 3.9t，含水 13.3%，2007 年底日产油 0.7t，含水 84.4%。分析认为采出水主要为边水。

（3）水下分支河道发育区油层吸水状况较好。统计贝 301 断块 19 口注水井的 125 条注水指示曲线，全块平均启动压力为 3.43MPa，平均比吸水指数为 3.74m³/（d·m·MPa），初期整体注水效果较好。

在近物源的主体部位，油层发育，物性好，吸水能力强，如贝 52-54 井射开砂岩厚度 86.4m，射开有效厚度 57.9m，吸水强度 1.4m³/（d·m）。在距物源较远的边部，油层物性差，吸水能力低。目前已经超过破裂压力注水的 10 口井中，有 8 口井位于水下分支河道边部。如贝 60-62 井射开砂岩厚度 58.2m，射开有效厚度 22.9m，吸水强度只有 0.69m³/（d·m）。

综合分析，贝 301 断块 2003 年底全面投入开发，半年后注水受效，产量恢复到初期的 80% 以上，在 20×10⁴t 年稳产 2 年，目前产量仍保持较高水平，整体水驱开发效果较好[6-7]。

2）开发调整对策

贝 301 断块已进入中含水阶段，含水上升明显加快，油水分布逐渐复杂化，但油藏仍有较高的产能和潜力，需要进行开发调整，以达到持续高产稳产。因此，根据密井网条件下地质研究成果，通过分析不同沉积微相对油田开发的影响，提出了下步调整对策和意见。

具体调整原则：以断块为单元，通过加密和转注，完善注采关系，提高储层动用程度，控制含水上升速度。

主力断块——含水较低，开发效果好。主要对厚度较大的油层进行补孔，以提高水驱动用程度。

边部断块——含水上升快，注水效果差。主要以断块为单元，实施局部加密，完善注采系统；封堵高含水层，控制含水上升。

根据目前油田开发实际，提出初步调整意见：设计8口加密调整井、10口堵水井、补孔12口井。

对断块油藏复杂性的认识，是个反复实践不断深化的过程。在贝301断块充分利用密井网资料，精细解剖，建立了扇三角洲沉积模式，搞清了扇三角洲沉积体系的开发特点，为今后多学科集成化油藏研究和开发调整奠定了基础。

二、分析潜山油藏开发规律，提高油田开发水平

苏德尔特油田布达特潜山油藏探明石油地质储量$2568.44×10^4$t，2004年底，采用顶密边疏的井网形式投入开发，有油井177口，注水井12口。目前，平均单井日产油3.0t，累计产油$51.93×10^4$t，累计注水$16.73m^3$，采出程度2.24%，取得了较好的开发效果。

由于潜山油藏的复杂性，在开发过程中不规则裂缝网状潜山油藏产量较低，块状底水潜山油藏虽然产量较高，但含水上升快。根据潜山油藏的地质特点和开发实际，探索了水平井开发潜山油藏的可行性，研究了底水油藏含水上升规律，以改善低产区块开发效果，保持块状底水油藏长期有效开发。

1.探索裂缝网状潜山油藏水平井开发技术，改善低产区块开发效果

近年来水平井技术已在大庆长垣、外围油田的多套含油层位、多种油藏类型中得到应用，已部署上百口水平井，形成了规模产量。针对不同的开发对象，形成了各具特色的水平井开发设计方法。

苏德尔特油田布达特潜山油藏纵向上具有二套裂缝网络系统，风化壳顶部发育高角度裂缝和溶蚀缝洞，储层垂向渗流能力强，平面连通性差；潜山内幕的构造裂缝充填严重、溶蚀缝洞不发育，储层致密。通过潜山顶面精细构造解释、储层内部结构细化、水平段与高角度裂缝合理匹配关系的研究，形成了潜山油藏水平井优化设计方法，实现了水平段在潜山风化壳中最大程度穿越[8-10]。

1）研究了井间平均速度校正新方法，提高了潜山油藏构造成图精度

布达特潜山断裂十分发育，断块破碎、构造变化大。构造解释上存在2个难点：一是地震剖面上横向反射杂乱，波组关系不明显，小断层不易识别；二是地层倾角较大，一般为7°~35°，平均22°，构造陡缓突变，造成横向速度变化大，平均速度2300~2900m/s。

针对上述问题，研究出了井间平均速度校正新方法，有效提高了水平井布井区构造成图精度。

常规构造成图方法是利用全区井资料计算平均速度，对井点速度插值得到井间平均速度，直接进行时深转换。井间平均速度校正方法是通过应用断块内井资料计算平均速度，消除断块间速度差异对井间平均速度的影响；研究地层起伏变化率与速度变化率之间的关系，消除地层陡缓突变对井间平均速度的影响，进而提高构造成图精度。

苏德尔特地区断块间平均速度变化较大，但同一断块内速度变化相对较小，地层起伏变化与速度变化有一定规律可循。在贝14-3断块水平井布井区，首先考虑井点地层起伏与速度变化之间的关系，应用断块内7口井的地层起伏变化率、速度变化率计算出单井平均速度变化率与地层起伏变化率的比值，并对其进行网格化。其次，考虑各井之间地层起伏变化对速度的影响，求出井间平均速度的校正量，对平均速度进行校正。应用校正后的

平均速度进行构造成图,大大提高了构造精度。

从应用井间平均速度校正方法完成的贝14-3断块T_5层构造图看,贝14—平2井着陆点的实钻海拔深度为-1404.9m,新方法解释的构造图着陆点的海拔深度为-1396.0m,构造绝对误差由原方法的24m下降为8.9m,相对误差由1.1%下降为0.45%,构造精度提高了6.5‰。

2)精细刻画潜山储层内部结构,优化水平井在潜山风化壳穿越方式

裂缝网状潜山油藏水平井设计的重点是搞清裂缝储层分布规律及水平段与裂缝的配置关系,结合动静态资料,精细刻画潜山内部油层、隔层分布特征,应用数值模拟方法研究水平井与裂缝的最佳匹配关系。

(1)潜山风化壳内油层分布具有明显的顶部集中优势。从贝14断块潜山油藏含油高度分布图上看,受构造、断裂、岩性和次生作用影响,油层主要位于潜山顶部,具有明显的顶部集中优势。贝14断块完钻井资料统计,含油高度在38.4~260.1m,平均油柱高度为132.7m,岩心和生产动态资料表明,越靠近潜山不整合面,裂缝越发育,储层物性越好,破裂压力越低,产油量越高,在潜山面以下100m内是油层主力发育带(图10-47)。

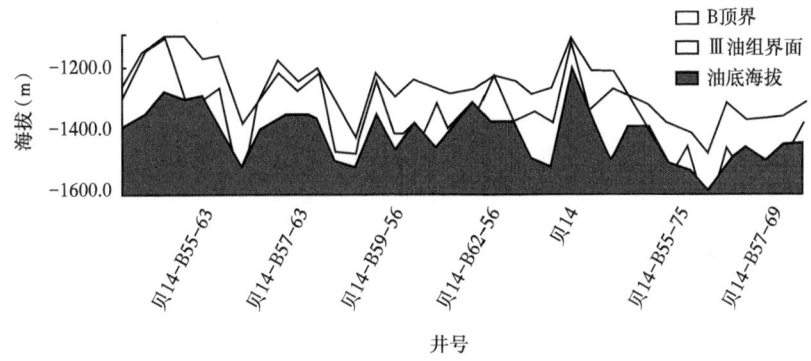

图10-47 贝14断块布达特潜山油藏含油高度分布

(2)布井区油层集中发育在BⅡ组,内部隔层分布不连续。贝14断块为不规则裂缝网状潜山,由于裂缝分布随机性强,其裂缝网络系统整体发育不均衡、连通性差。纵向上,贝14-3断块BⅡ组有效裂缝储层分段分布,单井发育6~26个油层,致密砂岩层起封隔作用,但内部隔层分布不连续,油层厚度占含油高度的26.4%~75.6%。由上至下,油层厚度逐渐减小、隔层厚度逐渐增大。平面上,断块东部隔层层数多、厚度大,西部隔层层数少、厚度小。

(3)水平井与裂缝方位的夹角越大,累计产油量越高。研究表明,随水平井段与裂缝夹角的增大,水平井初始产油量和阶段累计产油量也随之增大,当水平井段方位与裂缝夹角达到90°时,水平井产量最高,开发效果最好。贝14-3断块主要发育北东—南西、北北西—南北、北东东—南西西方向3组裂缝,水平段方位设计时遵循穿越最多裂缝、最大程度沟通各裂缝组系的原则,设计出水平段方位角92.88°,与各组裂缝夹角分别为17.88°、47.88°、72.12°,以提高裂缝网络的渗流能力(图10-48)。

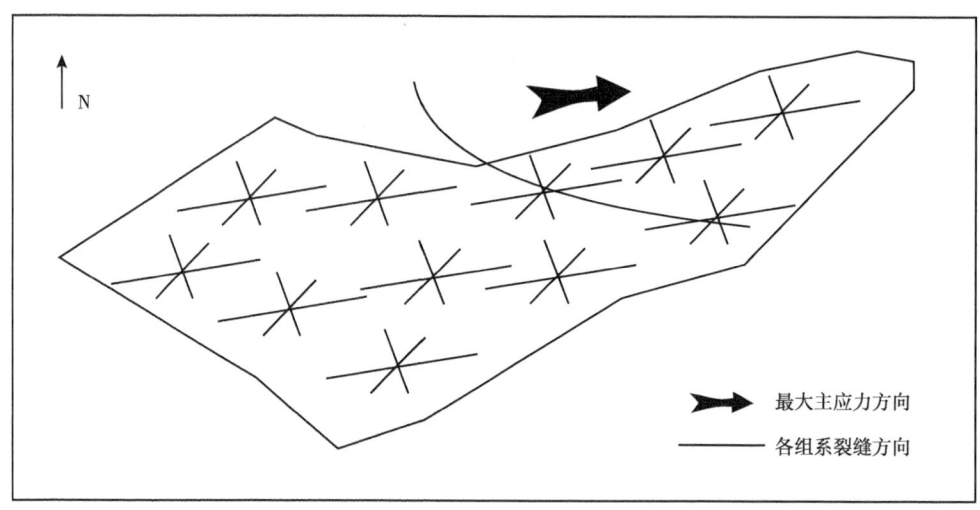

图 10-48　贝 14-3 平 1 井水平段方位优化设计

（4）水平段长度 500m 左右时，水平井产量增幅最大。数值模拟结果表明，当水平井段在 100m 至 500m 时，产量上升幅度最大，超过 500m 后，产量上升幅度减小。依据优化结果，结合断块规模、构造及储层特征，潜山油藏 3 口水平井设计水平段长度分别为 367.9m，318.0m 和 460m。

（5）水平段应位于油层中上部。布达特潜山油藏裂缝发育、油层厚度大，通过水平井，利用水平段和压裂缝沟通天然裂缝，形成了一个整体裂缝网络系统。因此，水平井在油层中的位置是影响水平井产量的主要因素之一。水平段位于油层 7 个不同深度的模拟结果表明，当水平段位于油层中上部（即 2/5 的位置）时，水平井阶段累计产油量最大，开发效果最好；贝 14-平 2 井布井区油层厚度 50m，根据优化结果，水平段深度设计在油层内距顶 20m 位置。

依据潜山裂缝发育特点，结合水平井与裂缝组合关系数值模拟结果，相继部署了 3 口水平井。在含油井段长、有效厚度大、隔层厚度大、地层倾角大的贝 14-3 断块东部地区，采用弓形水平井轨迹设计了贝 14-3 平 1 井；在含油井段短、有效厚度发育集中、隔层厚度小、地层倾角小的贝 14-3 断块西部地区和贝 38 断块，采用弧线形水平井轨迹设计了贝 14-平 2 井、贝 38-平 1 井。

3）钻前充分准备，钻时密切跟踪，水平井成功实施

（1）应用测井、录井资料建立了随钻跟踪潜山储层判别标准。在水平井实施前，充分利用周围直井资料，分析各油层组岩性、电性和含油性典型特征，建立了随钻跟踪的潜山储层判别标准。进入布达特潜山后，储层岩性由上部兴安岭油层的凝灰质砂砾、粉砂与泥岩互层变为浅变质的灰、深灰色粉砂岩与泥岩互层；电性上，兴安岭油层、布达特油层之间自然伽马和电阻率曲线表现为一个明显台阶，布达特油层自然伽马曲线基值低于兴安岭油层 70~80°API，电阻率曲线基值高于兴安岭油层 10~80Ω·m；含油性上，由于油基钻井液的影响，岩屑录井、气测录井只能作为定性判断标准。

（2）根据自然伽马和电阻率曲线判断潜山顶面，以录井为主、测井为辅判断油层。水

平井钻井现场应用 WebSteering 软件，实现了 LWD 随钻测井、录井多方数据实时传输，结合钻前周围直井的典型特征分析，根据 LWD 随钻监测系统准确判断由布达特油层着陆点位置，确保了 2 口水平井成功入靶。

现场跟踪对比过程中，由于 LWD 随钻监测的自然伽马和电阻率曲线不能有效识别潜山油藏裂缝储层，通过现场的跟踪分析，摸索出一套以录井为主、测井为辅的油层判断方法。依据气测录井总烃含量和烃类组分含量的分析，以及岩屑录井荧光湿照含油显示的高低，可以初步判断油层发育状况，二者具有较好一致性，该方法有效应用于水平井现场跟踪调整，贝 14-3 平 1 井总烃含量大于 0.5%，含油岩屑大于 104t 时可判断为油层。

（3）潜山油藏首次实施水平井取得较好效果。2007 年苏德尔特布达特潜山油藏成功完钻 2 口水平井，投产 1 口井，取得较好的开发效果。

贝 14-3 平 1 井目的井段钻入斜深 553.44m，水平位移 490.52m，完钻井深 2433.44m，钻入布达特油层 325.0m，录井见含油显示 71.0m，测井解释有效厚度 103.4m。2007 年 11 月 28 日采用分段压裂方式投产，射开油层长度 42.3m，压裂 5 层，投产第一个月，平均日产油 15.96t，最高 20.24t，目前日产油 15t，是邻近直井产量的 3.25 倍。

潜山油藏应用水平井虽初获成功，但仍处于探索和试验阶段。由于构造变化大，油层不易识别、打开程度相对较低等因素，还需要开展构造精细解释、裂缝储层测井响应机理、水平井开发技术界限等研究，从而扩大水平井应用规模[11]。

2. 研究块状底水潜山油藏含水上升规律，抑制底水锥进速度

开采底水油藏最常见的问题是底水锥进。底水锥进是指油藏开采后，在打开段下面形成半球状的势分布，由于垂向势梯度的影响，油水接触面会发生变形，在沿井轴方向势梯度达到最大值。底水锥进使油井过早见水、产油量骤减、含水快速上升。

贝 16 断块为块状底水潜山油藏，2004 年 5 月陆续投产，总井数 9 口，其中油井 7 口，水井 2 口。2007 年平均单井日产油 40t，年产油 7.28×10^{4}t，采油速度 3.76%，采出程度 9.64%，综合含水 16.63%。由于底水锥进的影响，已有 1 口井高含水关井。3 口井初期不含水，见水后，经过 1 年时间，含水迅速上升至 40% 左右。为此，开展了块状底水油藏含水上升规律研究。

1）油井临界产量和见水时间确定

油田开发设计中，把防止水锥突破井底的最大产量定为临界产量。当产量小于临界产量时，底水将形成稳定的锥形体，顶部扩展缓慢；超过临界产量时，油水界面将不断上升，底水迅速窜入井底。

根据贝 16 断块的地质特点，利用临界产量和无隔板底水油藏见水时间的公式，计算出该断块临界产量为 16.8~49.8t/d，见水时间为 75~1350d。分析认为，贝 16-B5、贝 16-B2 和德 110-216 井由于超过临界产量生产，导致实际见水时间比预测时间提前 12~174d。目前未见水的德 112-227 井如按目前产量生产，预测见水时间还剩 202d，德 110-223 井如按目前产量生产，预测见水时间还剩 486d（表 10-42），因此，在油田开发过程中，必须将产量严格控制在临界产量以下，保证油井有较长的无水采油期和较低的含水上升率。

表 10-42 贝 16 断块临界产量和见水时间计算

井号	临界产量（t/d）	见水时间（d）	见水前实际产油（t/d）	见水时实际产油（t/d）	目前产油量（t/d）	无水采油期（d）	预测未来无水期（d）
贝 16-B5	21.7	278	34.2	56.9	28.9	251	
德 110-216	24.4	75	36.3	117.4	22.5	56	
贝 16-B2	16.8	534	23.1	42.2	26.6	475	
德 112-227	49.8	1350			56.9	1148	202
德 110-223	42.8	1206			65.1	720	486

2）合理采油速度确定

国内外底水油藏开发实践表明，潜山油藏由于其储层存在裂缝与基岩两大系统，采油速度对开发效果的影响比砂岩油藏更为敏感。雁翎雾迷山组油藏开发初期采油速度为 4.22%，含水由 2.5% 上升到 17.4%，由于高速开发的影响，油田没有无水采油期，低含水采油期采出程度只有 4.4%，开发 4 年就进入高含水后期，开发效果较差。东胜堡油田由于投产初期开发政策合理，以 2.0% 的采油速度稳产 5 年，稳产期采出程度为 13.3%。

在贝 16 断块模拟计算了采油速度为 1.5%、2.0%、2.5% 的开发指标方案对比结果，采油速度为 1.5%~2.0% 的开发效果较好。

通过上述分析，若按临界产量的 0.8~0.9 计算，采油速度控制在 1.8%~2.0% 较为合理。而贝 16 断块实际采油速度高达 3.76%，远远超过了合理采油速度，需要采取压锥措施。

应用数值模拟方法，研究了含水在 20%、40%、60%、80% 时的压锥效果（压锥措施取油井产量为临界产量的 0.8 倍）。研究认为，含水 20% 压锥，含水上升慢，阶段采出程度高，采收率比含水 80% 压锥提高 4.0%，比不压锥提高 10.0%。

3）调整方案优化

针对贝 16 断块的实际情况，设计了 3 套调整方案。应用地质建模和数值模拟技术，对不同调整方案进行了优化（表 10-43），并提出了初步调整意见。

表 10-43 贝 16 断块注采井网方案调整部署

		方案部署						井数
方案 1	老油井	贝 16-B5	贝 16-B2	德 110-216	德 112-227	德 110-223		5
	老水井	德 110-210	德 112-232					2
方案 2	老油井	贝 16-B5	贝 16-B2	德 110-216	德 112-227	德 110-223	贝 16-B4（堵水）	6
	老水井	德 110-210	德 112-232（补孔）					2
方案 3	新水井	德 110-228						1
	老油井	贝 16-B5	贝 16-B2	德 110-216	德 112-227	德 110-223		5
	老水井	德 110-210	德 112-232（补孔）	贝 16-B4（堵水）				3

方案一：基础方案。
方案二：高含水井下部堵水，注水井下部补孔，油井按临界产量 0.8 倍生产。
方案三：在方案二的基础上，补充一口水井。

与方案一、方案二相比，方案三既能够进一步落实油水界面情况，为滚动扩边提供条件，又能够增加注水受效井点，保持地层能量。数值模拟预测结果表明，其 10 年阶段累计产油量分别提高 $3.5×10^4$t 和 $1.4×10^4$t。在含水 90% 条件下，采出程度分别提高 3.2% 和 1.2%。综合对比，采用方案三开发效果最好。

通过上述研究认为，贝 16 断块应适当降低采油速度，局部补充井位，使注采系统更加完善，有效抑制底水锥进速度，改善油田开发效果。

三、把握塔 19 区块油藏地质特征，优化开发方案设计

塔 19 区块位于塔木察格盆地塔南凹陷，勘探开发的主要目的层为铜钵庙组油层。区块面积 7764km^2，交割前完钻探井 23 口，交割后共有探井 61 口，评价井 16 口，获工业油流井 43 口。开发试验井 59 口，动用面积 2.16km^2，动用储量 $527×10^4$t，建成产能 $6.96×10^4$t。

2007 年在勘探程度较高的塔 19 区块开展了开发先导试验，通过前期探评井和开发井密井网解剖，该区块具有以下 3 个特征。

一是 2 条大断裂控制局部构造，将开发区分成东西 2 块。

塔南凹陷区域构造位于海拉尔—塔木察格盆地中部断陷带的南部，塔南凹陷主体是由 3 个半地堑、半地垒组成的东断西超宽缓的复杂箕状断陷，形成北东向展布的 3 个构造带、3 个次凹和 1 个斜坡带，由西向东划分成西部斜坡带、西部次凹、西部断裂潜山带、中部次凹、中部断裂潜山带、东部次凹和东部断鼻构造带，在主要断裂带上发育有背斜、断鼻、断块圈闭。塔南凹陷经历了多期次的大规模构造运动，形成了复杂的断裂体系。该区断裂具有如下特点：断层多，全区解释断层 1400 多条，断穿铜钵庙油层 430 条正断层，平均断层密度为 0.32/km^2，最大密度 1.5/km^2；断距大，北东走向的断层发育早，延伸长，垂直断距大，深层断距在 1000m 以上，倾向为西北向；断裂方向性强，断裂走向以北东走向居多，近南北向较少，主控断裂走向与区域构造走向一致。

塔 19 区块开发区位于塔南凹陷的中部次凹及两侧潜山构造带上，2 条大断裂控制局部构造，将开发区分成东西 2 块。开发区内断层均为正断层，以反向正断层居多；构造西部高，东部低；地层倾角西部大，为 26°，东部较缓，为 18°，局部圈闭以断块为主，仅塔 19-3 区块为断鼻。

二是受不同物源影响，东西断块岩性、物性差异较大。

塔 19 区块铜钵庙组储层以扇三角洲沉积为主，具典型近物源、多物源特征。在北西、北东、南东方向均有物源供给，以北西方向物源为主。平面上可见 6 个主扇体，扇体形状为朵状、扇状。东西部扇体沿断陷短轴方向延伸，一般在 3~7km，北东向扇体延伸可达 15km。扇三角洲平原范围相对较小，扇三角洲前缘连片分布，总体上扇体成群成带、叠加连片。扇体间为滨浅湖沉积，在北部及东侧局部可见。扇三角洲前缘为最好的储集相带。

根据钻井取心、井壁取心和录井资料确定每口井的岩石相，进而将开发区分为砾岩

相、砂岩相和粉砂岩相等。西部塔19-34、塔19-40断块为西部物源沉积区,距离物源较近,主要为扇三角洲内前缘亚相,储层岩石粒度较粗,岩性主要以砾岩、砂砾岩为主;东部塔19-3、塔19-10到塔19-28等断块为东部物源沉积区,相对远离物源,主要为扇三角洲外前缘亚相,储层粒度较西部细,岩性以砂岩、粉砂岩为主。铜钵庙组储层孔隙度为7.2%~25.1%,平均12.9%,90%以上样品孔隙度在10%~20%;渗透率为0.11~4093mD,平均50.3mD,60%样品渗透率小于10mD。储层非均质性较强,总体为低孔低渗透储层。东、西断块储层物性差别较大,西部物性明显好于东部,平均孔隙度为18.1%,平均渗透率为253.1mD,属中孔中渗透储层,而东部平均孔隙度为12.8%,平均渗透率为9.3mD,属低孔特低渗透储层。

三是含油面积窄小,各断块具有独立油水系统。

平面上,铜钵庙组油层含油断块沿断裂呈窄小条带状分布,一般靠近断层的构造高部位油层厚,远离断层的构造低部位油层变薄,含油条带宽度为410~740m,平均581m;最大含油面积为1.79km²,最小0.54km²,平均1.19km²(表10-44)。

表10-44 塔19区块各断块参数

断块	油底海拔(m)	含油面积(m²)	条带宽度(m)
塔19-3	-1825.0	0.54	430
塔19-10	-1850.0	1.79	700
塔19-13	-1460.0	1.63	740
塔19-14	-1450.8	0.55	620
塔19-28	-1710.0	1.45	700
塔19-34	-1184.0	1.29	410
塔19-40	-1140.0	1.06	470
平均	-1512.6	1.19	581

垂向上,油水分布是上油下水或上油下干。西部塔19-34断块油水界面海拔为-1184.0m,东部塔19-13断块为-1460.0m,单一含油断块油水系统相对独立,全区无统一的油水界面。

针对塔19区块地层倾角大、含油断块窄小,岩性、物性差异大等地质特征,进行个性化开发方案优化设计,主要包括:确定合理产能、井距,设计合理井网、注水方式等。

1. 储层岩性、物性特征决定了西部断块产能高于东部

塔19区块东部断块储层物性差,平均空气渗透率为9.3mD,试井解释平均有效渗透率为4.27mD,自然产能低,平均日产油4.2t,压裂后平均日产油16.5t。西部断块储层物性好,平均空气渗透率为253.1mD,试井解释平均有效渗透率为128.5mD,自然产能较高,平均日产油31.5t。

西部断块投产井初期日产油14.0~29.8t,投产第一年平均单井日产油21.6t;东部断块投产井初期日产油8.4~19.4t,投产第一年平均单井日产油11.7t。

依据试井分析结果、投产井动态资料,应用产能公式法,综合确定各断块初期产能。

东部断块平均日产油 7.1t，西部断块平均日产油 11.4t。

2. 根据各含油断块形态、储层物性，综合确定合理井距

以油藏地质特征为基础，按照尽可能提高水驱控制程度，建立有效驱动体系的原则，从技术经济角度，确定合理井距。

首先，在考虑经济效益的前提下，确定经济极限井距。应用单井控制经济极限储量法、曲线交会法，计算油价 54 美元 /bbl 时，经济极限井距为 130m。以 130m 井距为下限，应用单井产能分析法和谢尔卡乔夫公式确定各断块合理井距在 241~312m。综合确定东部断块平均井距为 273m，西部断块为 306m。

3. 针对东部、西部断块地质特点，采取不同的井网形式和注水方式

根据东部、西部断块不同的地质特点及合理井距确定结果，按断块形态和大小，分别建立了各断块地质模型，在地质模型基础上，应用油藏数值模拟对比不同井网和注水方式下的开发指标。依据对比结果，因块而异地采用灵活的注采井网形式进行部署。

1）西部极窄断块采用"之"字形井网和边部注水方式

"之"字形井网适用于含油宽度极窄的窄条带状油层，此时无法采用正规的井网。例如塔 19-34 断块含油面积 1.29km^2，平均条带宽度仅为 410m，在 310m 井距下不能形成完整的三角形和正方形井网，可采用的井网形式有直线型和"之"字形灵活井网。在三维地质建模基础上，应用油藏数值模拟方法对比了塔 19-34 断块直线型和"之"字形井网的开发指标，可以看出，相同含水条件下，"之"字形井网的采出程度明显高于直线型井网（图 10-49）。因此，采用"之"字形井网在西部塔 19-34、塔 19-40 断块共部署开发井 41 口。

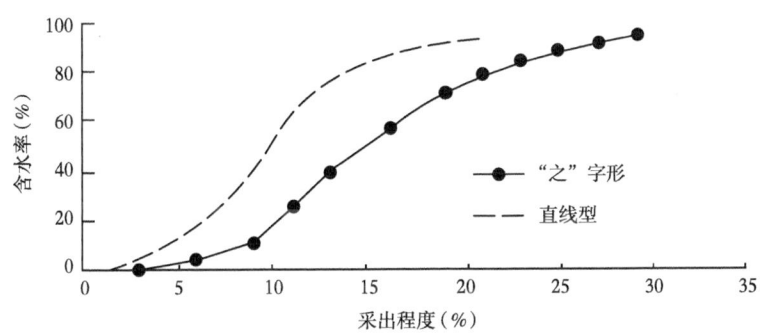

图 10-49　直线型、"之"字形井网下含水与采出程度关系

在注水方式上，国内断块油藏开发中除东辛油田营 8 沙二下大面积稠油断块油藏采用常规面积注水方式外，其余断块油藏均采用以边部注水为主的注水方式；江汉、玉门等油田在地层倾角较大的断块油藏也采用了边部注水方式进行开发，均取得了很好的效果。

塔 19 区块地层倾角在 15°~26°，平均 21°。如采用反七点等面积注水方式，在高部位注水后，注入水在重力作用下易向低部位水窜，油井容易水淹，无法通过水驱来开采处于高部位的油。应用 leverett 分流量方程绘制含水率和地层倾角关系曲线（图 10-50），结果表明相同倾角下，水从边部向上驱油的含水率比从高部位向下驱油要低得多，边部注水优于面积注水。

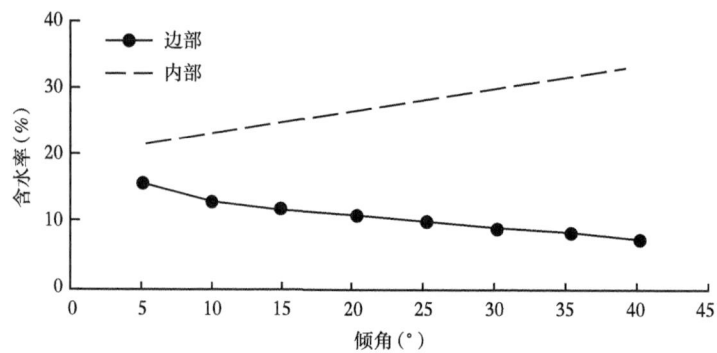

图 10-50　边部注水、面积注水下含水率和倾角关系

通过理论分析，结合塔 19 区块油藏地质特征，采用边部注水具有如下优势。

（1）塔 19 区块大多数断块含油面积较小，平均 1.19km²，边部注水波及范围相对较大。

（2）低注高采：边部油层薄，物性差，不宜作为油井，正好可充当注水井。

（3）向心驱油：注入水均匀地向油区推进，油区逐渐缩小，剩余油主要集中在构造高部位。

（4）减缓水窜：边部注水时水在下油在上，可利用油水密度差减缓水窜。

塔 19-34、塔 19-40 断块宽度分别为 410m 和 470m，沿砂体延伸方向可部署两排井，采用边部注水方式在西部断块部署 8 口注水井。

2）东部相对宽缓断块采用三角形井网、边部加点状注水方式

胜利油田、中原油田、海拉尔盆地呼和诺仁油田等复杂断块油藏在井网部署时以三角形为主，其优势在于：三角形井网相邻井排油井交错分布，对窄条带状砂体的储量控制程度高，同时也有利于落实小断层的分布；三角形井网有利于发挥边部注水优势。

应用数值模拟方法对比了正方形和三角形井网的开发指标，相同含水条件下，三角形井网的采出程度高于正方形井网。在塔 19-3、塔 19-10、塔 19-13、塔 19-14、塔 19-28 断块采用不规则三角形井网灵活布井，共设计开发井 86 口。

东部塔 19-10 等断块宽度较大，平均条带宽度 638m，沿砂体延伸方向可部署 3 排开发井，初期采用边部注水方式，在开发过程中若高部位油井见不到注水效果或见效较差，则适当增加注水井点，实施温和注水，形成边部和点状注水相结合的方式。

注水开发试验区塔 19-14 断块塔 A56-54 井处于构造相对低部位，测井解释砂岩厚度 160m，有效厚度 3.0m，渗透率 0.124mD，作为边部注水井。因该断块宽度较大、物性差，将塔 19-236-t216 井作为后期点状注水井，以改善高部位油井的受效情况。

根据合理产能、井网、井距分析结果，在塔 19 区块的东、西部分别按照三角形和 "之" 字形井网，部署开发井 128 口。设计直井初期平均产量为 8.3t/d、水平井产量为 30.0t/d，设计产能 26.76×10⁴t（表 10-45）。

塔木察格盆地塔 19 区块方案设计时充分考虑断块小、倾角大等地质特征，有针对性地设计了适合小断块的 "之" 字形和三角形不规则井网，采用边部驱动的注水方式，突破了惯用的正方形面积注采井网形式。但塔木察格盆地作为新区，还需要深化油藏地质规律

认识，发展窄小断块油藏高效开发技术。

表 10-45 塔 19 区块井位部署结果

断块	动用含油面积（km²）	动用地质储量（10⁴t）	直井数（口）	斜井数（口）	水平井数（口）	总井数（口）	产能（10⁴t）
塔 19-3	0.54	99.10	9			9	1.28
塔 19-10	1.79	540.75	21	2		23	5.22
塔 19-13	1.63	281.72	26			26	3.72
塔 19-14	0.55	120.25	10			10	1.18
塔 19-28	1.45	248.58	15	3		18	2.89
塔 19-34	1.29	455.64	15	4	3	22	9.00
塔 19-40	1.06	282.23	18	1		19	3.47
塔 19-31			1			1	
合计	8.31	2028.27	115			128	26.76

四、海—塔盆地油田开发对策

1. 对策一：强化勘探开发一体化，适应快速增储上产需要

（1）编制海—塔盆地整体开发概念设计，研究合理产量规模。

一是科学论证资源量，整体部署勘探评价工作量，落实储量；二是深入油藏地质研究，探索不同模式下的开发方式方法，进行整体概念部署；三是优选有代表性小型试验区，先期投入开发，落实开发可行性；四是采用国内国外两种开发模式，整体预测海—塔盆地开发规模。

（2）加快预探前期评价，提前落实产能区块。

一是在乌东、贝中和塔南预测储量区进行构造精细解释和储层预测，优选产能区块；二是提前介入塔南凹陷、南贝尔凹陷和贝西次凹三大预探新区，进行前期跟踪评价。

（3）加快开发方案设计，确保新区产能建设

一是开展乌东、贝中和塔南油藏地质研究，编制滚动开发方案；二是紧跟三大预探新区，编制整体开发方案。

2. 对策二：加强科研攻关研究，夯实油田开发基础

（1）把握油藏地质规律和开发规律。

开展砂砾岩储层多学科集成化油藏研究。一是继续开展油藏精细地质研究，建立油藏三维精细地质模型；二是研究产量递减规律及含水上升规律，进行开发效果评价分析；三是搞清剩余油分布，制定开发调整对策。

深化凝灰质储层水敏机理、研制新型黏稳剂。一是开展凝灰质储层组成、含量研究，找出水敏主控因素；二是加强黏稳剂与储层作用机理研究，降低水敏储层伤害率；三是研究合理防膨剂类型及浓度，确定注入参数。

研究潜山油藏裂缝分布、油水分布及含水上升规律。一是研究裂缝分布规律；二是建

立油水层测井识别标准;三是研究合理采油速度和含水上升规律。

(2)深化水驱开发机理和气驱开发机理研究。

砂砾岩、凝灰质储层水驱开发机理研究。一是研究储层微观孔喉分布特征;二是研究储层润湿性、敏感性及对注水开发影响;三是研究储层渗流特征,分析水驱油变化规律。

特低渗透、凝灰质储层注气开发机理研究。一是实验确定注气后原油的膨胀性;二是确定最小混相压力、驱油效率及驱油方式。

3. 对策三:加快开发试验进程,尽快扩大应用规模

一是扩大潜山油藏水平井开发现场试验规模;二是跟踪潜山油藏注水开发试验;三是跟踪凝灰质砂砾岩油藏注黏稳剂开发试验;四是开展特低渗透油藏注 CO_2 现场试验;五是开展塔木察格盆地特低渗透砂砾岩油藏现场注水开发先导试验。

参 考 文 献

[1] 王玉普,计秉玉,郭万奎.大庆外围特低渗透特低丰度油田开发技术研究[J].石油学报,2006(6):70-74.

[2] 计秉玉,李莉,王春艳.低渗透油藏非达西渗流面积井网产油量计算方法[J].石油学报,2008(2):256-261.

[3] 计秉玉,王春艳,李莉,等.低渗透储层井网与压裂整体设计中的产量计算[J].石油学报,2009,30(4):578-582.

[4] 李莉,庞彦明,雷友忠,等.特低渗透油藏合理注气能力和开发效果分析[J].天然气工业,2006(9):118-121,176.

[5] 曹瑞成,曲希玉,文全,鲍春艳,等.海拉尔盆地贝尔凹陷储层物性特征及控制因素[J].吉林大学学报(地球科学版),2009,39(1):23-30.

[6] 王玉普,刘合,卓胜广,等.海拉尔油田沉凝灰岩储层岩石稳定乳化压裂液的研制及应用[J].石油学报,2005(5):71-74.

[7] 谢朝阳,张浩,唐鹏飞.海拉尔盆地复杂岩性储层压裂增产技术[J].大庆石油地质与开发,2006(5):57-60,122-123.

[8] 任丽华,林承焰,刘菊,等.海拉尔盆地苏德尔特构造带布达特群碎屑岩潜山油藏类型划分[J].中国石油大学学报(自然科学版),2007(2):9-12,18.

[9] 牛彦良,陈友福.海拉尔盆地贝尔凹陷变质岩潜山裂缝的表征方法[J].大庆石油地质与开发,2006(5):1-3,119.

[10] 徐振中,姚军,王夕宾,等.海拉尔盆地苏德尔特油田布达特群储层裂缝的综合评价[J].石油天然气学报,2008(3):15-18,23,442.

[11] 吴畏.苏德尔特潜山油藏水平井远程地质导向技术[J].大庆石油地质与开发,2008,27(6):94-98.